新世纪应用型高等教育基础类课程规划教材

微课版

概率论与数理统计

（第二版）

关　明　刘桂利 / 主　编
孟　悦　李吉宇 / 副主编
杨德彬　于佳彤　朱佳宏　高云峰 / 参　编

大连理工大学出版社
Dalian University of Technology Press

图书在版编目(CIP)数据

概率论与数理统计 / 关明，刘桂利主编. -- 2 版.
大连 ：大连理工大学出版社，2024. 7(2025.7 重印). -- ISBN 978-7
-5685-5066-6

Ⅰ. O21

中国国家版本馆 CIP 数据核字第 2024SC6207 号

GAILÜLUN YU SHULI TONGJI

大连理工大学出版社出版

地址:大连市软件园路 80 号　邮政编码:116023

营销中心:0411-84707410　84708842　邮购及零售:0411-84706041

E-mail:dutp@dutp.cn　URL:https://www.dutp.cn

大连雪莲彩印有限公司印刷　　大连理工大学出版社发行

幅面尺寸:185mm×260mm　印张:16.75　字数:408 千字

2018 年 8 月第 1 版　　2024 年 7 月第 2 版

2025 年 7 月第 2 次印刷

责任编辑:孙兴乐　　责任校对:齐　欣

封面设计:张　莹

ISBN 978-7-5685-5066-6　　定　价:47.80 元

PREFACE

前言

概率论与数理统计是全国高等院校工科、理科、经管类等专业一门重要的数学基础课。作为一门应用数学学科，概率论与数理统计不仅具有数学所共有的特点（高度的抽象性、严密的逻辑性和广泛的应用性），还具有独特的思维方法。

本教材针对应用型教育的特点，将学科知识与教学方法相结合，重视体现探究性学习和案例教学等先进的现代教育理念；注重启发学生自主学习，强化对探索、分析、应用、创新能力的培养；由浅入深、循序渐进地介绍了概率论与数理统计的基本概念、基本理念和基本方法。本教材可作为应用型高等院校各专业概率论与数理统计课程教材用书。

本教材系统地讲解了概率论与数理统计的相关知识，除预篇外，全书共9章，包括：随机事件与概率、条件概率与独立性、随机变量及其分布、多维随机变量及其分布、随机变量的数字特征和极限定理、数理统计的基本概念、参数估计、假设检验、单因素试验的方差分析及一元正态线性回归。教材的每章后面都配有习题，并在书后配有习题解答。教材中带有“*”的部分为选修内容。

本教材响应二十大精神，推进教育数字化，建设全民终身学习的学习型社会、学习型大国，及时丰富和更新了数字化微课资源，以二维码形式融合纸质教材，使得教材更具及时性、内容的丰富性和环境的可交互性等特征，使读者学习时更轻松、更有趣味，促进了碎片化学习，提高了学习效果和效率。

本教材由哈尔滨华德学院关明、哈尔滨金融学院刘桂利任主编；哈尔滨华德学院孟悦、李吉宇任副主编；哈尔滨华德学院杨德彬、于佳彤、朱佳宏、高云峰参与了本教材的编写。具体编写分工如下：预篇及第9章由李吉宇编写，第1章至第3章由刘桂利编写，第4章至第6章由关明编写，第7章、第8章由孟悦编写，杨德彬、于佳彤、朱佳宏、高云峰整理了附录并对书中习题解答进行了验证。全书由关明统稿并定稿。

在编写本教材的过程中，编者参考、引用和改编了国内外出版物中的相关资料及网络资源，在此表示深深的谢意！相关著作权人看到本教材后，请与出版社联系，出版社将按照相关法律的规定支付稿酬。

限于水平，书中仍有疏漏和不妥之处，敬请专家和读者批评指正，以使教材日臻完善。

编　者

2024年7月

所有意见和建议请发往：dutpbk@163.com

欢迎访问高教数字化服务平台：https://www.dutp.cn/hep/

联系电话：0411-84708445　84708462

CONTENTS

目录

预　篇

0.1　概率统计研究的对象

人们在实践活动中可能遇到各种各样的现象，但归结起来不外乎两类：一类是确定性现象；另一类是随机现象.

确定性现象是指，在一定条件下必然发生或必然不发生的现象. 例如，在标准大气压下将水加热到 100 ℃，水必然沸腾；用手向空中抛出的石子，必然落回地面，这些现象都是必然发生的. 而在标准大气压下，10 ℃的水结冰；同性电荷相吸引，这些现象是必然不发生的.

随机现象是指，在一定条件下，可能发生也可能不发生的现象. 例如，掷一枚硬币正面向上；向某一目标进行射击，目标被击中. 这样的现象，可能发生，也可能不发生，所以都是随机现象.

随机现象可能发生，也可能不发生，是否有规律可循呢？人们经过长期的实践，发现这类现象虽然就每次试验来说，具有不确定性，但在大量重复试验中，它们的发生是有规律的. 例如：

掷一枚质量均匀的硬币，当投掷次数很多时，正面和反面出现的次数几乎各占$\frac{1}{2}$.

对一个目标进行射击，当射击次数非常多时，弹孔的分布呈现出一定的规律性.

从上面的实际例子可以看到，随机现象也具有规律性，概率统计是研究和揭示随机现象统计规律性的一门数学学科.

0.2　排列和组合

在计算概率时，经常利用排列和组合，为此，我们把它们的主要内容加以回顾.

一、两个基本原理

1. 加法原理

完成一件事情，有两类不同的办法，第一类办法中有 m 种方法，第二类办法中有 n 种方法，那么完成这件事情共有 $m+n$ 种不同的办法.

例如，从底楼到二楼有三个楼梯和两部电梯，那么，从底楼到二楼的走法共有 $3+2=5$ 种.

2. 乘法原理

完成一件事情，必须经过 k 个步骤，第一个步骤有 n_1 种方法，第二个步骤有 n_2 种方法，……，第 k 个步骤有 n_k 种方法，则完成这件事情共有 $n_1\times n_2\times\cdots\times n_k$ 种不同的方法.

例如，从甲村到乙村有 2 条路，从乙村到丙村有 3 条路，且从甲村到丙村必须经过乙村，则从甲村到丙村共有 $2\times3=6$ 种不同的走法.

二、排列

1. 选排列

从 n 个不同元素中，每次取出 r 个元素，按一定顺序排成一列，称为从 n 个元素取 r 个元素的一种**选排列**，所有不同排列的总数记为 A_n^r.

构成一个选排列可分 r 个步骤，第一步，从 n 个元素中任取一个，共有 n 种取法，当第一个取定后再取第二个，此时只有 $n-1$ 种取法. 依次类推，选取第 r 个时，因为前边的 $r-1$ 个已经取定了，所以只能从剩下的 $n-(r-1)=n-r+1$ 个中任取一个，共有 $n-r+1$ 种取法. 由乘法原理知

$$A_n^r=n(n-1)\cdots(n-r+1) \tag{0-1}$$

这就是 n 个元素取 r 个元素的选排列总数的计算公式.

2. 全排列

将 n 个不同的元素，按一定的顺序排成一列，称为 n 个元素的一种**全排列**. n 个元素的全排列总数记为 A_n^n.

全排列是选排列中 $r=n$ 的情况，故

$$A_n^n=n(n-1)(n-2)\cdots1=n! \tag{0-2}$$

3. 有重复的排列

从 n 个不同的元素中，每次取 k 个元素($k\leqslant n$)，允许重复，这种排列称为有重复的排列，其排列总数记为 R_n^k.

构成一个有重复排列可分 k 个步骤进行：第一步从 n 个元素中任取一个，共有 n 种取法，对于第一步的每种取法，第二步仍有 n 种取法，……，由乘法原理知

$$R_n^k=n\cdot n\cdot\cdots\cdot n=n^k \tag{0-3}$$

***4. 不尽相异元素的全排列**

首先看一个例子：设有 5 个元素 a,a,a,b,c，其中 3 个 a 是相同的. 今把它们按一定顺序排成一列，求有多少种不同的排法.

设有 x 种不同的排法，就其中一种排法如 $abaac$ 而言，若把三个 a 区别为 a_1,a_2,a_3，则可得 $A_3^3=3!$ 种不同的排列，就是说，就 x 种不同排法里的每一种，若把 a 区别为 a_1,a_2,a_3，则得到$(3!)x$ 种排列，这恰好是 5 个不同元素 a_1,a_2,a_3,b,c 的全排列总数，则
$A_5^5=5!$，从而

$$(3!)x=5!$$

所以

$$x=\frac{5!}{3!}$$

如果 5 个元素是 a,a,a,b,b. 把它们按一定顺序排成一列，设不同排列总数为 y，就其中一种如 $abaab$ 而言，如果把两个 b 区别为 b_1,b_2，则得 $A_2^2=2!$ 种不同的排列. 就是说对 y 种

排列的每一种，如果把 b 区别为 b_1,b_2，则得到 $(2!)y$ 种不同的排列，这个数字与 x 相等，则

$$(2!)y=x$$

所以

$$y=\frac{5!}{3!\ 2!}$$

一般地，设有 n 个元素，其中有 k 种不同的元素，第一种元素有 n_1 个，第二种元素有 n_2 个，……，第 k 种元素有 n_k 个，$n_1+n_2+\cdots+n_k=n$，将 n 个元素排成一列，称为 n 个**不尽相异元素的一种全排列**，不同的排列总数为

$$N=\frac{n!}{n_1!\ n_2!\ \cdots n_k!} \tag{0-4}$$

三、组合

1. 不同元素的组合

从 n 个不同的元素中每次取出 k 个元素，不计顺序组成一组，称为从 n 个元素中取 k 个元素的一种**组合**，所有不同组合的总数记为 C_n^k（或记为 $\binom{n}{k}$）.

从 n 个不同元素中取 k 个元素的选排列，可以分两步进行：先从 n 个元素中取 k 个元素组成一组，然后将这一组 k 个元素全排列，由乘法原理知

$$A_n^k=C_n^k\cdot k!$$

于是

$$C_n^k=\frac{A_n^k}{k!}=\frac{n(n-1)\cdots(n-k+1)}{k!}=\frac{n!}{k!\ (n-k)!} \tag{0-5}$$

式(0-5)即是 n 个元素取 k 个元素组合总数的计算公式，规定 $C_n^0=1$.

2. 分组组合(多组组合)

将 n 个不同的元素分成 k 组，第一组有 n_1 个，第二组有 n_2 个，……，第 k 组有 n_k 个，$n_1+n_2+\cdots+n_k=n$，若组内元素不计顺序，则不同的分法共有

$$C_n^{n_1}\cdot C_{n-n_1}^{n_2}\cdot\cdots\cdot C_{n_k}^{n_k}=\frac{n!}{n_1!\ n_2!\ \cdots n_k!} \tag{0-6}$$

种.

3. 常用的组合公式

$$\begin{cases} C_n^r=C_n^{n-r} \\ C_{n+1}^r=C_n^r+C_n^{r-1} \\ C_{m+n}^r=\sum\limits_{i=0}^{r}C_m^iC_n^{r-i} \\ \sum\limits_{i=0}^{n}C_n^i=2^n \end{cases} \tag{0-7}$$

***4. 有重复的组合**

从 n 个不同的元素中有放回地取 r 次，记下结果，所得结果不计顺序组成一组，称为 n 个元素取 r 个元素的一种**有重复的组合**，不同组合总数记为 H_n^r.

为了得到 H_n^r 的计算公式，我们先分析比较简单的例子.

从 1，2 两个数中有放回地取 3 次，所得结果组成一组，共可分成四组，把 3 个数按从小到大的顺序，整理得

$$(1,1,1),(1,1,2),(1,2,2),(2,2,2)$$

对各组的 3 个数从左到右分别加上 0,1,2,得

$$(1,2,3),(1,2,4),(1,3,4),(2,3,4)$$

这恰好是从 1,2,3,4 这 4 个数中任取 3 个数的组合,其总数为 $C_4^3=4$,即

$$H_2^3=C_4^3=C_{2+3-1}^3$$

一般地,把 n 个不同的元素与 1 到 n 的 n 个数对应起来,则从 n 个不同的元素中有放回地取 r 次化为从 1 到 n 的 n 个数中有放回地取 r 次,组成一个重复组合.将其 r 个元素从左到右按由小到大的顺序排列,得到的结果设为

$$(a_1,a_2,a_3,\cdots,a_r)=a \tag{*}$$

对这些数从左到右顺次分别加上 $0,1,2,\cdots,r-1$,结果设为

$$(b_1,b_2,b_3,\cdots,b_r)=b \tag{**}$$

即

$$b_1=a_1,b_2=a_2+1,\cdots,b_r=a_r+(r-1)$$

在式(*)中有相同的数掺着排列,而在式(**)中全部是不相同的数,而且数的种类也增加为

$$1,2,3,\cdots,n+r-1$$

可见$(b_1,b_2,b_3,\cdots,b_r)$是上述 $n+r-1$ 个数中取 r 个数的一种组合,其总数为 C_{n+r-1}^r.于是得到

$$H_n^r=C_{n+r-1}^r \tag{0-8}$$

0.3 二项式定理

当 n 为整数时$(a+b)^n$ 的展开式为

$$(a+b)^n = C_n^0b^n + C_n^1ab^{n-1} + \cdots + C_n^na^n = \sum_{k=0}^{n} C_n^ka^kb^{n-k} \tag{0-9}$$

这个展开式称为**二项式定理**,其中第 $k+1$ 项

$$C_n^ka^kb^{n-k}$$

称为**通项**.展开式的所有系数

$$C_n^0,C_n^1,\cdots,C_n^k,\cdots,C_n^n$$

称为**二项式系数**.

第 1 章 随机事件与概率

1.1 随机事件

一、随机试验

如前面所说，概率统计是研究随机现象内在规律的. 对随机现象的研究，总是要进行观察、测量或做各种科学试验，为了方便起见我们统称为试验.

【例 1】 掷一枚硬币，观察出现的结果.

【例 2】 掷一颗骰子，观察出现的结果.

【例 3】 观察某传呼台，在 7 点到 8 点接到的呼叫.

这些例子都是试验，仔细分析，可以发现这些试验具有如下的共同特点：

(1)试验可以在相同条件下重复进行；

(2)试验的所有可能结果不止一个，而且事先是已知的；

(3)每次试验总是恰好出现这些结果中的一个，但究竟出现哪一个结果，试验之前不能确切预言.

我们称满足上述 3 个条件的试验为**随机试验**，记为 E. 比如上面例 1，例 2，例 3 的试验分别记为 E_1,E_2,E_3.

二、随机事件

在随机试验中，可能发生也可能不发生的事情称为**随机事件**，简称为**事件**，今后我们用字母 $A,B,C,\cdots$ 表示事件.

例如，在 E_1 中，记 $H=$“出现正面”，$T=$“出现反面”；在 E_2 中，记 $e_i=$“出现 i 点”($i=1,2,\cdots,6$)，$A=$“出现偶数点”，$B=$“出现的点数大于 2”，…；在 E_3 中，记 $e_i=$“接到 i 次呼叫”($i=0,1,2,\cdots$)，$C=$“最少接到 5 次呼叫”……都是随机事件.

对 E_2 中的事件进行分析我们发现，$e_1=$“出现 1 点”，…，$e_6=$“出现 6 点”，这些事件是最基本的，不能再分的事件，这样的事件称为**基本事件**，而事件 A,B 都是由若干个基本事件组成的事件，称为**复合事件**.

一般地，称随机试验 E 的每一个可能结果为**基本事件**(或**样本点**)，记为 e. 而由多个基本事件组成的事件称为**复合事件**.

在 E_2 中我们还可以考虑两个特殊的事件，“出现的点数大于 6”和“出现的点数不大于 6”，前者在每次试验中都不可能发生，后者在每次试验中都必然发生.

一般地，我们称在每次试验中都不可能发生的事件为**不可能事件**，记为$\varnothing$；称在每次试验中必然发生的事件为**必然事件**，记为S. 严格地讲，不可能事件和必然事件不是随机事件，但为今后讨论方便，我们把它们作为随机事件的两个极端情况，也把它们看作随机事件.

三、样本空间

我们称试验E的所有基本事件所构成的集合，为E的**样本空间**，记为S.

在上面的例子中

E_1的样本空间为

$$S_1=\{H,T\}$$

E_2的样本空间为

$$S_2=\{e_1,e_2,e_3,e_4,e_5,e_6\}$$

其中，e_i=“出现i点”，$i=1,2,\cdots,6$.

E_3的样本空间为

$$S_3=\{e_0,e_1,\cdots\}$$

其中，e_k=“接到k次呼叫”，$k=0,1,\cdots$.

由于随机事件是基本事件或由基本事件组成的复合事件，故随机事件就是样本空间S的一个子集.

如在E_2中，e_i=“出现i点”$=\{e_i\}$，它是S_2的单点子集；A=“出现偶数点”$=\{e_2,e_4,e_6\}$，B=“出现的点数大于2”$=\{e_3,e_4,e_5,e_6\}$，…都是样本空间的子集. 于是，引入样本空间之后我们将随机事件定义如下：

称样本空间S的某个子集为**随机事件**，简称为**事件**. 当且仅当子集中的一个基本事件发生，才称该事件发生.

空集$\varnothing$作为S的子集，不包含任何基本事件，在每次试验中都不可能发生，故称为**不可能事件**.

样本空间S作为本身的子集，包含了所有的基本事件，在每次试验中都必然发生，故称为**必然事件**.

对于一个随机试验，应该弄清它的样本空间和有关的随机事件.

【例4】 设E为将一枚硬币连掷两次，观察出现的结果，试写出E的样本空间和事件A=“第一次出现正面”，B=“第二次出现正面”，C=“至少出现一次正面”，D=“出现两次反面”.

解 E的样本空间为

$$S=\{(H,H),(H,T),(T,H),(T,T)\}$$

其中，H=“出现正面”，T=“出现反面”.

$$A=\{(H,H),(H,T)\},\quad B=\{(H,H),(T,H)\}$$

$$C=\{(H,H),(H,T),(T,H)\},\quad D=\{(T,T)\}$$

【例5】 设E为从一批灯泡中任取一只，测试它的使用寿命. 试写出E的样本空间和事件A=“寿命不大于50小时”，B=“寿命在50小时到100小时(含100小时)之间”.

解 E的样本空间为

$$S=\{t\,|\,t\geqslant 0\}$$

其中,t 为灯泡的寿命.

$$A=\{t|0\leqslant t\leqslant 50\},\quad B=\{t|50<t\leqslant 100\}$$

1.2 事件的关系和运算

由前面的讨论可见,随机事件就是一个集合,所以集合的关系和运算对事件同样成立.下面我们用概率的观点来讨论事件的关系和运算.

一、包含和相等

若事件 A 发生,必然导致事件 B 发生,则称 B **包含** A**,或称** A **包含于** B,记为 $B\supset A$ 或 $A\subset B$.

若 $B\supset A$ 且 $A\supset B$,则称事件 A 与 B **相等**,记为 $A=B$.

判断事件的包含关系,一定要看谁发生导致谁发生.例如,某种动物活 25 岁为事件 A,活 20 岁为事件 B,因为 A 发生 B 必然发生,但 B 发生 A 不一定发生,所以 $B\supset A$.

二、事件的交(或积)

由事件 A 与 B 同时发生所构成的事件 C,称为 A 与 B 的**交(或积)**,记为

$$C=A\cap B\quad 或\quad C=AB$$

例如,在 1.1 节的例 4 中,$A\cap B=\{(H,H)\}$,$A\cap C=A$.

推广:$C=\bigcap_{i=1}^{n}A_i=A_1A_2\cdots A_n\Leftrightarrow C$ 是 $A_1,A_2,\cdots,A_n$ 同时发生构成的事件.

三、事件的并(或和)

由事件 A 与 B 至少一个发生所构成的事件 C,称为 A 与 B 的**并(或和)**,记为

$$C=A\cup B=A+B.$$

例如,在 1.1 节的例 4 中,$C=A\cup B$,$C\cup D=S$.

推广:$C=\bigcup_{i=1}^{n}A_i=A_1+A_2+\cdots+A_n\Leftrightarrow C$ 是由 $A_1,A_2,\cdots,A_n$ 这 n 个事件至少一个发生所构成的事件.

四、互不相容事件

若事件 A 与 B 不能同时发生,则称 A 与 B **互不相容**(或 A 与 B **互斥**).由该定义可见

$$A 与 B 互不相容\Leftrightarrow AB=\varnothing$$

例如,在 1.1 节例 4 中 A 与 D,B 与 D,C 与 D 互不相容.

推广:事件 $A_1,A_2,\cdots,A_n$ 互不相容$\Leftrightarrow A_iA_j=\varnothing(i\neq j,i,j=1,2,\cdots,n)$

$\Leftrightarrow A_1,A_2,\cdots,A_n$ 两两互不相容

五、对立事件

由事件 A 不发生所构成的事件,称为 A 的**对立事件**,记为 $\overline{A}$.由该定义可见

$$\overline{\overline{A}}=A,\quad A\overline{A}=\varnothing,\quad A\cup\overline{A}=S$$

六、事件的差

由事件 A 发生而事件 B 不发生所构成的事件 C，称为 A 与 B 的**差**，记为

$$C=A-B=A\overline{B}$$

事件的上述关系和运算，可用图 1-1 直观地表示.

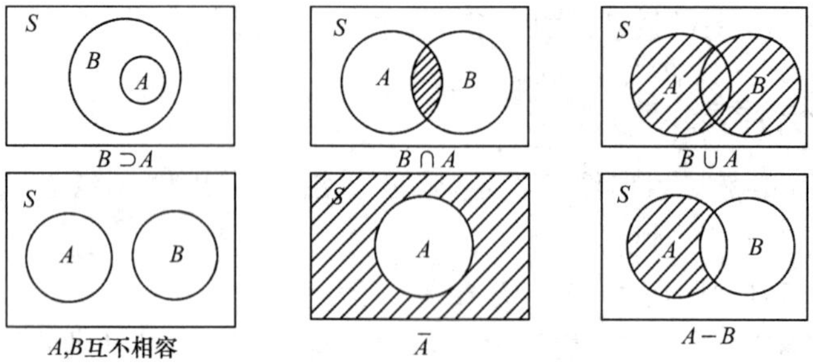

图 1-1

为了将事件的关系和运算与集合的关系和运算做对照，列表 1-1.

表 1-1

符　号	概率论	集合论
S	样本空间，必然事件	空间（全集）
$\varnothing$	不可能事件	空集
e	基本事件（样本点）	元素
A	事件	子集
$\overline{A}$	A 的对立事件	A 的余集
$A\subset B$	事件 A 发生必然导致事件 B 发生	A 是 B 的子集
$A=B$	事件 A 与事件 B 相等	A 与 B 相等
$A\cup B$	事件 A 与事件 B 至少有一个发生	A 与 B 的并集
$A\cap B$	事件 A 与事件 B 同时发生	A 与 B 的交集
$A-B$	事件 A 发生而事件 B 不发生	A 与 B 的差集
$AB=\varnothing$	事件 A 与事件 B 互不相容	A 与 B 没有公共元素

由于事件、事件的关系及运算与集合、集合的关系及运算是相对应的，故根据集合的运算性质，可推得事件的运算性质如下：

吸收律：若 $A\subset B$，则 $A\cup B=B$，$AB=A$，特别地，$A\cap A=A$.

交换律：$A\cup B=B\cup A$，$AB=BA$.

结合律：$(A\cup B)\cup C=A\cup(B\cup C)$，$(AB)C=A(BC)$.

分配律：$(A\cup B)\cap C=(A\cap C)\cup(B\cap C)$，$(A\cap B)\cup C=(A\cup C)\cap(B\cup C)$.

对偶律：$\overline{A\cup B}=\overline{A}\cap\overline{B}$，$\overline{A\cap B}=\overline{A}\cup\overline{B}$，$\overline{\bigcup_{i=1}^{n}A_i}=\bigcap_{i=1}^{n}\overline{A}_i$，$\overline{\bigcap_{i=1}^{n}A_i}=\bigcup_{i=1}^{n}\overline{A}_i$.

【例 1】 圆柱形产品，只有当高和直径均合格时才是合格品，试考察下列事件的关系和

运算.

$A_1=$“产品合格”,$B_1=$“产品不合格”;

$A_2=$“高合格”,$B_2=$“高不合格”;

$A_3=$“直径合格”,$B_3=$“直径不合格”;

$A_4=$“高合格,直径合格”,$B_4=$“高合格,直径不合格”.

解　因为 A_1 发生必然导致 A_2 发生,所以 A_2 包含 A_1,即 $A_2\supset A_1$,同理有

$$A_3\supset A_1,B_1\supset B_2,B_1\supset B_3,B_1\supset B_4.$$

由 $A_1\supset A_4$ 且 $A_4\supset A_1$,知 $A_1=A_4$.

A_2,A_3 同时发生则 A_1 发生,即 A_1 是由 A_2,A_3 同时发生所构成的事件,故

$$A_1=A_2\cap A_3=A_2A_3$$

B_2,B_3 至少一个发生则 B_1 发生,所以 $B_1=B_2\cup B_3=B_2+B_3$.

A_1 与 B_2 互不相容,A_1 与 B_3,A_1 与 B_4 也互不相容.

$\overline{A}_1=B_1,\overline{A}_2=B_2,\overline{A}_3=B_3$.

B_4 是由 B_1 发生而 B_2 不发生所构成的事件,所以

$$B_4=B_1-B_2=B_1\overline{B}_2$$

【例 2】　设 A,B,C,D 是四个事件,试用它们表示下列事件:

(1)$H_1=$“仅 A 发生”;

(2)$H_2=$“A,B,C,D 恰有一个发生”;

(3)$H_3=$“A,B 中至少有一个发生,而 C,D 均不发生”;

(4)$H_4=$“A,B,C 中不多于一个发生,但 D 发生”;

(5)$H_5=$“A,B 中至少有一个发生,C,D 中至少有一个不发生”;

(6)$H_6=$“A,B,C,D 至多有两个发生”.

解　(1)$H_1=A\overline{B}\,\overline{C}\,\overline{D}$;

注意:这里最容易犯的错误是,①误以为 $A\cup B\cup C\cup D=S$,把 H_1 写成 $S-B-C-D$;②将 $\overline{B}\,\overline{C}\,\overline{D}$ 与 $\overline{BCD}$ 等同起来,将 H_1 写成 $A\overline{BCD}$.

(2)$H_2=A\overline{B}\,\overline{C}\,\overline{D}+\overline{A}B\overline{C}\,\overline{D}+\overline{A}\,\overline{B}C\overline{D}+\overline{A}\,\overline{B}\,\overline{C}D$;

(3)$H_3=(A\cup B)\overline{C}\,\overline{D}$;

(4)$H_4=(A\overline{B}\,\overline{C}\cup\overline{A}B\overline{C}\cup\overline{A}\,\overline{B}C\cup\overline{A}\,\overline{B}\,\overline{C})D=(\overline{A}\,\overline{B}\cup\overline{A}\,\overline{C}\cup\overline{B}\,\overline{C})D$;

(5)$H_5=(A\cup B)(\overline{C}\cup\overline{D})=(A\cup B)\overline{CD}$;

(6)
$$\begin{aligned}H_6&=\overline{A}\,\overline{B}\,\overline{C}\,\overline{D}+A\overline{B}\,\overline{C}\,\overline{D}+\overline{A}B\overline{C}\,\overline{D}+\overline{A}\,\overline{B}C\overline{D}+\overline{A}\,\overline{B}\,\overline{C}D+AB\overline{C}\,\overline{D}+\\&\quad A\overline{B}C\overline{D}+A\overline{B}\,\overline{C}D+\overline{A}BC\overline{D}+\overline{A}B\overline{C}D+\overline{A}\,\overline{B}CD\\&=\overline{A}\,\overline{B}\cup\overline{A}\,\overline{C}\cup\overline{A}\,\overline{D}\cup\overline{B}\,\overline{C}\cup\overline{B}\,\overline{D}\cup\overline{C}\,\overline{D}\end{aligned}$$

从上面的例子可见,同一个事件可以有不同的表示方法,当然要选一个简单的.

从例 1 可以发现,欲求一个事件的对立事件,只需把原来的事件加以“否定”,否定词“不”要放在原事件的关键词前面.

【例 3】　袋中有红、黄、蓝三色的球各若干(都多于 3 个),今从中任取三个球,记 $A=$“三个球的颜色全同”,则 A 的对立事件为(　　).

A."三个球的颜色全不同" B."三个球的颜色不全同"

C."三个球无红且无黄" D."三个球无蓝或无黄"

解 事件 A 的关键词是"全同",所以否定词"不"应加在"全同"前面,即 $\overline{A}$="三个球的颜色不全同",故应选 B. 当然,和否定后的事件等价的事件,也是 A 的对立事件,如 $\overline{A}$="三个球至少有两种颜色".

【例 4】 设商品只有畅销和滞销两种情况,记 A="甲种商品畅销,乙种商品滞销",则 $\overline{A}$=( ).

A."甲种商品滞销,乙种商品畅销" B."甲、乙两种商品均畅销"

C."甲种商品滞销" D."甲种商品滞销或乙种商品畅销"

解 设 B="甲种商品畅销",C="乙种商品滞销",则

$$A=BC$$

于是 $\overline{A}=\overline{BC}=\overline{B}\cup\overline{C}$="甲种商品滞销或乙种商品畅销",故应选 D.

1.3 古典概率

一个随机试验中,往往有多个随机事件,有些事件出现的可能性大些,有些事件出现的可能性小些. 事件出现的可能性大小,是客观存在的,它揭示了随机现象的内在规律性. 在生产实践中,了解和掌握事件发生的可能性大小是有重要意义的. 例如,某生产车间有 n 台机器,知道了同时有多少台机器出故障的可能性大小,就可以合理地配置维修人员.

为了研究事件发生的可能性,就需要用一个数字来描述这种可能性的大小. 我们称描述一个事件出现的可能性大小的实数,为该事件的**概率**. 事件 $A,B,C,\cdots$ 的概率分别用 $P(A)$, $P(B)$, $P(C)$, $\cdots$ 表示. 由此可知,概率是随机事件(集合)的函数.

对于给定的事件 A,概率 $P(A)$ 到底是一个什么数? 怎样求出这个数? 本节我们先对一种最简单的情况加以讨论.

一、古典概率的定义

先看一个简单的例子,掷一颗质地均匀的骰子,考察事件 e_i="出现 i 点"$(i=1,2,\cdots,6)$,A="出现偶数点",B="出现的点数大于 2",出现的概率.

由于骰子是均质的,所以出现每种点数的可能性相等,故有理由认为

$$P(e_1)=P(e_2)=\cdots=P(e_6)=\frac{1}{6}$$

A 中包含 3 个基本事件,所以认为

$$P(A)=\frac{A\text{ 中包含的基本事件数}}{\text{基本事件总数}}=\frac{1}{2}$$

同理

$$P(B)=\frac{B\text{ 中包含的基本事件数}}{\text{基本事件总数}}=\frac{4}{6}$$

这个例子中,事件的概率之所以能够很容易求出来,是因为试验具有两个特点:

(1)基本事件总数是有限的,只有 6 个;

(2)每个基本事件出现的可能性相等,都是$\frac{1}{6}$.

具有以上两个特点的试验,称为古典概型的试验,它是概率论初期研究的主要对象,一般的定义如下.

定义 1-1 设 E 为一随机试验,若其样本空间 S 满足以下两个条件:

(1)只有有限个基本事件; ——有限性

(2)每个基本事件出现的可能性相等; ——等可能性

则称 E 为**古典概型的试验**,简称为**古典概型**.在古典概型中,事件 A 的概率定义为

$$P(A)=\frac{A\text{ 中包含的基本事件数}}{\text{基本事件总数}}\triangleq\frac{{}^{\#}(A)}{{}^{\#}(S)} \tag{1-1}$$

二、古典概率计算举例

根据古典概率的定义可见,计算古典概型中某个事件的概率,应按以下的步骤进行:

首先,设出要求概率的事件,用字母 A 表示之.

其次,确定基本事件是什么?即确定试验的可能结果是什么?

再其次,计算基本事件总数和 A 中包含的基本事件数.这种计算常常要用到前面提到的排列和组合的知识.

最后,求比值$\frac{{}^{\#}(A)}{{}^{\#}(S)}$,即可求出 A 的概率.

$$P(A)=\frac{{}^{\#}(A)}{{}^{\#}(S)}$$

【例 1】 将 10 本不同的书随机地排到书架上,求指定的 3 本靠在一起的概率.

解 设 A=“指定的 3 本靠在一起”.

将 10 本书的每种排列看作基本事件,则${}^{\#}(S)=10!$.

A 中的基本事件可理解为如下情况:将指定的 3 本包起来看作一本,与余下的 7 本进行排列,则有 8! 种,对其中一种排列,3 本打开再排的方法有 3! 种,故${}^{\#}(A)=8!\ 3!$,于是

$$P(A)=\frac{{}^{\#}(A)}{{}^{\#}(S)}=\frac{8!\ 3!}{10!}=\frac{1}{15}=0.067$$

【例 2】 袋中有 5 个白球,3 个黑球,从袋中任取 2 个球,求 2 个球都是白球的概率.

解 设 A=“2 个球都是白球”.

以 8 个球中任取 2 个球的一种组合作为一个基本事件,则${}^{\#}(S)=C_8^2$,${}^{\#}(A)=C_5^2$,故

$$P(A)=\frac{C_5^2}{C_8^2}=\frac{5}{14}\approx 0.357$$

【例 3】 袋中有 9 个红球,3 个白球,今从中任取 5 个球,在以下三种情况下,求恰有 3 个红球和 2 个白球的概率.

(1)一次取 5 个;

(2)每次取一个,不放回地取 5 次;

(3)每次取一个,有放回地取 5 次.

解 设 A=“5 个球中恰有 3 个红球 2 个白球”.

(1)以 12 个球中取 5 个球的一种组合作为一个基本事件,则${}^{\#}(S)=C_{12}^5$,${}^{\#}(A)=C_9^3C_3^2$,

故

$$P(A)=\frac{C_9^3C_3^2}{C_{12}^5}=\frac{7}{22}\approx 0.32$$

(2)以 12 个球中取 5 个球的一种选排列作为一个基本事件,则$^{\#}(S)=A_{12}^5$,A 中的基本事件也应该是排列,从 9 个红球中取出 3 个,3 个白球中取出 2 个,然后 5 个球进行全排列,故$^{\#}(A)=C_9^3\cdot C_3^2\cdot 5!$,于是

$$P(A)=\frac{C_9^3C_3^2 5!}{A_{12}^5}=\frac{7}{22}\approx 0.32$$

(3)因为是有放回地抽取,所以同一个球可以重复取到,因此,以 12 个球中取 5 个球的一种有重复排列作为一个基本事件,即$^{\#}(S)=12^5$,A 中的基本事件可这样构成:取 5 次球要占 5 个位置,其中红球占 3 个,共有 C_5^3 种不同的占位法.对一种占位法,红球有放回地取 3 次,白球有放回地取 2 次,共有 $9^3\cdot 3^2$ 种不同的取法,故$^{\#}(A)=C_5^3\cdot 9^3\cdot 3^2$,于是

$$P(A)=\frac{C_5^3 9^3 3^2}{12^5}=\frac{135}{512}\approx 0.264$$

【例 4】 袋中有 a 个白球,b 个黑球,若随机地把球一个一个地取出来,求第 k 次取到白球的概率.

解法 1 设 A=“第 k 次取到白球”.

把 a 个白球和 b 个黑球都看作是不同的(比如,白球编号为 $1\sim a$,黑球编号为 $1\sim b$),且把球全部取出看作一个试验,于是 $a+b$ 个球的一种全排列为一个基本事件,即$^{\#}(S)=(a+b)!$.A 中的基本事件可这样构成,先从 a 个白球中拿出一个,剩下的 $a+b-1$ 个球全排起来,再将拿出来的白球放到第 k 个位置上,则$^{\#}(A)=C_a^1(a+b-1)!$,于是

$$P(A)=\frac{a(a+b-1)!}{(a+b)!}=\frac{a}{a+b}$$

解法 2 设球除黑白以外不可分辨,此时不能用排列作为基本事件.我们把 $a+b$ 个位置,白球占 a 个的一种占位法作为一个基本事件,则$^{\#}(S)=C_{a+b}^a$,$^{\#}(A)=C_{a+b-1}^{a-1}$,于是

$$P(A)=\frac{C_{a+b-1}^{a-1}}{C_{a+b}^a}=\frac{a}{a+b}$$

两种解法的结果是一样的.本例说明,对同一个实际问题可以有不同的样本空间,这取决于对试验的理解和基本事件的选择.

值得注意的是,计算的结果与 k 无关,就是说,不管第几次取,取到白球的概率都是一样的.这从理论上说明,平常人们采用的“抓阄儿”的办法是公平合理的,买彩票就是这一概率模型.

【例 5】 有 M 个盒子和 n 个球,每个盒子可以装任意多个球,每个球以相同的概率落到每个盒子中,今将球随机地放入盒子中,求下列事件的概率.

A=“某指定的 n 个盒子中各有一球”;

B=“恰有 n 个盒子中各有一球”;

C=“某指定的一个盒子中有 k 个球”.

解 n 个球放到 M 个盒子中的一种放法是一个基本事件,因为每个盒子可以装任意多个球,所以每个球都有 M 种放法,即$^{\#}(S)=M^n$。

$$^{\#}(A)=n!,$$

$$^{\#}(B)=C_M^n\cdot n!,$$

$$^{\#}(C)=C_n^k(M-1)^{n-k},$$

本例也是一个典型的概率模型,很多问题可以化成这一模型,例如一群人的生日问题.

三、概率的性质

定理 1-1 事件的古典概率具有如下性质:

(1)对任一事件 A,有 $0\leqslant P(A)\leqslant 1$;

(2)$P(S)=1$;

(3)若事件 A,B 互不相容,则

$$P(A+B)=P(A)+P(B) \tag{1-2}$$

证明 由于任何事件 A 包含的基本事件数,不超过基本事件总数,故(1)成立.又由于必然事件包含所有基本事件,故(2)成立.现证(3).

设 $S=\{e_1,e_2,\cdots,e_n\}$,$A=\{e_{i1},e_{i2},\cdots,e_{ir}\}$,$B=\{e_{k1},e_{k2},\cdots,e_{kt}\}$,由于 A,B 互不相容,它们不包含相同的基本事件,故

$$A+B=\{e_{i1},e_{i2},\cdots,e_{ir},e_{k1},\cdots,e_{kt}\}$$

由公式(1-1)可得

$$P(A+B)=\frac{r+t}{n}=\frac{r}{n}+\frac{t}{n}=P(A)+P(B)$$

性质(3)不难推广到 n 个事件中去:若 $A_1,A_2,\cdots,A_n$ 互不相容,则

$$P(A_1+A_2+\cdots+A_n)=P(A_1)+P(A_2)+\cdots+P(A_n) \tag{1-3}$$

由性质(1),(2),(3)可以推出以下的结果:

(4)$P(A)=1-P(\overline{A})$ (1-4)

证明 因为 A 与 $\overline{A}$ 互不相容,且 $A+\overline{A}=S$,故

$$1=P(A+\overline{A})=P(A)+P(\overline{A}),\text{即 } P(A)=1-P(\overline{A})$$

(5)$P(\varnothing)=0$

证明 $\overline{\varnothing}=S$,由式(1-4)知

$$P(\varnothing)=1-P(\overline{\varnothing})=1-P(S)=0$$

(6)设 A,B 为任意事件,则

$$P(A-B)=P(A)-P(AB) \tag{1-5}$$

特别地,若 $A\supset B$,则

$$P(A-B)=P(A)-P(B)$$

由 $P(A-B)\geqslant 0$ 知 $P(A)-P(B)\geqslant 0$,即

$$P(A)\geqslant P(B) \tag{1-6}$$

式(1-5)称为概率的减法公式,式(1-6)称为概率的单调性.

证明 仅证式(1-5).因为 $A=(A-B)+AB$,且 $A-B$ 与 AB 互不相容,所以

$$P(A)=P(A-B)+P(AB)$$

即

$$P(A-B)=P(A)-P(AB)$$

(7)对于任意的事件 A,B,C,有

$$P(A\cup B)=P(A)+P(B)-P(AB) \tag{1-7}$$

$$P(A\cup B\cup C)=P(A)+P(B)+P(C)-P(AB)-P(AC)-P(BC)+P(ABC) \tag{1-8}$$

式(1-7)和式(1-8)称为概率的加法公式.

证明 仅证式(1-7),因为 $A\cup B=A\cup(B-A)$,且 A 与 $B-A$ 互不相容,由式(1-5)知

$$P(A\cup B)=P(A)+P(B-A)=P(A)+P(B)-P(AB)$$

掌握了概率的上述性质,对事件概率的计算很有好处.

【例 6】 设 $P(\overline{A})=0.5$,$P(\overline{A}B)=0.2$,$P(B)=0.4$.

求(1)$P(AB)$;(2)$P(A-B)$;(3)$P(A\cup B)$;(4)$P(\overline{A}\,\overline{B})$.

解 (1)因为 $AB+\overline{A}B=B$,且 AB 与 $\overline{A}B$ 是互不相容的,故有

$$P(AB)+P(\overline{A}B)=P(B).$$

于是 $P(AB)=P(B)-P(\overline{A}B)=0.4-0.2=0.2$.

(2)$P(A)=1-P(\overline{A})=1-0.5=0.5$

$P(A-B)=P(A)-P(AB)=0.5-0.2=0.3$

(3)$P(A\cup B)=P(A)+P(B)-P(AB)$

$=0.5+0.4-0.2=0.7$

(4)$P(\overline{A}\,\overline{B})=P(\overline{A\cup B})=1-P(A\cup B)=1-0.7=0.3$.

【例 7】 已知 $P(A)=0.7$,$P(A-B)=0.3$,$P(B-A)=0.2$,求 $P(AB)$,$P(\overline{A}\,\overline{B})$.

解 由式(1-4)知

$$P(\overline{AB})=1-P(AB)$$

又

$$0.3=P(A-B)=P(A)-P(AB)=0.7-P(AB)$$

知 $P(AB)=0.4$,故

$$P(\overline{AB})=1-0.4=0.6$$

$$\begin{aligned}P(\overline{A}\,\overline{B})&=P(\overline{A\cup B})=1-P(A\cup B)\\&=1-[P(A)+P(B)-P(AB)]\\&=1-[P(A)+P(B-A)]\\&=1-(0.7+0.2)=0.1\end{aligned}$$

【例 8】 袋中有 4 个白球,3 个黑球,从中一次取 3 个球,求至少有一个白球的概率.

解 设 A="3 个球中至少有一个白球",B_i="3 个球中恰有 i 个白球"($i=0,1,2,3$),则

$$A=B_1+B_2+B_3$$

且 B_1,B_2,B_3 互不相容. 于是

$$\begin{aligned}P(A)&=P(B_1)+P(B_2)+P(B_3)\\&=\frac{C_4^1C_3^2}{C_7^3}+\frac{C_4^2C_3^1}{C_7^3}+\frac{C_4^3}{C_7^3}\\&=\frac{12+18+4}{35}=\frac{34}{35}\end{aligned}$$

或用对立事件

$$P(A)=1-P(\overline{A})=1-P(B_0)=1-\frac{C_3^3}{C_7^3}=1-\frac{1}{35}=\frac{34}{35}$$

1.4 几何概率

概率的古典定义，是在样本空间的基本事件只有有限个，且每个基本事件出现的可能性相等的条件下给出的，对于基本事件为无穷多个的情况，古典概率的定义就不适用了.比如，向平面区域 S 内任投一个质点，考虑质点落在 S 的子域 A 内的概率.由于质点可以落在 S 内的每一个点上，故 S 内的每一个点都是基本事件，它们全体有无穷多个，A 中包含的基本事件也有无穷多个，因此，式(1-1)就不能用了，需要引入新的概率的定义.我们假设质点落在任何子域内的概率，仅与该子域的面积成正比，而与其形状和位置无关(如图 1-2)，在这种等可能的假设下，自然应将“向区域 S 内任投一质点，质点落在子域 A 上”的概率定义为

$$P(A)=\frac{A\text{ 的面积}}{S\text{ 的面积}}$$

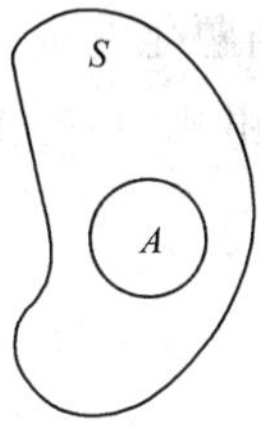

图 1-2

这就是几何概率的定义，一般叙述如下.

定义 1-2 向区域 S 内任投一质点，设质点必落在 S 内，且落在 S 的任一子域 A 上(该事件仍记为 A)的可能性仅与 A 的度量(如长度，面积……)成正比，而与 A 的形状和位置无关.称这一试验为**几何概型**的试验，并定义 A 的概率为

$$P(A)=\frac{A\text{ 的度量}}{S\text{ 的度量}}\triangleq\frac{L(A)}{L(S)} \tag{1-9}$$

如果问题可以化为向某一区域上投一质点，求质点落入其某个子域上的概率，就可以用几何概型.

【例 1】(约会问题) 甲、乙两人约定 0 时到 T 时内在某地见面，先到者等后者 t 时间，然后离去，求两人能见面的概率.

解 设 A=“两人能见面”.

以 x,y 分别表示两人的到达时间，则

$$0\leqslant x\leqslant T,0\leqslant y\leqslant T$$

不等式确定一平面域 S(如图 1-3)，于是

$$A\text{ 发生}\Leftrightarrow|x-y|\leqslant t$$

即

$$-t\leqslant x-y\leqslant t$$

不等式确定了 S 的子域 A.

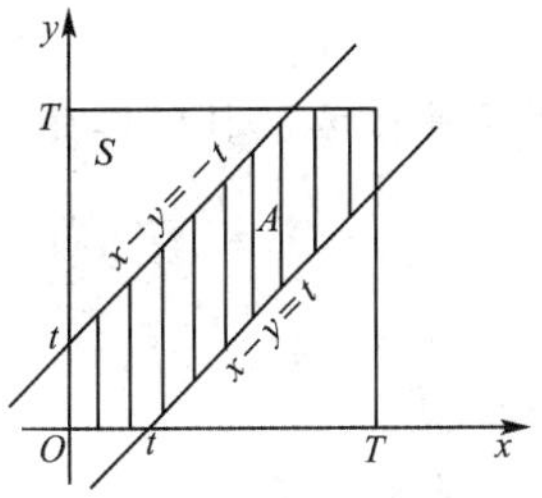

图 1-3

问题化为向区域 S 上任投一个质点，求质点落在子域 A 上的概率，由式(1-9)得

$$P(A)=\frac{T^2-(T-t)^2}{T^2}=1-\left(1-\frac{t}{T}\right)^2$$

【例 2】 在区间(0,1)上任取两个数，求两数之和小于$\frac{2}{3}$的概率.

解 设A="两数之和小于$\frac{2}{3}$".

以x,y分别表示取得的两个数，则

$$0<x<1,\quad 0<y<1$$

不等式确定平面域S(如图 1-4)，于是

$$A\text{ 发生}\Leftrightarrow x+y<\frac{2}{3}$$

不等式$0<x+y<\frac{2}{3}$确定了S的子域A.

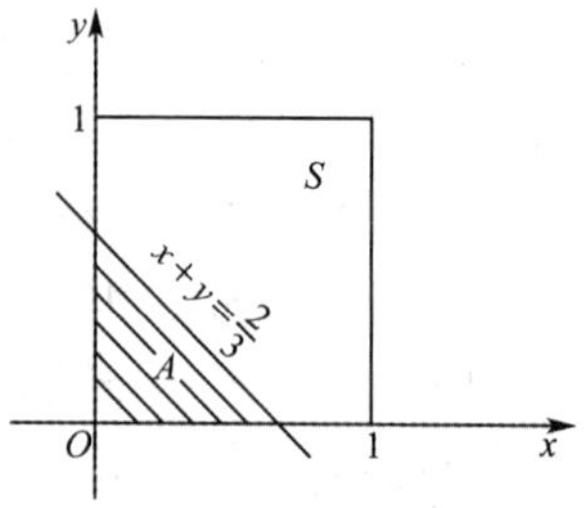

图 1-4

问题化为向S上任投一质点，求质点落在子域A上的概率，由式(1-9)得

$$P(A)=\frac{A\text{ 的面积}}{S\text{ 的面积}}=\frac{2}{9}$$

与古典概率一样，几何概率具有如定理 1-1 中所述的性质.

定理 1-2 几何概率具有如下的性质：

(1)对任一事件A，有$0\leqslant P(A)\leqslant 1$；

(2)$P(S)=1$；

(3)若$A_1,A_2,\cdots,A_n$互不相容则

$$P(A_1+A_2+\cdots+A_n)=P(A_1)+P(A_2)+\cdots+P(A_n) \tag{1-10}$$

证明 性质(1),(2)可由式(1-9)直接推得，今证性质(3).

因为$A_1,A_2,\cdots,A_n$是样本空间S的子域，且$A_iA_j=\varnothing(i\neq j;i,j=1,2,\cdots,n)$，故

$$L(A_1+A_2+\cdots+A_n)=L(A_1)+L(A_2)+\cdots+L(A_n)$$

用$L(S)$除上式两端，得

$$\frac{L(A_1+A_2+\cdots+A_n)}{L(S)}=\frac{L(A_1)}{L(S)}+\frac{L(A_2)}{L(S)}+\cdots+\frac{L(A_n)}{L(S)}$$

从而由式(1-9)得

$$P(A_1+A_2+\cdots+A_n)=P(A_1)+P(A_2)+\cdots+P(A_n)$$

可见古典概率的其他性质，几何概率同样具备.

1.5 统计概率

古典概率和几何概率都是以等可能性为基础的，有很大的局限性. 实际中有很多试验，它们试验的结果不具备等可能性，古典概率和几何概率在这里就不适用了，为了描述一般试验中事件出现的可能性，我们引进统计概率的定义，为此我们分析一下掷硬币试验的例子，历史上不少人做过这一试验，我们仅将部分试验的结果列于表 1-2 中.

表 1-2

试验者	投掷次数 n	正面出现次数 n_A	比值 n_A/n
薄　丰	4 040	2 048	0.506 9
费　勒	10 000	4 979	0.497 9
皮尔逊	12 000	6 019	0.501 6
皮尔逊	24 000	12 012	0.500 5
维　尼	30 000	14 994	0.499 8

从表 1-2 可见，随着试验次数的增加，比值$\frac{n_A}{n}$逐渐稳定在 0.5 附近，即 0.5 可以描述掷一枚硬币，正面出现的可能性，可以认为正面出现的概率为 0.5. 一般地我们有如下定义.

定义 1-3　在一组固定条件下，重复进行 n 次试验，事件 A 出现了 n_A 次，则称比值

$$f_n(A)=\frac{n_A}{n}$$

为事件 A 出现的**频率**，当 n 增大时，$f_n(A)$逐渐稳定在某一个常数 p 附近，且 n 越大，$f_n(A)$在 p 附近摆动的幅度越小，则称 p 为事件 A 的**概率**，即

$$P(A)=p$$

这就是概率的统计定义，用一句话说，概率是频率的稳定值. 这个定义适用于一切类型的试验，当 n 充分大时，可用频率 $f_n(A)=\frac{n_A}{n}$作为概率 $P(A)$的近似值.

下面讨论统计概率的性质，按统计概率的定义，概率是频率的数学抽象，因此，人们自然根据频率所具有的性质，来推断统计概率的性质.

定理 1-3　事件的频率具有如下的性质：

(1)对任意事件 A，有 $0\leqslant f_n(A)\leqslant 1$；

(2)$f_n(S)=1$；

(3)若 $A_1,A_2,\cdots,A_k$ 互不相容，则

$$f_n(A_1+A_2+\cdots+A_k)=f_n(A_1)+f_n(A_2)+\cdots+f_n(A_k) \tag{1-11}$$

证明　由频率的定义，性质(1)，(2)显然成立，今证性质(3).

设在 n 次试验中，事件 $A_1,A_2,\cdots,A_k$ 发生的次数分别为 $n_1,n_2,\cdots,n_k$，由于 $A_1,A_2,\cdots,A_k$ 互不相容，故事件 $A_1+A_2+\cdots+A_k$ 发生的次数为 $n_1+n_2+\cdots+n_k$，从而

$$\begin{aligned}f_n(A_1+A_2+\cdots+A_k)&=\frac{n_1+n_2+\cdots+n_k}{n}=\frac{n_1}{n}+\frac{n_2}{n}+\cdots+\frac{n_k}{n}\\&=f_n(A_1)+f_n(A_2)+\cdots+f_n(A_k)\end{aligned}$$

由定理 1-3 可知，统计概率应具有如下性质：

(1)$0\leqslant P(A)\leqslant 1$；

(2)$P(S)=1$；

(3)若 $A_1,A_2,\cdots,A_k$ 互不相容，则

$$P(A_1+A_2+\cdots+A_n)=P(A_1)+P(A_2)+\cdots+P(A_n)$$

由此可知，古典概率的其他性质，统计概率也都具备.

1.6 概率的公理化定义

古典概率和几何概率的定义都是以等可能性为基础的，它们的适用范围有很大的局限性. 概率的统计定义虽然适用于一般情况，但它的定义有不确切的地方，而且在很多情况下不能用大量试验计算概率，所以我们需要给出概率的一般定义.

由前面看到，三种不同的概率定义，具有相同性质：

(1) $0\leqslant P(A)\leqslant 1$；

(2) $P(S)=1$；

(3) 若 $A_1,A_2,\cdots,A_n$ 互不相容，则

$$P(A_1+A_2+\cdots+A_n)=P(A_1)+P(A_2)+\cdots+P(A_n)$$

这说明这 3 条性质是概率最基本的性质，是概率的固有属性. 由此人们想到用这些性质作为概率的一般定义，近代概率论的公理结构中正是这样做的.

下面陈述概率的公理化定义.

定义 1-4 设试验 E 的样本空间为 S，如果对每一个事件 A，都有一个实数 $P(A)$ 与之对应，且满足以下公理：

公理 1-1
$$P(A)\geqslant 0 \tag{1-12}$$

公理 1-2
$$P(S)=1 \tag{1-13}$$

公理 1-3 对于互不相容的事件 $A_1,A_2,\cdots,A_n\cdots$，有

$$P(A_1+A_2+\cdots)=P(A_1)+P(A_2)+\cdots+P(A_n)+\cdots \tag{1-14}$$

则称实数 $P(A)$ 为事件 A 的概率.

式(1-12)称为概率的非负性，式(1-13)称为概率的规范性，式(1-14)称为概率的可列可加性或完全可加性. 公理 1-3 的设立，是为了适应样本空间是无限的情况，在那里不可避免地要考虑可列无穷多个事件和的概率运算问题，至于 $P(A)\leqslant 1$，可由公理 1-1，1-2，1-3 推出.

推论 1-1
$$P(\varnothing)=0 \tag{1-15}$$

证明 $S=S+\varnothing+\varnothing+\cdots$，由公理 1-3 得

$$P(S)=P(S)+P(\varnothing)+\cdots$$

因此

$$P(\varnothing)=0$$

推论 1-2 设 $A_1,A_2,\cdots,A_n$ 是互不相容的事件，则

$$P(A_1+A_2+\cdots+A_n)=P(A_1)+P(A_2)+\cdots+P(A_n) \tag{1-16}$$

证明 $P(A_1+A_2+\cdots+A_n)=P(A_1+A_2+\cdots+A_n+\varnothing+\varnothing+\cdots)$ 由公理 1-3 和推论 1-1 得

$$\begin{aligned}P(A_1+A_2+\cdots+A_n)&=P(A_1)+\cdots+P(A_n)+P(\varnothing)+\cdots\\&=P(A_1)+\cdots+P(A_n)\end{aligned}$$

推论 1-3 $0\leqslant P(A)\leqslant 1$.

证明 只需证明 $P(A)\leqslant 1$，由于

$$1=P(S)=P(A+\overline{A})=P(A)+P(\overline{A}) \tag{1-17}$$

故得 $P(A)\leqslant 1$.

由式(1-17)立即推出古典概率的性质(4).

$$P(A)=1-P(\overline{A})$$

由公理 1-1 和推论 1-2 可以推出古典概率的性质(5),(6),可见古典概率的性质也就是一般的公理化概率的性质.

由定理 1-1、1-2 和 1-3 知,古典概率、几何概率和统计概率都满足 3 条公理,故它们都是公理化概率的特殊情况,而公理化概率定义则是它们的数学抽象,同时又避免了上述各种定义的不足之处。

习题 1

1-1 一个口袋中有 3 只外形完全相同的球,其编号分别为 1,2,3. 设 E_1 为从袋中依次无放回地抽取两次球的试验,E_2 为从袋中依次有放回地抽取两次球的试验,E_3 为从袋中一次取两个球的试验. 试分别写出 E_1,E_2,E_3 的样本空间及下列相应的事件:A=“球的最小号码为 1”;B=“球的号码之和为 4”;C=“两个球中有 2 号球”.

1-2 设 E 为同时掷两颗骰子的试验,试写出 E 的样本空间及下列事件:A=“点数之和等于 10”,B=“第二颗骰子的点数比第一颗骰子的点数大 2”.

1-3 设 E 为记录在时间$[0,t]$内通过某桥的汽车流量,试写出 E 的样本空间及下列事件:A=“通过的汽车不足 5 台”,B=“通过的汽车不少于 3 台”.

1-4 设某长方体的长、宽和高的真值分别为 10 cm,5 cm,3 cm,E 为测量该长方体的长、宽和高的试验. 若测量误差的绝对值不大于 2 mm,试写出 E 的样本空间.

1-5 设 A,B,C 是随机试验 E 的 3 个事件,试用 A,B,C 表示事件:(1)仅 A 发生;(2)A,B,C 至少两个发生;(3)A,B,C 中不多于两个发生;(4)A,B,C 恰有两个发生;(5)A,B,C 至多一个发生.

1-6 证明下列各式:

(1)$A-B=A\cap\overline{B}$　　(2)$A\cup B=AB\cup(A-B)\cup(B-A)$

(3)$\overline{A\cup B}=\overline{A}\cap\overline{B}$　　(4)$\overline{A\cap B}=\overline{A}\cup\overline{B}$

1-7 若事件 A,B,C 满足 $ABC=\varnothing$,能否断定 A,B,C 互不相容? 为什么?

1-8 一个工人生产了 3 件产品,以 $A_i(i=1,2,3)$表示第 i 件产品是正品. 试用 A_i 表示事件:(1)没有一个产品是次品;(2)至少有一个产品是次品;(3)恰有一个产品是次品;(4)至少有两个产品不是次品.

1-9 一部 5 卷本文集,任意地排列到书架上,问卷号自左向右或自右向左恰好为 12345 的顺序的概率是多少?

1-10 在电话号码簿中任取一个电话号码,求后面 4 个数全不相同的概率.

1-11 一批晶体管共 40 只,其中 3 只是坏的,今从中任取 5 只,求(1)5 只全好的概率;(2)5 只中有两只坏的概率.

1-12 袋中有编号为 1～10 的 10 个球,今从袋中任取 3 个球,求(1)3 个球的最小号码为 5 的概率;(2)3 个球的最大号码为 5 的概率.

1-13 从 n 双不同的鞋子中任取 $2r(2r<n)$ 只,求下列事件的概率:(1)没有配对的鞋子;(2)只有两只配对;(3)能配成对的数目恰好为 2;(4)能配成对的数目恰好为 r.

1-14 教室里有 r 个学生,求他们的生日都不相同的概率.

1-15 设 6 位乘客在楼的底层进入电梯,楼上有 9 层,每位乘客在楼上各层下电梯的概率是相同的.求下列事件的概率:(1)某一层有两位乘客下电梯;(2)恰有一层有两位乘客下电梯;(3)同一层至多有一位乘客下电梯;(4)同一层至少有两位乘客下电梯.

1-16 某种产品 40 件,其中 3 件次品,从中任取两件,求至少有一件次品的概率.

1-17 房间里有 4 个人,求下列事件的概率:$A=$"恰有两个人的生日在同一个月";$B=$"恰有 3 个人的生日在同一个月";$C=$"至少有两个人的生日在一个月".

1-18 设 A,B,C 是 3 个事件,且 $P(A)=P(B)=P(C)=\frac{1}{4}$,$P(AB)=P(BC)=0$,$P(AC)=\frac{1}{8}$,求 A,B,C 至少一个发生的概率.

1-19 从 $0,1,\cdots,9$ 这 10 个数中,任意取出 3 个不同的数,试求下列事件的概率:$A_1=$"3 个数中不含 0 和 5";$A_2=$"3 个数中不含 0 或 5";$A_3=$"3 个数中含 0 但不含 5".

1-20 把长度为 a 的棒任意折成三段,求它们可以构成一个三角形的概率.

***1-21** (蒲丰投针问题)在平面上画出等距离 $a(a>0)$ 的一些平行线,向平面上随机地投掷一根长为 $L(L<a)$ 的针,试求针与一平行线相交的概率 p.

1-22 随机地取两个正数 x 和 y,这两个数中的每一个数都不超过 1,试求 x 与 y 之和不超过 1 而积不少于 0.09 的概率.

1-23 在半径为 R 的圆内画平行弦,如果这些弦与垂直于弦的直径的交点在该直径上的位置是等可能的,求任意画的弦的长度大于 R 的概率.

1-24 用某种药物对患有胃溃疡的 512 个病人进行治疗,结果 368 人有明显疗效.现有某胃溃疡病人欲服此药,你能对效果做何估计?

1-25 设 $AB\subset C$,试证明 $P(A)+P(B)-P(C)\leqslant 1$.

1-26 对任意事件 A,B,C,试证 $P(AB)+P(AC)-P(BC)\leqslant P(A)$.

第 2 章
条件概率与独立性

2.1 条件概率和乘法公式

在实际问题中，除了要考虑事件 A 的概率 $P(A)$以外，还要考虑事件 A 在“某事件 B 发生”这一附加条件下的概率，这样的概率，人们称之为条件概率，记为 $P(A|B)$，相应地，将 $P(A)$称为无条件概率. 严格说来，概率都是有条件的，这是因为，试验都是在一定条件下进行的. 这里说的条件，无非是指在原有的试验条件下，再附加“B 发生”这一条件. 如何定义“在事件 B 发生的条件下，事件 A 的条件概率”呢？为了回答这个问题，先看一个例子.

【例 1】 袋中有编号为 1,2 的两件正品和编号为 a,b 的两件次品，今从袋中依次不放回地抽取两个产品.

(1)求第一次取到次品的概率和第二次取到次品的概率；

(2)求两次都取到次品的概率；

(3)求在第一次取到次品的条件下，第二次取到次品的条件概率.

解 设 A=“第一次取到次品”，B=“第二次取到次品”.

试验的样本空间为

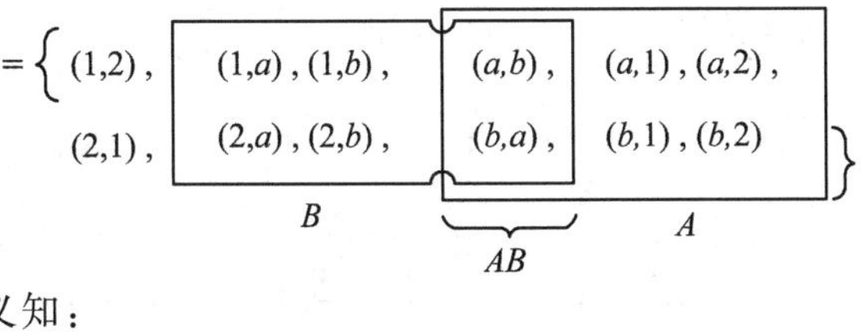

由古典概率的定义知：

(1)$P(A)=\dfrac{1}{2}$，$P(B)=\dfrac{1}{2}$；

(2)$P(AB)=\dfrac{1}{6}$；

(3)所求概率为 $P(B|A)$.

因为 A 发生了，所以导致 A 发生的 6 个基本事件中至少有一个发生，在这个条件下，导致 B 发生的基本事件仅有 2 个，故

$$P(B|A)=\frac{2}{6}=\frac{2/12}{6/12}=\frac{P(AB)}{P(A)} \qquad (*)$$

实际式(*)的成立不是偶然的，是普遍规律，只是不能在一般情况下用纯数学推导出来，于是我们将式(*)作为条件概率的定义.

定义 2-1 设 A 和 B 为任意两个事件，且 $P(A)>0$，则称比值 $\frac{P(AB)}{P(A)}$ 为事件 B 在事件 A 发生的条件下的**条件概率**，记为 $P(B|A)$，即

$$P(B|A)=\frac{P(AB)}{P(A)}$$

同理可得

$$P(A|B)=\frac{P(AB)}{P(B)},(P(B)>0) \tag{2-1}$$

根据条件概率的意义，欲求条件概率，应按以下步骤进行：首先把已经发生的事件用字母(如 A)表示出来，然后分析一下 A 与哪些事件有关，用 $B_1,B_2,\cdots$ 表示这些事件，最后按题目的要求，利用式(2-1)求条件概率.

【例 2】 一批产品中一级品占 60%，二级品占 30%，三级品占 10%，今任取一件产品，已知它不是三级品，求它是一级品的概率.

解 这里已经发生的事件是任取一件不是三级品，故设 A=“任取一件不是三级品”，B_i=“任取一件是 i 级品”，$i=1,2$.

所求概率为

$$P(B_1|A)=\frac{P(AB_1)}{P(A)}=\frac{P(AB_1)}{P(B_1+B_2)}=\frac{P(B_1)}{P(B_1)+P(B_2)}=\frac{0.6}{0.6+0.3}=\frac{2}{3}$$

【例 3】 设 10 件产品中有 4 件不合格，从中任取两件，发现有一件是不合格品，求另一件也是不合格品的概率.

解 设 A=“两件中发现有一件是不合格品”，B_i=“两件中恰有 i 件不合格”$(i=1,2)$，所求概率为

$$P(B_2|A)=\frac{P(AB_2)}{P(A)}=\frac{P(B_2)}{P(B_1+B_2)}=\frac{P(B_2)}{P(B_1)+P(B_2)}=\frac{C_4^2/C_{10}^2}{\frac{C_4^1C_6^1}{C_{10}^2}+\frac{C_4^2}{C_{10}^2}}=\frac{1}{5}$$

条件概率和无条件概率在本质上没有区别，这可由下面的定理得知.

定理 2-1 条件概率满足概率的 3 条公理，即

(1) $P(B|A)\geqslant 0$；

(2) $P(S|A)=1$；

(3) 若 $B_1,B_2,\cdots$ 互不相容，则

$$P((B_1+B_2+\cdots+B_n\cdots)|A)=P(B_1|A)+P(B_2|A)+\cdots+P(B_n|A)\cdots$$

既然条件概率就是概率，所以概率的一切性质，条件概率自然具备. 例如，设 B,C 为任意事件，$P(A)>0$，则

$$P((B\cup C)|A)=P(B|A)+P(C|A)-P(BC|A)$$

由式(2-1)可得

$$P(AB)=P(A)P(B|A),\quad P(A)>0$$
$$P(AB)=P(B)P(A|B),\quad P(B)>0$$

这就是所谓的概率乘法公式，这个结论可以写成下面的定理.

定理 2-2 两个事件积的概率，等于其中一个事件的概率与另一个事件在前一事件发生下的条件概率的乘积. 即

$$P(AB)=P(A)P(B|A)=P(B)P(A|B) \tag{2-2}$$

这个结果很容易推广到 n 个事件上去.

定理 2-3　设 $A_1,A_2,\cdots,A_n$ 为 n 个事件，$n\geqslant 2$ 且 $P(A_1A_2\cdots A_{n-1})>0$，则有

$$P(A_1A_2\cdots A_n)=P(A_1)P(A_2|A_1)P(A_3|A_1A_2)\cdots P(A_n|A_1\cdots A_{n-1}) \tag{2-3}$$

证明　由于 $P(A_1)\geqslant P(A_1A_2)\geqslant\cdots\geqslant P(A_1A_2\cdots A_{n-1})>0$，故式(2-3)右端各条件概率存在，即

$$\text{右端}=P(A_1)\cdot\frac{P(A_1A_2)}{P(A_1)}\cdot\frac{P(A_1A_2A_3)}{P(A_1A_2)}\cdot\cdots\cdot\frac{P(A_1A_2\cdots A_n)}{P(A_1A_2\cdots A_{n-1})}=P(A_1A_2\cdots A_n)=\text{左端}$$

【例 4】　盒中有 10 件产品，其中有 3 件一等品，今从盒中依次不放回地抽取产品，求第三次才取到一等品的概率.

解　设 A="第三次才取到一等品"；B_i="第 i 次取到一等品"$(i=1,2,3)$，则

$$A=\overline{B}_1\overline{B}_2B_3$$

$$P(A)=P(\overline{B}_1\overline{B}_2B_3)=P(\overline{B}_1)P(\overline{B}_2|\overline{B}_1)P(B_3|\overline{B}_1\overline{B}_2)=\frac{7}{10}\cdot\frac{6}{9}\cdot\frac{3}{8}=\frac{7}{40}$$

【例 5】　包装了的玻璃器皿，第一次扔下被打破的概率为 0.4；若未破，第二次扔下被打破的概率为 0.6；若还未破，第三次扔下被打破的概率为 0.9. 今将包装了的器皿连续扔三次，求打破的概率.

解法 1　设 A="器皿被打破"，B_i="第 i 次扔下被打破"$(i=1,2,3)$.

$$\begin{aligned}P(A)&=1-P(\overline{A})=1-P(\overline{B}_1\overline{B}_2\overline{B}_3)\\&=1-P(\overline{B}_1)P(\overline{B}_2|\overline{B}_1)P(\overline{B}_3|\overline{B}_1\overline{B}_2)\\&=1-0.6\times0.4\times0.1=0.976\end{aligned}$$

解法 2　$A=B_1\cup\overline{B}_1B_2\cup\overline{B}_1\overline{B}_2B_3$

显然，$B_1,\overline{B}_1B_2,\overline{B}_1\overline{B}_2B_3$ 互不相容，故

$$\begin{aligned}P(A)&=P(B_1)+P(\overline{B}_1B_2)+P(\overline{B}_1\overline{B}_2B_3)\\&=P(B_1)+P(\overline{B}_1)P(B_2|\overline{B}_1)+P(\overline{B}_1)P(\overline{B}_2|\overline{B}_1)P(B_3|\overline{B}_1\overline{B}_2)\\&=0.4+0.6\times0.6+0.6\times0.4\times0.9=0.976\end{aligned}$$

2.2　全概率公式和贝叶斯公式

在概率的计算中，有的事件比较复杂，人们希望通过已知的简单事件的概率去求较复杂事件的概率. 在这里，全概率公式和贝叶斯公式起了很重要的作用，先看一个例子.

【例 1】　箱中装有甲、乙、丙 3 个灯泡厂生产的同型号的灯泡. 已知甲厂的占一半，乙丙两厂数量相等，又知次品率分别为 0.1，0.2，0.3. 今从箱中任取一个灯泡.

(1)求该灯泡是次品的概率；

(2)已知该灯泡是次品，求它是各厂生产的概率.

解　设 A="任取一灯泡为次品"；B_i="任取一灯泡为第 i 厂生产的"$(i=1,2,3)$.

A 是比较复杂的事件，我们用 B_1,B_2,B_3 将其分为 3 个事件的和(如图 2-1)，则

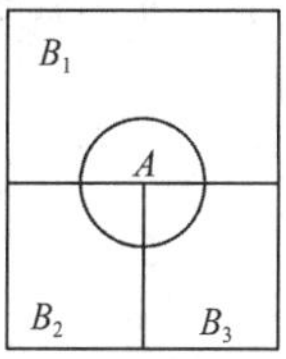

图 2-1

$$A=B_1A+B_2A+B_3A$$

因为 B_1,B_2,B_3 互不相容，所以 B_1A,B_2A,B_3A 也互不相容，于是

$$\begin{aligned}(1)P(A)&=P(B_1A)+P(B_2A)+P(B_3A)\\&=P(B_1)P(A|B_1)+P(B_2)P(A|B_2)+P(B_3)P(A|B_3)\\&=\frac{1}{2}\times 0.1+\frac{1}{4}\times 0.2+\frac{1}{4}\times 0.3=\frac{7}{40}\end{aligned}$$

$$(2)P(B_j\mid A)=\frac{P(AB_j)}{P(A)}=\frac{P(AB_j)}{\sum_{i=1}^{3}P(B_i)P(A\mid B_i)}=\frac{P(B_j)P(A\mid B_j)}{\sum_{i=1}^{3}P(B_i)P(A\mid B_i)}(j=1,2,3)$$

$$P(B_1\mid A)=\frac{\frac{1}{2}\times 0.1}{\frac{7}{40}}=\frac{2}{7}$$

$$P(B_2|A)=\frac{\frac{1}{4}\times 0.2}{\frac{7}{40}}=\frac{2}{7}$$

$$P(B_3|A)=\frac{\frac{1}{4}\times 0.3}{\frac{7}{40}}=\frac{3}{7}$$

本例中，问题的解决关键是利用事件 B_1,B_2,B_3 将 A 分成 3 个事件的和，利用加法公式和乘法公式求出 $P(A)$，利用条件概率的定义，求出 $P(B_i|A)$. 而 B_1,B_2,B_3 满足的条件是：

(1) B_1,B_2,B_3 互不相容，即 $B_iB_j=\varnothing(i\neq j,i,j=1,2,3)$；

(2) $B_1+B_2+B_3=S$；

(满足以上两个条件的事件组 B_1,B_2,B_3 称为完备事件组)

(3) $P(B_i)>0(i=1,2,3)$.

一般的有下面的定理.

定理 2-4 设事件组 $B_1,B_2,\cdots,B_n$ 满足条件：

(1) $B_iB_j=\varnothing(i\neq j,i,j=1,2,\cdots,n)$；

(2) $B_1+B_2+\cdots+B_n=S$；

(3) $P(B_i)>0(i=1,2,\cdots,n)$，

则对任意的事件 A，有

$$P(A)=\sum_{i=1}^{n}P(B_i)P(A\mid B_i)\text{—— 全概率公式}\tag{2-4}$$

如果 $P(A)>0$，则

$$P(B_j\mid A)=\frac{P(B_j)P(A\mid B_j)}{\sum_{i=1}^{n}P(B_i)P(A\mid B_i)}\text{—— 贝叶斯公式}\tag{2-5}$$

$$(j=1,2,\cdots,n)$$

证明 因为 $B_1+B_2+\cdots+B_n=S$，故

$$A=AS=A(B_1+B_2+\cdots+B_n)=B_1A+B_2A+\cdots+B_nA$$

又因为 $B_iB_j=\varnothing(i=j)$，故 $B_1A,B_2A,\cdots,B_nA$ 互不相容，由概率的加法公式和乘法公式有

$$P(A)=\sum_{i=1}^{n}P(B_iA)=\sum_{i=1}^{n}P(B_i)P(A\mid B_i)$$

全概率公式得证.

如果 $P(A)>0$，则 $P(B_j|A)$ 存在，由条件概率的定义和乘法公式及全概率公式得

$$P(B_j\mid A)=\frac{P(B_jA)}{P(A)}=\frac{P(B_j)P(A\mid B_j)}{\sum\limits_{i=1}^{n}P(B_i)P(A\mid B_i)}\quad(j=1,2,\cdots,n)$$

贝叶斯公式得证.

式(2-5)中的 $P(B_i)$ 称为先验概率，这种概率一般在试验前就是已知的，它常常是以往经验的总结. $P(B_j|A)$ 称为后验概率，反映了试验之后对各种原因发生的可能性大小的新知识，贝叶斯公式实际上就是根据先验概率求后验概率的公式.

利用全概率公式和贝叶斯公式计算概率的一般步骤是：

先设出欲求概率的事件 A，再分析 A 与哪些事件有关，用 $B_1,B_2,\cdots,B_n$ 表示这些事件，最后分析 $B_1,B_2,\cdots,B_n$ 是否满足三个条件，如果 $B_1,B_2,\cdots,B_n$ 满足三个条件，则 A 的概率可用全概率公式计算，而 $P(B_j|A)$ 可用贝叶斯公式计算. 值得指出的是定理 2-4 中的条件(2)可以改为 $B_1+B_2+\cdots+B_n\supset A$ 或 $A=B_1A+B_2A+\cdots+B_nA$.

【例 2】 甲袋中有 3 件正品和 3 件次品，乙袋中仅有 3 件正品，今从甲袋中任取 3 件放入乙袋，再从乙袋中任取一件产品.

(1)求该产品是次品的概率；

(2)已知该产品是次品，求从甲袋中取出的 3 件恰有一件次品的概率.

解　设 A="从乙袋中取出的是次品"，B_i="从甲袋中取出的 3 件，恰有 i 件次品"($i=1,2,3$)，则

$$A=B_1A+B_2A+B_3A$$

(1) $P(A)=P(B_1)P(A|B_1)+P(B_2)P(A|B_2)+P(B_3)P(A|B_3)$

$$=\frac{C_3^1C_3^2}{C_6^3}\cdot\frac{1}{6}+\frac{C_3^2C_3^1}{C_6^3}\cdot\frac{2}{6}+\frac{C_3^3}{C_6^3}\cdot\frac{3}{6}$$

$$=\frac{9}{20}\cdot\frac{1}{6}+\frac{9}{20}\cdot\frac{2}{6}+\frac{1}{20}\cdot\frac{3}{6}=\frac{1}{4}$$

(2) $P(B_1|A)=\dfrac{P(B_1)P(A|B_1)}{P(A)}=\dfrac{\frac{3}{40}}{\frac{1}{4}}=\dfrac{3}{10}$

【例 3】 一批产品中 96% 是合格品，检查产品时一合格品被误认为是次品的概率为 0.02，一次品被误认为是合格品的概率为 0.05，今任取一件产品进行检查.

(1)求经检查是合格品的概率；

(2)经检查后认为是合格品，求它确实是合格品的概率.

解　设 A="任取一件经检查是合格品"，B="任取一件确是合格品".

(1) $P(A)=P(B)P(A|B)+P(\overline{B})P(A|\overline{B})$

$$=0.96\times0.98+0.04\times0.05=0.9428$$

(2)$P(B|A)=\frac{P(B)P(A|B)}{P(A)}=\frac{0.96\times 0.98}{0.9428}=0.998$

2.3 事件的独立性

一、两个事件的独立性

如前所述,条件概率 $P(B|A)$和无条件概率 $P(B)$一般是不相等的,即事件 A 发生对事件 B 的发生是有影响的. 如果 $P(B|A)=P(B)$,则说 A 的发生对 B 的发生没有影响,这时自然认为 A 与 B 是相互独立的. 由乘法公式(2-2)知,如果 $P(B|A)=P(B)$,则

$$P(AB)=P(A)P(B|A)=P(A)P(B)$$

由此人们引进下面的定义.

定义 2-2 设 A,B 是两个事件,如果

$$P(AB)=P(A)P(B) \tag{2-6}$$

则称 A 与 B 是相互独立的.

也可以用条件概率等于无条件概率来定义两个事件的独立性,这就是下面的定理.

定理 2-5 事件 A 与 B 相互独立,等价于

$$P(B|A)=P(B),P(A)>0$$

或

$$P(A|B)=P(A),P(B)>0$$

定理 2-6 若 A 与 B 相互独立,则 A 与 $\overline{B}$,$\overline{A}$ 与 B,$\overline{A}$ 与 $\overline{B}$ 也分别相互独立.

证明 先证 A 与 $\overline{B}$ 相互独立,由

$$\begin{aligned}P(A\overline{B})&=P(A-B)=P(A)-P(AB)=P(A)-P(A)P(B)\\&=P(A)[1-P(B)]=P(A)P(\overline{B})\end{aligned}$$

知 A 与 $\overline{B}$ 独立,再由对称性知 $\overline{A}$ 与 B 相互独立,最后,由 $\overline{A}$ 与 B 相互独立的条件及上面证明的结果,立即可得 $\overline{A}$ 与 $\overline{B}$ 也相互独立.

本定理说明:A 与 B,A 与 $\overline{B}$,$\overline{A}$ 与 B,$\overline{A}$ 与 $\overline{B}$ 这四对事件,如果有一对是相互独立的,则其余三对也相互独立,这个结果可以推广到 n 个事件的情况.

关于两个事件的独立性,还有两个很重要的结论,我们作为命题给出.

命题 1 若 $0<P(A)<1,0<P(B)<1$,则事件 A 与 B 相互独立和 A 与 B 互不相容不能同时成立.

证明 一方面,若 A 与 B 相互独立,则

$$P(AB)=P(A)P(B)>0$$

从而 $AB\neq\varnothing$,故 A 与 B 不是互不相容的;

另一方面,若 A 与 B 互不相容,则

$$AB=\varnothing$$

于是

$$P(AB)=0\neq P(A)P(B)>0$$

故 A 与 B 不是相互独立的.

命题 2 概率为零的事件与任意事件独立，从而不可能事件与任意事件独立.

证明 设 $P(A)=0$，B 为任意事件，则

$$0\leqslant P(AB)\leqslant P(A)=0$$

于是

$$P(AB)=0=P(A)P(B)$$

即 A 与 B 独立.

由该命题和定理 2-6 知，概率为 1 的事件与任意事件独立，从而必然事件与任意事件独立.

在实际问题中，判断事件的独立性，常常不用定义，而是根据实际意义来看它们彼此是否有影响，如果没有影响，则认为是独立的. 例如，甲、乙两人在两台机床上加工同样的零件，甲出废品用 A 表示，乙出废品用 B 表示，则事件 A 与 B 是相互独立的.

二、三个事件的独立性

定义 2-3 设 A,B,C 是 3 个事件，如果

$$\begin{cases}P(AB)=P(A)P(B)\\ P(AC)=P(A)P(C)\\ P(BC)=P(B)P(C)\end{cases} \tag{2-7}$$

则称 A,B,C 两两独立，如果还有

$$P(ABC)=P(A)P(B)P(C)\quad（三三独立） \tag{2-8}$$

则称 A,B,C 是相互独立的.

由定义 2-3 可知，若 3 个事件相互独立，则它们一定是两两独立的，三三独立的；但两两独立不一定是三三独立的，自然不相互独立；同样，三三独立不一定是两两独立的，自然也不是相互独立的，且看下面的例子.

【例 1】 将一枚均质的硬币投掷两次，令 $A=$“第一次出现正面”，$B=$“第二次出现正面”，$C=$“正反面都出现”. 试讨论 A,B,C 的独立性.

解 试验的样本空间为

$$S=\{(正,正),(正,反),(反,正),(反,反)\}$$

而

$$A=\{(正,正),(正,反)\}$$
$$B=\{(反,正),(正,正)\}$$
$$C=\{(正,反),(反,正)\}$$

由于试验是古典概型，故

$$P(A)=\frac{1}{2},\quad P(B)=\frac{1}{2},\quad P(C)=\frac{1}{2}$$

$$P(AB)=\frac{1}{4}=P(A)P(B)$$

$$P(AC)=\frac{1}{4}=P(A)P(C)$$

$$P(BC)=\frac{1}{4}=P(B)P(C)$$

所以 A,B,C 是两两独立的；但

$$P(ABC)=P(\varnothing)=0\neq P(A)P(B)P(C)=\frac{1}{8}$$

故 A,B,C 不是三三独立的，从而不相互独立.

【例 2】 向正方形区域 $ABCD$ 内任投一质点，试验是几何概型，设 F,G,H,I 为正方形各边的中点(如图 2-2)，令

A="质点落在矩形 $AGID$ 内"，

B="质点落在矩形 $FHCD$ 内"，

C="质点落在三角形 ABD 内".

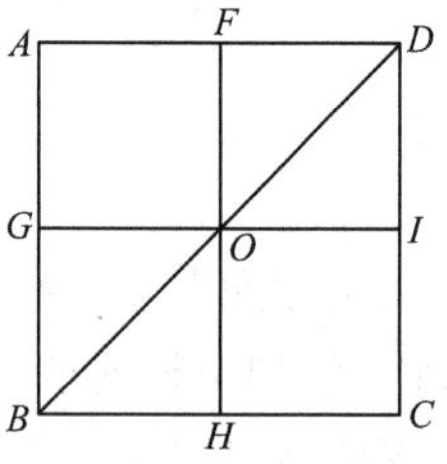

图 2-2

试讨论 A,B,C 的独立性.

解 因为是几何概型，所以

$$P(A)=\frac{\text{矩形 } AGID \text{ 的面积}}{\text{正方形 } ABCD \text{ 的面积}}=\frac{1}{2}$$

同理

$$P(B)=P(C)=\frac{1}{2}$$

$$P(ABC)=\frac{\text{三角形 } OFD \text{ 的面积}}{\text{正方形 } ABCD \text{ 的面积}}=\frac{1}{8}=P(A)P(B)P(C)$$

可见 A,B,C 是三三独立的，但

$$P(AC)=\frac{3}{8}\neq P(A)P(C)$$

所以 A,B,C 不是两两独立的，自然也不是相互独立的.

三、n 个事件的独立性

由三个事件独立性定义的启发，不难想到，若 n 个事件是两两独立的，三三独立的，四四独立的，……，nn 独立的，则 n 个事件是相互独立的，即从 n 个事件中任取 $k(2\leqslant k\leqslant n)$ 个，它们乘积的概率等于概率的乘积，则称 n 个事件是相互独立的，于是 n 个事件的独立性可定义如下.

定义 2-4 设 $A_1,A_2,\cdots,A_n$ 是 n 个事件，如果对于任意的 $k(2\leqslant k\leqslant n)$ 和任意的 $1\leqslant i_1<i_2<\cdots<i_k\leqslant n$，有

$$P(A_{i_1}A_{i_2}\cdots A_{i_k})=P(A_{i_1})\cdot P(A_{i_2})\cdots P(A_{i_k}) \tag{2-9}$$

则称 $A_1,A_2,\cdots,A_n$ 是相互独立的.

式(2-9)所代表的等式的个数为

$$C_n^2+C_n^3+\cdots+C_n^n=(1+1)^n-C_n^0-C_n^1=2^n-n-1$$

显然，若 n 个事件相互独立，则它们中的任意 m 个$(2\leqslant m<n)$事件也相互独立，它们乘积的概率等于概率的乘积.

【例 3】 一个维修工人负责甲、乙、丙三部机器的维修，在某段时间内各机器出现故障的概率分别为 0.10，0.20 和 0.15，并设各机器独立工作. 在这段时间内. 试求：(1)三台机床都不需要维修的概率；(2)至少一部不需要维修的概率.

解 设 A,B,C 分别为机器甲、乙、丙出现故障的事件，则

(1)所求概率为

$$P(\overline{A}\,\overline{B}\,\overline{C})=P(\overline{A})P(\overline{B})P(\overline{C})=0.9\times0.8\times0.85=0.612$$

(2)所求概率为

$$P(\overline{A}\cup\overline{B}\cup\overline{C})=P(\overline{ABC})=1-P(ABC)=1-P(A)P(B)P(C)$$
$$=1-0.1\times0.2\times0.15=0.997$$

*【例 4】 在可靠性理论中,每个元件正常工作的概率称为元件的可靠性;由元件组成的系统正常工作的概率称为该系统的可靠性.设构成系统的每个元件的可靠性均为 $r(0<r<1)$,且各元件是否正常工作是相互独立的.试求下列系统Ⅰ(如图 2-3)和系统Ⅱ(如图 2-4)的可靠性,并比较两系统的可靠性大小.

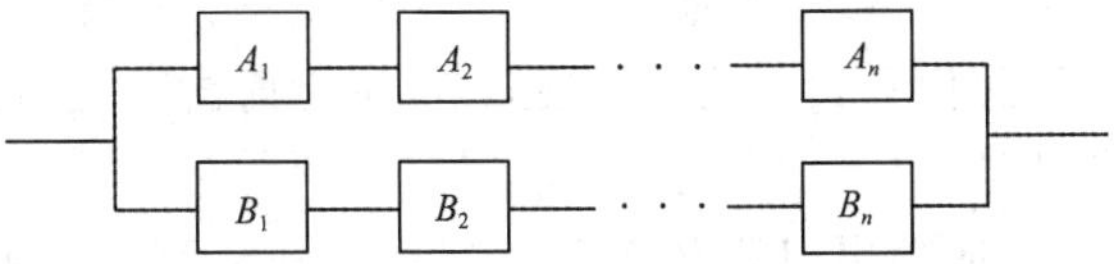

图 2-3

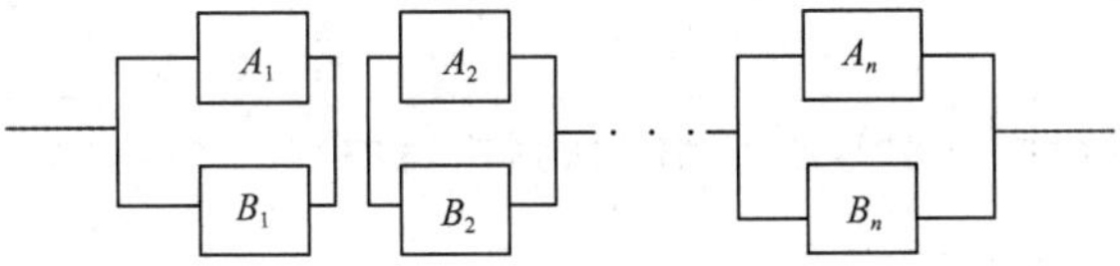

图 2-4

解 设 C="系统正常工作",A_i,B_i 分别表示元件 A_i,B_i 正常工作的事件($i=1,2,\cdots,n$).

对系统Ⅰ

$$C=A_1A_2\cdots A_n\cup B_1B_2\cdots B_n$$

于是系统Ⅰ的可靠性为

$$R_n=P(C)=P(A_1A_2\cdots A_n)+P(B_1B_2\cdots B_n)-P(A_1\cdots A_nB_1\cdots B_n)$$
$$=r^n+r^n-r^{2n}=r^n(2-r^n)$$

对系统Ⅱ,每对并联元件相当于 $n=1$ 的系统Ⅰ,其可靠性为

$$R_1=r(2-r)$$

因为系统Ⅱ由各对并联元件串联而成,故其可靠性为

$$R_n^1=(R_1)^n=r^n(2-r)^n$$

因为 $0<r<1$,故 $2-r>1$.当 $n\geqslant2$ 时,有 $(2-r)^n>2-r^n$,即 $R_n^1>R_n$.因此,虽然上面两个系统都由 $2n$ 个作用相同的元件构成,但系统Ⅱ的可靠性比系统Ⅰ的可靠性大.

2.4 重复独立试验和二项概率公式

随机现象的统计规律性,只有在相同的条件下进行大量的重复试验或观察才能显现出来,这种在相同条件下重复试验的数学模型,就是重复独立试验概型,它在概率论中,占有很重要的地位,其定义如下.

定义 2-5 进行 n 次试验，如果在每次试验中，任一事件出现的概率与其他各次试验的结果无关，则称这 n 次试验是独立的. 将一个试验重复进行 n 次的独立试验，称为 **n 次重复独立试验**.

例如，在相同条件下进行 n 次射击，将一枚硬币掷 n 次，进行 n 次有放回地摸球试验等，都是 n 次重复独立试验的例子. 在 n 次重复独立试验中，最典型的是 n 重伯努利试验.

定义 2-6 若试验 E 的可能结果只有两个：A 和 $\overline{A}$，则称 E 为**伯努利(Bernoulli)试验**. 它的 n 次重复独立试验，称为 **n 重伯努利试验**.

为了使语言形象化，人们把伯努利试验的结果之一的 A 叫作"成功"，其概率记为 $P(A)=p$；另一个结果 $\overline{A}$ 叫作失败，其概率记为 $P(\overline{A})=q(q=1-p)$.

有些试验的结果虽然不止两个，但如果我们只关心某一个事件是否发生，则也可以化为伯努利试验. 掷一颗骰子，我们只关心是否出现六点；进行射击试验，我们只关心是否命中靶子等都可以看成伯努利试验.

在 n 重伯努利试验中，成功出现的次数可以是 $0,1,\cdots,n$. 那么，成功恰好出现 k 次的概率如何求呢？为了回答这个问题，我们先看一个例子.

【例 1】 设每次射击，命中的概率均为 p，不命中为 $q=1-p$，今进行 3 次独立射击，求恰好命中 2 次的概率.

解 设 A="恰好命中 2 次"，B="第 i 次射击命中"$(i=1,2,3)$.
则

$$A=B_1B_2\overline{B}_3+B_1\overline{B}_2B_3+\overline{B}_1B_2B_3$$

$$P(A)=P(B_1B_2\overline{B}_3)+P(B_1\overline{B}_2B_3)+P(\overline{B}_1B_2B_3)$$
$$=p^2q+p^2q+p^2q=3p^2q$$

式中的数字 3，是因有 3 项，这恰好是三个位置不带杠的 B_i 占两个的占位法，共有 $C_3^2=3$ 种，于是

$$P(A)=C_3^2p^2q^{3-2}$$

类似地，进行 5 次独立射击，恰好命中 3 次的概率为 $C_5^3p^3q^2$，进行 n 次独立射击，恰好命中 k 次的概率为 $C_n^kp^kq^{n-k}$. 一般地，我们有下面的定理.

定理 2-7 设在每次试验中，成功的概率为 $p(0<p<1)$(失败的概率为 $q=1-p$)，则在 n 重伯努利试验中成功恰好发生 k 次的概率为

$$P_n(k)=C_n^kp^kq^{n-k}\quad(k=0,1,\cdots,n)\tag{2-10}$$

注意到式(2-10)，恰为二项展开式

$$(p+q)^n=\sum_{k=0}^{n}C_n^kp^kq^{n-k}$$

的第 $k+1$ 项，所以式(2-10)称为**二项概率公式**.

【例 2】 某种仪器在时间 t 内损坏的概率为 $\frac{1}{3}$，某实验室中有 3 台这种仪器，在时间 t 内. 求：(1)恰有一台损坏的概率；(2)至少有一台损坏的概率.

解 每台仪器在 t 内是否损坏有两个结果，所以一台仪器可看作一次伯努利试验，三台仪器看作三重伯努利试验，损坏(成功)的概率为 $\frac{1}{3}$，于是

(1)所求概率为

$$P_3(1)=C_3^1\ \frac{1}{3}\left(\frac{2}{3}\right)^2=\frac{12}{27}=\frac{4}{9}$$

(2)所求概率为

$$P_3(1)+P_3(2)+P_3(3)=1-P_3(0)=1-\left(\frac{2}{3}\right)^3=\frac{19}{27}$$

【例 3】 一大批产品中有 30%的一级品,现从中随机地抽取 5 件产品.求:(1)5 件中恰有两个一级品的概率;(2)5 件中至少有两个一级品的概率.

解 题中的抽取方法是不放回抽样,但由于这批产品总量很大,而抽取的数量相对于总量来说又很小,因而可以作为有放回抽样来处理,这样做虽然有些误差,但影响不会太大.因此可将检查 5 件产品是否为一级品看作 5 重伯努利试验,成功的概率为 0.3,失败的概率为 0.7.

(1)所求概率为

$$P_5(2)=C_5^2(0.3)^2(0.7)^3=0.309$$

(2)所求概率为

$$P_5(2)+P_5(3)+P_5(4)+P_5(5)=0.472$$

或

$$1-P_5(0)-P_5(1)=0.472$$

如果一个试验可化为 n 重伯努利试验,要求成功恰好出现 k 次的概率,利用式(2-10)总是可以算出来的.但当 n 很大及 p 很小时,计算是很困难的.

【例 4】 设每次射击命中的概率均为 0.02,今进行 400 次独立射击,求至少命中两次的概率.

解 所求概率为

$$\begin{aligned}&P_{400}(2)+P_{400}(3)+\cdots+P_{400}(400)\\ =&\sum_{k=2}^{400}C_{400}^k(0.02)^k(0.98)^{400-k}\\ =&1-P_{400}(0)-P_{400}(1)\\ =&1-(0.98)^{400}-400\times0.02\times(0.98)^{399}\end{aligned}$$

显然,直接计算这个概率是很困难的,下面介绍一个近似公式,就是有名的二项概率的泊松(Poisson)逼迫.

定理 2-8 在 n 重伯努利试验中,成功出现的概率为 p_n(与试验总次数 n 有关),如果 $np_n=\lambda$(常数),则有

$$\lim_{n\to\infty}P_n(k)=\frac{\lambda^k}{k\,!}e^{-\lambda}\quad(k=0,1,\cdots,n)\tag{2-11}$$

证
$$P_n(k)=C_n^kp_n^k(1-p_n)^{n-k}$$

因为 $p_n=\frac{\lambda}{n}$,故

$$\begin{aligned}P_n(k)&=C_n^k\left(\frac{\lambda}{n}\right)^k\left(1-\frac{\lambda}{n}\right)^{n-k}=\frac{n(n-1)\cdots(n-k+1)}{k\,!}\frac{\lambda^k}{n^k}\left(1-\frac{\lambda}{n}\right)^{n-k}\\&=\frac{\lambda^k}{k\,!}\left(1-\frac{1}{n}\right)\left(1-\frac{2}{n}\right)\cdots\left(1-\frac{k-1}{n}\right)\left(1-\frac{\lambda}{n}\right)^{-k}\left(1-\frac{\lambda}{n}\right)^n\end{aligned}$$

对于固定的 k，当 $n\to\infty$ 时，有

$$\left(1-\frac{1}{n}\right)\left(1-\frac{2}{n}\right)\cdots\left(1-\frac{k-1}{n}\right)\left(1-\frac{\lambda}{n}\right)^{-k}\to 1$$

$$\left(1-\frac{\lambda}{n}\right)^{n}\to e^{-\lambda}$$

于是

$$\lim_{n\to\infty}P_n(k)=\frac{\lambda^k}{k!}e^{-\lambda}$$

由该定理知，当 n 很大($\geqslant 10$)及 p 很小($\leqslant 0.1$)时，有下面的近似公式

$$P_n(k)\approx\frac{(np)^k}{k!}e^{-np}\quad(k=0,1,\cdots,n)\tag{2-12}$$

【例 5】 利用式(2-12)计算例 4 中的概率.

解 $n=400,p=0.02,np=8$

$$\sum_{k=2}^{400}P_{400}(k)\approx\sum_{k=2}^{400}\frac{8^k}{k!}e^{-8}=0.997\quad(\text{利用附表 1})$$

或

$$\begin{aligned}\sum_{k=2}^{400}P_{400}(k)&=1-P_{400}(0)-P_{400}(1)\approx 1-\frac{8^0}{0!}e^{-8}-\frac{8}{1!}e^{-8}\\&=1-9e^{-8}=0.997\end{aligned}$$

【例 6】 在保险公司里，有 2 500 个同年龄和同社会阶层的人参加了人寿保险. 每人一年交付保险费 12 元，若一年内死亡，受益人可领取 2 000 元赔偿金，若一年内每人死亡的概率为 0.002，求：(1)保险公司亏本的概率；(2)保险公司获得不少于 10 000 元的概率.

解 (1)设 A=“保险公司亏本”，保险公司一年内的总收入为 $2\,500\times12=30\,000$(元)，若一年内死亡 x 个人，则保险公司应支付 $2\,000x$ 元，故

$$A\text{ 发生}\Leftrightarrow 2\,000x>30\,000\Leftrightarrow x>15.$$

参加保险的 2 500 人在一年内是否死亡，可看作 2 500 重伯努利试验，$p=0.002$.

因为 $n=2\,500$ 很大，$p=0.002$ 很小，$\lambda=np=5$. 故由式(2-12)

$$P(A)=\sum_{k=16}^{2\,500}P_{2\,500}(k)\approx\sum_{k=16}^{2\,500}\frac{5^k}{k!}e^{-5}\approx\sum_{k=16}^{\infty}\frac{5^k}{k!}e^{-5}=0.000\,07$$

(2)设 B=“保险公司获利不少于 10 000 元”，则

$$B\text{ 发生}\Leftrightarrow 30\,000-2\,000x\geqslant 10\,000\Leftrightarrow x\leqslant 10$$

于是

$$\begin{aligned}P(B)&=\sum_{k=0}^{10}P_{2\,500}(k)=\sum_{k=0}^{10}C_{2\,500}^{k}(0.002)^k(0.998)^{2\,500-k}\\&\approx\sum_{k=0}^{10}\frac{5^ke^{-5}}{k!}=1-\sum_{k=11}^{\infty}\frac{5^k}{k!}e^{-5}=1-0.013\,7=0.986\,3\end{aligned}$$

从上面的计算可见，保险公司亏本的概率非常小，而获利的概率很大.

【例 7】 (合理配备维修工人问题)设有同类型的机器 300 台，它们的工作是相互独立的，且发生故障的概率均为 0.01. 一台机器发生故障，一个工人可以排除.

(1)问至少配备多少维修工人，才能保证机器发生故障但不能及时排除的概率小于

0.01?

(2)若一人包干 20 台机器,求机器发生故障而不能及时排除的概率.

解　(1)设 A="机器发生故障不能及时排除",又设需配备 N 个维修工人,则

$$A\text{ 发生}\Leftrightarrow\text{同时发生故障的机器数}>N$$

由于 300 台机器在同一时间内是否发生故障可看作 300 重伯努利试验,成功(发生故障)的概率 $p=0.01$,故

$$P(A)=\sum_{k=N+1}^{300}P_{300}(k)=\sum_{k=N+1}^{300}C_{300}^{k}(0.01)^{k}(0.99)^{300-k}$$

因为 $n=300$ 很大,$p=0.01$ 很小,且 $\lambda=np=300\times0.01=3$,故由式(2-12)得

$$P(A)=\sum_{k=N+1}^{300}\frac{3^k}{k!}e^{-3}\approx\sum_{k=N+1}^{\infty}\frac{3^k}{k!}e^{-3}$$

由题意应有

$$\sum_{k=N+1}^{\infty}\frac{3^k}{k!}e^{-3}<0.01$$

查附表 1 知

$$\sum_{k=8}^{\infty}\frac{3^k}{k!}e^{-3}=0.011\ 91,\sum_{k=9}^{\infty}\frac{3^k}{k!}e^{-3}=0.003\ 80$$

于是

$$N+1=9,N=8$$

故只需配备 8 个维修工人,就可以达到要求.

(2)设 B="机器发生故障而不能及时排除",则

$$B\text{ 发生}\Leftrightarrow 20\text{ 台机器中同时发生故障的台数}>1$$

$$P(B)=\sum_{k=2}^{20}P_{20}(k)=\sum_{k=2}^{20}C_{20}^{k}(0.01)^{k}(0.99)^{20-k}$$

$$\approx\sum_{k=2}^{\infty}\frac{0.2^k}{k!}e^{-0.2}=0.017\ 52$$

从本例看出,当一个工人包干 20 台机器的维修任务时,机器发生故障而不能及时维修的概率大于 0.01;而当 8 个工人共同负责 300 台机器的维修任务(平均每人 37.5 台)时,机器发生故障而不能及时排除的概率却小于 0.01,故 15 个人单干,不如 8 个人合作好.这说明概率论的方法对有效地使用人力和物力,进行科学管理等方面有重要的作用.

最后指出,当 $n\geqslant10$ 及 $p\geqslant0.9$(即 $q\leqslant0.1$)时,类似于式(2-12),有下面的近似公式

$$P_n(k)=C_n^kp^kq^{n-k}\approx\frac{[n(1-p)]^{n-k}}{(n-k)!}e^{-n(1-p)}\quad(k=0,1,\cdots,n)\tag{2-13}$$

当 $0.1<p<0.9$ 时,式(2-12)和式(2-13)均不能用,这时可以考虑用正态近似,这将在中心极限定理中论述.

习题 2

2-1　袋中有 5 只白球 6 只黑球,从袋中一次取出 3 只球,发现都是同一颜色的,求这颜

色是黑色的概率.

2-2 设 M 件产品中有 m 件废品,从中任取两件.

(1)在所取产品中发现有一件是废品,求另一件也是废品的概率;

(2)在所取产品中发现有一件是正品,求另一件是废品的概率.

2-3 从 52 张扑克牌中任意抽取 5 张,求在至少有 3 张黑桃的条件下,5 张都是黑桃的概率.

2-4 设 $P(A)=p,P(B)=1-\varepsilon$,证明$\frac{p-\varepsilon}{1-\varepsilon}\leqslant P(A|B)\leqslant\frac{p}{1-\varepsilon}$.

2-5 设 $P(A)>0$,试证明 $P(B|A)\geqslant 1-\frac{P(\overline{B})}{P(A)}$.

2-6 一批产品中有 96%的产品是合格品,而在 100 个合格品中平均有 75 个是一等品,今从这批产品中任取一件,求它是一等品的概率.

2-7 一批产品共 100 个,其中有 10 个是次品,每次从中任取一个产品,取后不放回,求第三次才取到正品的概率.

2-8 某单位订购 100 只手表,取货时进行抽样检查,从 100 只表中任取 5 只进行测试,如发现一只不合格则这批手表就拒绝接受.设该批产品中有 5%是不合格品,求该批产品被拒绝接受的概率.

2-9 两台机床加工同样的零件,它们出现废品的概率分别是 0.03 和 0.02,加工出来的零件放在一起.设第一台机床加工的零件比第二台加工的多 1 倍,求任取一个零件是合格品的概率.

2-10 甲袋中有 3 个白球 2 个黑球,乙袋中有 4 个白球 4 个黑球,今从甲袋中任取 2 球放入乙袋,再从乙袋中任取一球.

(1)求该球是白球的概率;

(2)若该球是白球,求从甲袋中取出的是一白一黑的概率.

2-11 袋中有 a 个白球,b 个黑球,甲从袋中取走 $k(k\leqslant a)$个球后,乙再从袋中任取一球,求乙取到白球的概率.

2-12 电报发射台发出“·”和“—”的比例为 5∶3.由于干扰,传送“·”时,失真率为$\frac{2}{5}$,传送“—”时,失真率为$\frac{1}{3}$,求接受台收到“·”时发出信号恰是“·”的概率.

2-13 假设有两箱同种零件:第一箱内装 50 件,其中 10 件一等品;第二箱内装 30 件,其中 18 件一等品.现随意挑出一箱,然后从该箱中先后取出两个零件(取出的零件均不放回).试求:(1)先取出的零件是一等品的概率;(2)在先取出的零件是一等品的条件下,第二次取出的零件仍然是一等品的概率.

2-14 某炮台上有 3 门炮.假定第一门炮的命中率为 0.4,第二门炮的命中率为 0.3,第三门炮的命中率为 0.5.今 3 门炮向同一目标各射一发炮弹,结果有两弹中靶,求第一门炮中靶的概率.

***2-15** 有两批零件,已知一批全部合格,而另一批中有$\frac{1}{4}$是次品,今从一批中取出一个零件,经检查它是合格品,将其放回原批中,再从该批中任取一个零件,求该零件是次品的概率.

2-16 加工一个零件共需经过四道工序,且各工序的次品率分别是 2%,3%,5%,3%,

假定各工序独立工作，求加工出的零件是次品的概率.

2-17 3人独立地破译一个密码，他们能译出的概率分别是$\frac{1}{5}$，$\frac{1}{3}$，$\frac{1}{4}$.求他们将密码译出的概率.

2-18 甲、乙、丙3人向一架飞机进行射击，设他们的命中率分别为0.4，0.5，0.7.又设飞机中一弹而被击落的概率为0.2，中两弹而被击落的概率为0.6，中3弹必然被击落.今3人各射击一次，求飞机被击落的概率.

2-19 事件A，B相互独立，若这两个事件仅发生A的概率和仅发生B的概率都是$\frac{1}{4}$，求$P(A)$和$P(B)$.

2-20 某考生想借一本书，决定到3个图书馆去借.对每一个图书馆而言，有无这本书的概率相等；若有，能否借到的概率也相等.假定这3个图书馆采购、出借图书相互独立，求该生能借到此书的概率.

2-21 证明如果$P(A|B)=P(A|\overline{B})$，则事件A与B相互独立.

2-22 设$0<P(B)<1$，证明如果$P(A|B)+P(\overline{A}|\overline{B})=1$，则事件$A$与$B$相互独立.

2-23 证明若3事件A，B，C相互独立，则$A\cup B$，AB及$A-B$都与C独立.

2-24 设一批晶体管的次品率为0.01，今从这批晶体管中抽取4个，求其中恰有1个次品和恰有2个次品的概率.

2-25 甲、乙两篮球运动员投篮的命中率分别为0.6及0.7，每人投篮三次，求：(1)两人进球数相等的概率；(2)甲比乙进球多的概率.

2-26 设在伯努利试验中，成功的概率为p，求第n次试验时得到第r次成功的概率.

***2-27** 某人有两盒火柴，吸烟时从任一盒中取一根火柴.经过若干时间后，发现一盒火柴已经用完，如果最初两盒中各有n根火柴，求这时另一盒中还有r根火柴的概率.

2-28 设昆虫产k个卵的概率为$p_k=\frac{\lambda^k}{k!}e^{-\lambda}$，又设一个虫卵能孵化成昆虫的概率为$p$，若卵的孵化是相互独立的，问此昆虫的下一代有$L$条的概率是多少？

2-29 一台仪器中装有2 000个同样的元件，每个元件损坏的概率为0.000 5，如果任一元件损坏，仪器即停止工作，求仪器停止工作的概率.

2-30 设卫生部门对某地区的5 000人进行某种疾病的检查，结果发现其中有4人患有这种疾病，问能否相信该地区这种疾病的发病率不超过0.000 1？

第 3 章 随机变量及其分布

随机变量及其分布的内容

3.1 随机变量的概念

前两章研究了随机事件及其概率，可以看到，很多随机试验的结果都和实数联系着，比如，某一段时间内计算机系统正在工作的终端数，抽样检查产品时出现的废品数，掷一颗骰子出现的点数，等等．当然，有些试验的结果和实数没有关系，但可以把它们数量化，例如，掷一枚硬币出现“正面”记为 1，出现“反面”记为 0；检验产品时，“废品”记为 0，“合格品”记为 1，“优质品”记为 2 等等，这样一来所有试验的结果都可以给予数量的描述．

从上面的例子可以看到，试验的每一个可能结果（基本事件）e，对应于一个实数 $X=X(e)$，这样，就得到一个变量 X，它随试验的结果不同而取不同的值，而试验的结果是随机的，所以 X 的取值就是随机地，自然，称 X 为随机变量，其定义如下．

定义 3-1 设 E 是随机试验，其样本空间为 S，如果对于每一个 $e\in S$，都有唯一确定的实数 $X(e)$与之对应，则称 $X(e)$为**随机变量**，简记为 X．

对于这一定义，做如下的说明：

（1）随机变量是基本事件的函数，其定义域为样本空间 S，值域为某实数域．

（2）随机变量取某一个值或取某些值，都表示事件，都具有一定的概率，一个试验的所有事件可以用随机变量的不同取值来表示，这就对研究随机试验提供了很大的方便，这就是为什么引进随机变量的一个理由．以后还会看到，由于引入了随机变量，数学分析的方法就可以用来研究随机现象了．

（3）就取值的情况区分，随机变量可分为离散型和非离散型（我们只研究连续型）．

3.2 离散型随机变量及其概率分布

一、离散型随机变量，概率分布的定义

定义 3-2 如果随机变量 X 的可能值只有有限个或可列无穷多个，则称 X 为**离散型随机变量**．

要掌握一个离散型随机变量 X 的统计规律，首先要知道 X 的可能值．设 X 的可能值为

$$x_1, x_2, \cdots, x_i, \cdots$$

只知道它的可能值是远远不够的，更主要的，还要知道它以多大的概率取每一个值．设 X 取

可能值 x_i 的概率为

$$P(X=x_i)=p_i \quad (i=1,2,\cdots) \tag{3-1}$$

如果对所有可能的 i，式(3-1)都知道，则既知道 X 的可能取值，又知道它以多大的概率取每一个值，那么 X 的变化规律就掌握了. 所以式(3-1)可以描述离散型随机变量 X 的变化规律.

称式(3-1)为离散型随机变量 X 的**概率分布**(列)，简称**分布列**，又称为分布律. 它也可以用表格形式表示如下

X	x_1	x_2	$\cdots$	x_i	$\cdots$
P	p_1	p_2	$\cdots$	p_i	$\cdots$

由概率的基本性质知，对任何分布列，都有下面的两个性质：

(1) $p_i \geqslant 0 \quad (i=1,2,\cdots)$；　(3-2)

(2) $\sum\limits_i p_i = 1$.　(3-3)

反之，满足上述两条性质的数列 $\{p_i\}$，也可作为某一离散型随机变量的分布列.

根据分布列的定义，欲求一个离散型随机变量 X 的概率分布，可分三步进行：

首先，列出 X 的可能值 $x_1, x_2, \cdots$；然后，求出 X 取每一个可能值的概率 p_i，列成下表

X	x_1	x_2	$\cdots$	x_i	$\cdots$
P	p_1	p_2	$\cdots$	p_i	$\cdots$

这就是 X 的概率分布(列)；最后，验证 $\sum\limits_i p_i$ 是否等于 1. 求 $P(X=x_i)$ 时，要把 $(X=x_i)$ 表示的事件搞清楚.

【例 1】 设产品中有一、二、三等品和废品四种，其中一等品占 60%，二等品占 10%，三等品占 20%，废品占 10%，今任取一件产品，以 X 表示该产品的等级，求 X 的分布.

解　设 1,2,3,4 分别代表产品为一、二、三等和废品，则 X 的可能值为 1,2,3,4. 由题设

$$P(X=1)=0.6, P(X=2)=0.1, P(X=3)=0.2, P(X=4)=0.1$$

所以 X 的概率分布为

X	1	2	3	4
P	0.6	0.1	0.2	0.1

【例 2】 甲袋中有 3 件正品 3 件次品，乙袋中仅有 3 件正品，今从甲袋中任取 3 件放入乙袋，以 X 表示乙袋中次品数，求 X 的概率分布.

解　X 的可能值为 0,1,2,3.

$(X=0)$="从甲袋中取出的 3 件都是正品"，于是

$$P(X=0)=\frac{C_3^3}{C_6^3}=\frac{1}{20}$$

类似地可求得 X 的概率分布为

X	0	1	2	3
P	$\frac{1}{20}$	$\frac{9}{20}$	$\frac{9}{20}$	$\frac{1}{20}$

【例 3】 从学校到火车站，乘汽车需经过 3 个交通岗，每个岗处出现红灯和绿灯的概率

均为$\frac{1}{2}$，且各交通岗的工作相互独立.(1)以 X 表示汽车因遇红灯而停车(或到达火车站)时通过的交通岗的个数，求 X 的分布；(2)以 Y 表示汽车一路上遇到的红灯的个数，求 Y 的分布.

解 (1)X 的可能值为 0,1,2,3.

$(X=0)$="第一个交通岗出现红灯"，

$(X=1)$="第一个交通岗绿灯，第二个红灯"，

$(X=2)$="第一个交通岗绿灯，第二个绿灯，第三个红灯"，

$(X=3)$="3 个交通岗都是绿灯".

于是 X 的分布为

X	0	1	2	3
P	$\frac{1}{2}$	$\frac{1}{4}$	$\frac{1}{8}$	$\frac{1}{8}$

(2)Y 的可能值为 0,1,2,3.

每一个交通岗是否出现红灯可看作一个伯努利试验，3 个交通岗是三重伯努利试验，出现红灯为"成功"，则 $P(Y=k)=P$(三重伯努利试验，成功出现了 k 次)$=P_3(k)$，由式(2-10)，得 Y 的分布列为

$$P(Y=k)=C_3^k\left(\frac{1}{2}\right)^k\left(\frac{1}{2}\right)^{3-k}\quad(k=0,1,2,3)$$

或

Y	0	1	2	3
P	$\frac{1}{8}$	$\frac{3}{8}$	$\frac{3}{8}$	$\frac{1}{8}$

二、常见的离散型分布

下面介绍几种常见的离散型分布.

1. 两点分布(伯努利分布)

若随机变量 X 只可能取 0 和 1 两个值，它的分布列为

$$P(X=1)=p,P(X=0)=1-p=q\quad(0<p<1)$$

或

X	0	1
P	q	p

则称 X 服从**两点分布**或**伯努利分布**，记为 $X\sim(0\text{-}1)$或 $X\sim B(1,p)$. 显然，伯努利试验可用两点分布来描述.

2. 二项分布

若随机变量 X 的分布列为

$$P(X=k)=C_n^k p^k q^{n-k}(k=0,1,\cdots,n,0<p<1,q=1-p)\tag{3-4}$$

则称 X 服从参数为 n,p 的**二项分布**，记为 $X\sim B(n,p)$.

由定理 2-7 可知，在 n 重伯努利试验中，成功出现的次数 X 是服从二项分布的.

对二项分布来说，概率分布的两个性质是满足的.因为

$$P(X=k)=C_n^k p^k q^{n-k}\geqslant 0 \quad (k=0,1,2,\cdots,n)$$

而

$$\sum_{k=0}^{n}P(X=k)=\sum_{k=0}^{n}C_n^k p^k q^{n-k}=(p+q)^n=1$$

故分布列的两个性质都成立.

为讨论式(3-4)随 k 取值的不同而变化的情况，看下列的例子.

【例 4】 设产品的次品率为 0.2，今任取 20 件产品，求其中恰有 k 件次品($k=0,1,\cdots,20$)的概率.

解 设 X 为 20 件产品中的次品数，则 $X\sim B(20,0.2)$，所求的概率为

$$P(X=k)=C_{20}^k(0.2)^k(0.8)^{20-k} \quad (k=0,1,\cdots,20)$$

计算结果列于下表

k	0	1	2	3	4	5	6
P	0.012	0.058	0.137	0.205	0.218	0.175	0.109
k	7	8	9	10	11	$\cdots$	20
P	0.055	0.022	0.007	0.002	0.000	$\cdots$	0.000

表中的数据用图形表示为(如图 3-1)

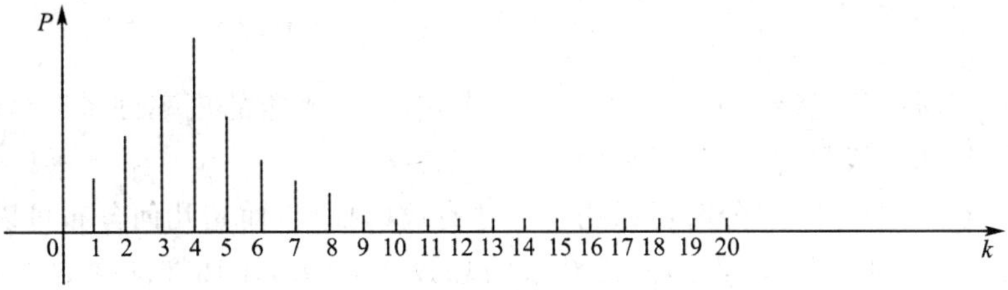

图 3-1

从图 3-1 中看到，概率 $P(X=k)$，先是随 k 的增加而单调上升.当 k 增到 4 时，$P(X=k)$取得最大值 0.218，然后 $P(X=k)$再随 k 的增加而单调下降.就是说本例中的随机变量 X，取 $k=4$ 的概率最大.一般对于固定的 n 和 p，服从二项分布的随机变量 $X\sim B(n,p)$都具有这样的性质：存在 k_0，使 $P(X=k_0)$最大，此时称 k_0 为二项分布的**最可能值**，下面我们来求 k_0.

考察比值：

$$\frac{P(X=k)}{P(X=k-1)}=\frac{C_n^k p^k q^{n-k}}{C_n^{k-1}p^{k-1}q^{n-k+1}}=\frac{(n-k+1)p}{kq}$$

$$=1+\frac{(n+1)p-k}{kq} \quad (k=1,2,\cdots,n)$$

可见，当 $k<(n+1)p$ 时，$P(X=k)>P(X=k-1)$，即 $P(X=k)$随 k 的增加而上升；当 $k>(n+1)p$ 时，$P(X=k)<P(X=k-1)$，此时 $P(X=k)$随 k 的增加而下降，就是说$(n+1)p$ 是$P(X=k)$上升和下降的分界点，而 k 仅取整数值.故当$(n+1)p$ 为整数时，$k=(n+1)p$ 使$P(X=k)$最大，此时 $P(X=k)=P(X=k-1)$，所以 $k=(n+1)p-1$ 也使 $P(X=k)$最大.当$(n+1)p$ 不为整数时，k 取小于$(n+1)p$ 而紧靠它的整数使 $P(X=k)$最大，记$[(n+1)p]$为$(n+1)p$

的整数部分,则得二项分布的最可能值为

$$k_0=\begin{cases}(n+1)p \text{ 和 } (n+1)p-1, & (n+1)p \text{ 为整数时}\\ [(n+1)p], & (n+1)p \text{ 不为整数时}\end{cases}$$

3. 泊松分布

若随机变量 X 的分布列为

$$P(X=k)=\frac{\lambda^k}{k!}e^{-\lambda}\quad (k=0,1,\cdots;\lambda>0) \tag{3-5}$$

则称 X 服从参数为 λ 的**泊松分布**,记为 $X\sim P(\lambda)$.

由式(3-5)知,$P(X=k)\geqslant 0, k=0,1,\cdots$,且有

$$\sum_{k=0}^{\infty}P(X=k)=\sum_{k=0}^{\infty}\frac{\lambda^k}{k!}e^{-\lambda}=e^{-\lambda}\sum_{k=0}^{\infty}\frac{\lambda^k}{k!}=e^{-\lambda}e^{\lambda}=1$$

故泊松分布 $P(\lambda)$ 满足分布列的两个性质.

实际中很多随机现象都服从泊松分布,例如,传呼台在一段时间内接到的呼叫次数,到港的飞机数,纺纱机上线的断头数,放射性物质放射的质点数等.可见,泊松分布有着广泛的应用.

*4. 超几何分布**

设有 N 件产品,其中有 M 件次品,今从中任取 n 件产品,则这 n 件产品中的次品数 X 是一个离散型随机变量,其概率分布为

$$P(X=k)=\frac{C_M^k C_{N-M}^{n-k}}{C_N^n}\quad (k=0,1,\cdots,L) \tag{3-6}$$

其中 $L=\min(M,n)$,并规定当 $i>m$ 时 $C_m^i=0$,由式(3-6)确定的概率分布称为**超几何分布**.(因式(3-6)是超几何级数的一项而得名).

由上面的叙述可见,二项分布可以用来描述有放回抽样,而超几何分布可以用来描述不放回抽样.虽然两者并不相同,但当抽样对象的总数 N 很大,而抽样的次数 n 相对很小时,它们的差别是很小的.就是说,在一定条件下超几何分布可用二项分布来逼近,不难证明以下定理.

定理 3-1 设在超几何分布中,n 是一个确定的正整数,而

$$\lim_{N\to\infty}\frac{M}{N}=p\quad (0<p<1)$$

则

$$\lim_{N\to\infty}\frac{C_M^k C_{N-M}^{n-k}}{C_N^n}=C_n^k p^k(1-p)^{n-k}\quad (k=0,1,\cdots,n) \tag{3-7}$$

由式(3-7)可见,对于固定的 $n\geqslant 1$,当 N 充分大时有

$$\frac{C_M^k C_{N-M}^{n-k}}{C_N^n}\approx C_n^k\left(\frac{M}{N}\right)^k\left(1-\frac{M}{N}\right)^{n-k}\quad (k=0,1,\cdots,\min(n,M)) \tag{3-8}$$

在实际中,一般当 $n\leqslant 0.1N$ 时,可用此近似公式.

3.3 随机变量的分布函数

离散型随机变量,可以用分布列来描述它,但对非离散型随机变量,由于其可能值不能

一个一个列出来，所以不可能用分布列来描述它. 例如，灯泡的寿命，是一个可以在一个区间上任意取值的随机变量 X，它的值充满了一个区间，因此，其概率分布不能用分布列描述. 这时，只要能确知 X 在任一区间上取值的概率，就能掌握它的取值的分布规律.

由于对任意实数 $x_1<x_2$ 有

$$P(x_1<X\leqslant x_2)=P(X\leqslant x_2)-P(X\leqslant x_1)$$

可见，只要知道了 x 的函数 $P(X\leqslant x)$，就能求出 X 落在任何区间上的概率，X 的变化规律就掌握了，这样的函数称为随机变量 X 的分布函数.

定义 3-3　设 X 为一个随机变量，对于任意的实数 x，称函数

$$F(x)=P(X\leqslant x) \tag{3-9}$$

为 X 的分布函数.

由定义 3-3 可见，随机变量 X 的分布函数 $F(x)$ 是事件 $(X\leqslant x)$ 的概率. 对任意的实数 $x_1<x_2$ 有

$$P(x_1<X\leqslant x_2)=F(x_2)-F(x_1) \tag{3-10}$$

分布函数是一个普通的函数，正由于这个缘故，才能用数学分析的工具来研究随机变量.

由定义 3-3 可见，分布函数 $F(x)$ 具有如下的性质：

(1) $0\leqslant F(x)\leqslant 1(-\infty<x<+\infty)$；

(2) $F(x)$ 是单调不减的，即对 $x_1<x_2$，有

$$F(x_1)\leqslant F(x_2)$$

(3) $F(-\infty)=\lim\limits_{x\to-\infty}F(x)=0,F(+\infty)=\lim\limits_{x\to+\infty}F(x)=1$；

(4) $F(x)$ 是右连续的，即对任意的 x，有

$$F(x+0)=F(x)$$

性质(1)，(2)可由定义及概率的性质直接得到，性质(3)，(4)的证明需要较多的数学工具，在专门的概率论书中都有论述，这里不进行证明.

可以证明，若某一函数 $F(x)$ 满足以上性质，则必存在一个随机变量 X，以 $F(x)$ 为其分布函数. 因此，判断一个函数是不是分布函数，就是要判断该函数是否满足以上性质.

下面的例子，说明了离散型随机变量分布函数的求法.

【例 1】　设随机变量 X 的分布列为

X	0	1	2	3
P	$\frac{1}{8}$	$\frac{3}{8}$	$\frac{3}{8}$	$\frac{1}{8}$

求 X 的分布函数.

解　由分布列可知：

当 $x<0$ 时，$P(X\leqslant x)=P(\varnothing)=0$；

当 $0\leqslant x<1$ 时，$P(X\leqslant x)=P(X=0)=\frac{1}{8}$；

当 $1\leqslant x<2$ 时，$P(X\leqslant x)=P(X=0)+P(X=1)=\frac{1}{8}+\frac{3}{8}=\frac{1}{2}$；

当 $2\leqslant x<3$ 时，$P(X\leqslant x)=P(X=0)+P(X=1)+P(X=2)$

$$=\frac{1}{8}+\frac{3}{8}+\frac{3}{8}=\frac{7}{8};$$

当 $x\geqslant 3$ 时，$P(X\leqslant x)=P(S)=1$.

于是 X 的分布函数为

$$F(x)=\begin{cases}0, & x<0\\ \frac{1}{8}, & 0\leqslant x<1\\ \frac{1}{2}, & 1\leqslant x<2\\ \frac{7}{8}, & 2\leqslant x<3\\ 1, & x\geqslant 3\end{cases}$$

由本例可见，离散型随机变量的分布函数的求法是**概率累加**，即

若离散型随机变量 X 的分布列为

$$P(X=x_i)=p_i \quad (i=1,2,\cdots)$$

则 X 的分布函数为

$$F(x)=\sum_{x_i\leqslant x}P(X=x_i)=\sum_{x_i\leqslant x}p_i$$

本例分布函数的图形如图 3-2 所示.

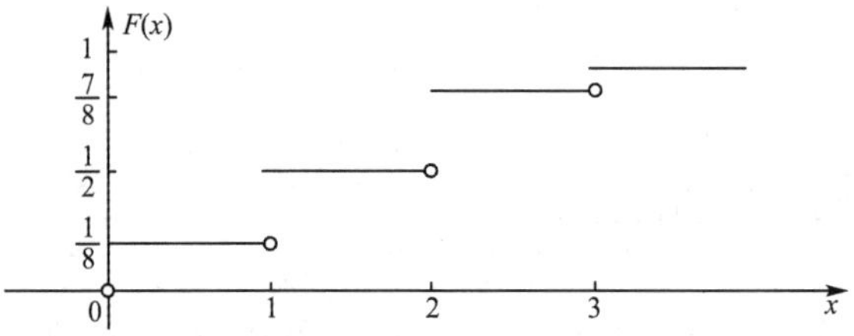

图 3-2

由图 3-2 可见，离散型随机变量的分布函数为阶梯函数，跳跃点恰好是随机变量取值的点，在每个跳跃点的跃度，恰好是随机变量取该值的概率. 了解了这些，如果知道了分布函数，则离散型随机变量的分布列就很容易求出来了.

3.4 连续型随机变量

一、连续型随机变量、概率容度的定义

定义 3-4 设 X 为随机变量，其分布函数为 $F(x)$，如果存在一个非负的函数 $p(x)$，使对任何实数 x 有

$$F(x)=\int_{-\infty}^{x}p(u)\mathrm{d}u \tag{3-11}$$

则称 X 为**连续型随机变量**，而函数 $p(x)$ 称为 X 的**概率密度函数**，简称为**概率密度**.

二、概率密度的性质

(1)$p(x)\geqslant 0$；

(2)$\int_{-\infty}^{+\infty} p(x)\mathrm{d}x = 1$；

(3)$P(x_1 < X \leqslant x_2) = F(x_2) - F(x_1) = \int_{x_1}^{x_2} p(x)\mathrm{d}x$；

(4)$F'(x) = p(x)$，x 为 $p(x)$ 的连续点.

以上性质，可分别由概率密度的定义，分布函数的性质，式(3-10)和积分学的知识直接得到. 性质(1)，(2)是概率密度的本质性质，就是说，一个概率密度函数一定具备这两条性质，可以证明，满足这两条性质的函数，一定是某一个随机变量的概率密度，判断一个函数是不是概率密度函数，就是要看它是否具有这两条性质.

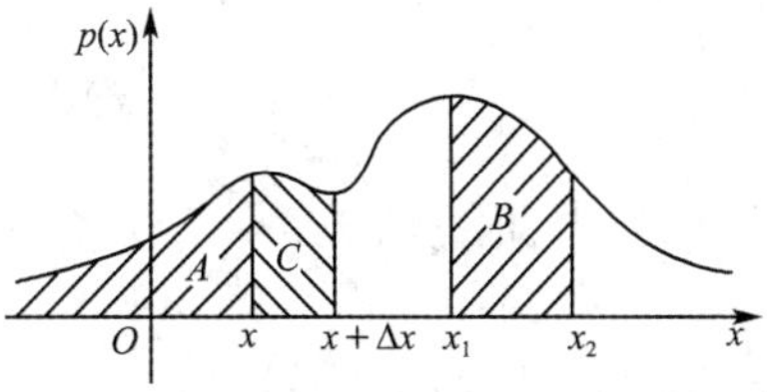

图 3-3

概率密度函数 $p(x)$的图形称为密度曲线(如图 3-3)，利用图 3-3，对密度的性质做如下几何说明.

性质(1)说明密度曲线不会在 x 轴的下方；

性质(2)说明密度曲线与 x 轴所夹的面积等于 1；

性质(3)说明概率 $P(x_1<X\leqslant x_2)$的值等于以$[x_1, x_2]$为底，以曲线 $y=p(x)$为曲边的曲边梯形 B 的面积.

至于性质(4)，它说明了函数 $p(x)$为什么称为密度，这是因为

$$p(x)=F'(x)=\lim_{\Delta x\to 0}\frac{F(x+\Delta x)-F(x)}{\Delta x}=\lim_{\Delta x\to 0}\frac{P(x<X\leqslant x+\Delta x)}{\Delta x}$$

如果将概率比作质量，上面的极限恰似物理学中质量线密度的概念，人们自然称 $p(x)$为随机变量 X 的概率密度.

以$(-\infty, x]$为底，以曲线 $y=p(x)$为曲边的曲边梯形 A 的面积，表示 $F(x)$的值，这就是式(3-11)的几何意义.

图 3-3 中，以$[x, x+\Delta x]$为底，以曲线 $y=p(x)$为曲边的曲边梯形 C 的面积，表示概率 $P(x<X\leqslant x+\Delta x)$的值，如果 $p(x)$在 x 处连续，则

$$P(x < X \leqslant x + \Delta x) = \int_{x}^{x+\Delta x} p(u)\mathrm{d}u \approx p(x)\cdot\Delta x \tag{3-12}$$

可见，概率密度 $p(x)$的数值反映了随机变量 X 取 x 的邻近值的概率的大小. 但要注意，对连续型随机变量而言，概率 $P(X=x)$不能描述 X 取 x 值的概率分布规律，因为对任何 x 值，总有 $P(X=x)=0$.

事实上，设 X 的分布函数为 $F(x)$，则有

$$0\leqslant P(X=x)\leqslant P(x-\Delta x<X\leqslant x)=F(x)-F(x-\Delta x) \tag{3-13}$$

由于连续型随机变量的分布函数是处处连续的，所以

$$\lim_{\Delta x\to 0}[F(x)-F(x-\Delta x)]=0$$

而式(3-13)的左端与 Δx 无关，故得

$$P(X=x)=0$$

由于连续型随机变量取任何一个值的概率为0,因此,当计算连续型随机变量落在某一区间的概率时,区间是否包含端点,是无须考虑的.这一事实也可以说明,概率是0的事件不一定是不可能事件,同样,概率是1的事件,不一定是必然事件.

【例1】 设连续型随机变量X的概率密度为

$$p(x)=Ae^{-|x|} \quad (-\infty<x<+\infty)$$

求:(1)系数A;(2)$P(-1<X\leqslant 1)$;(3)X的分布函数$F(x)$.

解 (1)由性质(2)可知

$$1=\int_{-\infty}^{+\infty}p(x)\mathrm{d}x=\int_{-\infty}^{+\infty}Ae^{-|x|}=2A\int_{0}^{+\infty}e^{-x}\mathrm{d}x=2A$$

所以$A=\frac{1}{2}$,即$p(x)=\frac{1}{2}e^{-|x|}(-\infty<x<+\infty)$.

(2)$P(-1<X\leqslant 1)=\int_{-1}^{1}\frac{1}{2}e^{-|x|}\mathrm{d}x=\int_{0}^{1}e^{-x}\mathrm{d}x=1-e^{-1}$.

(3)X的密度曲线为(如图3-4)

$$F(x)=\int_{-\infty}^{x}p(x)\mathrm{d}x=\begin{cases}\frac{1}{2}\int_{-\infty}^{x}e^{u}\mathrm{d}u, & x\leqslant 0\\ \int_{-\infty}^{0}\frac{1}{2}e^{x}\mathrm{d}x+\int_{0}^{x}\frac{1}{2}e^{-u}\mathrm{d}u, & x>0\end{cases}=\begin{cases}\frac{1}{2}e^{x}, & x\leqslant 0\\ 1-\frac{1}{2}e^{-x}, & x>0\end{cases}$$

从本例可知,连续型随机变量分布函数的求法是**密度积分**

$$F(x)=\int_{-\infty}^{x}p(u)\mathrm{d}u$$

这是变上限积分,计算时要注意两点:

(a)变上限x应考虑$(-\infty,+\infty)$的所有情况;

(b)不管x取什么值,积分总是从$-\infty$到x.

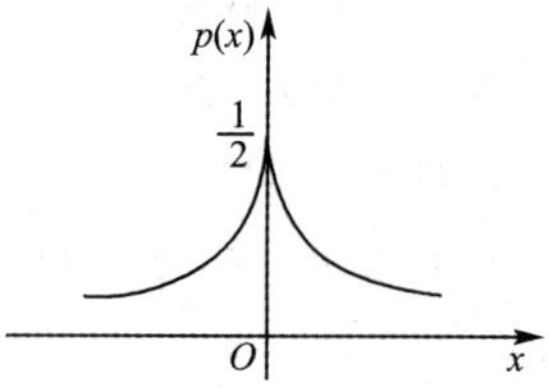

图3-4

【例2】 设连续型随机变量X的密度为

$$p(x)=\begin{cases}\frac{A}{\sqrt{1-x^2}}, & |x|<1\\ 0, & |x|\geqslant 1\end{cases}$$

求:(1)系数A;(2)$P\left(-\frac{1}{2}<X\leqslant\frac{1}{2}\right)$;(3)分布函数$F(x)$.

解 (1)由密度的性质(2)

$$1=\int_{-\infty}^{+\infty}P(x)\mathrm{d}x=A\int_{-1}^{1}\frac{1}{\sqrt{1-x^2}}\mathrm{d}x=A\arcsin x\Big|_{-1}^{1}=\pi A$$

所以$A=\frac{1}{\pi}$,即$p(x)=\begin{cases}\frac{1}{\pi\sqrt{1-x^2}}, & |x|<1\\ 0, & |x|\geqslant 1\end{cases}$,其图形(如图3-5)为

(2)$P\left(-\frac{1}{2}<X\leqslant\frac{1}{2}\right)=\int_{-\frac{1}{2}}^{\frac{1}{2}}\frac{1}{\pi\sqrt{1-x^2}}\mathrm{d}x$

$$=\frac{1}{\pi}\arcsin x\Big|_{-\frac{1}{2}}^{\frac{1}{2}}=\frac{1}{3};$$

$$F(x)=\int_{-\infty}^{x}p(u)\mathrm{d}u=\begin{cases}0, & x\leqslant -1\\ \int_{-1}^{x}\frac{1}{\pi\sqrt{1-u^2}}\mathrm{d}u, & -1<x<1\\ 1, & x\geqslant 1\end{cases}$$

$$=\begin{cases}0, & x\leqslant -1\\ \frac{1}{2}+\frac{1}{\pi}\arcsin x, & |x|<1\\ 1, & x\geqslant 1\end{cases}$$

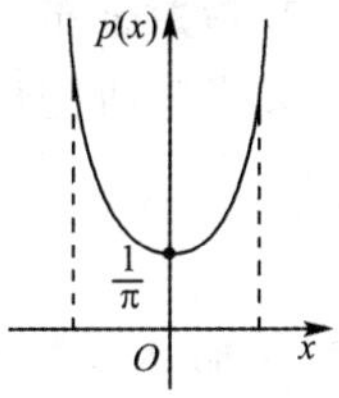

图 3-5

三、几种重要的连续型分布

1. 均匀分布

如果随机变量 X 的概率密度为

$$p(x)=\begin{cases}\frac{1}{b-a}, & a\leqslant x\leqslant b\\ 0, & \text{其他}\end{cases}\quad (a<b) \tag{3-14}$$

则称 X 在区间 $[a,b]$ 上服从**均匀分布**，记为 $X\sim U[a,b]$. 均匀分布的密度曲线如图 3-6 所示.

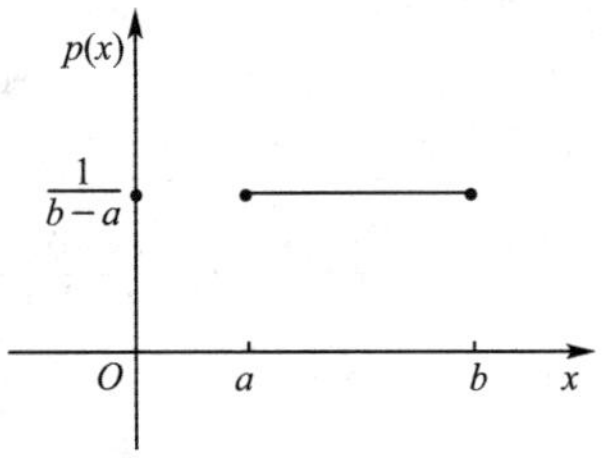

图 3-6

由图可见，$p(x)$ 满足密度函数的性质(1)和性质(2).

若 $X\sim U[a,b]$，则其分布函数为

$$F(x)=\int_{-\infty}^{x}p(u)\mathrm{d}u=\begin{cases}0, & x<a\\ \frac{x-a}{b-a}, & a\leqslant x\leqslant b\\ 1, & x>b\end{cases} \tag{3-15}$$

其图形是连续的折线(如图 3-7).

若 $X\sim U[a,b]$，$(x_1,x_2]$ 为 $[a,b]$ 的任一子区间则

$$P(x_1<X\leqslant x_2)=\int_{x_1}^{x_2}\frac{1}{b-a}\mathrm{d}x=\frac{x_2-x_1}{b-a}$$

这说明 X 落在子区间上的概率与子区间的长度成正比，而与子区间的位置无关，属于几何概型，故 Y 落在长度相等的各子区间的可能性是相等的，"均匀分布"中的均匀的含意就是"等可能"的意思.

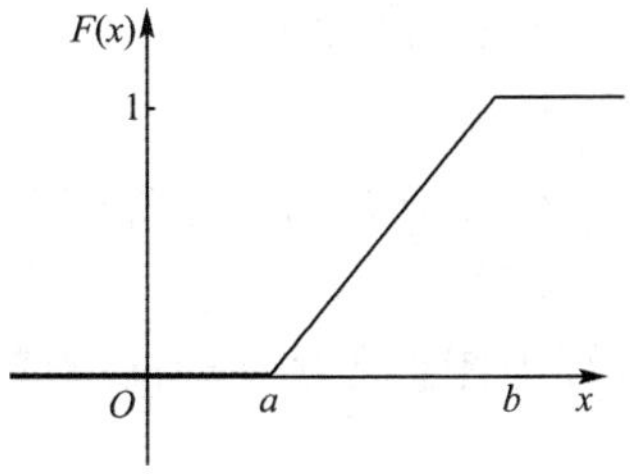

图 3-7

在实际问题中，服从均匀分布的例子很多，例如

(a)设通过某站的公共汽车，每 10 分钟一辆，那么乘客候车时间 X 在 $[0,10]$ 上服从均匀分布；

(b)某电台每隔 20 分钟发出一个信号，我们随手打开收音机，那么等待时间 X 在 $[0,20]$ 上服从均匀分布；

(c)计算机中的舍入误差 X，是一个在 $(-0.5,0.5)$ 上服从均匀分布的随机变量.

2. 指数分布

如果随机变量 X 的概率密度为

$$p(x)=\begin{cases}\lambda e^{-\lambda x}, & x>0\\ 0, & x\leqslant 0\end{cases},\lambda>0 \tag{3-16}$$

则称 X 服从参数为 λ 的**指数分布**，记为 $X\sim E(\lambda)$，指数分布的密度曲线如图 3-8 所示.

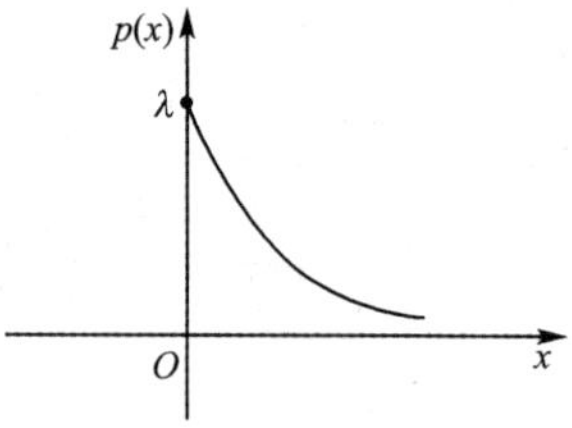

图 3-8

由图可见，$p(x)$满足密度函数的性质(1)和性质(2).

若 $X\sim E(\lambda)$，则其分布函数为

$$F(x)=\int_{-\infty}^{x}p(u)\mathrm{d}u=\begin{cases}1-e^{-\lambda x}, & x>0\\ 0, & x\leqslant 0\end{cases} \tag{3-17}$$

指数分布有着重要的应用，一般来说，各种“寿命”服从指数分布或近似服从指数分布. 下面是一个导出指数分布的例子.

【例 3】 已使用了 t 小时的电子管，在以后的 Δt 小时内损坏的概率为 $\lambda\Delta t+o(\Delta t)$，其中 λ 是正常数，$o(\Delta t)$是 Δt 的高阶无穷小. 若电子管寿命为零的概率为零，求 X 的概率密度 $p(t)$.

解 设 T 的分布函数为 $F(t)$，使用了 t 小时的电子管，在以后的 Δt 小时内损坏的概率，就是条件概率 $P(t<T\leqslant t+\Delta t\mid T>t)$，由题意有

$$P(t<T\leqslant t+\Delta t\mid T>t)=\lambda\Delta t+o(\Delta t) \tag{3-18}$$

由条件概率的定义知，上式左端为

$$\frac{P((t<T\leqslant t+\Delta t)\cap(T>t))}{P(T>t)}=\frac{P(t<T\leqslant t+\Delta t)}{1-P(T\leqslant t)}=\frac{F(t+\Delta t)-F(t)}{1-F(t)}$$

代入式(3-18)得

$$\frac{F(t+\Delta t)-F(t)}{1-F(t)}=\lambda\Delta t+o(\Delta t)$$

即

$$\frac{F(t+\Delta t)-F(t)}{\Delta t}=[1-F(t)]\left[\lambda+\frac{o(\Delta t)}{\Delta t}\right]$$

令 $\Delta t\to 0$ 取极限得

$$F'(t)=\lambda[1-F(t)]$$

这是一个关于 $F(t)$的一阶线性微分方程，它的通解为

$$F(t)=Ce^{-\lambda t}+1$$

其中 C 为任意常数. 根据初始条件 $F(t)|_{t=0}=0$，得 $C=-1$，于是

$$F(t)=1-e^{-\lambda t},\quad t>0$$

故 X 的分布函数为

$$F(t)=\begin{cases}1-e^{-\lambda t}, & t>0\\ 0, & t\leqslant 0\end{cases}$$

从而 X 的概率密度为

$$p(t)=\begin{cases}\lambda e^{-\lambda t}, & t>0\\ 0, & t\leqslant 0\end{cases}$$

可见，电子管的寿命 X 服从参数为 λ 的指数分布.

3. 正态分布

连续型随机变量中，最重要的分布是正态分布，也称高斯分布.

如果随机变量 X 的概率密度为

$$p(x)=\frac{1}{\sqrt{2\pi}\sigma}e^{-\frac{(x-\mu)^2}{2\sigma^2}} \quad -\infty<x<+\infty \tag{3-19}$$

μ,σ 为常数，且 $\sigma>0$，则称 X 服从参数为 μ,σ^2 的**正态分布**，也称 X 为正态变量，记为 $X\sim N(\mu,\sigma^2)$.

下面首先验证函数 $p(x)$ 满足密度函数的性质(1)和性质(2).

显然，$p(x)\geqslant 0$，今证明 $\int_{-\infty}^{+\infty}p(x)\mathrm{d}x=1$.

证明 $$\int_{-\infty}^{+\infty}p(x)\mathrm{d}x=\int_{-\infty}^{+\infty}\frac{1}{\sqrt{2\pi}\sigma}e^{-\frac{(x-\mu)^2}{2\sigma^2}}\mathrm{d}x \xlongequal{\text{令}\,t=\frac{x-\mu}{\sigma}} \frac{1}{\sqrt{2\pi}}\int_{-\infty}^{+\infty}e^{-\frac{t^2}{2}}\mathrm{d}t \tag{3-20}$$

而

$$\left(\int_{-\infty}^{+\infty}e^{-\frac{t^2}{2}}\mathrm{d}t\right)^2=\left(\int_{-\infty}^{+\infty}e^{-\frac{t^2}{2}}\mathrm{d}t\right)\left(\int_{-\infty}^{+\infty}e^{-\frac{u^2}{2}}\mathrm{d}u\right)=\int_{-\infty}^{+\infty}\int_{-\infty}^{+\infty}e^{-\frac{t^2+u^2}{2}}\mathrm{d}t\mathrm{d}u$$

$$\xlongequal{\text{令}\,t=\rho\cos\theta,u=\rho\sin\theta}\int_0^{2\pi}\left(\int_0^{+\infty}e^{-\frac{\rho^2}{2}}\rho\mathrm{d}\rho\right)\mathrm{d}\theta=\int_0^{2\pi}\mathrm{d}\theta=2\pi$$

即

$$\int_{-\infty}^{+\infty}e^{-\frac{t^2}{2}}\mathrm{d}t=\sqrt{2\pi}$$

代入式(3-20)得

$$\int_{-\infty}^{+\infty}p(x)\mathrm{d}x=1$$

可见 $p(x)$ 满足概率密度的性质(2).

利用数学分析中函数作图的方法可画出 $p(x)$ 的图形(如图 3-9)，它具有以下特点：

(1)形如悬钟，以 $x=\mu$ 为对称轴对称，对固定的 σ，改变 μ 值时，曲线沿 Ox 轴平移，且不改变其形状.

(2)当 $x=\mu$ 时取最大值 $p(\mu)=\frac{1}{\sqrt{2\pi}\sigma}$，对固定的 μ，曲线随 σ 的增加而变低变缓，随 σ 的减少而变高变陡(如图 3-10).

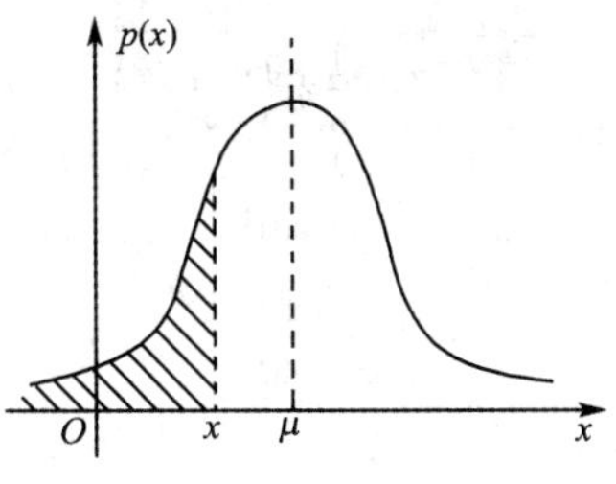

图 3-9

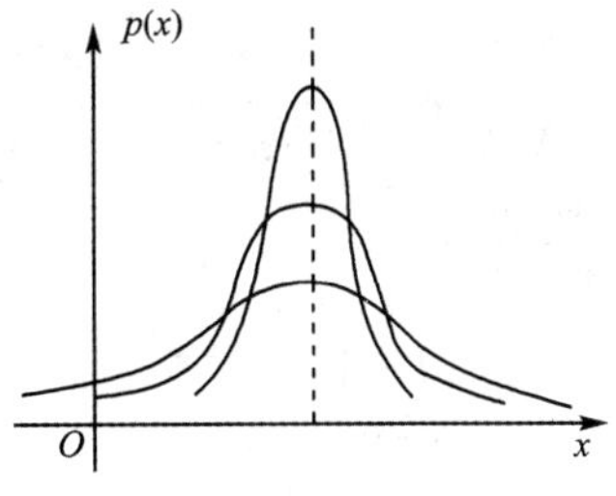

图 3-10

(3)在 $x=\mu\pm\sigma$ 处有两点拐点.

(4)当 $x\to\pm\infty$ 时，曲线以 x 轴为渐近线.

若 $X\sim N(\mu,\sigma^2)$，则其分布函数为

$$F(x)=\frac{1}{\sqrt{2\pi}\sigma}\int_{-\infty}^{x}e^{-\frac{(u-\mu)^2}{2\sigma^2}}du \tag{3-21}$$

在图 3-9 中阴影部分的面积表示 $F(x)$ 的值. $F(x)$ 的图形如图 3-11 所示.

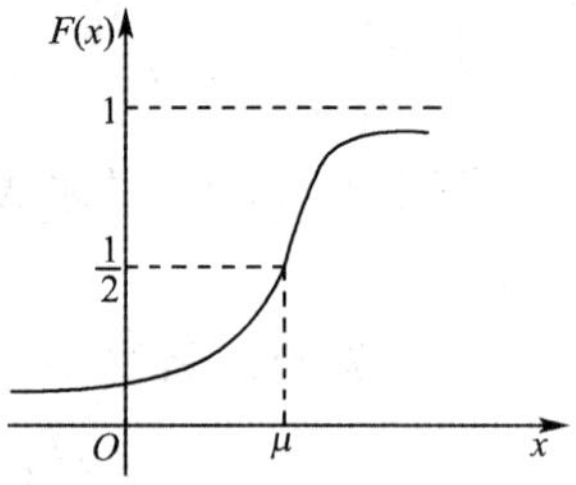

图 3-11

标准正态分布 在正态分布 $N(\mu,\sigma^2)$ 中，若 $\mu=0,\sigma^2=1$，则得 $N(0,1)$，这称为标准正态分布，相应的概率密度和分布函数分别用 $\varphi(x)$ 和 $\Phi(x)$ 表示，即

$$\varphi(x)=\frac{1}{\sqrt{2\pi}}e^{-\frac{x^2}{2}}\quad(-\infty<x<+\infty) \tag{3-22}$$

$$\Phi(x)=\frac{1}{\sqrt{2\pi}}\int_{-\infty}^{x}e^{-\frac{t^2}{2}}dt\quad(-\infty<x<+\infty) \tag{3-23}$$

它们的图形分别为图 3-12 和图 3-13.

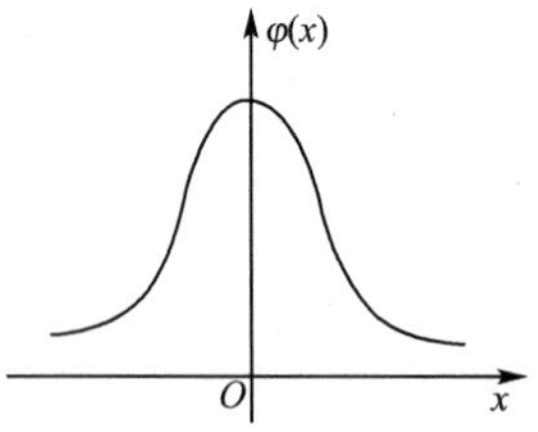

图 3-12

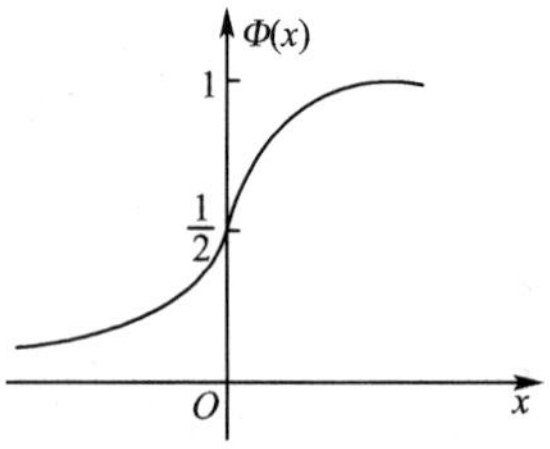

图 3-13

由式(3-22)知 $\varphi(x)$ 是偶函数，由此可得

$$\varphi(-x)=\varphi(x) \tag{3-24}$$

$$\Phi(-x)=1-\Phi(x) \tag{3-25}$$

式(3-25)成立，是因为

$$\Phi(-x)=\int_{-\infty}^{-x}\varphi(t)dt\xlongequal{令\,t=-u}\int_{x}^{+\infty}\varphi(u)du$$

$$=\int_{-\infty}^{+\infty}\varphi(u)du-\int_{-\infty}^{x}\varphi(u)du=1-\Phi(x)$$

一般正态分布 $N(\mu,\sigma^2)$ 和标准正态分布 $N(0,1)$ 的关系为

(1)概率密度的关系

$$p(x)=\frac{1}{\sqrt{2\pi}\sigma}e^{-\frac{(x-\mu)^2}{2\sigma^2}}=\frac{1}{\sigma}\cdot\frac{1}{\sqrt{2\pi}}e^{-\frac{\left(\frac{x-\mu}{\sigma}\right)^2}{2}}=\frac{1}{\sigma}\varphi\left(\frac{x-\mu}{\sigma}\right)$$

(2)分布函数的关系

$$F(x)=\frac{1}{\sqrt{2\pi}\sigma}\int_{-\infty}^{x}e^{-\frac{(u-\mu)^2}{2\sigma^2}}du\xlongequal{令\,t=\frac{u-\mu}{\sigma}}\frac{1}{\sqrt{2\pi}}\int_{-\infty}^{\frac{x-\mu}{\sigma}}e^{-\frac{t^2}{2}}dt=\Phi\left(\frac{x-\mu}{\sigma}\right) \tag{3-26}$$

由式(3-26)知，若 $X\sim N(\mu,\sigma^2)$，则对任何 $x_1<x_2$ 有

$$P(x_1<X\leqslant x_2)=F(x_2)-F(x_1)=\Phi\left(\frac{x_2-\mu}{\sigma}\right)-\Phi\left(\frac{x_1-\mu}{\sigma}\right) \tag{3-27}$$

这就是说，计算服从正态分布的随机变量 X 落在某一区间内的概率，归结为计算 $\Phi(x)$ 的数

值. 本书的附表 2 列出了 $x\geqslant 0$ 时 $\Phi(x)$ 的数值,用时查表即可.

【例 4】 设 $X\sim N(2,4)$,求 $P(3<X\leqslant 4)$,$P(0<X\leqslant 3)$.

解 利用式(3-27)及附表 2,有

$$P(3<X\leqslant 4)=\Phi\left(\frac{4-2}{2}\right)-\Phi\left(\frac{3-2}{2}\right)=\Phi(1)-\Phi(0.5)$$
$$=0.841\,3-0.691\,5=0.149\,8$$

$$P(0<X\leqslant 3)=\Phi\left(\frac{3-2}{2}\right)-\Phi\left(\frac{0-2}{2}\right)=\Phi(0.5)-\Phi(-1)$$
$$=\Phi(0.5)+\Phi(1)-1=0.691\,5+0.841\,3-1$$
$$=0.532\,8$$

【例 5】 设 $X\sim N(\mu,\sigma^2)$,求 $P(|X-\mu|<k\sigma)$,$k=1,2,3$.

解 设 $p_k=P(|X-\mu|<k\sigma)=P(\mu-k\sigma<X<\mu+k\sigma)$

$$=\Phi\left(\frac{\mu+k\sigma-\mu}{\sigma}\right)-\Phi\left(\frac{\mu-k\sigma-\mu}{\sigma}\right)$$
$$=\Phi(k)-\Phi(-k)=2\Phi(k)-1$$

$$p_1=2\Phi(1)-1=2\times 0.841\,3-1=0.682\,6$$
$$p_2=2\Phi(2)-1=2\times 0.977\,2-1=0.954\,4$$
$$p_3=2\Phi(3)-1=2\times 0.998\,7-1=0.997\,4$$

本题的几何意义如图 3-14.

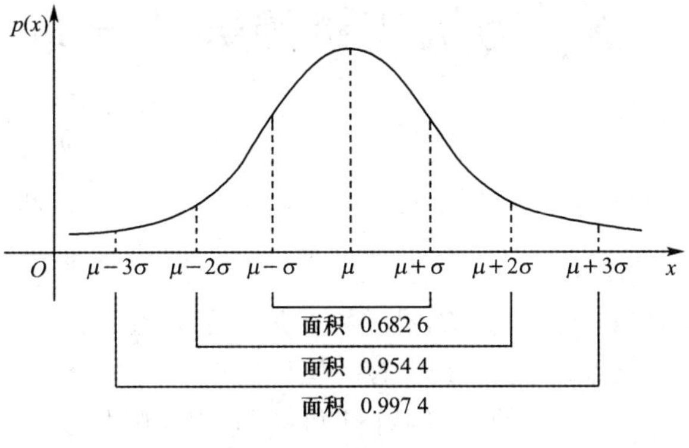

图 3-14

在本例可以看出如下的结果:

(1)服从正态分布的随机变量 X,在一次试验中几乎总是取区间$(\mu-3\sigma,\mu+3\sigma)$中的值.

(2)任何一个正态分布,其值落在$(\mu-k\sigma,\mu+k\sigma)$之间的概率都相等. 由此知,若 $X\sim N(\mu,4)$,$Y\sim N(\mu,9)$,则对任意的 μ 有 $P(X<\mu-2)=P(Y\geqslant\mu+3)$;若 $X\sim N(2,\sigma^2)$,$Y\sim N(4,\sigma^2)$,则对任意的 σ 有 $P(X>2+2\sigma)=P(Y\leqslant 4-2\sigma)$.

【例 6】 某厂生产的晶体管的寿命 X(以小时计)服从正态分布 $N(1\,600,\sigma^2)$,如果要求寿命在 1 200 小时以上的概率不小于 0.96,求 σ 的值.

解 由题意

$$0.96\leqslant P(X>1\,200)=1-P(X\leqslant 1\,200)=1-\Phi\left(\frac{1\,200-1\,600}{\sigma}\right)$$

$$=1-\Phi\left(\frac{-400}{\sigma}\right)=1-\left[1-\Phi\left(\frac{400}{\sigma}\right)\right]=\Phi\left(\frac{400}{\sigma}\right)$$

查附表 2 得$\frac{400}{\sigma}\geqslant 1.76$,故$\sigma\leqslant 227.27$.

正态分布是概率论中最重要的分布,在实际中,许多随机变量都服从或近似服从这种“两头小中间大”的正态分布.例如,测一个零件长度的测量误差,海洋波浪的高度,农作物的单位面积产量,人的身高或体重等都服从正态分布.正态分布在理论上也有很重要的意义,这将在第 5 章中介绍.

为了数理统计的需要,我们引入 $N(0,1)$分布上侧 α 分位数(临界值)的概念.

设 $X\sim N(0,1)$,对给定的 $\alpha(0<\alpha<1)$,若数 u_α 满足条件

$$P(X>u_\alpha)=\alpha \tag{3-28}$$

即

$$\Phi(u_\alpha)=1-\alpha \tag{3-29}$$

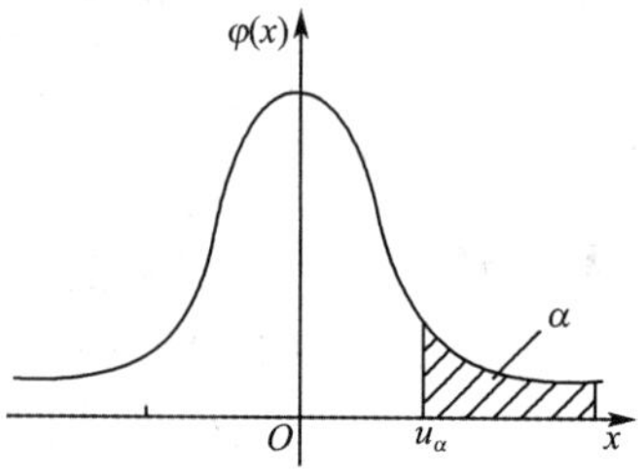

图 3-15

则称 u_α 为 $N(0,1)$分布的**上侧 α 分位数(临界值)**,如图 3-15 所示.

利用式(3-29)并查附表 2 可得

$$u_{0.05}=1.65, u_{0.025}=1.96, u_{0.005}=2.58$$

3.5 随机变量函数的分布

在实际上,经常需要考虑一个随机变量 X 的函数 $Y=g(X)$的分布,例如,设 X 为物体运动的速度,则物体运动的动能 $Y=\frac{1}{2}mX^2$(m 为物体的质量)是随机变量 X 的函数;设 M 为随机地落在以原点 O 为圆心,R 为半径的圆周上的质点,它与圆心的连线和 x 轴的夹角为 Z,则 M 在 x 轴上的投影 $X=R\cos Z$,是随机变量 Z 的函数.

一般地设 $g(x)$是定义在随机变量 X 的一切可能值 x 的集合上的函数,若随机变量 Y 随着 X 取 x 的值而取 $y=g(x)$的值,则称随机变量 Y 为随机变量 X 的函数,记为 $Y=g(X)$.我们的问题是如何根据已知的随机变量 X 的分布,求随机变量 Y 的分布.

一、离散型随机变量函数的分布

【例 1】 设随机变量 X 的分布列为

X	-1	0	1	2
P	0.1	0.2	0.3	0.4

求 $Y_1=2X+1$ 和 $Y_2=X^2$ 的分布列.

解 $Y_1=2X+1$ 是离散型随机变量,其可能值为 $y_i=2x_i+1$,即$-1,1,3,5$,事件$(Y_1=-1)$与事件$(X=-1)$相等,所以 $P(Y_1=-1)=P(X=-1)=0.1$,类似地可求出 Y_1 取其他可能值的概率,于是得 Y_1 的分布为

Y_1	-1	1	3	5
P	0.1	0.2	0.3	0.4

$Y_2=X^2$ 的可能值为 $y_i=x_i^2$，即 1,0,1,4，两个 1 合并在一起得 Y_2 的可能值为 0,1,4. 事件

$$(Y_2=0)=(X=0),(Y_2=4)=(X=2),$$
$$(Y_2=1)=(X=-1)+(X=1)$$

且 $(X=-1)$ 和 $(X=1)$ 互不相容，于是 Y_2 的分布为

Y_2	0	1	4
P	0.2	0.4	0.4

一般地，若随机变量 X 的概率分布为 $P(X=x_i)=p_i, i=1,2,\cdots$ 则 X 的函数 $Y=g(X)$ 的概率分布可如下求出：

Y 的可能值为 $y_i=g(x_i) \quad (i=1,2,\cdots)$；

如果诸 y_i 没有重复的，则 Y 的分布为 $P(Y=y_i)=p_i \quad (i=1,2,\cdots)$；

如果诸 y_i 中有重复的，则将重复的合并，相应的概率相加.

二、连续型随机变量函数的密度

1. 分布函数法

【例 2】 设 X 的概率密度为 $p_X(x)$，分布函数为 $F_X(x)$，求 $Y=3X-5$ 的概率密度 $p_Y(y)$.

解 由 3.4 节密度函数的性质(4)，若求出了 Y 的分布函数 $F_Y(y)$，则 $p_Y(y)=F'_Y(y)$，于是先求 $F_Y(y)$.

$$F_Y(y)=P(Y\leqslant y)=P(3X-5\leqslant y)=P\left(X\leqslant\frac{y+5}{3}\right)=F_X\left(\frac{y+5}{3}\right);$$

于是

$$p_Y(y)=F'_Y(y)=\left[F_X\left(\frac{y+5}{3}\right)\right]'_y=p_X\left(\frac{y+5}{3}\right)\cdot\frac{1}{3},$$

因为 $p_X(x)$ 已知，所以 $p_Y(y)$ 就求出来了.

一般地，设连续型随机变量 X 的概率密度为 $p_X(x)$，分布函数为 $F_X(x)$，欲求 $Y=g(X)$ 的密度 $p_Y(y)$，可如下进行：

(1)先求 Y 的分布函数 $F_Y(y)$——用 X 的分布函数 $F_X(\cdot)$ 来表示 $F_Y(y)$.

$$F_Y(y)=P(Y\leqslant y)=P(g(X)\leqslant y)\xrightarrow{\text{解出 }X}\text{表示成 }F_X(\cdot)$$

(2)求导数即得 Y 的密度：$p_Y(y)=F'_Y(y)$.

以上方法称为**分布函数法**.

【例 3】 设 $X\sim N(\mu,\sigma^2)$，求 $Y=aX+b$（a,b 为常数且 $a\neq0$）的概率密度 $p_Y(y)$.

解 设 Y 的分布函数为 $F_Y(y)$，则

$$F_Y(y)=P(Y\leqslant y)=P(aX+b\leqslant y)$$

当 $a>0$ 时

$$F_Y(y)=P\left(X\leqslant\frac{y-b}{a}\right)=F_X\left(\frac{y-b}{a}\right)$$

当 $a<0$ 时

$$F_Y(y)=P\left(X\geqslant\frac{y-b}{a}\right)=1-P\left(X\leqslant\frac{y-b}{a}\right)=1-F_X\left(\frac{y-b}{a}\right)$$

故

$$p_Y(y)=F'_Y(y)=\begin{cases}\dfrac{1}{a}p_X\left(\dfrac{y-b}{a}\right), & a>0\\ -\dfrac{1}{a}p_X\left(\dfrac{y-b}{a}\right), & a<0\end{cases}$$

总之

$$\begin{aligned}p_Y(y)&=\frac{1}{|a|}p_X\left(\frac{y-b}{a}\right)=\frac{1}{|a|}\cdot\frac{1}{\sqrt{2\pi}\sigma}\mathrm{e}^{-\frac{\left(\frac{y-b}{a}-\mu\right)^2}{2\sigma^2}}\\&=\frac{1}{\sqrt{2\pi}\sigma|a|}\mathrm{e}^{-\frac{(y-b-a\mu)^2}{2a^2\sigma^2}}\end{aligned}$$

即 $Y=aX+b\sim N(a\mu+b,a^2\sigma^2)$，可见正态分布的线性函数仍为正态分布，特别，若 $a=\dfrac{1}{\sigma}$，$b=-\dfrac{\mu}{\sigma}$，即

$$Y=\frac{X-\mu}{\sigma}\sim N(0,1)$$

所以称变换 $Y=\dfrac{X-\mu}{\sigma}$ 为**标准化变换**.

【例 4】 设 $X\sim N(0,1)$，求 $Y=X^2$ 的概率密度 $p_Y(y)$.

解 设 Y 的分布函数为 $F_Y(y)$，则

$$F_Y(y)=P(Y\leqslant y)=P(X^2\leqslant y)$$

显然当 $y\leqslant 0$ 时 $F_Y(y)=0$，自然 $p_Y(y)=0$.

当 $y>0$ 时

$$\begin{aligned}F_Y(y)&=P(X^2\leqslant y)=P(|X|\leqslant\sqrt{y})=P(-\sqrt{y}<X\leqslant\sqrt{y})\\&=F_X(\sqrt{y})-F_X(-\sqrt{y})\end{aligned}$$

$$\begin{aligned}p_Y(y)&=F'_Y(y)=[F_X(\sqrt{y})-F_X(-\sqrt{y})]'_y\\&=\frac{1}{2\sqrt{y}}[p_X(\sqrt{y})+p_X(-\sqrt{y})]=\frac{1}{\sqrt{2\pi}}\cdot\frac{1}{\sqrt{y}}\mathrm{e}^{-\frac{y}{2}}\end{aligned}$$

于是得

$$p_Y(y)=\begin{cases}\dfrac{1}{\sqrt{2\pi}}\cdot y^{-\frac{1}{2}}\mathrm{e}^{-\frac{y}{2}}, & y>0\\ 0, & y\leqslant 0\end{cases}$$

2. 公式法

对上面两个例子进一步分析可以发现，解决问题的关键一步是在$(Y\leqslant y)$中，即在 $g(X)\leqslant y)$中解出 X，亦即对函数 $y=g(x)$取反函数 $x=h(y)$，从而得到一个与$(g(X)\leqslant y)$等价的 X 的不等式，并以后者代替$(g(X)\leqslant y)$，例如在例 3 中以$\left(X\leqslant\dfrac{y-b}{a}\right)=(X\leqslant h(y))$代替

$(aX+b\leqslant y)$，得到 Y 的密度为 $p_Y(y)=\frac{1}{|a|}p_X\left(\frac{y-b}{a}\right)=p_X(h(y))\cdot|h'(y)|$. 在例 4 中函数 $y=x^2$ 在 $(-\infty,0)$ 上单调下降，反函数为 $h_1(y)=-\sqrt{y}$；在 $(0,+\infty)$ 上单调增加，反函数为 $h_2(y)=\sqrt{y}$，当 $y>0$ 时以 $(-\sqrt{y}<X\leqslant\sqrt{y})=(h_1(y)<X\leqslant h_2(y))$ 代替 $(X^2\leqslant y)$，得到 Y 的密度

$$\begin{aligned}p_Y(y)&=\frac{1}{2\sqrt{y}}[p_X(\sqrt{y})+p_X(-\sqrt{y})]\\&=p_X(h_1(y))\cdot|h_1'(y)|+p_X(h_2(y))|h_2'(y)|\end{aligned}$$

以上做法具有普遍性，这就是求连续型随机变量函数密度的两个公式.

定理 3-2 设 X 是连续型随机变量，其概率密度为 $p_X(x)$，若 $y=g(x)$ 是严格单调的连续函数，其反函数 $x=h(y)$ 有连续导数，则 $Y=g(X)$ 也是连续型随机变量，其概率密度为

$$p_Y(y)=p_X(h(y))\cdot|h'(y)| \tag{3-30}$$

证明 先就 $g(x)$ 单调增加的情况证之，设 Y 的分布函数为 $F_Y(y)$，X 的分布函数为 $F_X(x)$，则

$$F_Y(y)=P(Y\leqslant y)=P(g(X)\leqslant y)=P(X\leqslant h(y))=F_X(h(y))$$

于是

$$p_Y(y)=F_Y'(y)=p_X(h(y))(h'(y)) \tag{3-31}$$

因为此时 $h'(y)>0$，所以 $h'(y)=|h'(y)|$.

若 $g(x)$ 单调减小，则其反函数 $h(y)$ 的导数小于零，此时

$$\begin{aligned}F_Y(y)&=P(Y\leqslant y)=P(g(X)\leqslant y)=P(X>h(y))\\&=1-P(X\leqslant h(y))=1-F_X(h(y))\end{aligned}$$

于是

$$\begin{aligned}p_Y(y)&=F_Y'(y)=[1-F_X(h(y))]_y'=-p_X(h(y))\cdot h'(y)\\&=p_X(h(y))(-h'(y))=p_X(h(y))|h'(y)|\end{aligned} \tag{3-32}$$

合并式(3-31)和式(3-32)则得

$$p_Y(y)=p_X(h(y))|h'(y)|$$

【例 5】 利用式(3-30)计算例 3 中 Y 的密度 $p_Y(y)$.

解 函数 $y=ax+b$ 严格单调，反函数为 $h(y)=\frac{y-b}{a}$，所以

$$\begin{aligned}p_Y(y)&=p_X(h(y))|h'(y)|=\frac{1}{\sqrt{2\pi}\sigma|a|}e^{-\frac{(\frac{y-b}{a}-\mu)^2}{2\sigma^2}}\\&=\frac{1}{\sqrt{2\pi}\sigma|a|}e^{\frac{-(y-b-a\mu)^2}{2\sigma^2a^2}}\quad(-\infty<y<+\infty)\end{aligned}$$

【例 6】 对球的直径进行测量，测量值 X 在区间 (a,b) 上服从均匀分布，求球的体积 Y 的概率密度 $p_Y(y)$.

解 X 的概率密度为

$$p_X(x)=\begin{cases}\frac{1}{b-a}, & a\leqslant x\leqslant b\\0, & 其他\end{cases}$$

$$Y=\frac{4}{3}\pi\left(\frac{X}{2}\right)^3=\frac{\pi}{6}X^3.$$

函数 $y=\frac{\pi}{6}x^3$ 严格单调增加，其反函数为

$$h(y)=\sqrt[3]{\frac{6}{\pi}}\sqrt[3]{y}, h'(y)=\frac{1}{3}\sqrt[3]{\frac{6}{\pi}}y^{-\frac{2}{3}}=\sqrt[3]{\frac{2}{9\pi}}y^{-\frac{2}{3}}$$

所以 Y 的概率密度为

$$p_Y(y)=p_X\left(\sqrt[3]{\frac{6}{\pi}y}\right)\cdot\sqrt[3]{\frac{2}{9\pi}}y^{-\frac{2}{3}}=\begin{cases}\frac{1}{b-a}\sqrt[3]{\frac{2}{9\pi}}y^{-\frac{2}{3}}, & \frac{\pi}{6}a^3\leqslant y\leqslant\frac{\pi}{6}b^3\\ 0, & \text{其他}\end{cases}$$

定理 3-3 设 X 为连续型随机变量，其概率密度为 $p_X(x)$，函数 $y=g(x)$ 在不相交的区间 $I_1,I_2,\cdots,I_k$ 上逐段严格单调（如图 3-16），对应的反函数分别为 $h_1(y),h_2(y),\cdots,h_k(y)$，则 $Y=g(X)$ 是连续型随机变量，其概率密度为

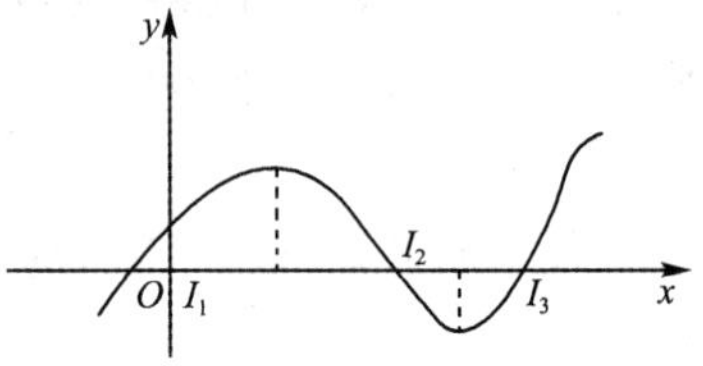

图 3-16

$$p_Y(y)=\sum_{i=1}^{k}p_X(h_i(y))\,|h_i'(y)| \tag{3-33}$$

（证略）.

【例 7】 利用公式(3-33)求例 4 中 $Y=X^2$ 的密度.

解 由 $X\sim N(0,1)$ 知，$p_X(x)=\frac{1}{\sqrt{2\pi}}e^{-\frac{x^2}{2}}$.

函数 $y=x^2$ 在区间 $(-\infty,0]$ 上单调下降，反函数为 $h_1(y)=-\sqrt{y}$，在区间 $(0,+\infty)$ 上单调上升，反函数为 $h_2(y)=\sqrt{y}$，由式(3-33)，Y 的密度为

$$p_Y(y)=\begin{cases}p_X(-\sqrt{y})\cdot\frac{1}{2\sqrt{y}}+p_X(\sqrt{y})\cdot\frac{1}{2\sqrt{y}}, & y>0\\ 0, & y\leqslant 0\end{cases}$$

$$=\begin{cases}\frac{1}{\sqrt{2\pi}}\left(e^{-\frac{y}{2}}\cdot\frac{1}{2\sqrt{y}}+e^{-\frac{y}{2}}\cdot\frac{1}{2\sqrt{y}}\right), & y>0\\ 0, & y\leqslant 0\end{cases}$$

$$=\begin{cases}\frac{1}{\sqrt{2\pi}}y^{-\frac{1}{2}}e^{-\frac{y}{2}}, & y>0\\ 0, & y\leqslant 0\end{cases}$$

【例 8】 设质点 M 随机地落在以原点 O 为圆心，以 R 为半径的圆周上，并且对弧长是均匀分布的. 求质点 M 的横坐标 X 的概率密度 $p_X(x)$.

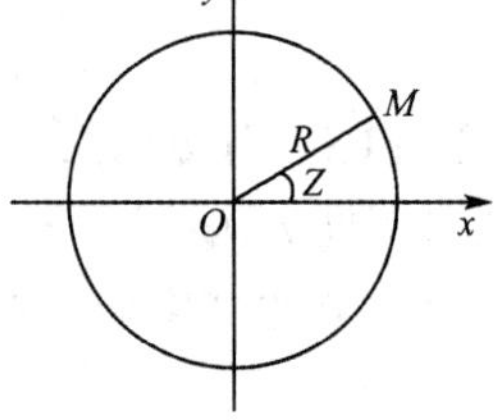

图 3-17

解 如图 3-17 所示，设 Z 为 OM 与 x 轴的夹角，由题意，Z 在 $[-\pi,\pi]$ 上服从均匀分布，其概率密度为

$$p_Z(z)=\begin{cases}\frac{1}{2\pi}, & -\pi\leqslant Z\leqslant\pi\\ 0, & \text{其他}\end{cases}$$

显然，$X=R\cos Z$.

函数 $x=R\cos z$ 在$(-\pi,0]$上单调上升，反函数为 $h_1(x)=-\arccos\frac{x}{R}$，在$(0,\pi]$上单调下降，反函数为 $h_2(x)=\arccos\frac{x}{R}$，由式(3-33)得

当$|x|<R$ 时

$$p_X(x)=p_Z\left(-\arccos\frac{x}{R}\right)\cdot\frac{1}{\sqrt{R^2-x^2}}+p_Z\left(\arccos\frac{x}{R}\right)\cdot\frac{1}{\sqrt{R^2-x^2}}$$
$$=\frac{1}{\pi}\frac{1}{\sqrt{R^2-x^2}}$$

当$|x|\geqslant R$ 时 $p_X(x)=0$，于是

$$p_X(x)=\begin{cases}\dfrac{1}{\pi\sqrt{R^2-x^2}}, & |x|<R\\ 0, & |x|\geqslant R\end{cases}$$

习题 3

3-1 下面表中列出的是否为某个随机变量的分布列？

(1)

X	1	3	5
p	0.5	0.3	0.2

(2)

X	1	2	3
p	0.7	0.1	0.1

(3)

X	1	2	…	n	…
p	$\frac{1}{2}$	$\frac{1}{4}$	…	$\frac{1}{2^n}$	…

3-2 设随机变量 X 只取$-1,0,1,2$ 四个值，相应的概率依次为$\frac{1}{2C}$，$\frac{3}{4C}$，$\frac{5}{8C}$，$\frac{7}{16C}$，求 C 及 $P(X<1|X\neq0)$.

3-3 自动生产线在调整以后出现废品的概率为 p. 生产过程中出现废品立即进行重新调整，求两次调整之间生产的合格品数的分布列.

3-4 掷一枚非均质的硬币，出现正面的概率为 $p(0<p<1)$，若以 X 表示直至掷到正、反面都出现为止所需投掷次数，求 X 的分布列.

3-5 在一汽车行驶的道路上有四盏红绿信号灯. 若汽车遇到绿灯顺利通过和遇到红灯停止前进的概率是相同的，求汽车停止前进时通过的信号灯数的分布列.

3-6 袋中有 a 个白球，b 个黑球，今从袋中任取 r 个球，求 r 个球中黑球个数 X 的分布列.

3-7 进行某种试验，设成功的概率为$\frac{3}{4}$，以 X 表示首次成功所需试验次数，求 X 的分布列及 X 取偶数的概率.

3-8 设随机变量 X 的分布列为

$$P(X=k)=\frac{k}{15},k=1,2,3,4,5$$

求：(1)$P\left(\frac{1}{2}<X<\frac{5}{2}\right)$；(2)$P(1\leqslant X\leqslant 2)$.

3-9 设随机变量 X 服从泊松分布，且已知 $P(X=1)=P(X=2)$，求 $P(X=4)$.

3-10 设某商店每月销售某种商品的数量服从参数为 5 的泊松分布，问月初要库存多少此种商品才能保证当月不脱销的概率为 0.999 77.

3-11 设事件 A 在每次试验中发生的概率为 0.3，当 A 发生不少于 3 次时，指示灯发出信号，求在下列情况下，指示灯发出信号的概率.(1)进行 5 次独立试验；(2)进行 7 次独立试验.

3-12 一批产品有 15%的次品，今进行重复抽样检查，设抽取 20 个样品，问这 20 个样品中次品数等于多少时概率最大？又该概率等于多少？

3-13 电子计算机内装有 2 000 个同样的电子管.设在某段时间内，每一个电子管损坏的概率等于 0.000 5，求在这段时间内至少有两个电子管损坏的概率.

3-14 设 $P\sim P(\lambda)$，问当 k 取何值时，$P(X=k)$取最大值(此时 k 称为泊松分布的最可能值).

3-15 设电子管寿命 X 的概率密度为

$$p(x)=\begin{cases}\frac{100}{x^2}, & x>100\\ 0, & x\leqslant 100\end{cases}$$

若一架收音机上装有三个这种电子管，在使用的最初 150 小时内，求：(1)至少有两个电子管被烧坏的概率；(2)烧坏的电子管数 Y 的分布列；(3)烧坏的电子管数 Y 的分布函数.

3-16 设随机变量 X 的分布函数为

$$F(x)=A+B\arctan x,-\infty<x<+\infty$$

求：(1)系数 A 与 B；(2)$P(-1<X\leqslant 1)$；(3)X 的概率密度.

3-17 设随机变量 X 的分布函数为

$$F(x)=\begin{cases}1-e^{-x}, & x>0\\ 0, & x\leqslant 0\end{cases}$$

求：(1)$P(X\leqslant 2)$，$P(x>3)$；(2)X 的概率密度.

3-18 设随机变量 X 的概率密度为

$$p(x)=\begin{cases}x, & 0\leqslant x<1\\ 2-x, & 1\leqslant x<2\\ 0, & \text{其他}\end{cases}$$

求 X 的分布函数.

3-19 公共汽车站每隔 5 分钟有一辆汽车通过，乘客到达汽车站的任一时刻是等可能的，求乘客候车时间不超过 3 分钟的概率.

3-20 设 k 在[0,5]上服从均匀分布,求方程 $4x^2+4kx+k+2=0$ 有实根的概率.

3-21 设 $X\sim N(0,1)$,求:(1)$P(0.02<X<2.33)$;(2)$P(-1.85<X<0.04)$;(3)$P(-2.80<X<-1.21)$.

3-22 若随机变量 $X\sim N(10,4)$,求:(1)$P(6<X<9)$;(2)$P(7<X<12)$;(3)$P(13<X<15)$.

3-23 设随机变量 $X\sim N(108,3^2)$,求:(1)$P(101.1<X<117.6)$;(2)常数 a,使 $P(X<a)=0.90$;(3)常数 a,使 $P(|X-a|>a)=0.01$.

3-24 测量到某一个目标的距离所产生的随机误差 X(米)具有概率密度

$$p(x)=\frac{1}{40\sqrt{2\pi}}\mathrm{e}^{-\frac{(x-20)^2}{3\,200}}$$

求在三次测量中,至少有一次误差的绝对值不超过 30 米的概率.

3-25 已知离散型随机变量 X 的分布列为

X	-2	-1	0	1	3
p	$\frac{1}{5}$	$\frac{1}{6}$	$\frac{1}{5}$	$\frac{1}{15}$	$\frac{11}{30}$

求 $Y=X^2$ 的分布列.

3-26 设 X 在[0,1]上服从均匀分布,试求方程组

$$\begin{cases}Z+Y=2X+1\\ Z-Y=X\end{cases}$$

的解 Z,Y 各自落在[0,1]中的概率.

3-27 设随机变量 X 在(0,1)上服从均匀分布.求:(1)$Y=\mathrm{e}^Y$ 的概率密度;(2)$Y=-2\ln X$ 的概率密度.

3-28 设 $X\sim N(\mu,\sigma^2)$,求 $Y=\mathrm{e}^y$ 的概率密度.

3-29 设 $X\sim N(0,1)$,求 $Y=|X|$ 的概率密度.

3-30 设随机变量 X 的概率密度为

$$p_X(x)=\begin{cases}\dfrac{2x}{\pi^2}, & 0<x<\pi\\ 0, & \text{其他}\end{cases}$$

求 $Y=\sin X$ 的概率密度.

3-31 在 3.5 节例 8 中求质点 M 至$(-R,0)$的距离的概率密度.

***3-32** 通过点(0,1)作任一直线,设该直线与 x 轴的交角为 $\alpha(0<\alpha<\pi)$,求直线在 x 轴上截距的概率密度.

第 4 章
多维随机变量及其分布

4.1 多维随机变量、联合分布函数及边缘分布函数

多维随机变量
及其分布

在前一章中，所讨论的随机现象，只涉及一个随机变量；但在很多随机现象中，往往要涉及多个随机变量．例如，导弹的弹着点，需要两个随机变量（经度 X 和纬度 Y）来描述；飞行中的飞机在某一时刻的位置，需用三个随机变量来描述；若要研究天气的变化，就要涉及更多的随机变量，如温度、气压、风力、紫外线指数等．一般来说，这些随机变量之间存在着某种联系，因而需要把它们作为一个整体（即向量）来研究．

定义 4-1 设 $X_1, X_2, \cdots, X_n$ 是定义在同一个样本空间上的随机变量，则由它们构成的一个 n 维向量 $(X_1, X_2, \cdots, X_n)$，称为 **n 维随机向量或 n 维随机变量**．

显然，上一章讲的是一维随机变量．下面我们着重讨论二维随机变量 (X, Y)，对于多维随机变量的情况，不难类推．

类似于一维随机变量的分布函数，我们定义二维随机变量的分布函数如下．

定义 4-2 设 (X, Y) 为二维随机变量，x, y 为任意实数，则称二元函数

$$F(x, y) = P(X \leqslant x, Y \leqslant y) \tag{4-1}$$

为 (X, Y) 的**分布函数**，或称为随机变量 X 和 Y 的**联合分布函数**．

事件 $(X \leqslant x, Y \leqslant y)$ 表示两个事件 $(X \leqslant x)$ 和 $(Y \leqslant y)$ 的乘积，所以 (X, Y) 的分布函数是事件 $(X \leqslant x)$ 和 $(Y \leqslant y)$ 的乘积的概率．如果将二维随机变量 (X, Y)，看成平面上随机点的坐标，那么 $F(x, y)$ 在几何上就是二维随机点 (X, Y) 落在以 (x, y) 为顶点的左下方的无穷矩形域内的概率（如图 4-1）．

分布函数 $F(x, y)$ 具有下列基本性质：

(1) 对任意的实数 x 和 y，有 $0 \leqslant F(x, y) \leqslant 1$；

(2) $F(x, y)$ 对每一个自变量都是单调不减的，即

对任意的 y，若 $x_1 < x_2$，则 $F(x_1, y) \leqslant F(x_2, y)$；

对任意的 x，若 $y_1 < y_2$，则 $F(x, y_1) \leqslant F(x, y_2)$；

(3) 对任意的 x 和 y，有

$$\begin{cases} F(-\infty, y) = \lim\limits_{x \to -\infty} F(x, y) = 0 \\ F(x, -\infty) = \lim\limits_{y \to -\infty} F(x, y) = 0 \\ F(+\infty, +\infty) = \lim\limits_{\substack{x \to +\infty \\ y \to +\infty}} F(x, y) = 1 \end{cases} \tag{4-2}$$

(4) $F(x,y)$ 对每一个自变量都是右连续的，即

$$F(x,y)=F(x+0,y),F(x,y)=F(x,y+0);$$

(5)对任意的 $x_1<x_2,y_1<y_2$，有

$$F(x_2,y_2)-F(x_1,y_2)-F(x_1,y_2)+F(x_1,y_1)\geqslant 0.$$

性质(1)，(2)的证明是显然的，性质(3)，(4)的证明从略，性质(5)可由分布函数的几何意义证明(如图 4-2).

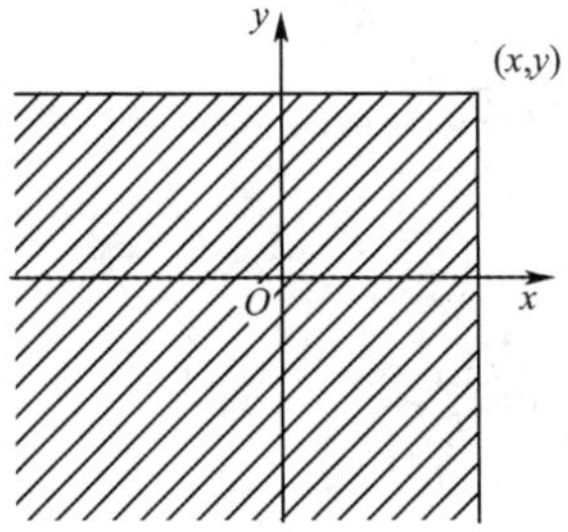

图 4-1

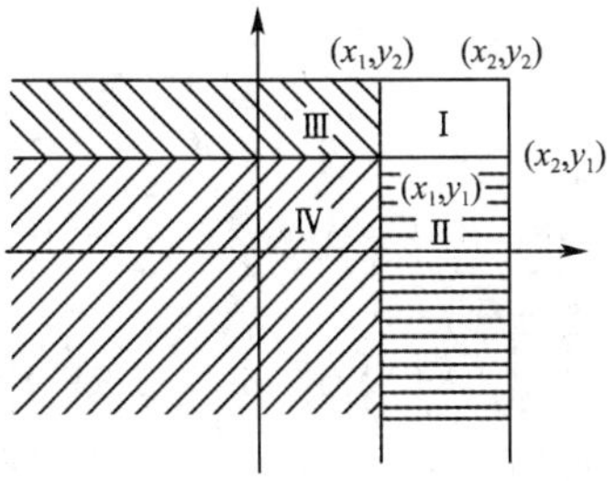

图 4-2

$$\begin{aligned}左端&=P((X,Y)\in Ⅰ、Ⅱ、Ⅲ、Ⅳ)-P((X,Y)\in Ⅱ、Ⅳ)-\\&\quad P((X,Y)\in Ⅲ,Ⅳ)+P((X,Y)\in Ⅳ)\\&=P((X,Y)\in Ⅰ)\\&=P(x_1<X\leqslant x_2,y_1<Y\leqslant y_2)\geqslant 0=右端\end{aligned}$$

由证明的过程可见，若二维随机变量 (X,Y) 的分布函数 $F(x,y)$ 已知，则对任意的四个实数 $x_1<x_2,y_1<y_2$，有

$$\begin{aligned}&P(x_1<X\leqslant x_2,y_1<Y\leqslant y_2)\\&=F(x_2,y_2)-F(x_2,y_1)-F(x_1,y_2)+F(x_1,y_1)\end{aligned}\tag{4-3}$$

可以证明，如果某二元函数 $F(x,y)$ 满足上述 5 个性质，则必存在二维随机变量 (X,Y) 以 $F(x,y)$ 为其分布函数.

如果二维随机变量 (X,Y) 的分布函数 $F(x,y)$ 已知，那么随机变量 X 与 Y 的分布函数 $F_X(x)$ 和 $F_Y(y)$ 可以由 $F(x,y)$ 求出来，事实上

$$F_X(x)=P(X\leqslant x)=P(X\leqslant x,Y<+\infty)=\lim_{y\to+\infty}F(x,y)\tag{4-4}$$

同理可得

$$F_Y(y)=\lim_{x\to+\infty}F(x,y)\tag{4-5}$$

我们称 $F_X(x)$ 和 $F_Y(y)$ 为分布函数 $F(x,y)$ 的边缘分布函数，或称为二维随机变量 (X,Y) 关于 X 和 Y 的边缘分布函数.

【例 1】 设二维随机变量 (X,Y) 的分布函数为

$$F(x,y)=A(B+\arctan x)(C+\arctan y)\quad(-\infty<x,y<+\infty)$$

求：(1)常数 A,B,C；(2)边缘分布函数；(3)概率 $P(0<X\leqslant 1,0<Y\leqslant 1)$.

解 (1)由式(4-2)知

$$\begin{cases} A\left(B+\frac{\pi}{2}\right)\left(C+\frac{\pi}{2}\right)=1 & \text{(a)} \\ A\left(B+\frac{\pi}{2}\right)\left(C-\frac{\pi}{2}\right)=0 & \text{(b)} \\ A\left(B-\frac{\pi}{2}\right)\left(C+\frac{\pi}{2}\right)=0 & \text{(c)} \end{cases}$$

(b)÷(a)得 $C=\frac{\pi}{2}$,(c)÷(a)得 $B=\frac{\pi}{2}$,代入(a)得 $A=\frac{1}{\pi^2}$,即

$$F(x,y)=\frac{1}{\pi^2}\left(\frac{\pi}{2}+\arctan x\right)\left(\frac{\pi}{2}+\arctan y\right)$$

(2)$F_X(x)=\lim\limits_{y\to+\infty}F(x,y)=\frac{1}{2}+\frac{1}{\pi}\arctan x \quad (-\infty<x<+\infty)$

$F_Y(y)=\lim\limits_{x\to+\infty}F(x,y)=\frac{1}{2}+\frac{1}{\pi}\arctan y \quad (-\infty<y<+\infty)$

(3)由式(4-3)知

$$\begin{aligned} P(0<X\leqslant 1,0<Y\leqslant 1)&=F(1,1)-F(1,0)-F(0,1)+F(0,0) \\ &=\frac{9}{16}-\frac{3}{4}+\frac{1}{4}=\frac{1}{16} \end{aligned}$$

4.2 二维离散型随机变量

一、二维离散型随机变量及其分布的定义

定义 4-3 若二维随机变量(X,Y)的可能值只有有限对或可列无穷多对,则称(X,Y)为**二维离散型随机变量**.

设(X,Y)为二维离散型随机变量,所有可能取值为(x_i,y_j),其中$i,j=1,2,\cdots$,令

$$p_{ij}=P(X=x_i,Y=y_j) \quad (i,j=1,2,\cdots) \tag{4-6}$$

则称 $p_{ij}(i,j=1,2,\cdots,)$为(X,Y)**的分布列**,或称为 X 和 Y 的**联合分布列**.

式(4-6)也可用表格形式表示(表 4-1)如下:

表 4-1

Y / X	y_1	y_2	$\cdots$	y_j	$\cdots$
x_1	p_{11}	p_{12}	$\cdots$	p_{1j}	$\cdots$
x_2	p_{21}	p_{22}	$\cdots$	p_{2j}	$\cdots$
$\vdots$	$\vdots$	$\vdots$		$\vdots$	
x_i	p_{i1}	p_{i2}	$\cdots$	p_{ij}	$\cdots$
$\vdots$	$\vdots$	$\vdots$		$\vdots$	

二维离散型随机变量的分布列具有性质:

(1)$p_{ij}\geqslant 0(i,j=1,2,\cdots)$;

(2)$\sum\limits_i\sum\limits_j p_{ij}=1$.

由式(4-6),二维离散型随机变量(X,Y)的分布函数可表示如下：

$$F(x,y)=P(X\leqslant x,Y\leqslant y)=\sum_{x_i\leqslant x}\sum_{y_j\leqslant y}P(X=x_i,Y=y_j)=\sum_{x_i\leqslant x}\sum_{y_j\leqslant y}p_{ij}$$

二、边缘分布列

知道了(X,Y)的分布 $p_{ij}=P(X=x_i,Y=y_j)$，$i,j=1,2,\cdots$，可以求出 X 和 Y 的分布，即

$$\left.\begin{aligned}&P(X=x_i)=P((X=x_i)\cap(\bigcup_j(Y=y_j)))\\&=p\{\bigcup_j(X=x_i,Y=y_j)\}=\sum_j P(X=x_i,Y=y_j)\\&=\sum_j p_{ij}=p_{i\cdot}\quad(i=1,2,\cdots)\\&\text{同理}\\&P(Y=y_j)=\sum_i P(X=x_i,Y=y_j)=\sum_i p_{ij}=p_{\cdot j}\quad(j=1,2,\cdots)\end{aligned}\right\}\tag{4-7}$$

式(4-7)称为二维离散型随机变量(X,Y)关于 X 和 Y 的**边缘分布列**.

由上面的讨论可知，和一维情况类似，求二维离散型随机变量的分布，也分三步进行：首先列出 X 和 Y 的可能值；然后求出(X,Y)取每对可能值的概率 $P(X=x_i,Y=y_j)=p_{ij}$，列成表 4-1 的形式. 要注意的是 $P(X=x_i,Y=y_j)$是两个事件乘积的概率，要用乘法公式计算：

$$P(X=x_i,Y=y_j)=P(X=x_i)P(Y=y_j\mid X=x_i)$$

最后检验$\sum_i\sum_j p_{ij}=1$是否成立.

【例 1】 设 X 在 1,2,3,4 中等可能地取值，Y 在 $1-X$ 中等可能地取值，求(X,Y)的分布.

解　由题意知，X 的可能值为 1,2,3,4；Y 的可能值为 1,2,3,4. 而

$$P(X=i,Y=j)=P(X=i)P(Y=j\mid X=i)=\begin{cases}\dfrac{1}{4}\cdot\dfrac{1}{i}, & j\leqslant i\\0, & j>i\end{cases}$$

其中，$i,j=1,2,3,4$.

于是(X,Y)的分布列为

X \ Y	1	2	3	4
1	$\frac{1}{4}$	0	0	0
2	$\frac{1}{8}$	$\frac{1}{8}$	0	0
3	$\frac{1}{12}$	$\frac{1}{12}$	$\frac{1}{12}$	0
4	$\frac{1}{16}$	$\frac{1}{16}$	$\frac{1}{16}$	$\frac{1}{16}$

【例 2】 在 10 件产品中有 2 件一级品，7 件二级品，1 件次品. 今任取 3 件产品，以 X 和 Y 分别表示抽得的一级品和二级品的件数，求(X,Y)的分布列和边缘分布列.

解　X 的可能值为 0,1,2；Y 的可能值为 0,1,2,3.

$$p_{ij}=P(X=i,Y=j)=\frac{C_2^i C_7^j C_1^{3-i-j}}{C_{10}^3}$$

其中,$i=0,1,2$;$j=0,1,2,3$;且 $2\leqslant i+j\leqslant 3$.

显然当 $i+j\leqslant 1$ 或 $i+j\geqslant 4$ 时$(X=i,Y=j)$为不可能事件,故 $p_{ij}=0$,于是算得(X,Y)的分布列及边缘分布列如下:

X \ Y	0	1	2	3	$p_{i\cdot}$
0	0	0	$\frac{21}{120}$	$\frac{35}{120}$	$\frac{56}{120}$
1	0	$\frac{14}{120}$	$\frac{42}{120}$	0	$\frac{56}{120}$
2	$\frac{1}{120}$	$\frac{7}{120}$	0	0	$\frac{8}{120}$
$p_{\cdot j}$	$\frac{1}{120}$	$\frac{21}{120}$	$\frac{63}{120}$	$\frac{35}{120}$	1

4.3 二维连续型随机变量

一、二维连续型随机变量及其概率密度

与一维连续型随机变量的定义类似,给出二维连续型随机变量的定义如下.

定义 4-4 设二维随机变量(X,Y)的分布函数为 $F(x,y)$,若存在非负函数 $p(x,y)$,使对任意的实数 x,y 有

$$F(x,y)=\int_{-\infty}^{x}\int_{-\infty}^{y}p(u,v)\mathrm{d}u\mathrm{d}v \tag{4-8}$$

则称(X,Y)为**二维连续型随机变量**,而函数 $p(x,y)$ 称为二维随机变量(X,Y)的**概率密度**,或称为 X 与 Y 的**联合概率密度**.

由定义可知,二维连续型随机变量,就是具有概率密度的二维随机变量.概率密度 $p(x,y)$相当于物理学中的质量面密度,而分布函数 $F(x,y)$相当于以 $p(x,y)$为质量密度,分布在区域$(-\infty,x;-\infty,y)$中的物质的总质量.

二、概率密度的性质

由定义 4-4 及分布函数的性质可知概率密度 $p(x,y)$具有如下性质:

(1)$p(x,y)\geqslant 0$;

(2)$\int_{-\infty}^{+\infty}\int_{-\infty}^{+\infty}p(x,y)\mathrm{d}x\mathrm{d}y=1$; (4-9)

(3)设 G 为平面 xOy 上的一个区域,则

$$P((X,Y)\in G)=\iint_G p(x,y)\mathrm{d}x\mathrm{d}y \tag{4-10}$$

(4)在 $p(x,y)$ 的连续点 (x,y) 处有

$$\frac{\partial^2 F(x,y)}{\partial x \partial y}=p(x,y) \tag{4-11}$$

上述性质的几何意义如下：

令 $z=p(x,y)$，该方程在几何上表示一个曲面.

性质(1)说明，曲面不会在平面 xOy 的下方；

性质(2)说明，曲面与平面 xOy 所夹的空间区域的体积为 1；

性质(3)说明，概率 $P((X,Y)\in G)$ 在数值上等于以平面区域 G 为底，以曲面 $p(x,y)$ 为曲顶的曲顶柱体的体积.

三、边缘密度

设 (X,Y) 是二维连续型随机变量，其概率密度为 $p(x,y)$，分布函数为 $F(x,y)$，边缘分布函数分别为 $F_X(x)$ 和 $F_Y(y)$，现在我们来求 X 的概率密度 $p_X(x)$ 和 Y 的概率密度 $p_Y(y)$.

由式(4-4)和式(4-8)得

$$\begin{aligned} F_X(x) &= \lim_{y\to+\infty} F(x,y) = \lim_{y\to+\infty}\int_{-\infty}^{x}\int_{-\infty}^{y} p(u,v)\,\mathrm{d}u\mathrm{d}v \\ &= \int_{-\infty}^{x}\int_{-\infty}^{+\infty} p(u,y)\,\mathrm{d}u\mathrm{d}y = \int_{-\infty}^{x}\left[\int_{-\infty}^{+\infty} p(u,y)\,\mathrm{d}y\right]\mathrm{d}u \end{aligned}$$

可见

$$p_X(x) = \int_{-\infty}^{+\infty} p(x,y)\,\mathrm{d}y \tag{4-12}$$

同理

$$p_Y(y) = \int_{-\infty}^{+\infty} p(x,y)\,\mathrm{d}x \tag{4-13}$$

称 $p_X(x)$，$p_Y(y)$ 为二维随机变量 (X,Y) 的**边缘概率密度**.

【例 1】 设二维随机变量 (X,Y) 的概率密度为

$$p(x,y)=\begin{cases} Axy, & 0\leqslant x\leqslant 1, 0\leqslant y\leqslant 1 \\ 0, & \text{其他} \end{cases}$$

求：(1)常数 A；(2)(X,Y) 的分布函数 $F(x,y)$；(3)边缘分布函数、边缘密度；(4)$P(X+Y\leqslant 1)$.

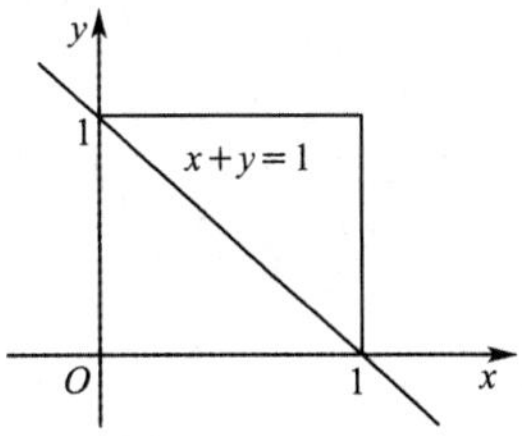

图 4-3

解 如图 4-3 所示.

(1)由式(4-9)

$$1 = \int_{-\infty}^{+\infty}\int_{-\infty}^{+\infty} p(x,y)\,\mathrm{d}x\mathrm{d}y = A\int_0^1\int_0^1 xy\,\mathrm{d}x\mathrm{d}y = \frac{A}{4}，得 A = 4；$$

即

$$p(x,y) = \begin{cases} 4xy, & 0 \leqslant x \leqslant 1, 0 \leqslant y \leqslant 1 \\ 0, & \text{其他} \end{cases}$$

(2) 由式(4-8) 知

$$F(x,y) = \int_{-\infty}^{x}\int_{-\infty}^{y} p(u,v)\,\mathrm{d}u\mathrm{d}v$$

$$=\begin{cases}0, & x\leqslant 0 \text{ 或 } y\leqslant 0\\ 4\int_0^x\int_0^y uv\,\mathrm{d}u\mathrm{d}v, & 0<x<1,0<y<1\\ 4\int_0^1\int_0^y uv\,\mathrm{d}u\mathrm{d}v, & x\geqslant 1,0<y<1\\ 4\int_0^x\int_0^1 uv\,\mathrm{d}u\mathrm{d}v, & 0<x<1,y\geqslant 1\\ 1, & x\geqslant 1,y\geqslant 1\end{cases}$$

$$=\begin{cases}0, & x\leqslant 0 \text{ 或 } y\leqslant 0\\ x^2y^2, & 0<x<1,0<y<1\\ y^2, & x\geqslant 1,0<y<1\\ x^2, & 0<x<1,y\geqslant 1\\ 1, & x\geqslant 1,y\geqslant 1\end{cases}$$

(3)由式(4-4)、式(4-5)

$$F_X(x)=\lim_{y\to+\infty}F(x,y)=\begin{cases}0, & x\leqslant 0\\ x^2, & 0<x<1\\ 1, & x\geqslant 1\end{cases}$$

$$F_Y(y)=\lim_{x\to+\infty}F(x,y)=\begin{cases}0, & y\leqslant 0\\ y^2, & 0<y<1\\ 1, & y\geqslant 1\end{cases}$$

由式(4-12)

$$p_X(x)=\int_{-\infty}^{+\infty}p(x,y)\mathrm{d}y=\begin{cases}0, & x\leqslant 0\\ 4x\int_0^1 y\mathrm{d}y, & 0<x<1\\ 0, & x\geqslant 1\end{cases}=\begin{cases}2x, & 0<x<1\\ 0, & \text{其他}\end{cases}$$

同理可得

$$p_Y(y)=\begin{cases}2y, & 0<y<1\\ 0, & \text{其他}\end{cases}$$

(4) $$P(X+Y\leqslant 1)=\iint\limits_{x+y\leqslant 1}p(x,y)\mathrm{d}x\mathrm{d}y=4\int_0^1 x\left[\int_0^{1-x}y\mathrm{d}y\right]\mathrm{d}x=2\int_0^1 x(1-x)^2\mathrm{d}x$$

$$=2\int_0^1(x-2x^2+x^3)\mathrm{d}x=\frac{1}{6}$$

通过本例,我们总结出以下两点:

(1)二维连续型随机变量(X,Y)的分布函数$F(x,y)$的求法是——**密度积分**.

$$F(x,y)=\int_{-\infty}^{x}\int_{-\infty}^{y}p(u,v)\mathrm{d}u\mathrm{d}v$$

计算该积分要注意两点:

①x,y要考虑整个平面xOy上的所有情况;

②不管(x,y)在什么地方,u都要从$-\infty$积到x,v都要从$-\infty$到y.

(2)求二维连续型随机变量的边缘密度$p_X(x)$,就是计算积分

$$p_X(x)=\int_{-\infty}^{+\infty}p(x,y)\mathrm{d}y$$

这是一个含参变量的积分，y 是积分变量，x 是参变量，计算这样的积分也要注意两点：

①参变量 x 要考虑$(-\infty,+\infty)$上的所有情况；

②计算积分时，先确定参变量 x 的范围，x 的范围定了，积分上下限就确定了，在积分的过程中，若被积函数中有 x，则把 x 看作常数.

【例 2】 设(X,Y)的密度为

$$p(x,y)=\begin{cases}\dfrac{1}{2}, & (x,y)\in D\\ 0, & \text{其他}\end{cases}$$

其中，D 如图 4-4 所示. 求：(1)边缘密度 $p_X(x)$和 $p_Y(y)$；(2)$P(X+Y\leqslant 2)$.

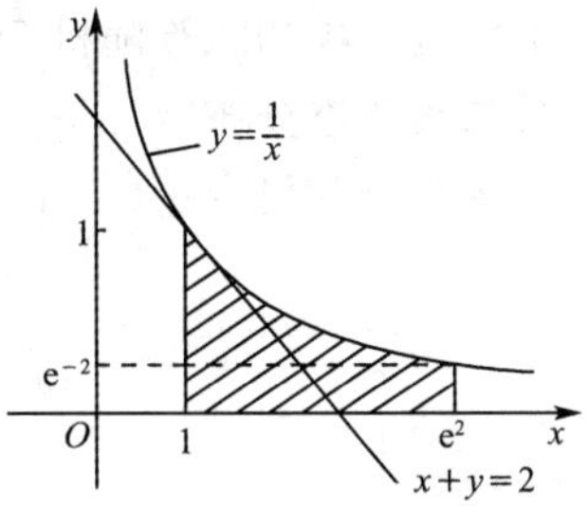

图 4-4

解　(1) $p_X(x)=\int_{-\infty}^{+\infty}p(x,y)\mathrm{d}y$

$$=\begin{cases}0, & x\leqslant 1 \text{ 或 } x\geqslant e^2\\ \int_0^{\frac{1}{x}}\dfrac{1}{2}\mathrm{d}y, & 1<x<e^2\end{cases}$$

$$=\begin{cases}\dfrac{1}{2x}, & 1<x<e^2\\ 0, & \text{其他}\end{cases}$$

$$p_Y(y)=\int_{-\infty}^{+\infty}p(x,y)\mathrm{d}x=\begin{cases}0, & y\leqslant 0 \text{ 或 } y>1\\ \int_1^{e^2}\dfrac{1}{2}\mathrm{d}x, & 0<y\leqslant e^{-2}\\ \int_1^{\frac{1}{y}}\dfrac{1}{2}\mathrm{d}x, & e^{-2}<y<1\end{cases}$$

$$=\begin{cases}\dfrac{1}{2}(e^2-1), & 0<y\leqslant e^{-2}\\ \dfrac{1}{2}\left(\dfrac{1}{y}-1\right), & e^{-2}<y<1\\ 0, & \text{其他}\end{cases}$$

(2)$P(X+Y\leqslant 2)=\int_1^2\int_0^{2-x}\dfrac{1}{2}\mathrm{d}x\mathrm{d}y=\dfrac{1}{4}$

四、两个重要的二维连续型分布

1. 二维均匀分布

如果二维随机变量(X,Y)的概率密度为

$$p(x,y)=\begin{cases}\dfrac{1}{A}, & (x,y)\in D\\ 0, & \text{其他}\end{cases}\tag{4-14}$$

其中，D 为平面上的有界域，A 是 D 的面积，则称(X,Y)在 D 上服从**均匀分布**.

如果(X,Y)在 D 上服从均匀分布，概率密度如式(4-14)所示，而 G 为 D 中的任一子

域，其面积为 $S(G)$，则由式(4-10)得

$$P((X,Y)\in G)=\iint_G p(x,y)\mathrm{d}x\mathrm{d}y=\iint_G \frac{1}{A}\mathrm{d}x\mathrm{d}y=\frac{S(G)}{A}$$

此式表明，(X,Y)落到 G 中的概率仅与 G 的面积成正比，而与 G 的位置和形状无关，故(X,Y)落在面积相等的各子域中的可能性相等，这就是“均匀分布”中“均匀”的意思.

上面例 2 中的二维随机变量(X,Y)就是在 D 上服从均匀分布的.

2. 二维正态分布

如果二维随机变量(X,Y)的概率密度为

$$p(x,y)=\frac{1}{2\pi\sigma_1\sigma_2\sqrt{1-\rho^2}}\mathrm{e}^{-\frac{1}{2(1-\rho^2)}\left[\frac{(x-\mu_1)^2}{\sigma_1^2}-2\rho\frac{(x-\mu_1)(y-\mu_2)}{\sigma_1\sigma_2}+\frac{(y-\mu_2)^2}{\sigma_2^2}\right]}$$

$$(-\infty<x,y<+\infty) \tag{4-15}$$

其中 $\mu_1,\mu_2,\sigma_1,\sigma_2,\rho$ 均为常数，且 $\sigma_1>0,\sigma_2>0,|\rho|<1$ 则称(X,Y)服从参数为 $\mu_1,\mu_2,\sigma_1^2,\sigma_2^2,\rho$ 的**二维正态分布**，记为$(X,Y)\sim N(\mu_1,\mu_2;\sigma_1^2,\sigma_2^2;\rho)$.

可以验证，二维正态分布的边缘分布仍为正态分布，即

$$X\sim N(\mu_1,\sigma_1^2),Y\sim N(\mu_2,\sigma_2^2)$$

由此可见，二维正态分布的五个参数中的 μ_1,σ_1^2 是 X 的两个参数，μ_2,σ_2^2 是 Y 的两个参数，而第五个参数 ρ 则是 X 和 Y 的相关系数(第 5 章中将要介绍).

*4.4 条件分布

对于两个事件，可以讨论它们的条件概率，对于两个随机变量，自然可以讨论它们的条件分布.

一、离散型随机变量的条件分布列

设二维离散型随机变量(X,Y)的概率分布为 $P(X=x_i,Y=y_j)=p_{ij}$，$(i,j=1,2,\cdots)$，边缘分布列 $P(Y=y_j)=p_{\cdot j}>0$，于是，由条件概率的计算公式得

$$P(X=x_i|Y=y_j)=\frac{P(X=x_i,Y=y_j)}{P(Y=y_j)}=\frac{p_{ij}}{p_{\cdot j}}\quad(i=1,2,\cdots) \tag{4-16}$$

式(4-16)称为随机变量 X 在条件 $Y=y_j$ 下的**条件分布列**.

显然 $P(X=x_i|Y=y_j)\geqslant 0$，且

$$\sum_i P(X=x_i\mid Y=y_j)=\sum_i\frac{p_{ij}}{p_{\cdot j}}=\frac{\sum_i p_{ij}}{p_{\cdot j}}=1$$

可见条件分布列式(4-16)满足分布列的两条性质.

同理可以定义在条件 $X=x_i$ 下，随机变量 Y 的条件分布列为

$$P(Y=y_j|X=x_i)=\frac{P(X=x_i,Y=y_j)}{P(X=x_i)}=\frac{p_{ij}}{p_{i\cdot}}\quad(j=1,2,\cdots) \tag{4-17}$$

其中，$p_{i\cdot}>0$.

【例 1】 将两封信随机地投入编号为 1,2,3,4 的四个信筒内，以 X_i 表示第 i 个信筒中

信的数目.求:(1)(X_1,X_2)的联合分布列;(2)边缘分布列;(3)在条件 $X_2=j(j=0,1,2)$下,X_1 的条件分布列.

解 X_1 和 X_2 的可能值为 0,1,2

$$P(X_1=0,X_2=0)=P(X_1=0)P(X_2=0\mid X_1=0)$$
$$=\left(1-\frac{1}{4}\right)^2\cdot\left(1-\frac{1}{3}\right)^2=\frac{4}{16}$$

或

$$P(X_1=0,X_2=0)=P(\text{两封信随机地放入 3,4 信筒})=\frac{2^2}{4^2}=\frac{4}{16}$$
$$P(X_1=0,X_2=1)=P(X_1=0)P(X_2=1\mid X_1=0)$$
$$=\left(1-\frac{1}{4}\right)^2\frac{C_2^1\times 2}{3^2}=\frac{4}{16}$$

同理可求出其余的概率,于是得(X_1,X_2)的分布列为

X_1 \ X_2	0	1	2	$p_{i\cdot}$
0	$\frac{4}{16}$	$\frac{4}{16}$	$\frac{1}{16}$	$\frac{9}{16}$
1	$\frac{4}{16}$	$\frac{2}{16}$	0	$\frac{6}{16}$
2	$\frac{1}{16}$	0	0	$\frac{1}{16}$
$p_{\cdot j}$	$\frac{9}{16}$	$\frac{6}{16}$	$\frac{1}{16}$	1

(2)边缘分布 $p_{i\cdot}$ 及 $p_{\cdot j}$ 如上表.

(3)由(1),(2)的结果,利用公式(4-16)得在条件 $X_2=j(j=0,1,2)$下 X_1 的条件分布列如下表

$X_1=i$	0	1	2
$P(X_1=i\mid X_2=0)$	$\frac{4}{9}$	$\frac{4}{9}$	$\frac{1}{9}$
$P(X_1=i\mid X_2=1)$	$\frac{4}{6}$	$\frac{2}{6}$	0
$P(X_1=i\mid X_2=2)$	$\frac{16}{16}$	0	0

【例 2】 设每次射击,命中目标的概率为 $p(0<p<1)$,射击进行到第二次命中目标为止,设 X 为第一次命中目标时进行的射击次数,Y 为第二次命中目标时进行的射击次数.求:(1)(X,Y)的概率分布;(2)边缘分布 $p_{i\cdot}$ 和 $p_{\cdot j}$;(3)条件分布 $P(X=i\mid Y=j)$及 $P(Y=j\mid X=i)$.

解 (1)事件$(X=i,Y=j)$表示第 i 次射击是第一次命中,第 j 次射击是第二次命中,其余的 $j-2$ 次射击都没有命中.因为各次射击相互独立,所以

$$p_{ij}=P(X=i,Y=j)=p^2q^{j-2}\quad(i=1,2,\cdots;j=i+1,i+2,\cdots)$$
$$q=1-p$$

(2)
$$p_{i\cdot}=\sum_{j=i+1}^{\infty}p^2q^{j-2}=p^2\frac{q^{i-1}}{1-q}=pq^{i-1}\quad(i=1,2,\cdots)$$
$$p_{\cdot j}=\sum_{i=1}^{j-1}p^2q^{j-2}=(j-1)p^2q^{j-2}\quad(j=2,3,\cdots)$$

(3) $P(X=i|Y=j)=\dfrac{p_{ij}}{p_{\cdot j}}=\dfrac{p^2q^{j-2}}{(j-1)p^2q^{j-2}}=\dfrac{1}{j-1}\quad(i=1,2,\cdots,j-1)$

$$P(Y=j|X=i)=\frac{p_{ij}}{p_{i\cdot}}=pq^{j-i-1}\quad(j=i+1,i+2,\cdots)$$

二、连续型随机变量的条件密度

设(X,Y)为二维连续型随机变量，由于对于任意的x,y有$P(X=x)=0,P(Y=y)=0$. 因此，不能用条件概率的公式来引进“条件分布函数”，我们用极限的方法处理.

定义 4-5 设y取定值，对任意$\Delta y>0$均有$P(y-\Delta y<Y\leqslant y+\Delta y)>0$，若极限

$$\lim_{\Delta y\to 0}P(X\leqslant x|y-\Delta y<Y\leqslant y+\Delta y)$$

存在，则称此极限为在$Y=y$的条件下，X的**条件分布函数**，记为$F_{X|Y}(x|y)=P(X\leqslant x|Y=y)$，即

$$\begin{aligned}F_{X|Y}(x|y)&=P(X\leqslant x|Y=y)\\&=\lim_{\Delta y\to 0}P(X\leqslant x|y-\Delta y<Y\leqslant y+\Delta y)\end{aligned}\tag{4-18}$$

设(X,Y)的概率密度为$p(x,y)$，边缘密度为$p_X(x)$，$p_Y(y)$，并设$p(x,y)$，$p_X(x)$，$p_Y(y)$都连续，且$p_X(x)\cdot p_Y(y)>0$；则由式(4-18)

$$\begin{aligned}P(X\leqslant x|Y=y)&=\lim_{\Delta y\to 0}P(X\leqslant x|y-\Delta y<Y\leqslant y+\Delta y)\\&=\lim_{\Delta y\to 0}\frac{P(X\leqslant x,y-\Delta y<Y\leqslant y+\Delta y)}{P(y-\Delta y<Y\leqslant y+\Delta y)}\\&=\lim_{\Delta y\to 0}\frac{F(x,y+\Delta y)-F(x,y-\Delta y)}{F_Y(y+\Delta y)-F_Y(y-\Delta y)}\\&=\lim_{\Delta y\to 0}\frac{[F(x,y+\Delta y)-F(x,y-\Delta y)]/2\Delta y}{[F_Y(y+\Delta y)-F_Y(y-\Delta y)]/2\Delta y}\\&=\frac{\dfrac{\partial F(x,y)}{\partial y}}{\dfrac{\mathrm{d}}{\mathrm{d}y}F_Y(y)}=\frac{\int_{-\infty}^{x}p(u,y)\mathrm{d}u}{p_Y(y)}\\&=\int_{-\infty}^{x}\frac{p(u,y)}{p_Y(y)}\mathrm{d}u\end{aligned}$$

即

$$F_{X|Y}(x\mid y)=\int_{-\infty}^{x}\frac{p(u,y)}{p_Y(y)}\mathrm{d}u\tag{4-19}$$

与一维连续型随机变量及概率密度定义之式(3-11)比较，我们给出下面的定义.

定义 4-6 设二维随机变量(X,Y)的概率密度为$p(x,y)$，(X,Y)关于Y的边缘密度为$p_Y(y)$，若对固定的y，$p_Y(y)>0$，则称$\dfrac{p(x,y)}{p_Y(y)}$为在$Y=y$的条件下X的**条件概率密度**，记为$p_{X|Y}(x|y)$，即

$$p_{X|Y}(x|y)=\frac{p(x,y)}{p_Y(y)}\tag{4-20}$$

同理可以定义在$X=x$的条件下，Y的条件概率密度为

$$p_{Y|X}(y|x)=\frac{p(x,y)}{p_X(x)},\ p_X(x)>0$$

容易验证条件概率密度式(4-20),式(4-21)满足概率密度的两条基本性质.

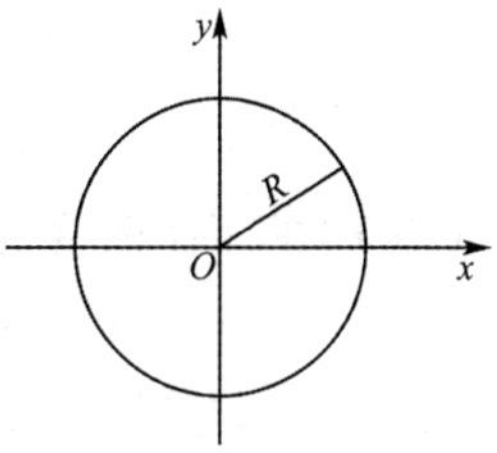

图 4-5

【例 3】 雷达的圆形屏幕之半径为 R(如图 4-5),设目标出现点(X,Y)在平面上服从均匀分布.求:(1)(X,Y)的概率密度 $p(x,y)$;(2)边缘密度 $p_X(x)$,$p_Y(y)$;(3)条件密度 $p_{X|Y}(x|y)$,$p_{Y|X}(y|x)$.

解 (1)设圆形屏幕如图 4-5,它的面积为 πR^2,故(X,Y)的概率密度为

$$p(x,y)=\begin{cases}\dfrac{1}{\pi R^2}, & x^2+y^2\leqslant R^2\\ 0, & x^2+y^2>R^2\end{cases}$$

$$(2)\ p_X(x)=\int_{-\infty}^{+\infty}p(x,y)\mathrm{d}y=\begin{cases}\displaystyle\int_{-\sqrt{R^2-x^2}}^{\sqrt{R^2-x^2}}\frac{1}{\pi R^2}\mathrm{d}y, & |x|\leqslant R\\ 0, & |x|>R\end{cases}$$

$$=\begin{cases}\dfrac{2}{\pi R^2}\sqrt{R^2-x^2}, & |x|\leqslant R\\ 0, & |x|>R\end{cases}$$

类似地

$$p_Y(y)=\begin{cases}\dfrac{2}{\pi R^2}\sqrt{R^2-y^2}, & |y|\leqslant R\\ 0, & |y|>R\end{cases}$$

$$(3)\ p_{X|Y}(x|y)=\frac{p(x,y)}{p_Y(y)}=\begin{cases}\dfrac{\dfrac{1}{\pi R^2}}{\dfrac{2}{\pi R^2}\sqrt{R^2-y^2}}, & |x|\leqslant\sqrt{R^2-y^2},|y|<R\\ 0, & \text{其他}\end{cases}$$

$$=\begin{cases}\dfrac{1}{2\sqrt{R^2-y^2}}, & |x|\leqslant\sqrt{R^2-y^2},|y|<R\\ 0, & \text{其他}\end{cases}$$

$$p_{Y|X}(y|x)=\begin{cases}\dfrac{1}{2\sqrt{R^2-x^2}}, & |y|\leqslant\sqrt{R^2-x^2},|x|<R\\ 0, & \text{其他}\end{cases}$$

此结果表明,在条件 $Y=y$ 下($|y|<R$),X 在区间$[-\sqrt{R^2-y^2},\sqrt{R^2-y^2}]$上服从均匀分布;在条件 $X=x$ 下($|x|<R$),Y 在区间$[-\sqrt{R^2-x^2},\sqrt{R^2-x^2}]$上服从均匀分布.

【例 4】 设 X 在区间$(0,1)$上服从均匀分布,在 $X=x$ 的条件下,Y 在$(0,x)$上服从均匀分布,求:(1)X 和 Y 的联合概率密度;(2)Y 的概率密度.

解 (1)X 在$(0,1)$上服从均匀分布,故 X 的概率密度为

$$p_X(x)=\begin{cases}1, & 0<x<1\\ 0, & \text{其他}\end{cases}$$

在 $X=x$ 的条件下,Y 在$(0,x)$上服从均匀分布,即(X,Y)关于 Y 的条件概率密度为

$$p_{Y|X}(y|x)=\begin{cases}\frac{1}{x}, & 0<y<x\\ 0, & 其他\end{cases}$$

故有(X,Y)的概率密度为

$$p(x,y)=p_X(x)\cdot p_{Y|X}(y|x)=\begin{cases}\frac{1}{x}, & 0<x<1,0<y<x\\ 0, & 其他\end{cases}$$

$$(2)\ p_Y(y)=\int_{-\infty}^{+\infty}p(x,y)\mathrm{d}x=\begin{cases}\int_y^1\frac{1}{x}\mathrm{d}x, & 0<y<1\\ 0, & 其他\end{cases}=\begin{cases}-\ln y, & 0<y<1\\ 0, & 其他\end{cases}$$

从上面的例子可以看出，对于二维随机变量(X,Y)来说，联合分布、边缘分布和条件分布，如果知道了其中两个就可求出第三个.

4.5 随机变量的独立性

随机变量的独立性，是概率论中的一个重要概念，我们借助事件独立性的概念引出随机变量独立的概念.

设X,Y为两个随机变量，$(X\leqslant x)$，$(Y\leqslant y)$为两个事件，如果对任意的实数x,y，事件$(X\leqslant x)$和$(Y\leqslant y)$相互独立，即

$$P(X\leqslant x,Y\leqslant y)=P(X\leqslant x)P(Y\leqslant y)$$

则说随机变量X和Y相互独立. 上式左端，实际上是二维随机变量(X,Y)的分布函数$F(x,y)$，右端是边缘分布函数$F_X(x)$，$F_Y(y)$的乘积，于是得到两个随机变量相互独立的定义如下.

定义 4-7 设$F(x,y)$，$F_X(x)$，$F_Y(y)$依次为(X,Y)，X，Y的分布函数，若对任意的实数x,y有

$$F(x,y)=F_X(x)\cdot F_Y(y) \tag{4-21}$$

则称X与Y**相互独立**.

若(X,Y)是二维连续型随机变量，其概率密度为$p(x,y)$，边缘密度分别为$p_X(x)$，$p_Y(y)$，则X与Y相互独立的充要条件是

$$p(x,y)=p_X(x)\cdot p_Y(y) \tag{4-22}$$

在平面上除“面积”为零的集合外处处成立.

当(X,Y)为离散型随机变量时，X,Y相互独立的充要条件是，对一切i,j有

$$p_{ij}=p_{i\cdot}\,p_{\cdot j} \tag{4-23}$$

其中，p_{ij}，$p_{i\cdot}$，$p_{\cdot j}$分别为(X,Y)，X，Y的分布列.

由联合分布、边缘分布及条件分布的关系知，随机变量X,Y相互独立的充要条件是：任一随机变量的条件分布，与关于该变量的边缘分布相等. 例如对连续型情况有

$$X,Y\text{ 相互独立}\Leftrightarrow p_{X|Y}(x|y)=p_X(x)$$
$$p_{Y|X}(y|x)=p_Y(y)$$

由式(4-21)～(4-23)可知，要判断两个随机变量X,Y是否独立，只要验证X和Y的联

合分布是否等于边缘分布的乘积就可以了.

【例 1】 设(X,Y)的概率密度为

$$p(x,y)=\begin{cases}1, & 0<x<1,0<y<2x\\0, & \text{其他}\end{cases}$$

问 X,Y 是否独立?

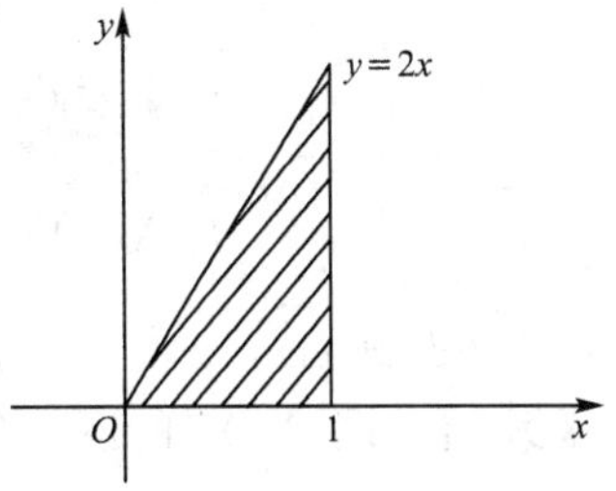

图 4-6

解 $p(x,y)$的定义域如图 4-6.

$$p_X(x)=\int_{-\infty}^{+\infty}p(x,y)\mathrm{d}y=\begin{cases}\int_0^{2x}\mathrm{d}y, & 0<x<1\\0, & \text{其他}\end{cases}$$

即

$$p_X(x)=\begin{cases}2x, & 0<x<1\\0, & \text{其他}\end{cases}$$

$$p_Y(y)=\int_{-\infty}^{+\infty}p(x,y)\mathrm{d}x=\begin{cases}\int_{\frac{y}{2}}^{1}\mathrm{d}x, & 0<y<2\\0, & \text{其他}\end{cases}$$

$$=\begin{cases}1-\frac{y}{2}, & 0<y<2\\0, & \text{其他}\end{cases}$$

因为 $p(x,y)\neq p_X(x)\cdot p_Y(y)$,所以 X 与 Y 不独立.

【例 2】 设(X,Y)的概率密度为

$$p(x,y)=\begin{cases}2\mathrm{e}^{-(2x+y)}, & x>0,y>0\\0, & \text{其他}\end{cases}$$

问 X 和 Y 是否独立?

解 $$p_X(x)=\int_{-\infty}^{+\infty}p(x,y)\mathrm{d}y=\begin{cases}2\mathrm{e}^{-2x}, & x>0\\0, & x\leqslant 0\end{cases}$$

$$p_Y(y)=\int_{-\infty}^{+\infty}p(x,y)\mathrm{d}x=\begin{cases}\mathrm{e}^{-y}, & y>0\\0, & y\leqslant 0\end{cases}$$

因为 $p(x,y)=p_X(x)\cdot p_Y(y)$,所以 X,Y 相互独立.

可以验证,若$(X,Y)\sim N(\mu_1,\mu_2;\sigma_1^2,\sigma_2^2;\rho)$,则

$$X,Y\text{ 相互独立}\Leftrightarrow\rho=0$$

【例 3】 设(X,Y)的概率分布为

Y \ X	0	1	$p_{\cdot j}$
1	$\frac{1}{6}$	$\frac{2}{6}$	$\frac{1}{2}$
2	$\frac{1}{6}$	$\frac{2}{6}$	$\frac{1}{2}$
$p_{i\cdot}$	$\frac{1}{3}$	$\frac{2}{3}$	1

试判断 X,Y 是否独立?

解 因为

$$P(X=0,Y=1)=\frac{1}{6}=\frac{1}{3}\cdot\frac{1}{2}=P(X=0)P(Y=1)$$

$$P(X=0,Y=2)=\frac{1}{6}=P(X=0)P(Y=2)$$

$$P(X=1,Y=1)=\frac{2}{6}=P(X=1)P(Y=1)$$

$$P(X=1,Y=2)=\frac{2}{6}=P(X=1)P(Y=2)$$

故 X,Y 相互独立.

【例 4】 设(X,Y)的概率分布为

X \ Y	0	1
0	0.4	a
1	b	c

若随机事件$(X=0)$与$(X+Y=1)$相互独立且 X,Y 独立,求 a,b,c.

解 $P(X=0)=a+0.4$,$P(X+Y=1)=P(X=0,Y=1)+P(X=1,Y=0)=a+b$,$P(X=0,X+Y=1)=P(X=0,Y=1)=a$,由$(X=0)$和$(X+Y=1)$独立得

$$a=(0.4+a)(a+b) \tag{1}$$

由 X,Y 独立得

$$0.4=(0.4+a)(0.4+b) \tag{2}$$

又

$$a+b+c=0.6 \tag{3}$$

(1)÷(2)得 $0.4a+0.4b=0.4a+ab$,$b\neq 0$,所以得 $a=0.4$,$b=0.1$,$c=0.1$.

前面所讲的有关二维随机变量的一些概念不难推广到 n 维随机变量中去,在此不予赘述.

4.6 二维随机变量函数的分布

在 3.5 节中我们讨论了一维随机变量的函数 $Y=g(X)$的分布.本节进一步讨论二维随机变量的函数 $Z=g(X,Y)$的分布问题.就是说,已知(X,Y)的分布,求 $Z=g(X,Y)$的分布.

一、二维离散型随机变量函数的分布

设(X,Y)为二维离散型随机变量,其概率分布为 $P(X=x_i,Y=y_j)=p_{ij}$,$(i,j=1,2,\cdots)$,$Z=g(X,Y)$是 X,Y 的函数,显然 Z 也是离散型随机变量,其可能值为 z_k,按离散型随机变量概率分布的求法知 Z 的概率分布为

$$\begin{aligned}P(Z=z_k)&=P(g(X,Y)=z_k)=\sum_{g(x_i,y_j)=z_k}P(X=x_i,Y=y_j)\\&=\sum_{g(x_i,y_j)=z_k}p_{ij}\quad(k=1,2,\cdots)\end{aligned} \tag{4-24}$$

特别的，若 X,Y 仅取整数值，概率分布为

$$P(X=i,Y=j)=p_{ij},\quad (i,j=1,2,\cdots)$$

则 $Z=X+Y$ 的分布为

$$P(Z=k)=P(X+Y=k)=\sum_{i=1}^{k-1}P(X=i,Y=k-i)$$

$$\xlongequal{X,Y\text{独立}}\sum_{i=1}^{k-1}P(X=i)P(Y=k-i) \tag{4-25}$$

【例 1】 设 (X,Y) 的概率分布为

$X \backslash Y$	−1	0	1
1	0.2	0.1	0.1
2	0.1	0	0.1
3	0	0.3	0.1

求 $U=X+Y,V=X-Y,W=XY,Z=\dfrac{Y}{X}$ 的分布.

解 U 的可能值为 0,1,2,3,4.

$P(U=0)=P(X=1,Y=-1)=0.2$,

$P(U=1)=P(X=1,Y=0)+P(X=2,Y=-1)=0.2$,

$P(U=2)=P(X=1,Y=1)+P(X=2,Y=0)=0.1$,

$P(U=3)=P(X=2,Y=1)+P(X=3,Y=0)=0.4$,

$P(U=4)=P(X=3,Y=1)=0.1$,

即 U 的概率分布为

U	0	1	2	3	4
P	0.2	0.2	0.1	0.4	0.1

V 的可能值为 0,1,2,3,4

$P(V=0)=P(X=1,Y=1)=0.1$,

$P(V=1)=P(X=1,Y=0)+P(X=2,Y=1)=0.2$,

$P(V=2)=P(X=1,Y=-1)+P(X=2,Y=0)+$
$P(X=3,Y=1)=0.3$,

$P(V=3)=P(X=2,Y=-1)+P(X=3,Y=0)=0.4$,

$P(V=4)=P(X=3,Y=-1)=0$

即 V 的概率分布为

V	0	1	2	3	4
P	0.1	0.2	0.3	0.4	0

W 的可能值为 −3,−2,−1,0,1,2,3,用与上面一样的方法可求出 W 的概率分布为

W	−3	−2	−1	0	1	2	3
P	0	0.1	0.2	0.4	0.1	0.1	0.1

Z 的可能值为 $-1,-\dfrac{1}{2},-\dfrac{1}{3},0,\dfrac{1}{3},\dfrac{1}{2},1$,用同样的方法可求出 Z 的概率分布为

Z	-1	$-\frac{1}{2}$	$-\frac{1}{3}$	0	$\frac{1}{3}$	$\frac{1}{2}$	1
P	0.2	0.1	0	0.4	0.1	0.1	0.1

【例 2】 设 X,Y 是相互独立的随机变量,它们分别服从参数 λ_1 和 λ_2 的泊松分布,求 $Z=X+Y$ 的分布列.

解 将 X,Y,Z 的取值分别用 i,j,k 表示,则

$$P(X=i)=\frac{\lambda_1^i}{i!}e^{-\lambda_1}\quad(i=0,1,2,\cdots)$$

$$P(Y=j)=\frac{\lambda_2^j}{j!}e^{-\lambda_2}\quad(j=0,1,2,\cdots)$$

Z 的可能值 $k=0,1,2,\cdots$,由式(4-25)得

$$\begin{aligned}P(Z=k)&=\sum_{i=0}^{k}P(X=i)P(Y=k-i)=\sum_{i=0}^{k}\frac{\lambda_1^i}{i!}e^{-\lambda_1}\frac{\lambda_2^{k-i}}{(k-i)!}e^{-\lambda_2}\\&=\frac{e^{-(\lambda_1+\lambda_2)}}{k!}\sum_{i=0}^{k}\frac{k!}{i!(k-i)!}\lambda_1^i\lambda_2^{k-i}=\frac{e^{-(\lambda_1+\lambda_2)}}{k!}\sum_{i=0}^{k}C_k^i\lambda_1^i\lambda_2^{k-i}\\&=\frac{(\lambda_1+\lambda_2)^k}{k!}e^{-(\lambda_1+\lambda_2)}\quad(k=0,1,2,\cdots)\end{aligned}$$

可见 $Z=X+Y$ 服从参数为 $\lambda_1+\lambda_2$ 的泊松分布.由此可知两个独立的泊松分布的随机变量之和仍是一个服从泊松分布的随机变量且其参数为相应随机变量分布参数的和.

二、两个连续型随机变量和的概率密度

设(X,Y)是二维连续型随机变量,其概率密度为 $p(x,y)$,求 $Z=X+Y$ 的密度 $p_Z(z)$.

显然 Z 是连续型随机变量,只要能把它的分布函数 $F_Z(z)$表示成

$$F_Z(z)=\int_{-\infty}^{z}\varphi(u)\mathrm{d}u$$

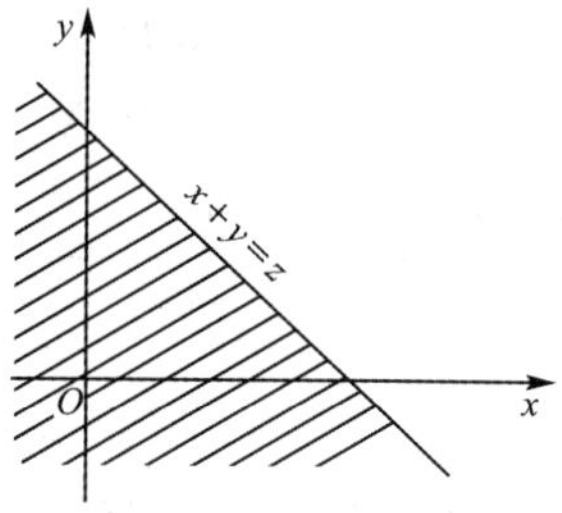

图 4-7

由定义 3-4,则 $p_Z(z)=\varphi(z)$,所以我们考虑 Z 的分布函数

$$F_Z(z)=P(Z\leqslant z)=P(X+Y\leqslant z)$$

如果(X,Y)表示平面上的随机点的坐标,则 $P(X+Y\leqslant z)$表示随机点落入图 4-7 中阴影部分的概率,由式(4-10)有

$$\begin{aligned}F_Z(z)&=\iint\limits_{x+y\leqslant Z}p(x,y)\mathrm{d}x\mathrm{d}y=\int_{-\infty}^{+\infty}\left[\int_{-\infty}^{z-x}p(x,y)\mathrm{d}y\right]\mathrm{d}x\\&\xlongequal{令\ y=u-x}\int_{-\infty}^{+\infty}\left[\int_{-\infty}^{z}p(x,u-x)\mathrm{d}u\right]\mathrm{d}x\\&=\int_{-\infty}^{z}\left[\int_{-\infty}^{+\infty}p(x,u-x)\mathrm{d}x\right]\mathrm{d}u\end{aligned}$$

可见

$$p_Z(z)=\int_{-\infty}^{+\infty}p(x,z-x)\mathrm{d}x\tag{4-26}$$

同理可得

$$p_Z(z)=\int_{-\infty}^{+\infty}p(z-y,y)\mathrm{d}y \tag{4-27}$$

如果 X,Y 独立，则由式(4-22)得

$$p_Z(z)=\int_{-\infty}^{+\infty}p_X(x)p_Y(z-x)\mathrm{d}x \tag{4-28}$$

$$=\int_{-\infty}^{+\infty}p_X(z-y)\cdot p_Y(y)\mathrm{d}y \tag{4-29}$$

式(4-28)和式(4-29)给出的运算称为**卷积**，因而也称上两式为**卷积公式**，简记为

$$p_Z=p_X * p_Y$$

【例 3】 设 X,Y 相互独立，且均在$[-a,a]$上服从均匀分布，求 $Z=X+Y$ 的概率密度 $p_Z(z)$.

解 由题设

$$p_X(x)=\begin{cases}\dfrac{1}{2a}, & -a\leqslant x\leqslant a\\ 0, & \text{其他}\end{cases}$$

$$p_Y(y)=\begin{cases}\dfrac{1}{2a}, & -a\leqslant y\leqslant a\\ 0, & \text{其他}\end{cases}$$

由式(4-28)

$$p_Z(z)=\int_{-\infty}^{+\infty}p_X(x)\cdot p_Y(z-x)\mathrm{d}x$$

计算上述积分按以下步骤进行：

(1)写出被积函数的表达式

$$p_X(x)\cdot p_Y(z-x)=\begin{cases}\dfrac{1}{4a^2}, & -a\leqslant x\leqslant a,-a\leqslant z-x\leqslant a\\ 0, & \text{其他}\end{cases}$$

(2)不等式$-a\leqslant x\leqslant a,-a\leqslant z-x\leqslant a$ 确定平面域 S(如图 4-8)；

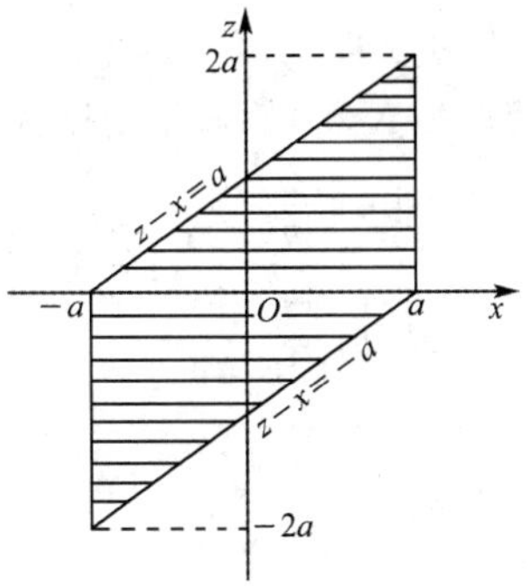

图 4-8

(3)确定 z 的范围，然后积分

当 $z<-2a$ 或 $z>2a$ 时，$p_Z(z)=0$

当$-2a\leqslant z<0$ 时

$$p_Z(z)=\int_{-a}^{z+a}\frac{1}{4a^2}\mathrm{d}x=\frac{z+2a}{4a^2}$$

当 $0\leqslant z\leqslant 2a$ 时

$$p_Z(z)=\int_{z-a}^{a}\frac{1}{4a^2}\mathrm{d}x=\frac{2a-z}{4a^2}$$

因此

$$p_Z(z)=\begin{cases}\dfrac{z+2a}{4a^2}, & -2a\leqslant z<0\\ \dfrac{2a-z}{4a^2}, & 0\leqslant z\leqslant 2a\\ 0, & \text{其他}\end{cases}$$

【例 4】 设 $X\sim N(0,1)$，$Y\sim N(0,1)$ 且 X,Y 独立，求 $Z=X+Y$ 的密度 $p_Z(z)$.

解 由题设知

$$p_X(x)=\frac{1}{2\pi}e^{-\frac{x^2}{2}}\quad(-\infty<x<+\infty)$$

$$p_Y(y)=\frac{1}{2\pi}e^{-\frac{y^2}{2}}\quad(-\infty<y<+\infty)$$

由式(4-28)

$$\begin{aligned}p_Z(z)&=\int_{-\infty}^{+\infty}\frac{1}{2\pi}e^{-\frac{x^2}{2}}\cdot e^{-\frac{(z-x)^2}{2}}dx=\frac{1}{2\pi}\int_{-\infty}^{+\infty}e^{-(x^2-xz)}\cdot e^{-\frac{z^2}{2}}dx\\&=\frac{1}{2\pi}e^{-\frac{z^2}{2}}\int_{-\infty}^{+\infty}e^{-(x^2-xz)}dx=\frac{1}{2\pi}e^{-\frac{z^2}{4}}\int_{-\infty}^{+\infty}e^{-(x-\frac{z}{2})^2}dx\\&\xlongequal{令\frac{t}{\sqrt{2}}=x-\frac{z}{2}}\frac{e^{-\frac{z^2}{4}}}{\sqrt{2\pi}\sqrt{2}}\int_{-\infty}^{+\infty}\frac{1}{\sqrt{2\pi}}e^{-\frac{t^2}{2}}dt=\frac{1}{\sqrt{2\pi}\sqrt{2}}e^{-\frac{z^2}{4}}\end{aligned}$$

可见 $Z\sim N(0,2)$.

本例说明，若 $X\sim N(0,1)$，$Y\sim N(0,1)$，且 X,Y 独立，则 $X+Y\sim N(0,2)$. 其实这是一般的规律，即若 $X\sim N(\mu_1,\sigma_1^2)$，$Y\sim N(\mu_2,\sigma_2^2)$ 且 X,Y 相互独立，则

$$X+Y\sim N(\mu_1+\mu_2,\sigma_1^2+\sigma_2^2)\tag{4-30}$$

更一般地，若 $X_1,X_2,\cdots,X_n$ 相互独立，且 $X_i\sim N(\mu_i,\sigma_i^2)$ 则

$$\sum_{i=1}^{n}a_iX_i\sim N\left(\sum_{i=1}^{n}a_i\mu_i,\sum_{i=1}^{n}a_i^2\sigma_i^2\right)\tag{4-31}$$

即相互独立的正态分布的线性组合仍为正态分布. 这是一个很重要的结论.

两个不独立的连续型随机变量和的密度的计算步骤与例 1 相同.

【例 5】 设 (X,Y) 在如图 4-9 所示的三角区域 D 上服从均匀分布，求 $Z=X+Y$ 的概率密度 $p_Z(z)$.

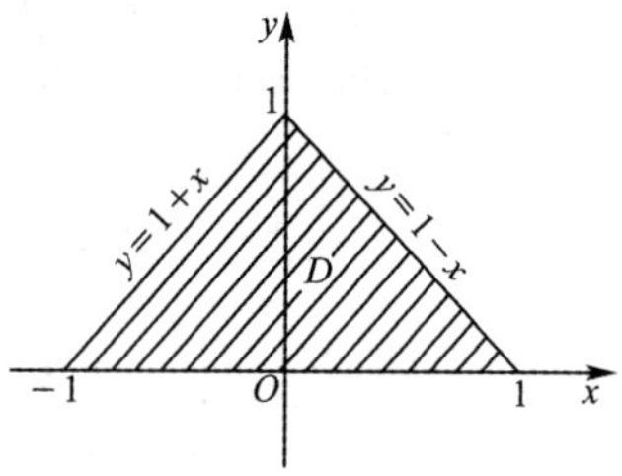

图 4-9

解 (X,Y) 的概率密度为

$$p(x,y)=\begin{cases}1, & (x,y)\in D\\0, & 其他\end{cases}$$

由式(4-27)得

$$p_Z(z)=\int_{-\infty}^{+\infty}p(z-y,y)dy$$

被积函数的表达式为

$$p(z-y,y)=\begin{cases}1, & 0<y<1,2y-1<z<1\\0, & 其他\end{cases}$$

不等式 $0<y<1$，$2y-1<z<1$ 确定平面域 S（如图 4-10).

可见，当 $z\leqslant-1$ 或 $z\geqslant1$ 时

$$p_Z(z)=0$$

当 $-1<z<1$ 时

$$p_Z(z)=\int_0^{\frac{z+1}{2}}\mathrm{d}y=\frac{z+1}{2}$$

故

$$p_Z(z)=\begin{cases}\dfrac{z+1}{2}, & -1<z<1\\ 0, & 其他\end{cases}$$

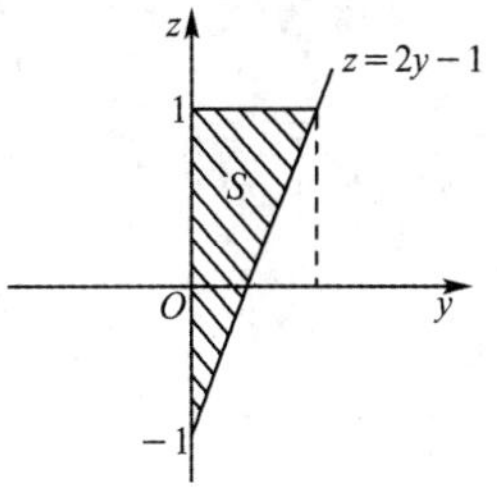

图 4-10

三、分布函数法

式(4-26)的推导方法具有普遍意义，就一般情况我们把这种推导方法称为分布函数法.

设(X,Y)为二维连续型随机变量，欲求函数$Z=g(X,Y)$的概率密度$p_Z(z)$，可如下进行：

设Z的分布函数为$F_Z(z)$，则

$$F_Z(z)=P(Z\leqslant z)=P(g(X,Y)\leqslant z)=P((X,Y)\in G)$$
$$=\iint\limits_G p(x,y)\mathrm{d}x\mathrm{d}y$$

其中，$p(x,y)$为(X,Y)的概率密度，$G=\{(x,y)\mid g(x,y)\leqslant z\}$. 于是

$$F_Z(Z)=\iint\limits_G p(x,y)\begin{cases}\xlongequal[\text{积分顺序}]{\text{变量代换，交换}}\displaystyle\int_{-\infty}^{z}\varphi(u)\mathrm{d}u，则\ p_Z(z)=\varphi(z) & (4\text{-}32)\\ \xlongequal[F_Z(z)\text{表达式}]{\text{积分计算}}> p_Z(z)=F'_Z(z) & (4\text{-}33)\end{cases}$$

【例 6】 用分布函数法求例 5 中$Z=X+Y$的密度$p_Z(z)$.

解 设Z的分布函数为$F_Z(z)$，则

$$F_Z(z)=P(Z\leqslant z)=P(X+Y\leqslant z)$$
$$=\iint\limits_G p(x,y)\mathrm{d}x\mathrm{d}y$$

其中，$G=\{(x,y)\mid X+Y\leqslant z\}$(如图 4-11).

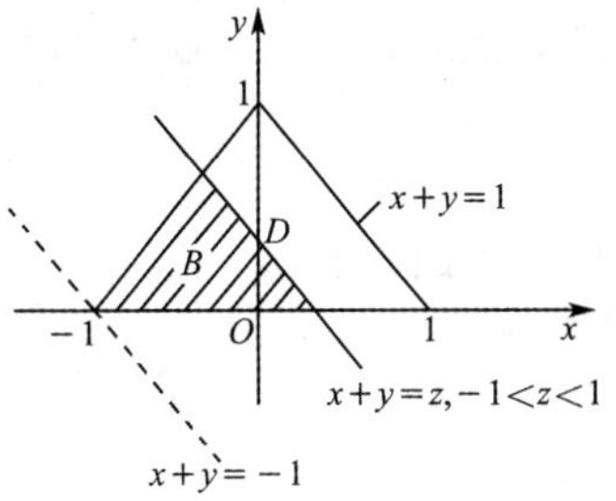

图 4-11

不难看出：

当$z\leqslant -1$时，$G\cap D=\varnothing$，$\iint\limits_G p(x,y)\mathrm{d}x\mathrm{d}y=0$，即

$$F_Z(z)=0;$$

当$z\geqslant 1$时，$G\cap D=D$，$\iint\limits_G p(x,y)\mathrm{d}x\mathrm{d}y=\iint\limits_G p(x,y)\mathrm{d}x\mathrm{d}y=1$，即

$$F_Z(z)=1$$

当$-1<z<1$时，$G\cap D=B$，

$$\iint\limits_G p(x,y)\mathrm{d}x\mathrm{d}y=\iint\limits_B \mathrm{d}x\mathrm{d}y=B\ 的面积$$
$$=\frac{1}{2}(z+1)\frac{z+1}{2}=\frac{(z+1)^2}{4}$$

故

$$F_Z(z)=\begin{cases}0, & z\leqslant -1\\ \dfrac{(z+1)^2}{4}, & -1<z<1\\ 1, & z\geqslant 1\end{cases}$$

于是

$$p_Z(z)=F'_Z(z)=\begin{cases}\dfrac{z+1}{2}, & -1<z<1\\ 0, & 其他\end{cases}$$

【例 7】 设 X,Y 是相互独立且服从同一正态分布 $N(0,\sigma^2)$ 的随机变量，求 $Z=\sqrt{X^2+Y^2}$ 的概率密度 $p_Z(z)$.

解 X,Y 的密度均为形式 $\dfrac{1}{\sqrt{2\pi}\sigma}e^{-\frac{t^2}{2\sigma^2}}(-\infty<t<+\infty)$

设 Z 的分布函数为 $F_Z(z)$，则

当 $z\leqslant 0$ 时，

$$F_Z(z)=P(Z\leqslant z)=P(\sqrt{X^2+Y^2}\leqslant z)=0$$

从而 $p_Z(z)=0$.

当 $z>0$ 时，

$$F_Z(z)=P(\sqrt{X^2+Y^2}\leqslant z)=\iint\limits_{\sqrt{x^2+y^2}\leqslant z}p_X(x)\cdot p_Y(y)\mathrm{d}x\mathrm{d}y$$
$$=\iint\limits_{\sqrt{x^2+y^2}\leqslant z}\frac{1}{2\pi\sigma^2}e^{-\frac{x^2+y^2}{2\sigma^2}}\mathrm{d}x\mathrm{d}y$$

令 $x=\rho\cos\theta,y=\rho\sin\theta$，化为极坐标得

$$F_Z(z)=\frac{1}{2\pi\sigma^2}\int_0^{2\pi}\int_0^z e^{-\frac{\rho^2}{2\sigma^2}}\rho\mathrm{d}\rho\mathrm{d}\theta=\int_0^z\frac{\rho}{\sigma^2}e^{-\frac{\rho^2}{2\sigma^2}}\mathrm{d}\rho \tag{4-34}$$

至此，由式(4-32)知

$$p_Z(z)=\begin{cases}\dfrac{z}{\sigma^2}e^{-\frac{z^2}{2\sigma^2}}, & z>0\\ 0, & z\leqslant 0\end{cases}$$

或将式(4-34)继续做下去得

$$F_Z(z)=\int_0^z\frac{\rho}{\sigma^2}e^{-\frac{\rho^2}{2\sigma^2}}\mathrm{d}\rho=1-e^{-\frac{z^2}{2\sigma^2}}$$

于是得 Z 的分布函数为

$$F_Z(z)=\begin{cases}1-e^{-\frac{z^2}{2\sigma^2}}, & z>0\\ 0, & z\leqslant 0\end{cases}$$

故 Z 的密度为

$$p_Z(z)=F'_Z(z)=\begin{cases}\dfrac{z}{\sigma^2}e^{-\frac{z^2}{2\sigma^2}}, & z>0\\ 0, & z\leqslant 0\end{cases} \tag{4-35}$$

人们称以式(4-35)为概率密度的分布为瑞利(Rayleigh)分布.

【例 8】 设(X,Y)在$D=\{(x,y)|0<x<2,0<y<1\}$上服从均匀分布(如图 4-12),求以X,Y为邻边的矩形的面积Z的概率密度$p_Z(z)$.

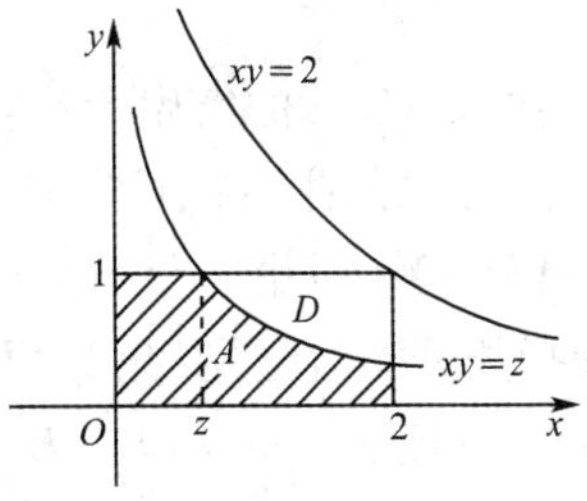

图 4-12

解　(X,Y)的密度为

$$p(x,y)=\begin{cases}\frac{1}{2}, & (x,y)\in D \\ 0, & 其他\end{cases}$$

$Z=XY$,设Z的分布函数为$F_Z(z)$,则

$$F_Z(z)=P(Z\leqslant z)=P(XY\leqslant z)$$

当$z\leqslant 0$时,$F_Z(z)=0$;

当$z\geqslant 2$时,

$$F_Z(z)=\iint\limits_{xy\leqslant z}p(x,y)\mathrm{d}x\mathrm{d}y=\iint\limits_{D}\frac{1}{2}\mathrm{d}x\mathrm{d}y=1$$

当$0<z<2$时,

$$F_Z(z)=\iint\limits_{xy\leqslant z}p(x,y)\mathrm{d}x\mathrm{d}y=\iint\limits_{A}\frac{1}{2}\mathrm{d}x\mathrm{d}y=\frac{1}{2}\cdot A\text{ 的面积}$$

$$=\frac{1}{2}\left(z+\int_z^2\frac{z}{x}\mathrm{d}x\right)=\frac{1}{2}[z+z(\ln 2-\ln z)]$$

即Z的分布函数为

$$F_Z(z)=\begin{cases}0, & z\leqslant 0 \\ \frac{z}{2}+\frac{z}{2}(\ln 2-\ln z), & 0<z<2 \\ 1, & z\geqslant 2\end{cases}$$

于是Z的密度为

$$p_Z(z)=F'_Z(z)=\begin{cases}\frac{1}{2}\ln\frac{2}{z}, & 0<z<2 \\ 0, & 其他\end{cases}$$

四、max(X,Y)及 min(X,Y)的分布

设X,Y是相互独立的随机变量,分布函数分别为$F_X(x)$,$F_Y(y)$,求$M=\max(X,Y)$和$N=\min(X,Y)$的分布函数$F_M(z)$和$F_N(t)$.

先求$F_M(z)$:

$$\begin{aligned}F_M(z)&=P(M\leqslant z)=P(\max(X,Y)\leqslant z)\\&=P(X\leqslant z,Y\leqslant z)=P(X\leqslant z)P(Y\leqslant z)\\&=F_X(z)\cdot F_Y(z)\end{aligned}\tag{4-36}$$

若X,Y具有相同的分布,分布函数为$F(\cdot)$,则

$$F_M(z)=[F(z)]^2\tag{4-37}$$

再求$F_N(t)$:

$$\begin{aligned}F_N(t)&=P(N\leqslant t)=P(\min(X,Y)\leqslant t)=1-P(\min(X,Y)>t)\\&=1-P(X>t,Y>t)=1-P(X>t)P(Y>t)\\&=1-[1-F_X(t)][1-F_Y(t)]\end{aligned}\tag{4-38}$$

若 X,Y 具有相同的分布，分布函数为 $F(\cdot)$，则

$$F_N(t)=1-[1-F(t)]^2 \tag{4-39}$$

要求 M,N 的密度，只需将相应的分布函数求导数即可.

上面的结果可以推广到 n 个独立随机变量的情况.

【例 9】 设电子仪器由两个相互独立的部件 A 和 B 组成，已知 A 的寿命 X 服从参数为 α 的指数分布，B 的寿命 Y 服从参数为 β 的指数分布. 在下列两种情况下，求仪器的寿命 Z 的概率密度 $p_Z(z)$. (1)A,B 串联；(2)A,B 并联.

解 X 的概率密度 $p_X(x)$ 和分布函数 $F_X(x)$ 为

$$p_X(x)=\begin{cases}\alpha e^{-\alpha x}, & x>0\\ 0, & x\leqslant 0\end{cases} \quad F_X(x)=\begin{cases}1-e^{-\alpha x}, & x>0\\ 0, & x\leqslant 0\end{cases}$$

Y 的概率密度 $p_Y(y)$ 和分布函数 $F_Y(y)$ 为

$$p_Y(y)=\begin{cases}\beta e^{-\beta y}, & y>0\\ 0, & y\leqslant 0\end{cases} \quad F_Y(y)=\begin{cases}1-e^{-\beta y}, & y>0\\ 0, & y\leqslant 0\end{cases}$$

其中 $\alpha>0,\beta>0$.

(1)串联时，$Z=\min(X,Y)$，由式(4-38)，Z 的分布函数为

$$F_Z(z)=1-[1-F_X(z)][1-F_Y(z)]=\begin{cases}1-e^{-(\alpha+\beta)z}, & z>0\\ 0, & z\leqslant 0\end{cases}$$

于是 Z 的密度为

$$p_Z(z)=F'_Z(z)=\begin{cases}(\alpha+\beta)e^{-(\alpha+\beta)z}, & z>0\\ 0, & z\leqslant 0\end{cases}$$

(2)并联时，$Z=\max(X,Y)$，由式(4-36)，Z 的分布函数为

$$F_Z(z)=F_X(z)\cdot F_Y(z)=\begin{cases}(1-e^{-\alpha z})(1-e^{-\beta z}), & z>0\\ 0, & z\leqslant 0\end{cases}$$

于是 z 的密度为

$$p_Z(z)=F'_Z(z)=\begin{cases}\alpha e^{-\alpha z}+\beta e^{-\beta z}-(\alpha+\beta)e^{-(\alpha+\beta)z}, & z>0\\ 0, & z\leqslant 0\end{cases}$$

【例 10】 设 $X_1,X_2,\cdots,X_n$ 相互独立，且均在$[0,\theta]$上服从均匀分布，记 $Z=\max(X_1,X_2,\cdots,X_n)$和 $W=\min(X_1,X_2,\cdots,X_n)$，求 Z 和 W 的概率密度 $p_Z(z)$和 $p_W(t)$.

解 X_i 的分布函数为

$$F(x)=\begin{cases}0, & x\leqslant 0\\ \dfrac{x}{\theta}, & 0<x<\theta\\ 1, & x\geqslant\theta\end{cases}$$

由式(4-37)的推广知 Z 的分布函数为

$$F_Z(z)=[F(Z)]^n=\begin{cases}0, & z\leqslant 0\\ \dfrac{z^n}{\theta^n}, & 0<z<\theta\\ 1, & z\geqslant\theta\end{cases}$$

所以

$$p_Z(z)=F'_Z(z)=\begin{cases}\dfrac{nz^{n-1}}{\theta^n}, & 0<z<\theta\\ 0, & \text{其他}\end{cases}$$

由式(4-39)的推广知 W 的分布函数为

$$F_W(t)=1-[1-F(t)]^n=\begin{cases}0, & t\leqslant 0\\ 1-\left(1-\dfrac{t}{\theta}\right)^n, & 0<t<\theta\\ 1, & t\geqslant\theta\end{cases}$$

所以

$$p_W(t)=F'_W(t)=\begin{cases}n\dfrac{(\theta-t)^{n-1}}{\theta^n}, & 0<t<\theta\\ 0, & \text{其他}\end{cases}$$

习题 4

4-1　一个袋中装有四个球，它们上面分别标有数字1，2，2，3，今从袋中任取一球后不放回，再从袋中任取一球，以 X，Y 分别表示第一次、第二次取出的球上的标号，求(X,Y)的联合分布列.

4-2　将一枚均质的硬币连掷三次，以 X 表示在三次中出现正面的次数，以 Y 表示三次中出现正面次数与出现反面次数之差的绝对值，试写出(X,Y)的联合分布列及边缘分布列.

4-3　投掷两颗均质的骰子，令 X 为第一颗骰子出现的点数，Y 为两颗骰子中所出现的点数的最大者，试求(X,Y)的联合分布列和边缘分布列.

4-4　设二维随机变量(X,Y)的概率密度为

$$p(x,y)=\begin{cases}\dfrac{1}{2}, & 0\leqslant x\leqslant 1, 0\leqslant y\leqslant 2\\ 0, & \text{其他}\end{cases}$$

求 X，Y 中至少有一个小于$\dfrac{1}{2}$的概率.

4-5　设(X,Y)的概率密度为

$$p(x,y)=\begin{cases}4xy, & 0<x<1, 0<y<1\\ 0, & \text{其他}\end{cases}$$

求：(1) $P\left(0<X<\dfrac{1}{2},\dfrac{1}{4}<Y<1\right)$；(2) $P(X=Y)$；(3) $P(X<Y)$；(4) $P(X\leqslant Y)$.

4-6　设(X,Y)的概率密度为

$$p(x,y)=\begin{cases}\dfrac{1}{8}(6-x-y), & 0<x<2, 2<y<4\\ 0, & \text{其他}\end{cases}$$

又(1) $D=\{(x,y)\mid x<1, y<3\}$；(2) $D=\{(x,y)\mid x+y<3\}$，求 $P\{(X,Y)\in D\}$.

4-7　设(X,Y)的概率密度为

$$p(x,y)=\begin{cases}x^2+\dfrac{xy}{3}, & 0\leqslant x\leqslant 1,0\leqslant y\leqslant 2\\ 0, & \text{其他}\end{cases}$$

求 $P(X+Y\geqslant 1)$.

4-8 设(X,Y)的概率密度为

$$p(x,y)=\begin{cases}C(R-\sqrt{x^2+y^2}), & x^2+y^2\leqslant R^2\\ 0, & \text{其他}\end{cases}$$

求:(1)系数 C;(2)(X,Y)落在圆 $x^2+y^2\leqslant r^2(r<R)$内的概率.

4-9 设二维随机变量(X,Y)在由 $y=1-x^2$ 与 $y=0$ 所围成的区域 D 上服从均匀分布,试写出联合概率密度与边缘概率密度.

4-10 设(X,Y)的联合概率密度为

$$p(x,y)=\begin{cases}\mathrm{e}^{-y}, & 0<x<y<+\infty\\ 0, & \text{其他}\end{cases}$$

求边缘概率密度和条件概率密度.

4-11 设(X,Y)的联合概率密度为

$$p(x,y)=\begin{cases}1, & |y|<x,0<x<1\\ 0, & \text{其他}\end{cases}$$

求边缘概率密度和条件概率密度.

4-12 设 X 关于 Y 的条件概率密度为

$$P_{X|Y}(x|y)=\begin{cases}\dfrac{3x^2}{y^3}, & 0<x<y\\ 0, & \text{其他}\end{cases}$$

而 Y 的概率密度为

$$P_Y(y)=\begin{cases}5y^4, & 0<y<1\\ 0, & \text{其他}\end{cases}$$

求 $P\left(X>\dfrac{1}{2}\right)$.

4-13 设(X,Y)的分布函数为

$$F(x,y)=\begin{cases}1-\alpha^{-x^2}-\alpha^{-2y^2}+\alpha^{-x^2-2y^2}, & x\geqslant 0,y\geqslant 0\\ 0, & \text{其他}\end{cases}$$

试计算概率 $P(1\leqslant X\leqslant 2,1\leqslant Y\leqslant 2)$,并问 X,Y 是否独立?(其中 α 为正常数)

4-14 设(X,Y)的概率密度为

$$p(x,y)=\begin{cases}\mathrm{e}^{-(x+y)}, & x\geqslant 0,y\geqslant 0\\ 0, & \text{其他}\end{cases}$$

问 X,Y 是否独立?

4-15 设(X,Y)的概率密度为

$$p(x,y)=\begin{cases}8xy, & 0\leqslant x<y<1\\ 0, & \text{其他}\end{cases}$$

问 X 与 Y 是否独立?

4-16　设 X,Y 是相互独立的随机变量，且均服从[0,1]上的均匀分布，试求方程 $x^2+Xx+Y=0$ 有实根的概率.

4-17　设 X,Y 独立，分布函数分别为 $F_X(x),F_Y(y)$，又 $Z=X+Y$ 的分布函数为 $F_Z(z)$. 证明：

(1) $[F_X(x_2)-F_X(x_1)][F_Y(y_2)-F_Y(y_1)]\leqslant F_Z(x_2+y_2)-F_Z(x_1+y_2)$；

$(x_1<x_2,y_1<y_2)$

(2) $F_Z(x+y)\leqslant F_X(x)+F_Y(y)-F_X(x)\cdot F_Y(y)$.

4-18　如果 X 与 Y 是独立同分布的连续型随机变量，求证 $P(Y>X)=\frac{1}{2}$.

4-19　设某类电子管的寿命(以小时计)有概率密度

$$p(x)=\begin{cases}\frac{100}{x^2}, & x>100\\ 0, & x\leqslant 100\end{cases}$$

一台收音机在使用的最初150小时中，三个这类管子没有一个要替换的概率是多少？三个这类管子全部要替换的概率又是多少？(假设三个管子的寿命是相互独立的).

4-20　如果 (X,Y) 的联合分布列为

X \ Y	1	2	3
1	$\frac{1}{6}$	$\frac{1}{9}$	$\frac{1}{18}$
2	$\frac{1}{3}$	α	β

问：(1) α 与 β 满足什么条件；(2) 若 X 与 Y 相互独立，则 α,β 各等于多少？

4-21　设 X_1,X_2 是相互独立且具有相同分布的随机变量：

$$P(X_i=\pm 1)=\frac{1}{2},i=1,2$$

又 $X_3=X_1X_2$. 证明 X_1,X_2,X_3 是两两独立的，但不相互独立.

***4-22**　独立地从[0,1]区间中取出三个随机数 X,Y,Z，试求 $P(X\geqslant Y\geqslant Z)$(注意：$X,Y,Z$ 是独立的且都服从[0,1]上的均匀分布).

4-23　设 (X,Y) 是离散型随机变量，概率分布列为

X \ Y	-2	1	2
-1	$\frac{1}{6}$	$\frac{1}{6}$	$\frac{1}{12}$
0	$\frac{1}{12}$	$\frac{1}{12}$	0
1	$\frac{1}{6}$	$\frac{1}{6}$	$\frac{1}{12}$

令 $U=|X|,V=Y^2$，求 (U,V) 的联合分布列和边缘分布列.

4-24　设 X 与 Y 是独立同分布的离散型随机变量，其概率分布列为 $P(X=n)=P(Y=n)=\frac{1}{2^n},n=1,2,\cdots$ 求 $X+Y$ 的分布列.

4-25　设 X,Y 是相互独立的随机变量，它们都服从参数为 n,p 的二项分布. 证明 $Z=$

$X+Y$ 服从参数为 $2n,p$ 的二项分布.

4-26 设 X,Y 相互独立,其概率密度分别为

$$p_X(x)=\begin{cases}1, & 0\leqslant x\leqslant 1\\ 0, & \text{其他}\end{cases}\quad P_Y(y)=\begin{cases}e^{-y}, & y>0\\ 0, & y\leqslant 0\end{cases}$$

求 $X+Y$ 的概率密度.

4-27 在 4.6 节例 9 中仪器的部件按题 4-27 图所示方法联结,即当部件 A 损坏时,部件 B 立即使用,求仪器寿命 Z 的概率密度.

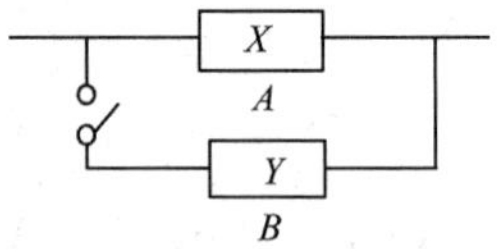

题 4-27 图

4-28 设(X,Y)的联合概率密度为 $p(x,y)$,X,Y 的概率密度依次为 $p_X(x),p_Y(y)$. 试证明 $Z=X-Y$ 的概率密度为

$$p_Z(z)=\int_{-\infty}^{+\infty}p(z+y,y)\mathrm{d}y$$

当 X 与 Y 相互独立时,有

$$p_Z(z)=\int_{-\infty}^{+\infty}p_X(z+y)\cdot p_Y(y)\mathrm{d}y$$

4-29 设(X,Y)的概率密度为

$$p(x,y)=\begin{cases}3x, & 0<y<x,0<x<1\\ 0, & \text{其他}\end{cases}$$

求 $Z=X-Y$ 的概率密度.

4-30 设随机变量 X 和 Y 相互独立,且均在$[0,1]$上服从均匀分布,求 $Z=\dfrac{X}{Y}$的概率密度.

第 5 章 随机变量的数字特征和极限定理

在第 3、4 两章中我们看到，随机变量的概率分布(分布函数或分布列和概率密度)可以完整地描述随机变量的统计规律. 然而，在许多实际问题中，并不需要或不可能求出一个随机变量的概率分布，而只需或只能知道它的某些特征. 另一方面有时“全体”的比较并不能很好地说明问题. 需要我们找出一些量来，更集中、更概括地反映随机变量的特征. 这些反映随机变量某些特征的量，我们都称为随机变量的数字特征. 本章要介绍的数字特征有：数学期望、方差、协方差、相关系数和矩.

随机变量的数字特征

5.1 数学期望

一、离散型随机变量的数学期望

为了引出离散型随机变量的数学期望，我们先看一个例子.

【例 1】 某车间的 n 个工人生产同样的零件，考察某一天的产量，得到如下的结果：生产 a_1 件的有 n_1 个人，生产 a_2 件的有 n_2 个人，…，生产 a_k 件的有 n_k 个人. 问这一天平均每人生产多少产品？

若以 $\overline{X}$ 表示平均产量，则应有

$$\overline{X}=\frac{1}{n}(a_1n_1+a_2n_2+\cdots+a_kn_k)=\frac{1}{n}\sum_{i=1}^{k}a_in_i=\sum_{i=1}^{k}a_i\cdot\frac{n_i}{n} \tag{5-1}$$

若以 X 表示每个人的产量，则 X 是一个随机变量，它的可能值为 $a_1,a_2,\cdots,a_k$，而 $\frac{n_i}{n}$ 是事件 $(X=a_i,i=1,2,\cdots,k)$ 的频率，即

$$f_n(X=a_i)=\frac{n_i}{n}\quad(i=1,2,\cdots,k)$$

由概率的统计定义知，当 n 增大时，频率 $f_n(X=a_i)$ 逐渐稳定于概率值 $P(X=a_i)=p_i,i=1,2,\cdots,k$，因而当 n 增大时，平均值 $\overline{X}$ 逐渐稳定于数值 $\sum\limits_{i=1}^{k}a_ip_i$，即有

$$\overline{X}=\sum_{i=1}^{k}a_i\frac{n_i}{n}\approx\sum_{i=1}^{k}a_ip_i \tag{5-2}$$

$\overline{X}$ 是随试验的结果变化的，而上式右端是一个常数，不随试验的结果而改变，它描述了 $\overline{X}$ 的理论值(真正的平均值)，我们称它为 X 的数学期望. 于是，对离散型随机变量的数学期望我们给出下面的一般定义.

定义 5-1 设离散型随机变量的分布列为

$$P(X = x_i) = p_i \quad (i = 1,2,\cdots)$$

若级数 $\sum\limits_{i=1}^{\infty} x_i p_i$ 绝对收敛. 即 $\sum\limits_{i=1}^{\infty} |x_i| p_i < +\infty$,则称和 $\sum\limits_{i=1}^{\infty} x_i p_i$ 为随机变量 X 的**数学期望**或**均值**,记为 EX 或 $E(X)$,即

$$EX = \sum_i x_i p_i \tag{5-3}$$

当 $\sum\limits_{i=1}^{\infty} |x_i| p_i$ 发散时,则称 X 的数学期望不存在.

定义中的绝对收敛条件是为了保证式(5-3)中 x_i 的顺序对求和没有影响,也就是说,不管 x_i 顺序如何改变,上述和的值总是相同的. 对一个离散型随机变量的分布来说,这一要求是必要的,也是合理的.

如果把 $x_1,x_2,\cdots,x_i,\cdots$ 看成 x 轴上质点的坐标,而 $p_1,p_2,\cdots,p_i,\cdots$ 看成相应质点的质量,质量总和为 $\sum\limits_i p_i = 1$,则式(5-3) 表示质点系的重心坐标.

【例 2】 设 X 的分布列为

X	-1	0	1
P	0.35	0.20	0.45

求 EX.

解 $EX=-1\times 0.35+0\times 0.20+1\times 0.45=0.10$

下面我们来计算一些常用的离散型随机变量的数学期望.

(1)两点分布

设 X 的分布列为 $P(X=1)=p, P(X=0)=1-p=q$,则

$$EX=0\cdot(1-p)+1\cdot p=p$$

(2)二项分布

设 $X\sim B(n,p)$,即 X 的分布列为

$$P(X=k)=C_n^k p^k q^{n-k} \quad (k=0,1,\cdots,n;0<p<1;q=1-p)$$

则

$$\begin{aligned} EX &= \sum_{k=0}^{n} k C_n^k p^k q^{n-k} = \sum_{k=1}^{n} \frac{n!p^k q^{n-k}}{(k-1)!(n-k)!} \\ &= np\sum_{k=1}^{n} \frac{(n-1)!}{(k-1)!(n-k)!} p^{k-1} q^{n-k} \\ &\xlongequal{\text{令 } m=k-1} np\sum_{m=0}^{n-1} C_{n-1}^m p^m q^{n-1-m} = np \end{aligned} \tag{5-4}$$

(3)泊松分布

设 $X\sim P(\lambda)$,即 X 的分布列为

$$P(X=k)=\frac{\lambda^k}{k!}e^{-\lambda} \quad (k=0,1,2,\cdots,\text{且 } \lambda>0)$$

则

$$EX = \sum_{k=0}^{\infty} k\frac{\lambda^k}{k!}e^{-\lambda} = \lambda e^{-\lambda}\sum_{k=1}^{\infty}\frac{\lambda^{k-1}}{(k-1)!} = \lambda e^{-\lambda}e^{\lambda} = \lambda \tag{5-5}$$

从上面的讨论可知，两点分布的数学期望为 p，以 n,p 为参数的二项分布的数学期望为 np，以 λ 为参数的泊松分布的数学期望为 λ. 这一事实说明，随机变量的数字特征与其分布参数有着密切的关系.

二、连续型随机变量的数学期望

对以 $p(x)$ 为概率密度的连续型随机变量 X 而言. 可能值 x 和 $p(x)\mathrm{d}x$ 分别相当于离散型随机变量情况下的"x_i"和"p_i"，因此，由式(5-3)可知，连续型随机变量的数学期望可定义如下.

定义 5-2　设 X 为连续型随机变量，$p(x)$ 为概率密度，若积分 $\int_{-\infty}^{+\infty} xp(x)\mathrm{d}x$ 绝对收敛，即

$$\int_{-\infty}^{+\infty} |x| p(x)\mathrm{d}x < +\infty$$

则称积分 $\int_{-\infty}^{+\infty} xp(x)\mathrm{d}x$ 为 X 的**数学期望**或**均值**，记为 EX，即

$$EX = \int_{-\infty}^{+\infty} xp(x)\mathrm{d}x \tag{5-6}$$

EX 的物理意义，可理解为质量密度为 $p(x)$ 的一维连续质点系的重心.

作为例子，我们来计算一些常用的连续型随机变量的数学期望.

(1)均匀分布

设 $X \sim U[a,b]$，即 X 的概率密度为

$$p(x)=\begin{cases} \dfrac{1}{b-a}, & a \leqslant x \leqslant b \\ 0, & \text{其他} \end{cases}$$

则

$$EX = \int_{-\infty}^{+\infty} xp(x)\mathrm{d}x = \int_a^b \frac{x}{b-a}\mathrm{d}x = \frac{a+b}{2} \tag{5-7}$$

这个结果是在意料之中的，因为 X 在 $[a,b]$ 上均匀分布，它取值的平均值自然应该是 $[a,b]$ 的中点.

(2)指数分布

设 $X \sim E(\lambda)$，即 X 的概率密度为

$$p(x)=\begin{cases} \lambda \mathrm{e}^{-\lambda x}, & x \geqslant 0 \\ 0, & \text{其他} \end{cases}$$

则

$$\begin{aligned} EX &= \int_{-\infty}^{+\infty} xp(x)\mathrm{d}x = \int_0^{+\infty} x \cdot \lambda \mathrm{e}^{-\lambda x}\mathrm{d}x = -\int_0^{+\infty} x\mathrm{d}\mathrm{e}^{-\lambda x} \\ &= -x\mathrm{e}^{-\lambda x}\Big|_0^{+\infty} + \int_0^{+\infty} \mathrm{e}^{-\lambda x}\mathrm{d}x = \frac{1}{\lambda} \end{aligned} \tag{5-8}$$

(3)正态分布

设 $X \sim N(\mu,\sigma^2)$，即 X 的概率密度为

$$p(x)=\frac{1}{\sqrt{2\pi}\sigma}\mathrm{e}^{-\frac{(x-\mu)^2}{2\sigma^2}} \quad (-\infty < x < +\infty, \sigma > 0)$$

则

$$EX=\int_{-\infty}^{+\infty}x\cdot\frac{1}{\sqrt{2\pi}\sigma}\mathrm{e}^{-\frac{(x-\mu)^2}{2\sigma^2}}\mathrm{d}x\quad 令\ t=\frac{x-\mu}{\sigma}$$

$$EX=\int_{-\infty}^{+\infty}\frac{\mu+\sigma t}{\sqrt{2\pi}}\mathrm{e}^{-\frac{t^2}{2}}\mathrm{d}t=\frac{\mu}{\sqrt{2\pi}}\int_{-\infty}^{+\infty}\mathrm{e}^{-\frac{t^2}{2}}\mathrm{d}t+\frac{\sigma}{\sqrt{2\pi}}\int_{-\infty}^{+\infty}t\mathrm{e}^{-\frac{t^2}{2}}\mathrm{d}t=\mu \tag{5-9}$$

故正态分布中的参数 μ 表示相应随机变量 X 的数学期望.

在定义 5-2 中,如果积分 $\int_{-\infty}^{+\infty}|x|p(x)\mathrm{d}x$ 不收敛,则称随机变量的数学期望不存在.

【例 3】(柯西分布) 设 X 的概率密度为

$$p(x)=\frac{1}{\pi(1+x^2)}\quad(-\infty<x<+\infty)$$

求 EX.

解 由于

$$\int_{-\infty}^{+\infty}|x|\frac{\mathrm{d}x}{\pi(1+x^2)}=\frac{2}{\pi}\int_0^{+\infty}\frac{|x|}{1+x^2}\mathrm{d}x=\frac{2}{\pi}\int_0^{+\infty}\frac{x}{1+x^2}\mathrm{d}x$$

$$=\frac{1}{\pi}\ln(1+x^2)\Big|_0^{+\infty}=+\infty$$

故 EX 不存在.

三、随机变量函数的数学期望

在许多情况下,我们需要计算随机变量 X 的函数 $f(X)$ 的数学期望,或随机向量 (X,Y) 的函数 $g(X,Y)$ 的数学期望.但已知的仅是 X 的概率分布和 (X,Y) 的概率分布.按照数学期望的定义,要求出 $f(X)$ 及 $g(X,Y)$ 的数学期望,应先求出它们的分布列或概率密度.由 3.5 节和 4.6 节可见,$f(X)$ 和 $g(X,Y)$ 的概率分布并不容易求,从而使得计算它们的数学期望十分困难,下面的定理给出了计算随机变量函数的数学期望的直接方法,每一个定理给出两个公式,称为随机变量函数的期望公式.

定理 5-1 设 $Y=f(X)$,$f(x)$ 是连续函数.

(1) 当 X 是离散型随机变量,分布列为 $P(X=x_i)=p_i(i=1,2,\cdots)$ 且 $\sum_{i=1}^{\infty}|f(x_i)|p_i<+\infty$ 时,有

$$EY=Ef(X)=\sum_{i=1}^{\infty}f(x_i)p_i \tag{5-10}$$

(2) 当 X 是连续型随机变量,概率密度为 $p_X(x)$ 且 $\int_{-\infty}^{+\infty}|f(x)|p_X(x)\mathrm{d}x<+\infty$ 时,则有

$$EY=Ef(X)=\int_{-\infty}^{+\infty}f(x)p_X(x)\mathrm{d}x \tag{5-11}$$

本定理的证明超出本书范围,我们仅就 $f(x)$ 的特殊情况进行验证如下:

(1)离散情况

若 $y=f(x)$ 是一个 x 与 y 一一对应的函数,并设 $y_i=f(x_i)(i=1,2,\cdots)$,则

$$P(Y=y_i)=P(X=x_i)=p_i$$

于是

$$\sum_{i=1}^{\infty} y_i P(Y=y_i)=\sum_{i=1}^{\infty} f(x_i)P(X=x_i)=\sum_{i=1}^{\infty} f(x_i)p_i$$

(2)连续情况

若 $y=f(x)$ 满足定理 3-2 的条件,则由式(3-30)知 $Y=f(X)$ 的概率密度为

$$p_Y(y)=\begin{cases} p_X[h(y)]|h'(y)|, & A\leqslant y\leqslant B \\ 0, & \text{其他} \end{cases}$$

其中 $h(y)$ 为 $y=f(x)$ 的反函数,(A,B) 为 $y=f(x)$ 的值域. 于是

$$EY=\int_{-\infty}^{+\infty} yp_Y(y)\mathrm{d}y=\int_A^B yp_X(h(y))\mid h'(y)\mid \mathrm{d}y$$

当 $h'(y)>0$ 时,

$$EY=\int_A^B yp_X[h(y)]h'(y)\mathrm{d}y=\int_{-\infty}^{+\infty} f(x)p_X(x)\mathrm{d}x$$

当 $h'(y)<0$ 时,

$$EY=\int_A^B -yp_X[h(y)]h'(y)\mathrm{d}y=-\int_{+\infty}^{-\infty} f(x)p_X(x)\mathrm{d}x=\int_{-\infty}^{+\infty} f(x)p_X(x)\mathrm{d}x$$

由定理 5-1 可知,当我们求 $Y=f(X)$ 的数学期望时,可以不必求出 Y 的分布,而由 X 的分布就能够直接求出. 这个定理可以推广到二维及二维以上的随机变量函数的情况. 以二维随机变量的函数 $Z=f(X,Y)$ 为例,有下面的定理.

定理 5-2　设 $Z=f(X,Y)$,$f(x,y)$ 为连续函数:

(1)当 (X,Y) 是二维离散型随机变量,分布列为 $P(X=x_i,Y=y_j)=p_{ij}(i,j=1,2,\cdots)$,且当

$$\sum_{i=1}^{\infty}\sum_{j=1}^{\infty} \mid f(x_i,y_j)\mid p_{ij}<+\infty$$

时有

$$EZ=Ef(X,Y)=\sum_{i=1}^{\infty}\sum_{j=1}^{\infty} f(x_i,y_j)p_{ij} \tag{5-12}$$

(2)当 (X,Y) 是二维连续型随机变量,概率密度为 $p(x,y)$,且当

$$\int_{-\infty}^{+\infty}\int_{-\infty}^{+\infty} \mid f(x,y)\mid p(x,y)\mathrm{d}x\mathrm{d}y<+\infty$$

时,有

$$EZ=Ef(X,Y)=\int_{-\infty}^{+\infty}\int_{-\infty}^{+\infty} f(x,y)p(x,y)\mathrm{d}x\mathrm{d}y \tag{5-13}$$

证略.

从式(5-13)我们可以得到由 (X,Y) 的概率密度 $p(x,y)$ 求 X 与 Y 的数学期望的公式

$$\begin{cases} EX=\int_{-\infty}^{+\infty}\int_{-\infty}^{+\infty} xp(x,y)\mathrm{d}x\mathrm{d}y \\ EY=\int_{-\infty}^{+\infty}\int_{-\infty}^{+\infty} yp(x,y)\mathrm{d}x\mathrm{d}y \end{cases} \tag{5-14}$$

【例 4】　已知 $X\sim N(\mu,\sigma^2)$,求 $Y=\dfrac{X-\mu}{\sigma}$ 的数学期望.

解 $$EY=\int_{-\infty}^{+\infty}\frac{x-\mu}{\sigma}\cdot\frac{1}{\sigma\sqrt{2\pi}}\mathrm{e}^{-\frac{(x-\mu)^2}{2\sigma^2}}\mathrm{d}x$$

令$\frac{x-\mu}{\sigma}=t$，得

$$EY=\frac{1}{\sqrt{2\pi}}\int_{-\infty}^{+\infty}t\mathrm{e}^{-\frac{t^2}{2}}\mathrm{d}t=0$$

【例 5】 设 X,Y 相互独立，且均服从 $N(0,1)$分布，$Z=\sqrt{X^2+Y^2}$，求 EZ.

读者一定可以回忆起，Z 所服从的分布称为瑞利分布，自然可以利用它的概率密度求出它的数学期望，但我们还是用式(5-13)来求出它的数学期望.

解 $$EZ=\int_{-\infty}^{+\infty}\int_{-\infty}^{+\infty}\sqrt{x^2+y^2}\cdot\frac{1}{\sqrt{2\pi}}\mathrm{e}^{-\frac{x^2+y^2}{2}}\mathrm{d}x\mathrm{d}y$$

令 $x=r\cos\theta,y=r\sin\theta$，则

$$EZ=\int_0^{2\pi}\mathrm{d}\theta\int_0^{+\infty}r\cdot\frac{1}{\sqrt{2\pi}}\mathrm{e}^{-\frac{r^2}{2}}r\mathrm{d}r=\int_0^{+\infty}r^2\mathrm{e}^{\frac{-r^2}{2}}\mathrm{d}r=\sqrt{\frac{\pi}{2}}$$

【例 6】 假设国际市场每年对我国某种商品的需求量 X(单位：吨)服从[2 000,4 000]上的均匀分布.已知每售出一吨该商品，就可以赚得外汇 3 万美元，但若销售不出，则每吨需仓储费 1 万美元，问外贸部门每年应组织多少货源才能使收益最大？

解 设组织 y 吨这种商品，因为已知需求量在[2 000,4 000]上服从均匀分布，所以可只考虑 $2\,000\leqslant y\leqslant 4\,000$ 的情况，若用 Z 表示国家的收益(单位：万元)则由题设可知

$$Z=f(X)=\begin{cases}3y, & \text{当 } X\geqslant y \text{ 时}\\ 3X-(y-X), & \text{当 } X<y \text{ 时}\end{cases}$$

下面求 EZ，并求使 EZ 达到最大的 y 值.

$$\begin{aligned}EZ&=\int_{-\infty}^{+\infty}f(x)p_X(x)\mathrm{d}x=\int_{2\,000}^{y}(3x-y+x)\cdot\frac{1}{2\,000}\mathrm{d}x+\int_{y}^{4\,000}3y\frac{1}{2\,000}\mathrm{d}x\\&=-\frac{1}{1\,000}(y^2-7\,000y+4\times10^6)\\&=-\frac{1}{1\,000}[(y-3\,500)^2-(3\,500^2-4\times10^6)]\end{aligned}$$

故当 $y=3\,500$ 时，EZ 达到最大值 8 250，因此，组织 3 500 吨此种商品是最佳决策.

四、数学期望的性质

为了便于进行数学期望的计算，我们列出数学期望的基本性质如下

(1)$EC=C$，C 为常数；

(2)$E(CX)=CEX$，C 为常数；

(3)$E(X_1+X_2+\cdots+X_n)=EX_1+EX_2+\cdots+EX_n$； (5-15)

(4)若 $X_1,X_2,X_3,\cdots,X_n$ 相互独立，则

$$E(X_1X_2\cdots X_n)=EX_1EX_2\cdots EX_n \tag{5-16}$$

在上面的性质中，均假设数学期望是存在的.

证明 (1)把常数 C 看作随机变量，是一个仅有一个可能值 C 的离散型随机变量，其分布列为 $P(C=C)=1$，于是由式(5-3)得 $EC=C$.

(2)当 $C=0$ 时，显然成立，对于 $C\neq 0$ 时的情况，我们只给出 X 为离散型时的证明.

设 X 的分布列为

X	x_1	x_2	$\cdots$	x_k	$\cdots$
P	p_1	p_2	$\cdots$	p_k	$\cdots$

则 EX 的分布列为

CX	Cx_1	Cx_2	$\cdots$	Cx_k	$\cdots$
P	p_1	p_2	$\cdots$	p_k	$\cdots$

于是由式(5-3)有

$$\begin{aligned}E(CX)&=Cx_1p_1+Cx_2p_2+\cdots+Cx_kp_k+\cdots\\&=C(x_1p_1+x_2p_2+\cdots+x_kp_k+\cdots)=CEX\end{aligned}$$

连续型情况，请读者自证.

(3)我们对 $n=2$ 的情况予以证明，一般情况不难利用数学归纳法推得.

先考虑连续型情况.

设 (X_1,X_2) 的概率密度为 $p(x_1,x_2)$，则由式(5-13)和式(5-14)立即可得

$$\begin{aligned}E(X_1+X_2)&=\int_{-\infty}^{+\infty}\int_{-\infty}^{+\infty}(x_1+x_2)p(x_1,x_2)\mathrm{d}x_1\mathrm{d}x_2\\&=\int_{-\infty}^{+\infty}\int_{-\infty}^{+\infty}x_1p(x_1,x_2)\mathrm{d}x_1\mathrm{d}x_2+\int_{-\infty}^{+\infty}\int_{-\infty}^{+\infty}x_2p(x_1,x_2)\mathrm{d}x_1\mathrm{d}x_2\\&=EX_1+EX_2\end{aligned}$$

再考虑离散型情况.

设 (X_1,X_2) 的分布列为 $P(X_1=x_{1i},X_2=x_{2j})=p_{ij}(i,j=1,2,\cdots)$，由式(5-12)可得

$$\begin{aligned}E(X_1+X_2)&=\sum_{i=1}^{\infty}\sum_{j=1}^{\infty}(x_{1i}+x_{2j})p_{ij}=\sum_{i=1}^{\infty}\sum_{j=1}^{\infty}x_{1i}p_{ij}+\sum_{i=1}^{\infty}\sum_{j=1}^{\infty}x_{2j}p_{ij}\\&=\sum_{i=1}^{\infty}x_{1i}(\sum_{j=1}^{\infty}p_{ij})+\sum_{j=1}^{\infty}x_{2j}(\sum_{i=1}^{\infty}p_{ij})=\sum_{i=1}^{\infty}x_{1i}p_{i\cdot}+\sum_{j=1}^{\infty}x_{2j}p_{\cdot j}\\&=EX_1+EX_2\end{aligned}$$

(4)我们仅对连续型的情况给出证明，离散型的情况留给读者.

设 X_1,X_2 是相互独立的连续型随机变量，概率密度分别为 $p_1(x_1),p_2(x_2)$. 则二维随机变量 (X_1,X_2) 的概率密度为

$$p(x_1,x_2)=p_1(x_1)p_2(x_2)$$

从而，由式(5-13)得

$$\begin{aligned}E(X_1X_2)&=\int_{-\infty}^{+\infty}\int_{-\infty}^{+\infty}x_1x_2p_1(x_1)p_2(x_2)\mathrm{d}x_1\mathrm{d}x_2\\&=\int_{-\infty}^{+\infty}x_1p_1(x_1)\mathrm{d}x_1\int_{-\infty}^{+\infty}x_2p_2(x_2)\mathrm{d}x_2\\&=EX_1EX_2\end{aligned}$$

【例 7】(续例 4)　设 $X\sim N(\mu,\sigma^2)$，$Y=\dfrac{X-\mu}{\sigma}$，求 EY.

解　在例 4 中我们应用函数的期望公式求得 $EY=0$，现在我们利用性质(1)，(2)，(3)来做.

$$EY=E\left(\frac{X-\mu}{\sigma}\right)=\frac{1}{\sigma}E(X-\mu)=\frac{1}{\sigma}[EX-E\mu]=\frac{1}{\sigma}(\mu-\mu)=0$$

【例 8】(超几何分布的期望) 零件箱中有 N 件同样的零件，其中有 M 件次品，今从箱中任取 r 个零件，设 X 为 r 个零件中次品的个数.($M\leqslant N,r\leqslant N$)，求 EX.

解 X 服从超几何分布，其分布列为

$$P(X=k)=\frac{C_M^k C_{N-M}^{r-k}}{C_N^r}$$

$$k=\max(0,r-N+M),\max(0,r-N+M)+1,\cdots,\min(M,r)$$

直接利用定义计算 EX 是很麻烦的. 下面我们利用性质(3)求 EX.

从箱中任取 r 个零件可看作无放回地抽取 r 次. 设 $r\leqslant M$，令

$$X_i=\begin{cases}1, & 第\ i\ 次抽到次品\\ 0, & 第\ i\ 次抽到正品\end{cases}\quad (i=1,2,\cdots,r)$$

则 $X=X_1+X_2+\cdots+X_r$，由性质(3)知

$$EX=EX_1+EX_2+\cdots+EX_r$$

现求 $EX_i(i=1,2,\cdots,r)$，X_i 的分布列为

X_i	0	1
P	$1-\frac{M}{N}$	$\frac{M}{N}$

所以 $EX_i=\dfrac{M}{N}(i=1,2,\cdots,r)$，故

$$EX=\frac{rM}{N}$$

【例 9】 r 个人在楼的底层进入电梯，楼上有 n 层，每个乘客在任一层下电梯的概率是相同的. 如到某一层无乘客下电梯，电梯就不停，求直到乘客都下完时，电梯停的次数 X 的数学期望.

解 设 X_i 为在第 i 层电梯停的次数($i=1,2,\cdots,n$)，则

$$X_i=\begin{cases}1, & 第\ i\ 层有人下电梯\\ 0, & 第\ i\ 层无人下电梯\end{cases}$$

易见

$$X=\sum_{i=1}^{n}X_i$$

且

$$EX=\sum_{i=1}^{n}EX_i$$

下面求 X_i 的分布列.

由于每个人在任一层下电梯的概率均为 $\dfrac{1}{n}$，不下的概率为 $\left(1-\dfrac{1}{n}\right)$，$r$ 个人都不在第 i 层下电梯的概率为 $\left(1-\dfrac{1}{n}\right)^r$，故

X_i	0	1
P	$\left(1-\frac{1}{n}\right)^r$	$1-\left(1-\frac{1}{n}\right)^r$

于是

$$EX_i=1-\left(1-\frac{1}{n}\right)^r \quad (i=1,2,\cdots,n)$$

从而

$$EX=\sum_{i=1}^{n}EX_i=\left[1-\left(1-\frac{1}{n}\right)^r\right]\cdot n$$

5.2 方　差

一、方差的概念

数学期望反映了随机变量取值平均的大小，它是随机变量的一个重要数字特征. 但在某些场合下，只知道平均值是不够的. 例如，只知道甲乙两个灯泡厂生产的同型号灯泡的平均寿命相等（比如 1 000 小时），还不能断定它们的质量相当，如果还知道甲厂生产的灯泡最高寿命是 1 050 小时，最低寿命是 950 小时；而乙厂的灯泡最高寿命可达 1 500 小时，最低寿命只有 30 小时，我们就可以断定甲厂灯泡的质量稳定，而乙厂灯泡的质量有问题. 购买大批灯泡就应买甲厂的. 这个例子说明，要想较全面地了解一个随机变量 X，除知道它的均值 EX 外，还应知道 X 的可能值离开 EX 的平均偏离程度如何. 为了衡量随机变量的这种偏离程度，人们自然想采用 $|X-EX|$ 的平均值 $E|X-EX|$. 但是此式带有绝对值符号，运算不方便. 故采用 $(X-EX)^2$ 的均值 $E(X-EX)^2$ 来代替，显然，$E(X-EX)^2$ 的大小，完全能够反映 X 离开 EX 的平均偏离程度. 这个数值我们就称为 X 的**方差**，定义如下.

定义 5-3　设 X 是一个随机变量，若 $E(X-EX)^2$ 存在，则称它为 X 的**方差**，记为 DX 或 $D(X)$，即

$$DX=E(X-EX)^2 \tag{5-17}$$

同时，称 $\sqrt{DX}$ 为 X 的**标准差**或**均方差**，记为 σ_X，即

$$\sigma_X=\sqrt{DX}$$

由于 σ_X 与 X 具有相同的量纲，故在实践中常被采用.

由于 $(X-EX)^2$ 是随机变量 X 的函数，根据随机变量函数的数学期望公式(5-10)和式(5-11)，离散型和连续型随机变量的方差可分别用下面的表达式定义：

(1)离散型随机变量的方差

若随机变量 X 的分布列为 $P(X=x_i)=p_i(i=1,2,\cdots)$，则

$$DX=\sum_{i=1}^{\infty}(x_i-EX)^2p_i \tag{5-18}$$

(2)连续型随机变量的方差

若随机变量 X 的概率密度为 $p(x)$，则

$$DX=\int_{-\infty}^{+\infty}(x-EX)^2p(x)\mathrm{d}x \tag{5-19}$$

关于方差的计算，常利用如下的公式

$$DX=EX^2-(EX)^2 \tag{5-20}$$

这个公式，可用数学期望的性质来证明.

证明 $DX=E(X-EX)^2=E[X^2-2XEX+(EX)^2]$

$$=EX^2-2EX\cdot EX+(EX)^2=EX^2-(EX)^2$$

二、常用分布的方差

1. 两点分布

设 X 的分布列为 $P(X=1)=p, P(X=0)=q$，其中 $0<p<1, q=1-p$，则

$$EX=p, EX^2=p$$

$$DX=EX^2-(EX)^2=p-p^2=p(1-p)=pq \tag{5-21}$$

2. 二项分布

设 $X\sim B(n,p)$，即 X 的分布列为

$$P(X=k)=C_n^k p^k q^{n-k} \quad (k=0,1,\cdots,n, 0<p<1, q=1-p)$$

则

$$EX=np$$

$$EX^2=\sum_{k=0}^{n}k^2C_n^kp^kq^{n-k}=\sum_{k=1}^{n}k^2\frac{n!}{k!(n-k)!}p^kq^{n-k}$$

$$=\sum_{k=1}^{n}k\cdot\frac{n(n-1)!p^kq^{n-k}}{(k-1)![n-1-(k-1)]!}$$

$$=np\sum_{k=1}^{n}kC_{n-1}^{k-1}p^{k-1}q^{n-k}$$

令 $m=k-1$，则

$$上式=np\sum_{m=0}^{n-1}(m+1)C_{n-1}^m p^m q^{n-1-m}$$

$$=np\left(\sum_{m=1}^{n-1}mC_{n-1}^m p^m q^{n-1-m}+\sum_{m=0}^{n-1}C_{n-1}^m p^m q^{n-1-m}\right)$$

$$=np[(n-1)p+1]=n^2p^2-np^2+np$$

故

$$DX=EX^2-(EX)^2=n^2p^2+np(1-p)-n^2p^2=npq \tag{5-22}$$

3. 泊松分布

设 $X\sim P(\lambda)$，即 X 的分布列为

$$P(X=k)=\frac{\lambda^k}{k!}e^{-\lambda} \quad (k=0,1,2,\cdots,\lambda>0)$$

则

$$EX^2=\sum_{k=0}^{\infty}k^2\cdot\frac{\lambda^k}{k!}e^{-\lambda}=\sum_{k=1}^{\infty}k\cdot\frac{\lambda^{k-1}}{(k-1)!}\lambda e^{-\lambda}$$

$$\xlongequal{令\ m=k-1}\lambda\left[\sum_{m=0}^{\infty}(m+1)\cdot\frac{\lambda^m}{m!}e^{-\lambda}\right]$$

$$=\lambda\left(\sum_{m=0}^{\infty}m\cdot\frac{\lambda^m}{m!}e^{-\lambda}+\sum_{m=0}^{\infty}\frac{\lambda^m}{m!}e^{-\lambda}\right)$$

$$=\lambda(\lambda+1)=\lambda^2+\lambda$$

$$DX=EX^2-(EX)^2=\lambda^2+\lambda-\lambda^2=\lambda \tag{5-23}$$

可见,泊松分布的数学期望和方差相等,都等于分布参数 λ,但是数学期望和方差相等的分布却不一定是泊松分布.

4. 均匀分布

设 $X\sim U[a,b]$,即 X 的概率密度为

$$p(x)=\begin{cases}\dfrac{1}{b-a}, & a\leqslant x\leqslant b\\ 0, & \text{其他}\end{cases}$$

则

$$EX=\frac{a+b}{2}$$

$$EX^2=\int_{-\infty}^{+\infty}x^2p(x)\mathrm{d}x=\int_a^b x^2\cdot\frac{1}{b-a}\mathrm{d}x=\frac{b^2+ab+a^2}{3},$$

$$DX=EX^2-(EX)^2=\frac{b^2+ab+a^2}{3}-\frac{b^2+2ab+a^2}{4}=\frac{(b-a)^2}{12} \tag{5-24}$$

5. 指数分布

设 $X\sim E(\lambda)$,即 X 的概率密度为

$$p(x)=\begin{cases}\lambda\mathrm{e}^{-\lambda x}, & x>0\\ 0, & x\leqslant 0\end{cases},\lambda>0$$

则

$$EX=\frac{1}{\lambda}$$

$$EX^2=\int_{-\infty}^{+\infty}x^2p(x)\mathrm{d}x=\int_0^{+\infty}x^2\cdot\lambda\mathrm{e}^{-\lambda x}\mathrm{d}x=-\int_0^{+\infty}x^2\mathrm{d}\mathrm{e}^{-\lambda x}=\int_0^{+\infty}2x\mathrm{e}^{-\lambda x}\mathrm{d}x=\frac{2}{\lambda^2}$$

$$DX=EX^2-(EX)^2=\frac{2}{\lambda^2}-\frac{1}{\lambda^2}=\frac{1}{\lambda^2} \tag{5-25}$$

6. 正态分布

设 $X\sim N(\mu,\sigma^2)$,即 X 的概率密度为

$$p(x)=\frac{1}{\sqrt{2\pi}\sigma}\mathrm{e}^{\frac{-(x-\mu)^2}{2\sigma^2}}\quad(-\infty<x<+\infty,\sigma>0)$$

$$DX=\int_{-\infty}^{+\infty}(x-\mu)^2\cdot\frac{1}{\sqrt{2\pi}\sigma}\mathrm{e}^{\frac{-(x-\mu)^2}{2\sigma^2}}\mathrm{d}x$$

令 $\dfrac{x-\mu}{\sigma}=t$,则

$$\text{上式}=\frac{\sigma^2}{\sqrt{2\pi}}\int_{-\infty}^{+\infty}t^2\mathrm{e}^{-\frac{t^2}{2}}\mathrm{d}t=\frac{\sigma^2}{\sqrt{2\pi}}\left\{\left[-t\mathrm{e}^{-\frac{t^2}{2}}\right]_{-\infty}^{+\infty}+\int_{-\infty}^{+\infty}\mathrm{e}^{-\frac{t^2}{2}}\mathrm{d}t\right\}$$

$$=\sigma^2\int_{-\infty}^{+\infty}\frac{1}{\sqrt{2\pi}}\mathrm{e}^{-\frac{t^2}{2}}\mathrm{d}t=\sigma^2 \tag{5-26}$$

由式(5-8)和式(5-26)可知,正态分布中的参数 μ 和 σ^2 分别是相应随机变量 X 的数学期望和方差.

三、方差的性质

下面我们来证明方差的几个重要性质(假定遇到的随机变量的方差均存在):

(1)$DC=0$,C 为常数;

(2)$D(CX)=C^2DX$,C 为常数;

(3)若 $X_1,X_2,\cdots,X_n$ 相互独立,则

$$D(X_1\pm X_2\pm\cdots\pm X_n)=DX_1+DX_2+\cdots+DX_n \tag{5-27}$$

(4)$DX=0$ 的充要条件是 X 取某一常数值 a 的概率为 1,即

$$P(X=a)=1$$

证明 (1)$DC=E(C-EC)^2=E(C-C)^2=0$;

(2)$D(CX)=E(CX)^2-[E(CX)]^2=C^2EX^2-C^2(EX)^2$

$=C^2[EX^2-(EX)^2]=C^2DX$;

(3)我们仅对 $n=2$ 的情况予以证明,对于一般情况,证法相同.

$$\begin{aligned}D(X_1+X_2)&=E[(X_1+X_2)-E(X_1+X_2)]^2\\&=E[(X_1-EX_1)+(X_2-EX_2)]^2\\&=E(X_1-EX_1)^2+E(X_2-EX_2)^2+2E(X_1-EX_1)(X_2-EX_2)\\&=DX_1+DX_2+2E(X_1-EX_1)(X_2-EX_2)\end{aligned} \tag{5-28}$$

又

$$\begin{aligned}E(X_1-EX_1)(X_2-EX_2)&=E(X_1X_2-X_1EX_2-X_2EX_1+EX_1EX_2)\\&=E(X_1X_2)-EX_1EX_2\end{aligned} \tag{5-29}$$

因为 X_1 与 X_2 独立,故由式(5-16)可知

$$E(X_1X_2)=EX_1\cdot EX_2$$

于是式(5-29)

$$E(X_1-EX_1)(X_2-EX_2)=0 \tag{5-30}$$

代入式(5-28)即得

$$D(X_1+X_2)=DX_1+DX_2$$

由上面的证明过程,我们容易发现下式

$$D(X_1-X_2)=DX_1+DX_2$$

成立,即相互独立的随机变量之差的方差也等于方差的和.

(4)我们证明充分性.

由 $P(X=a)=1$,得

$$\begin{aligned}EX&=a\times1=a\\EX^2&=a^2\times1=a^2\end{aligned} \tag{5-31}$$

故

$$DX=EX^2-(EX)^2=a^2-a^2=0$$

必要性的证明从略.

由式(5-31)可知,性质(4)中的常数 a,就是 X 的数学期望.

5.3 协方差和相关系数

对二维随机变量(X,Y)来说，数字特征DX,DY只反映了X与Y各自离开平均值的偏离程度，它们对X与Y之间的相互联系没有提供任何信息，自然，我们也希望有一个数字特征能够在一定程度上反映这种相互联系，在证明方差的性质(3)时曾得到式(5-30)，由此可知，如X与Y相互独立，则

$$E(X-EX)(Y-EY)=0$$

这说明，当$E(X-EX)(Y-EY)\neq 0$时，X,Y肯定不独立，进一步的研究表明$E(X-EX)(Y-EY)$的数值，在一定程度上反映了X与Y之间的相互联系，因而引入如下的定义.

定义 5-4 设(X,Y)是一个二维随机变量，如果$E(X-EX)(Y-EY)$存在，则称它为X与Y的**协方差**，记作$\mathrm{Cov}(X,Y)$即

$$\mathrm{Cov}(X,Y)=E(X-EX)(Y-EY) \tag{5-32}$$

由上述定义及式(5-28)可知，对任两个随机变量X,Y有

$$D(X\pm Y)=DX+DY\pm 2\mathrm{Cov}(X,Y) \tag{5-33}$$

由式(5-29)可得

$$\mathrm{Cov}(X,Y)=EXY-EX\cdot EY \tag{5-34}$$

由协方差的定义，可得下面的性质：

(1)$\mathrm{Cov}(X,Y)=\mathrm{Cov}(Y,X)$； (5-35)

(2)$\mathrm{Cov}(aX,bY)=ab\mathrm{Cov}(X,Y)$，$a,b$是常数； (5-36)

(3)$\mathrm{Cov}(X_1+X_2,Y)=\mathrm{Cov}(X_1,Y)+\mathrm{Cov}(X_2,Y)$. (5-37)

协方差是具有量纲的，所取单位不同，则其数值也不同，这种现象对于评价两个随机变量之间相依关系的程度大小是不利的，因此，人们想到将其"标准化"，引出了相关系数的概念.

定义 5-5 设(X,Y)是一个二维随机变量，若X与Y的协方差$\mathrm{Cov}(X,Y)$存在，且$DX>0,DY>0$，则称$\frac{\mathrm{Cov}(X,Y)}{\sqrt{DX}\sqrt{DY}}$为$X$与$Y$的**相关系数**(或**标准协方差**)，记为$\rho_{XY}$，即

$$\rho_{XY}=\frac{\mathrm{Cov}(X,Y)}{\sqrt{DX}\sqrt{DY}}=\frac{E(X-EX)(Y-EY)}{\sqrt{DX}\sqrt{DY}} \tag{5-38}$$

在不致引起混淆的情况下，ρ_{XY}也简记为ρ.

下面研究相关系数ρ到底反映X与Y之间什么样的联系？为此，介绍下面的定理.

定理 5-3 设ρ为X与Y的相关系数，则

(1)$|\rho|\leqslant 1$；

(2)$|\rho|=1$的充要条件是$P(Y=a+bX)=1$，$a,b(b\neq 0)$为常数.

证明 因为方差总是非负的，所以对任意的实数t，有

$$\begin{aligned}0\leqslant D(Y-tX)&=E[(Y-tX)-E(Y-tX)]^2\\&=E[(Y-EY)-t(X-EX)]^2\\&=E(Y-EY)^2-2tE(Y-EY)(X-EX)+t^2E(X-EX)^2\\&=t^2DX-2t\mathrm{Cov}(X,Y)+DY\end{aligned}$$

$$=\left[t\sqrt{DX}-\frac{\mathrm{Cov}(X,Y)}{\sqrt{DX}}\right]^2+DY-\frac{\mathrm{Cov}^2(X,Y)}{DX}$$

$$=DX\left(t-\frac{\mathrm{Cov}(X,Y)}{DX}\right)^2+DY-\frac{\mathrm{Cov}^2(X,Y)}{DX}$$

令 $b=\dfrac{\mathrm{Cov}(X,Y)}{DX}$，于是当 $t=b$ 时(此时上式达最小值)得

$$0\leqslant D(Y-bX)=DY-\frac{\mathrm{Cov}^2(X,Y)}{DX}$$

$$=DY\left(1-\frac{\mathrm{Cov}^2(X,Y)}{DXDY}\right)$$

$$=DY(1-\rho^2) \tag{5-39}$$

故 $1-\rho^2\geqslant 0$，从而

$$|\rho|\leqslant 1$$

于是定理 5-3 的第一个结论得证，下面证明第二个结论.

由式(5-39)可见，$|\rho|=1$ 等价于

$$D(Y-bX)=0 \tag{5-40}$$

由方差的性质(4)，式(5-40)又等价于

$$P(Y-bX=a)=1$$

其中 a 为常数，故得 $|\rho|=1$ 与 $P(Y=a+bX)=1$ 等价，于是定理 5-3 的第二个结论也得到证明.

定理 5-3 告诉我们，当 $|\rho|=1$ 时，Y 与 X 存在着线性关系这一事件的概率为 1.

式(5-39)指出，ρ 的绝对值越接近于 1，$D(Y-bX)$ 越接近于 0，Y 与 X 越近似地有线性关系. 所以 X 与 Y 的相关系数 ρ 是刻画 X 和 Y 之间线性相关程度的一个数字特征. 而且 ρ 是一个无量纲的量，用起来十分方便.

定义 5-6 若 X 与 Y 的相关系数 $\rho=0$，则称 X 与 Y **不相关**. 若 $|\rho|=1$，则称 X 与 Y **完全相关**.

定理 5-4 随机变量 X 与 Y 不相关与下面的每一个结论等价

(1) $\mathrm{Cov}(X,Y)=0$；

(2) $D(X\pm Y)=DX+DY$；

(3) $EXY=EX\cdot EY$.

证明 (1)因

$$\rho=\frac{\mathrm{Cov}(X,Y)}{\sqrt{DX}\sqrt{DY}}$$

故 $\rho=0$ 与 $\mathrm{Cov}(X,Y)=0$ 等价.

(2)由式(5-33)可知 $\mathrm{Cov}(X,Y)=0$ 与 $D(X\pm Y)=DX+DY$ 等价.

(3)由式(5-34)可知 $\mathrm{Cov}(X,Y)=0$ 与 $EXY=EX\cdot EY$ 等价.

注意 X 与 Y 不相关和 X 与 Y 相互独立是两个不同的概念. X 与 Y 不相关是指 X 与 Y 之间不存在线性关系，并不是说它们之间不存在其他关系. 即由 X 与 Y 不相关，推不出 X 与 Y 独立. 但反过来，若 X 与 Y 相互独立，则 X 与 Y 一定不相关. 只有当 (X,Y) 服从二维正态分布或都服从两点分布时，它们的独立和不相关才是等价的.

【例 1】 设 $X\sim N(0,1)$，$Y=X^2$，求 X 与 Y 的相关系数.

解 $\mathrm{Cov}(X,Y)=EXX^2-EX\cdot EX^2=EX^3=\int_{-\infty}^{+\infty}x^3\cdot\frac{1}{\sqrt{2\pi}}\mathrm{e}^{-\frac{x^2}{2}}\mathrm{d}x=0$

故 $\mathrm{Cov}(X,Y)=0$，即 $\rho=0$.

在此例中，虽然 X 与 Y 不相关，但是不独立. 因为 Y 是由 X 的函数关系决定的，这种函数关系不是线性的.

【例 2】 设$(X,Y)\sim N(\mu_1,\mu_2;\sigma_1^2,\sigma_2^2;\rho)$，求 X 与 Y 的相关系数.

解

$$\mathrm{Cov}(X,Y)=E(X-EX)(Y-EY)=E(X-\mu_1)(Y-\mu_2)$$
$$=\int_{-\infty}^{+\infty}\int_{-\infty}^{+\infty}(x-\mu_1)(y-\mu_2)\frac{1}{2\pi\sigma_1\sigma_2\sqrt{1-\rho^2}}$$
$$\exp\left\{-\frac{1}{2(1-\rho^2)}\left[\frac{(x-\mu_1)^2}{\sigma_1^2}-2\rho\frac{(x-\mu_1)(y-\mu_2)}{\sigma_1\sigma_2}+\frac{(y-\mu_2)^2}{\sigma_2^2}\right]\right\}\mathrm{d}x\mathrm{d}y$$

设 $u=\frac{x-\mu_1}{\sigma_1},v=\frac{y-\mu_2}{\sigma_2}$，则

$$\text{上式}=\frac{\sigma_1\sigma_2}{2\pi\sqrt{1-\rho^2}}\int_{-\infty}^{+\infty}\int_{-\infty}^{+\infty}uv\cdot\mathrm{e}^{-\frac{1}{2(1-\rho^2)}[u^2-2\rho uv+v^2]}\mathrm{d}u\mathrm{d}v$$
$$=\frac{\sigma_1\sigma_2}{2\pi\sqrt{1-\rho^2}}\int_{-\infty}^{+\infty}\left[\int_{-\infty}^{+\infty}uv\cdot\mathrm{e}^{\frac{-1}{2(1-\rho^2)}[(u-kv)^2+(1-\rho^2)v^2]}\mathrm{d}u\right]\mathrm{d}v$$
$$=\frac{\sigma_1\sigma_2}{\sqrt{2\pi}}\int_{-\infty}^{+\infty}\left[v\mathrm{e}^{-\frac{1}{2}v^2}\cdot\frac{1}{\sqrt{2\pi}\sqrt{1-\rho^2}}\cdot\int_{-\infty}^{+\infty}u\mathrm{e}^{\frac{-1}{2(1-\rho^2)}(u-\rho v)^2}\mathrm{d}u\right]\mathrm{d}v$$

注意到上式方括号内的因子

$$\frac{1}{\sqrt{2\pi}\sqrt{1-\rho^2}}\int_{-\infty}^{+\infty}u\mathrm{e}^{-\frac{1}{2(1-\rho^2)}(u-\rho v)^2}\mathrm{d}u$$

是 $N(\rho v,(1-\rho^2))$ 的均值，所以它等于 ρv，于是得

$$\mathrm{Cov}(X,Y)=\frac{\sigma_1\sigma_2}{\sqrt{2\pi}}\int_{-\infty}^{+\infty}\rho v^2\mathrm{e}^{-\frac{1}{2}v^2}\mathrm{d}v=\rho\sigma_1\sigma_2$$

于是

$$\rho_{XY}=\frac{\mathrm{Cov}(X,Y)}{\sqrt{DX}\sqrt{DY}}=\rho$$

这就是说，二维正态随机变量(X,Y)的概率密度 $p(x,y)$中的参数 ρ，就是 X 与 Y 的相关系数. 至此，我们已经全部搞清楚 $p(x,y)$中各个参数的含义了.

5.4 矩、协方差矩阵

一、矩

矩是较为广泛的一种数字特征，前面讲过的数学期望、方差及协方差都是某种矩.

定义 5-7 若 $EX^k(k=1,2,\cdots)$存在，则称其为随机变量 X 的 k 阶原点矩；若 $E(X-EX)^k(k=1,2,\cdots)$存在，则称其为 X 的 k 阶中心矩.

显然，数学期望是一阶原点矩，方差是二阶中心矩. 又一阶中心矩恒为 0.

***定理 5-5** 若 X 的 k 阶原点矩存在，则 X 低于 k 阶的各阶原点矩也存在.

证明 设 X 为连续型随机变量，概率密度为 $p_X(x)$，则由假设有

$$\int_{-\infty}^{+\infty} |x|^k p_X(x)\mathrm{d}x < +\infty$$

设 l 为小于 k 的正整数，对任意实数 x，有

$$|x|^l \leqslant |x|^k + 1$$

于是

$$\int_{-\infty}^{+\infty} |x|^l p_X(x)\mathrm{d}x \leqslant \int_{-\infty}^{+\infty} (|x|^k + 1) p_X(x)\mathrm{d}x$$
$$= \int_{-\infty}^{+\infty} |x|^k p_X(x)\mathrm{d}x + 1 < +\infty$$

即 EX^l 存在.

当 X 为离散型随机变量时，证明相同.

中心矩和原点矩之间存在一定的关系，下面来求这种关系.

利用二项式定理有数学期望的性质，得到

$$E(X-EX) = E\left\{\sum_{i=0}^{k}(-1)^i C_k^i (EX)^i X^{k-i}\right\}$$
$$= \sum_{i=0}^{k}(-1)^i C_k^i (EX)^i E(X)^{k-i} \quad (k=1,2,\cdots) \tag{5-41}$$

由公式(5-41)得

$$E(X-EX)^2 = EX^2 - (EX)^2$$
$$E(X-EX)^3 = EX^3 - 3EX^2 \cdot EX + 2(EX)^3$$
$$E(X-EX)^4 = EX^4 - 4EX^3 \cdot EX + 6EX^2(EX)^2 - 3(EX)^4$$
$$\vdots$$

由此可知，若 X 的 k 阶原点矩存在，则 X 的 k 阶及低于 k 阶的中心矩也存在，并且它们可通过式(5-41)计算出来. 同样，不难证明，若 X 的 k 阶中心矩存在，则 X 的 k 阶及低于 k 阶的原点矩也存在.

以上讲的是一个随机变量的矩，对于两个随机变量 X_1, X_2，我们可以定义混合矩如下.

定义 5-8 若 $EX_1^k X_2^l$ 存在，则称它为 X_1 和 X_2 的 $k+l$ **阶混合矩**；若 $E(X_1-EX_1)^k(X_2-EX_2)^l$ 存在，则称它为 X_1 和 X_2 的 $k+l$ **阶中心混合矩**($k,l=1,2,\cdots$).

显然，协方差 $\mathrm{Cov}(X,Y)$ 是 X,Y 的二阶中心混合矩.

*二、协方差矩阵

定义 5-9 若 n 维随机变量 $(X_1, X_2, \cdots, X_n)$ 的二阶中心混合矩 $\mathrm{Cov}(X_i, X_j)$ $(i,j=1,2,\cdots,n)$ 都存在，则称矩阵

$$\boldsymbol{C} = \begin{bmatrix} \mathrm{Cov}(X_1,X_1) & \mathrm{Cov}(X_1,X_2) & \cdots & \mathrm{Cov}(X_1,X_n) \\ \mathrm{Cov}(X_2,X_1) & \mathrm{Cov}(X_2,X_2) & \cdots & \mathrm{Cov}(X_2,X_n) \\ \vdots & \vdots & & \vdots \\ \mathrm{Cov}(X_n,X_1) & \mathrm{Cov}(X_n,X_2) & \cdots & \mathrm{Cov}(X_n,X_n) \end{bmatrix}$$

为 $(X_1, X_2, \cdots, X_n)$ 的协方差矩阵.

由于 $\mathrm{Cov}(X_i,X_j)=\mathrm{Cov}(X_j,X_i)$，故协方差矩阵为对称阵，而且容易证明它是非负定矩阵.

协方差矩阵给出了 n 维随机变量的全部二阶中心矩，因此，在研究 n 维随机变量的统计规律时，协方差矩阵是很重要的.

5.5 大数定理

一、切比雪夫(Chebyshev)不等式

定理 5-6 设 X 为一个随机变量，若它的方差 DX 存在，则对任意的 $\varepsilon>0$ 有

$$P(|X-EX|\geqslant\varepsilon)\leqslant\frac{DX}{\varepsilon^2} \tag{5-42}$$

或

$$P(|X-EX|<\varepsilon)\geqslant 1-\frac{DX}{\varepsilon^2} \tag{5-43}$$

大数定理与
中心极限定理

证明 仅就连续型随机变量的情况证之，设 X 的概率密度为 $p(x)$，则

$$P(|X-EX|\geqslant\varepsilon)=\int_{|x-EX|\leqslant\varepsilon}p(x)\mathrm{d}x\leqslant\frac{1}{\varepsilon^2}\int_{|x-EX|\leqslant\varepsilon}(x-EX)^2p(x)\mathrm{d}x$$

$$\leqslant\frac{1}{\varepsilon^2}\int_{-\infty}^{+\infty}(x-EX)^2p(x)\mathrm{d}x=\frac{DX}{\varepsilon^2}$$

对离散型随机变量只需在上述证明中把概率密度换成分布列，积分号换成求和号即可.

切比雪夫不等式给出了在随机变量 X 的分布未知的情况下，利用 EX 和 DX，对分布进行估计的一种方法.

【例 1】 掷 6 颗均质的骰子，利用切比雪夫不等式估计，出现的点数之和在 15 点到 27 点之间的概率.

解 设 X 为出现的点数之和，由习题 5-27 知 $EX=\frac{6\times(6+1)}{2}=21$，$DX=\frac{6\times(6^2-1)}{12}=\frac{35}{2}$

$$P(15<X<27)=P(|X-21|<6)=P(|X-EX|<6)\geqslant 1-\frac{DX}{36}=\frac{37}{72}$$

【例 2】 设 $X\sim U[0,6]$，$Y\sim P(3)$，$\rho_{XY}=0.5$，试用切比雪夫不等式估计 $P(Y-3<X<Y+3)$.

解 $P(Y-3<X<Y+3)=P(|X-Y|<3)$

$E(X-Y)=EX-EY=3-3=0$

$D(X-Y)=DX+DY-2\mathrm{Cov}(X,Y)=3+3-2\times0.5\sqrt{DX}\sqrt{DY}=3$

由切比雪夫不等式得

$$P(|X-Y|<3)\geqslant 1-\frac{3}{9}=\frac{2}{3}$$

二、大数定理

定理 5-7(伯努利) 设在 n 重伯努利试验中，成功出现的次数为 Y_n，每次试验中成功出

现的概率为 $p(0<p<1)$，则对任意的 $\varepsilon>0$ 有

$$\lim_{n\to\infty}P\left(\left|\frac{Y_n}{n}-p\right|\geqslant\varepsilon\right)=0 \tag{5-44}$$

或

$$\lim_{n\to\infty}P\left(\left|\frac{Y_n}{n}-p\right|<\varepsilon\right)=1 \tag{5-45}$$

此时称 $\frac{Y_n}{n}$ **依概率收敛于** p，记为 $\frac{Y_n}{n}\xrightarrow{P}p$.

本定理告诉我们，当试验次数 n 足够大时，成功的频率与成功的概率之差的绝对值超过任意给定的正数 ε 的概率可以小于任意预先指定的正数. 这就是频率稳定性的较确切的解释. 也可以说，在一般的极限意义下，不能说概率是频率的极限，但在依概率收敛的意义下，可以说概率是频率的极限.

定理 5-8(切比雪夫)　设 $X_1,X_2,\cdots,X_n\cdots$ 是相互独立的随机变量序列，若存在常数 C 使得 $DX_i\leqslant C(i=1,2,\cdots)$，则对任意的 $\varepsilon>0$，有

$$\lim_{n\to\infty}P\left(\left|\frac{1}{n}\sum_{i=1}^{n}X_i-\frac{1}{n}\sum_{i=1}^{n}EX_i\right|\geqslant\varepsilon\right)=0 \tag{5-46}$$

或

$$\lim_{n\to\infty}P\left(\left|\frac{1}{n}\sum_{i=1}^{n}X_i-\frac{1}{n}\sum_{i=1}^{n}EX_i\right|<\varepsilon\right)=1 \tag{5-47}$$

在概率论中称满足式(5-46)或式(5-47)的随机变量序列 $X_1,\cdots,X_n\cdots$ **服从大数定律**.

推论　设 $X_1,X_2,\cdots$ 是独立同分布的随机变量序列，具有有限的数学期望和方差，$EX_i=\mu,DX_i=\sigma^2$，则对任意的 $\varepsilon>0$ 有

$$\lim_{n\to\infty}P\left(\left|\frac{1}{n}\sum_{i=1}^{n}X_i-\mu\right|\geqslant\varepsilon\right)=0 \tag{5-48}$$

或

$$\lim_{n\to\infty}P\left(\left|\frac{1}{n}\sum_{i=1}^{n}X_i-\mu\right|<\varepsilon\right)=1 \tag{5-49}$$

在该推论中，假定了随机变量的方差存在，实际上，方差存在的条件并不是必要的，下面的定理说明了这一点.

定理 5-9(辛钦 Khinchin)　设 $X_1,X_2,\cdots$ 是独立同分布的随机变量序列，且具有有限的数学期望 $EX_i=\mu$，则对任意的 $\varepsilon>0$ 有

$$\lim_{n\to\infty}P\left(\left|\frac{1}{n}\sum_{i=1}^{n}X_i-\mu\right|\geqslant\varepsilon\right)=0 \tag{5-50}$$

或

$$\lim_{n\to\infty}P\left(\left|\frac{1}{n}\sum_{i=1}^{n}X_i-\mu\right|<\varepsilon\right)=1 \tag{5-51}$$

该定理清楚地告诉我们，当试验次数 n 足够大时，平均值 $\frac{1}{n}\sum_{i=1}^{n}X_i$ 与数学期望 μ 之差的绝对值大于任一指定的正数 ε 的概率可以任意地小，这就是算术平均值稳定性的较确切的解释，就是说，当 n 足够大时算术平均值就不带有随机性了，而是与一个常数很接近. 所以在

测量中,常用多次重复测得的值的算术平均值作为被测值的近似值.

5.6　中心极限定理

定理 5-10(独立同分布的中心极限定理)　设 $X_1, X_2, \cdots$ 是独立同分布的随机变量序列,并具有有限的数学期望和方差:$EX_i=\mu, DX_i=\sigma^2>0$,则对一切 x 有

$$\lim_{n\to\infty}P\left(\frac{1}{\sqrt{n}\sigma}\left(\sum_{i=1}^{n}X_i-n\mu\right)\leqslant x\right)=\int_{-\infty}^{x}\frac{1}{\sqrt{2\pi}}\mathrm{e}^{-\frac{t^2}{2}}\mathrm{d}t \tag{5-52}$$

该定理说明,不管 $X_i(i=1,2,\cdots)$ 服从什么分布,只要 n 充分大,则随机变量 $\frac{1}{\sqrt{n}\sigma}\left(\sum_{i=1}^{n}X_i-n\mu\right)$ 就近似地服从 $N(0,1)$,从而 $\sum_{i=1}^{n}X_i$ 近似地服从 $N(n\mu, n\sigma^2)$. 于是计算 $\sum_{i=1}^{n}X_i$ 落在某区间上的概率,可以用正态分布,即

$$P\left(a<\sum_{i=1}^{n}X_i\leqslant b\right)\approx\Phi\left(\frac{b-n\mu}{\sqrt{n}\sigma}\right)-\Phi\left(\frac{a-n\mu}{\sqrt{n}\sigma}\right) \tag{5-53}$$

【例 1】　设有 30 个电子器件,它们的使用情况如下:第一个损坏,第二个立即使用,第二个损坏,第三个立即使用等,设每个器件的寿命 X_i 均服从参数为 0.1 的指数分布($i=1, 2,\cdots,30$),令 T 为 30 个器件使用的总时间,求 T 超过 350 小时的概率.

解　$X_i\sim E(0.1)$,所以 $EX_i=10, DX_i=100(i=1,2,\cdots,30)$,$T=\sum_{i=1}^{30}X_i$,所求概率为

$$\begin{aligned}P(T>350)&=P\left(\sum_{i=1}^{30}X_i>350\right)\approx1-\Phi\left(\frac{350-300}{\sqrt{3\,000}}\right)=1-\Phi\left(\frac{5}{\sqrt{30}}\right)\\&=1-\Phi(0.91)=1-0.818\,6=0.181\,4\end{aligned}$$

定理 5-11(德莫佛-拉普拉斯)　在 n 重伯努利试验中成功出现的次数为 Y_n,在每次试验中成功的概率为 $p(0<p<1)$,$q=1-p$,则对一切 x 有

$$\lim_{n\to\infty}P\left(\frac{Y_n-np}{\sqrt{npq}}\leqslant x\right)=\int_{-\infty}^{x}\frac{1}{\sqrt{2\pi}}\mathrm{e}^{-\frac{t^2}{2}}\mathrm{d}t \tag{5-54}$$

该定理说明,当 n 充分大时随机变量 $\frac{Y_n-np}{\sqrt{npq}}$ 近似服从正态分布 $N(0,1)$,于是 Y_n 近似服从 $N(np,npq)$,从而有下面的推论.

推论　设 $Y_n\sim B(n,p)$,则当 n 充分大时有

$$P(a<Y_n\leqslant b)\approx\Phi\left(\frac{b-np}{\sqrt{npq}}\right)-\Phi\left(\frac{a-np}{\sqrt{npq}}\right) \tag{5-55}$$

由推论可知,当 n 很大时,二项分布的概率可化为正态分布来计算,这又是二项分布的一个近似公式,在实际上,当 $0.1\leqslant p\leqslant0.9$,且 $npq>9$ 时,使用该公式可以得到相当好的近似,而当 $p<0.1$ 或 $p>0.9$,且 $n\geqslant10$ 时,用泊松逼近公式近似程度较好.

【例 2】　某保险公司多年的资料表明,在索赔户中,被盗索赔户占 20%,以 X 表示在随机抽查的 100 个索赔户中,因被盗而索赔的户数,求 $P(14<X\leqslant30)$.

解 $X \sim B(100, 0.20)$，$np=20$，$npq=16$

$$P(14<X\leqslant 30)\approx \Phi\left(\frac{30-20}{4}\right)-\Phi\left(\frac{14-20}{4}\right)=\Phi(2.5)-\Phi(-1.5)=0.927$$

习题 5

5-1 假设有 10 只同种电器元件，其中有两只废品，从这批元件中任取一只，如果是废品，则扔掉重新取一只，如仍是废品，则扔掉再取一只，试求在取到正品之前，已取出的废品数的数学期望和方差.

5-2 假设一部机器在 1 天内发生故障的概率为 0.2，机器发生故障时全天停止工作，若一周 5 个工作日里无故障，可获利润 10 万元；发生一次故障仍可获得 5 万元；发生两次故障所获利润 0 元；发生 3 次或 3 次以上故障亏损 2 万元，求 1 周内期望利润是多少？

5-3 假设自动线加工的某种零件的内径 X(毫米)服从正态分布 $N(\mu,1)$，内径小于 10 或大于 12 的为不合格品，其余为合格品. 销售每件合格品获利，销售每件不合格品亏损. 已知销售利润 T(元)与销售零件的内径 X 有如下关系：

$$T=\begin{cases}-1, & \text{若 } X<10\\ 20, & \text{若 } 10\leqslant X\leqslant 12\\ -5, & \text{若 } X>12\end{cases}$$

问平均内径 μ 取何值时，销售一个零件的平均利润最大？

5-4 从学校乘汽车到火车站的途中有 3 个交通岗，假设在各个交通岗遇到红灯的事件是相互独立的，并且概率都是 $\frac{2}{5}$. 设 X 为途中遇到红灯的次数，求随机变量 X 的分布律、分布函数和数学期望.

5-5 设随机变量 X 服从几何分布，其分布列为

$$P(X=k)=(1-p)^{k-1}p, 0<p<1 \quad (k=1,2,\cdots)$$

求 EX 与 DX.

5-6 设随机变量 X 分别具有下列概率密度，求其数学期望和方差.

(1) $p(x)=\frac{1}{2}e^{-|x|}$

(2) $p(x)=\begin{cases}1-|x|, & |x|\leqslant 1\\ 0, & |x|>1\end{cases}$

(3) $p(x)=\begin{cases}\frac{15}{16}x^2(x-2)^2, & 0\leqslant x\leqslant 2\\ 0, & \text{其他}\end{cases}$

(4) $p(x)=\begin{cases}x, & 0\leqslant x<1\\ 2-x, & 1\leqslant x\leqslant 2\\ 0, & \text{其他}\end{cases}$

5-7 在习题 3 第 3-5 题中求 $E\frac{1}{1+X}$.

5-8 设随机变量 X 的概率密度为

$$p(x)=\begin{cases}ax, & 0<x<2\\ cx+b, & 2\leqslant x\leqslant 4\\ 0, & \text{其他}\end{cases}$$

已知 $EX=2$，$P(1<X<3)=\frac{3}{4}$，求：(1) a,b,c 的值；(2) 随机变量 $Y=e^X$ 的数学期望和方差.

5-9 游客乘电梯从底层到电视塔顶层观光；电梯于每个整点的 5 分钟、25 分钟和 55 分钟从底层起行. 假设一游客在早 8 点的第 X 分钟到底层候梯处，且 X 在[0,60]上均匀分布，求该游客等候时间的数学期望.

5-10 设某种商品每周的需求量 X 是服从区间[10,30]上均匀分布的随机变量，而经销商店进货数量为区间[10,30]中的某一整数. 商店每销售一单位商品可获利 500 元；若供大于求，则削价处理，每处理一单位商品亏损 100 元；若供不应求，则从外部调剂供应，此时每一单位商品仅获利 300 元. 为使商店所获利润期望值不少于 9 280 元，试确定最小进货量.

5-11 设 X 和 Y 同分布，且 X 的概率密度为

$$p(x)=\begin{cases}\dfrac{3}{8}x^2, & 0<x<2\\ 0, & \text{其他}\end{cases}$$

(1)已知事件 $A=\{X>a\}$ 和事件 $B=\{Y>a\}$ 独立，且 $P(A\cup B)=\dfrac{3}{4}$，求常数 a；(2)求 $E\dfrac{1}{X^2}$.

5-12 设(X,Y)的分布列为

(X,Y)	(0,0)	(0,1)	(1,0)	(1,1)	(2,0)	(2,1)
P_{ij}	0.10	0.15	0.25	0.20	0.15	0.15

求 $E\sin\dfrac{\pi(X+Y)}{2}$的数学期望.

5-13 设(X,Y)的分布律为

X \ Y	-1	0	1
1	0.2	0.1	0.1
2	0.1	0	0.1
3	0	0.3	0.1

(1)求 EX,EY；(2)设 $Z=\dfrac{Y}{X}$，求 EZ；(3)设 $W=(X-Y)^2$，求 EW.

5-14 设离散型二维随机变量(X,Y)在点$(1,1)$，$\left(\dfrac{1}{2},\dfrac{1}{4}\right)$，$\left(-\dfrac{1}{2},-\dfrac{1}{4}\right)$，$(-1,-1)$取值的概率均为$\dfrac{1}{4}$，求 EX,EY,DX,DY,EXY.

5-15 设(X,Y)的概率密度为

$$p(x,y)=\begin{cases}4xye^{-(x^2+y^2)}, & x>0,y>0\\ 0, & \text{其他}\end{cases}$$

求 $Z=\sqrt{X^2+Y^2}$ 的数学期望.

5-16 设二维随机变量(X,Y)有概率密度

$$p(x,y)=\begin{cases}1, & |y|<x,0<x<1\\ 0, & \text{其他}\end{cases}$$

求 $EX,EY,EXY,D(2X+1)$.

5-17 假设随机变量 Y 服从参数为 $\lambda=1$ 的指数分布,随机变量

$$X_k=\begin{cases}0, & 若 Y\leqslant k\\ 1, & 若 Y>k\end{cases}\quad (k=1,2,\cdots)$$

求:(1)X_1 和 X_2 的联合概率分布;(2)$E(X_1+X_2)$.

5-18 设连续型随机变量 X 的所有可能值在区间$[a,b]$之内,证明:(1)$a\leqslant EX\leqslant b$;(2)$DX\leqslant\dfrac{(b-a)^2}{4}$.

5-19 一商店经销某种商品,每周进货量 X 与顾客对该种商品的需求量 Y 是相互独立的随机变量,且都服从区间[10,20]上的均匀分布,商店每售出一单位商品可得利润 1 000 元;若需求量超过进货量,商店可从其他商店调剂供应,这时每单位商品所获利润为 500 元.试计算此商店经销该种商品每周所得利润的期望值.

5-20 设 X,Y 是两个相互独立的随机变量,其概率密度分别为

$$p_X(x)=\begin{cases}2x, & 0\leqslant x\leqslant 1\\ 0, & 其他\end{cases}\qquad p_Y(y)=\begin{cases}e^{-(y-5)}, & y>5\\ 0, & y\leqslant 5\end{cases}$$

求 $E(XY),D(XY)$.

5-21 在长为 L 的线段上任取两点,求两点间距离的数学期望和方差.

5-22 设随机变量 X,Y 独立,且 X 服从均值为 1,标准差为$\sqrt{2}$的正态分布,而 Y 服从标准正态分布,试求随机变量 $Z=2X-Y+3$ 的概率密度.

5-23 设 X,Y 是两个互相独立,且均服从正态分布 $N\left(0,\dfrac{1}{2}\right)$的随机变量,求 $E|X-Y|$ 与 $D|X-Y|$.

5-24 设随机变量 X 与 Y 相互独立,且都服从 $N(\mu,\sigma^2)$分布,试证

$$E\max(X,Y)=\mu+\frac{\sigma}{\sqrt{\pi}},\quad E\min(X,Y)=\mu-\frac{\sigma}{\sqrt{\pi}}$$

5-25 设二维随机变量(X,Y)的概率密度为

$$p(x,y)=\begin{cases}x+y, & 0<x<1,0<y<1,\\ 0, & 其他\end{cases}$$

求 EX,DX.

5-26 对三台仪器进行检验,各台仪器产生故障的概率分别为 p_1,p_2,p_3,求产生故障的仪器的台数 X 的数学期望和方差.

5-27 袋中有 n 张卡片,分别记有号码 $1,2,\cdots,n$,从中有放回地抽取 k 张卡片,以 X 表示所得号码之和,求 EX,DX.

5-28 将 n 只球(编号为 $1,\cdots,n$)随机地放入 n 个盒子(编号为 $1,\cdots,n$)中,一个盒放一只球.将一只球放入与球同号码的盒子中算为一个配对,记 X 为配对的个数,求 EX.

5-29 从 10 双不同的鞋子中任取 8 只,记 X 为这 8 只鞋子中配对的个数,求 EX.

5-30 已知 $DX=25,DY=36,\rho_{XY}=0.4$,求 $D(X+Y)$及 $D(X-Y)$.

5-31 设 X,Y,Z 为三个随机变量,且 $EX=EY=1,EZ=-1$.当 $DX=DY=DZ=1$,$\rho_{XY}=0,\rho_{XZ}=\dfrac{1}{2},\rho_{YZ}=-\dfrac{1}{2}$时,若 $W=X+Y+Z$,求 EW,DW.

5-32 设 X,Y,Z 是三个两两不相关的随机变量，数学期望全为 0，方差都是 1，求 $X-Y$ 与 $Y-Z$ 的相关系数.

5-33 某箱装有 100 件产品，其中一、二和三等品分别为 80 件、10 件和 10 件，现从中随机抽取一件，记

$$X_i=\begin{cases}1, & \text{若抽到 } i \text{ 等品}\\ 0, & \text{其他}\end{cases}\quad (i=1,2,3)$$

试求：(1)随机变量 X_1 和 X_2 的联合分布；(2)X_1 和 X_2 的相关系数 ρ.

5-34 假设二维随机变量(X,Y)在矩形 $G=\{(x,y)\mid 0\leqslant x\leqslant 2,0\leqslant y\leqslant 1\}$上服从均匀分布，记

$$U=\begin{cases}0, & \text{若 } X\leqslant Y\\ 1, & \text{若 } X>Y\end{cases}\quad V=\begin{cases}0, & \text{若 } X\leqslant 2Y\\ 1, & \text{若 } X>2Y\end{cases}$$

求：(1)U 和 V 的联合分布；(2)U 和 V 的相关系数.

5-35 设 X,Y 是具有二阶矩的随机变量，且设 $Q(a,b)=E[Y-(a+bX)]^2$，求 a,b 使得 $Q(a,b)$达到最小值 $Q_{\min}$，并证明

$$Q_{\min}=DY(1-\rho_{XY}^2).$$

5-36 设(X,Y)在圆域 $x^2+y^2\leqslant r^2$ 上服从均匀分布.

(1)求 X 和 Y 的相关系数 ρ；(2)问 X 和 Y 是否独立？为什么？

5-37 设 A,B 是两个随机事件，定义随机变量

$$X=\begin{cases}1, & \text{若 } A \text{ 出现}\\ -1, & \text{若 } A \text{ 不出现}\end{cases}\quad Y=\begin{cases}1, & \text{若 } B \text{ 出现}\\ -1, & \text{若 } B \text{ 不出现}\end{cases}$$

试证明随机变量 X 和 Y 不相关的充分必要条件是 A 与 B 相互独立.

5-38 设随机变量 X 的概率密度为 $p(x)=\dfrac{1}{2}\mathrm{e}^{-|x|}$，$-\infty<x<+\infty$，试证明 X 与 $|X|$ 不相关，也不独立.

5-39 设(X,Y)为二维正态随机变量，$EX=1,EY=0,DX=4,DY=9,\mathrm{Cov}(X,Y)=3$. 求$(X,Y)$的概率密度.

5-40 设二维随机变量(X,Y)的密度函数为

$$p(x,y)=\frac{1}{2}[\varphi_1(x,y)+\varphi_2(x,y)]$$

其中 $\varphi_1(x,y)$和 $\varphi_2(x,y)$都是二维正态密度函数，且它们对应的二维随机变量的相关系数分别为$\dfrac{1}{3}$和$-\dfrac{1}{3}$；它们的边缘密度函数所对应的随机变量的数学期望都是 0，方差都是 1.

(1)求随机变量 X 和 Y 的密度函数 $p_1(x)$和 $p_2(y)$，以及 X 和 Y 的相关系数 ρ(可以直接利用二维正态密度的性质)；(2)问 X 与 Y 是否独立？为什么？

5-41 设 X 为随机变量，$E|X|^r(r>0)$存在，试证明：对任意 $\varepsilon>0$ 有

$$P(|X|\geqslant\varepsilon)\leqslant\frac{E|X|^r}{\varepsilon^r}$$

5-42 若 $DX=0.004$，利用切比雪夫不等式估计概率 $P(|X-EX|<0.2)$.

5-43 给定 $P(|X-EX|<\varepsilon)\geqslant 0.9$，$DX=0.009$，利用切比雪夫不等式估计 ε.

5-44 用切比雪夫不等式确定，掷一均质硬币时，需掷多少次，才能保证“正面”出现的

频率在 0.4 至 0.6 之间的概率不小于 0.9.

5-45 若随机变量序列 $X_1, X_2, \cdots, X_n, \cdots$ 满足条件

$$\lim_{n\to\infty}\frac{1}{n^2}D\left(\sum_{i=1}^{n}X_i\right)=0$$

试证明 $\{X_n\}$ 服从大数定律.

5-46 一生产线生产的产品成箱包装，每箱的重量是随机的.假设每箱平均重为 50 千克，标准差为 5 千克.若用最大载重量为 5 吨的汽车承运，试利用中心极限定理说明，每辆车最多可以装多少箱，才能保证不超载的概率大于 0.977.

5-47 某计算机系统有 100 个终端，每个终端有 20% 的时间在使用，若各终端使用与否相互独立，试求有 10 个或更多个终端在使用的概率.

5-48 计算机在进行加法时，每个加数取整数，设所有取整误差相互独立，且它们均在 $[-0.5, 0.5]$ 上服从均匀分布.

(1)将 1 500 个数相加，求误差总和的绝对值超过 15 的概率；

(2)欲使误差总和的绝对值小于 10 的概率不超过 90%，求最小需加多少个数.

第 6 章 数理统计的基本概念

6.1 总体和样本

一、数理统计的基本问题

概率论中许多问题的讨论，常常是从已给的随机变量 X 出发来研究 X 的种种性质，这里 X 的概率分布都是已知的，或者假定是已知的. 但是在实际问题中，一般说来，人们事先并不知道随机事件的概率、随机变量的概率分布和数字特征，而需要我们对它们进行估计或作某种推断，这就产生了数理统计的问题. 让我们先看两个例子.

概率论与数理统计的研究内容

【例 1】 从一批产品中，随机地抽检一个产品，结果可能合格，也可能不合格. 由概率论可知，这个随机现象可以用两点分布来描述：

X	0	1
P	$1-p$	p

这里“$X=0$”表示产品合格，“$X=1$”表示产品不合格. 但是，p 等于多少事先是未知的，也就是说，上述两点分布是未知的. 试问：(1)如何求出或近似地求出 p 的值？(2)如果人们根据以往经验提出假设：“$p<0.05$”，那么，是接受这个假设还是否定这个假设呢？应该用什么方法进行检验呢？

【例 2】 某种电子元件的寿命 X 是一个随机变量，但是它的分布函数 $F(x)$(或概率密度 $p(x)$)是未知的. 试问：(1)如何求出或近似地求出 $F(x)$(或 $p(x)$)？(2)如果人们根据以往的经验提出假设：X 服从参数为 β 的指数分布，那么是接受它还是否定它呢？用什么方法来判断？(3)如果人们只需要知道 X 的期望和方差，那么，如何估计它们的数值？

怎样解决这些问题呢？对于例 1，人们可以对所有产品逐个检验，求出不合格产品所占的比例，就得到概率 p；同时假设“$p<0.05$”是否成立也就得到解决. 但是这种普检的方法是不可取的. 因为如果产品的数量很多，逐件检验要耗费很多人力、物力和时间；对于例 2，逐一检验更是行不通的，因为寿命试验都是破坏性的. 在数理统计中，通常采用的办法是：从研究对象的全体元素中，随机地抽取一小部分进行观察(或试验)，然后以观察得到的资料(数据)为出发点，以概率论的理论为基础对上述问题进行估计和推断，这种方法称为**统计推断**.

从上面的叙述可以看出，数理统计要解决两类问题：

(1)抽取一小部分进行观察，应怎样抽才能使获得的数据更有代表性？抽多少才比较合

理？这类问题称为试验设计.(本书不讨论这类问题)

(2)对获得的数据进行合理的处理和分析,从而对所关心的问题做出尽可能精确、可靠的结论,这就是统计推断问题.

统计推断的问题又可分为两类:一类是对未知参数(概率、期望和方差)及未知概率分布(分布函数、概率密度或分布列)的估计问题;另一类是对未知参数和概率分布的假设检验问题.

以上就是数理统计的基本问题.

二、总体

在数理统计中,我们把研究对象的全体元素构成的集合称为**总体(或母体)**,而把组成总体的每个元素称为**个体**.如果总体包含有限个个体,则称为**有限总体(或具体总体)**.如果总体包含无限个个体,则称为**无限总体(或抽象总体)**.

当用数理统计方法研究总体时,人们主要关心的不是每个个体本身,而仅仅是每个个体的某种数量指标(或特征)的有关问题.如在例1中,我们关心的是刻画产品合格与否的数量指标 X 的概率分布问题;在例2中我们关心的是电子元件的寿命 X 的概率分布问题.因此,对总体的研究,实际上是对某一个随机变量 X 的概率分布的研究.为了便于叙述,一旦所考察的数量指标明确以后,我们就把总体和数量指标相应的概率分布等同起来.也就是说,总体是一个概率分布或服从这个概率分布的随机变量.如在例1中,总体就是两点分布或服从这一分布的随机变量 X;在例2中,总体就是电子元件的寿命 X 或它所服从的概率分布.

前面的例子中,所考察的数量指标都是一个.即只需用一维随机变量来描述.如果同时要考察的数量指标不止一个,那么就需要用多维随机变量来描述.例如,若要考察当代大学生的身高 X、体重 Y 和肺活量 Z,那么就需要研究三维随机变量 (X,Y,Z).同样,为了叙述方便我们把总体与 (X,Y,Z) 或它的分布等同起来,并称这样的总体为三维总体.在本书中主要讨论一维总体,多维总体是多元统计分析主要研究的对象.

三、样本

在一中我们说过,为了对例1和例2中所提的问题做出估计和推断,就必须从所研究对象的全部元素中随机地抽取一小部分进行观察.这就是说,必须从所研究的总体中随机地抽取一部分个体进行观察.所谓随机地是指总体中每个个体被观察到的机会是一样的,而所谓抽取一部分个体进行观察,其实就是对总体 X 重复进行若干次观察,而获得 X 的若干个观察值.例如,若在例1中随机地抽检5个产品,结果分别是“合格”“不合格”“合格”“合格”和“不合格”,那么我们就得到 X 的5个观察值:0,1,0,0,1.一般说来,从总体 X 中随机抽检 n 个个体,则可得到 X 的 n 个观察值:$X_1,X_2,\cdots,X_n$.为了叙述方便,我们把从总体 X 中随机抽检(或观察) n 个个体的试验,称为**随机抽样**,简称**抽样**,n 称为**容量**.

显然,对总体 X 的任何一个容量为 n 的抽样结果“$x_1,x_2,\cdots,x_n$”是 n 个完全确定的数值,但由于抽样是一个随机试验,所以这 n 个观察值是随每次抽样而改变的,它具有随机性.换句话说,对具体某次抽样来说,抽样结果是 n 个确定的数值:$x_1,x_2,\cdots,x_n$;而离开了特定的某次抽样,则抽样结果是 n 个随机变量:$X_1,X_2,\cdots,X_n$.我们称这 n 个随机变量 $X_1,X_2,\cdots,X_n$ 为来自总体 X 的一个容量为 n 的**样本(或子样)**,而 $x_1,x_2,\cdots,x_n$ 称为样本的一个观察值,简称**样本值**,有时也称为样本的一个现实,容量为 n 的一个样本 $X_1,X_2,\cdots,X_n$ 可以看

作 n 维随机变量$(X_1,X_2,\cdots,X_n)$，它的分布就称为**样本分布**. 样本值 $x_1,x_2,\cdots,x_n$ 可以看作 n 维空间的一个点$(x_1,x_2,\cdots,x_n)$，称之为**样本点**. 样本点的全体称为样本空间，它是 n 维空间或其中的一个子集.

上面我们把抽样结果看作 n 维随机变量，并称之为样本，这一点是很重要的，因为只有这样，才能运用概率论的理论对总体 X 进行各种推断并确定、比较各种推断的优劣. **数理统计的任务之一，就是研究如何根据样本来推断总体.**

既然要根据样本来推断总体，必须使抽得的样本能很好地反映总体的特性，为此我们假定，对总体 X 的 n 次观察，是在相同条件下独立重复进行的，这样得到的样本 $X_1,X_2,\cdots,X_n$ 满足下面两个条件：

(1) $X_1,X_2,\cdots,X_n$ 相互独立；

(2) 每个 $X_i(i=1,2,\cdots,n)$ 与总体 X 有相同的分布.

我们把满足这两个条件的抽样方法称为**简单随机抽样**，而得到的样本称为**简单随机样本**.

例如，若在例 1 中，用有放回的抽样方法随机抽 n 个产品，则得到的样本 $X_1,X_2,\cdots,X_n$ 就是独立的且与总体 X 有相同的分布，即

X_i	0	1
P	$1-p$	p

若将分布列写成

$$P(X_i=x_i)=p^{x_i}(1-p)^{1-x_i} \quad (x_i=0 \text{ 或 } 1, \text{且 } i=1,2,\cdots,n)$$

则由独立性，样本的分布可写成

$$\begin{aligned} P(X_1=x_1,\cdots,X_n=x_n) &= \prod_{i=1}^{n} P(X_i=x_i) \\ &= \prod_{i=1}^{n} p^{x_i}(1-p)^{1-x_i} = p^{\sum_{i=1}^{n} x_i}(1-p)^{n-\sum_{i=1}^{n} x_i} \end{aligned} \tag{6-1}$$

今后，如果不做特殊声明，所说的抽样皆为简单随机抽样，所说的样本皆为简单随机样本.

最后，我们将以上讲的总体和样本的概念以定义的形式小结如下.

定义 6-1 (1)称随机变量 X 的概率分布为一总体，或称随机变量 X 为一总体，而 X 的分布称为**总体的分布**；

(2)如果 $X_1,X_2,\cdots,X_n$ 是相互独立且与总体 X 有相同分布的 n 个随机变量，即如果它们的联合分布函数为

$$F^*(x_1,x_2,\cdots,x_n)=F(x_1)F(x_2)\cdots F(x_n)$$

其中，$F(x)$ 为 X 的分布函数，则称 $X_1,X_2,\cdots,X_n$ **为来自总体 X 的一个容量为 n 的简单随机样本或样本**，而 $F^*(x_1,x_2,\cdots,x_n)$ 就是这个样本的分布函数；

(3)样本$(X_1,X_2,\cdots,X_n)$的每一个观察值$(x_1,x_2,\cdots,x_n)$称为样本值(或样本的一个实现)，样本值的集合称为**总体 X 的容量为 n 的样本空间.**

在实际上利用样本推断总体时，我们用的数据是样本值，今后在不引起混淆的情况下，不再区分是样本还是样本值，统称为样本.

6.2 直方图和经验分布函数

根据总体 X 的样本观察值求 X 的概率分布，是数理统计要解决的重要问题之一，这里我们将介绍利用样本观察值近似地求总体的概率密度和分布函数的方法. 先考虑概率密度的近似求法.

设 $x_1,x_2,\cdots,x_n$ 是总体 X 的容量为 n 的样本观察值，并设它们包含在区间$[a,b]$之中，用下列分点将区间分成 m 个子区间$(m<n)$：

$$a=t_0<t_1<t_2\cdots<t_{m-1}<t_m=b$$

设每个子区间(t_i,t_{i+1})包含 n_i 个样本观察值，那么$\frac{n_i}{n}$表示事件"$t_i<X<t_{i+1}$"在 n 次试验中发生的频率$(i=0,1,\cdots,m-1)$. 由伯努利大数定理知$\frac{n_i}{n}\rightarrow P(t_i<X<t_{i+1})$，当 n 充当大时，有

$$\frac{n_i}{n}\approx P(t_i<X\leqslant t_{i+1})=\int_{t_i}^{t_{i+1}}p(x)\mathrm{d}x \quad (i=0,1,\cdots,m-1)$$

$p(x)$是总体 X 的概率密度，它是未知的. 若 $p(x)$连续，则有近似式

$$\frac{n_i}{n}\approx(t_{i+1}-t_i)p(t_i)=\Delta t_i p(t_i)$$

于是

$$p(t_i)\approx\frac{n_i}{n\Delta t_i} \quad (i=0,1,\cdots,m-1)$$

今定义函数

$$\varphi_n(x)=\frac{n_i}{n\Delta t_i},t_i<x\leqslant t_{i+1} \quad (i=0,1,\cdots,m-1)$$

称 $\varphi_n(x)$的图形为总体 X 在(a,b)上的**(频率)直方图**(如图 6-1).

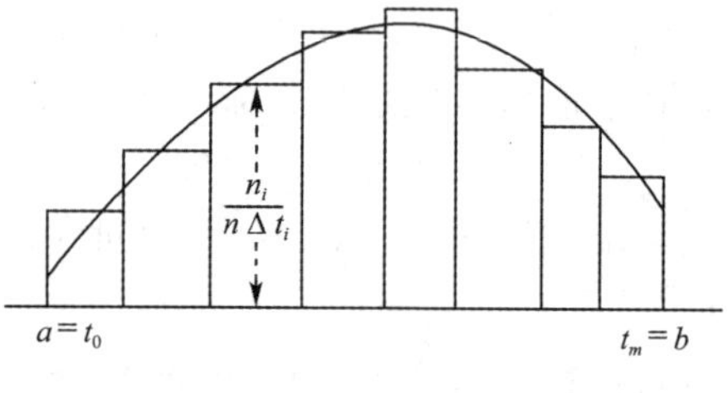

图 6-1

根据总体 X 的直方图，就可以大致画出 X 的概率密度曲线，如图 6-1 中的光滑曲线. 如果 n 及 m 越大，则所得的曲线一般说来越来越接近 $p(x)$的图形.

作直方图的步骤如下：

(1)找出样本观察值 $x_1,x_2,\cdots,x_n$ 的最小值与最大值，分别记为 $x_{(1)},x_{(n)}$；

(2)选 a(略小于 $x_{(1)}$)，b(略大于 $x_{(n)}$)，并将区间(a,b)分为 $m(m<n)$个小区间，分点为

$$a=t_0<t_1<t_2<\cdots<t_{m-1}=b$$

(m 的大小没有硬性规定，当 n 小时，m 也应小些，n 大时，m 则应大些，但要注意每一小

区间中都要包含若干个观察值；另外，分点要比观察值多取一位小数.）

(3)用唱票的办法，数出观察值落在区间(t_i,t_{i+1})中的个数n_i，同时算出$\frac{n_i}{n}(i=0,1,\cdots,m-1)$；

(4)在横坐标轴上标出各分点t_i，然后以区间(t_i,t_{i+1})为底边，画出高度为$\frac{n_i}{n\Delta t_i}$的矩形，就得到直方图.

【例 1】 在齿轮加工中，齿轮径向综合误差X是个随机变量，今对 200 件模数为 1 毫米、分度圆直径为 60 毫米的圆柱齿轮，测得X的值如下（单位：毫米），求作X的直方图.

16	25	19	20	25	33	24	23	20	24
20	14	16	11	14	20	18	13	27	31
18	16	18	19	20	22	19	22	18	26
13	11	25	15	17	18	22	16	13	12
14	12	16	10	8	23	10	11	16	20
19	20	19	12	14	19	20	20	20	13
19	15	13	22	14	16	24	20	20	18
10	10	8	21	16	24	32	16	28	19
8	11	18	27	23	11	22	22	13	20
17	17	20	30	16	20	28	32	19	23
25	17	15	21	22	26	15	23	22	24
25	24	16	19	23	26	17	14	30	21
26	13	21	13	11	19	23	18	24	28
13	11	9	15	10	21	15	12	17	13
13	21	22	12	8	15	21	18	16	16
21	20	19	11	15	18	10	18	24	18
16	20	18	20	14	13	20	29	24	20
14	18	15	10	18	12	16	26	18	19
33	14	22	18	26	18	16	32	27	25
24	18	20	15	24	20	29	16	17	19

解 样本观察的最小值为 8，最大值为 33，取$a=7.5$，$b=33.5$. 将区间$(7.5,33.5)$等分为 13 个小区间，并统计落在每个小区间中的样本观察值频数和频率，得到表 6-1.

表 6-1

分组区间	频数 n_i	频率 n_i/n
7.5～9.5	5	0.025
9.5～11.5	15	0.075
11.5～13.5	18	0.090
13.5～15.5	19	0.095
15.5～17.5	24	0.120
17.5～19.5	33	0.165
19.5～21.5	30	0.150
21.5～23.5	17	0.085
23.5～25.5	17	0.085
25.5～27.5	9	0.045
27.5～29.5	5	0.025
29.5～31.5	3	0.015
31.5～33.5	5	0.025
$\sum$	$n=200$	1.00

以组距 2 为底，以$\frac{n_i}{2n}$为高作矩形($i=0,1,\cdots,12$)，则得 X 的直方图(如图 6-2).

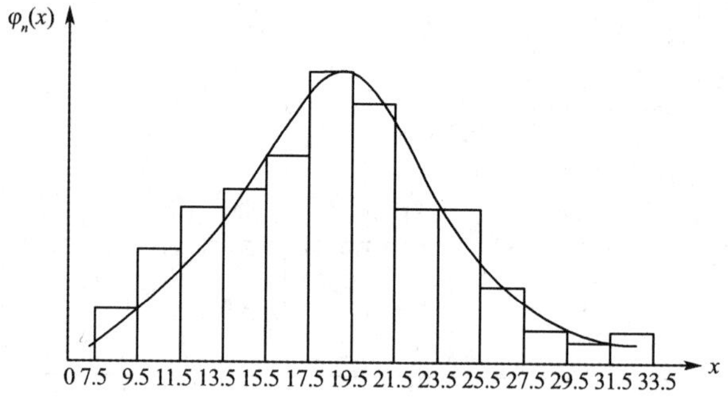

图 6-2

根据直方图可估计 X 的概率密度曲线，大致如图 6-2 中的曲线所示，它很像正态概率密度曲线，但 X 是否服从正态分布，还需要进行检验，检验方法见第 8 章.

下面介绍分布函数的近似求法.

设 $x_1,x_2,\cdots,x_n$ 是总体 X 的容量为 n 的样本观察值，将它们按自小到大的次序排列如下：

$$x_{(1)}\leqslant x_{(2)}\leqslant\cdots x_{(n)}$$

定义函数

$$F_n(x)=\begin{cases}0, & x<x_{(x)}\\ \dfrac{k}{n}, & x_{(k)}\leqslant x<x_{(k+1)}\\ 1, & x\geqslant x_{(n)}\end{cases} \tag{6-2}$$

称它为**总体 X 的经验分布函数(或样本分布函数)**.

$F_n(x)$只有在$x=x_{(k)}(k=1,2,\cdots,n)$处有间断点，跃度是$\frac{1}{n}$的倍数(如有$l$个观察值相同，$x_{(k-1)}<x_{(k)}=x_{(k+1)}=\cdots=x_{(k+l-1)}<x_{(k+l)}$)，则在点$x_{(k)}$处的跃度为$l/n$，如图6-3所示.

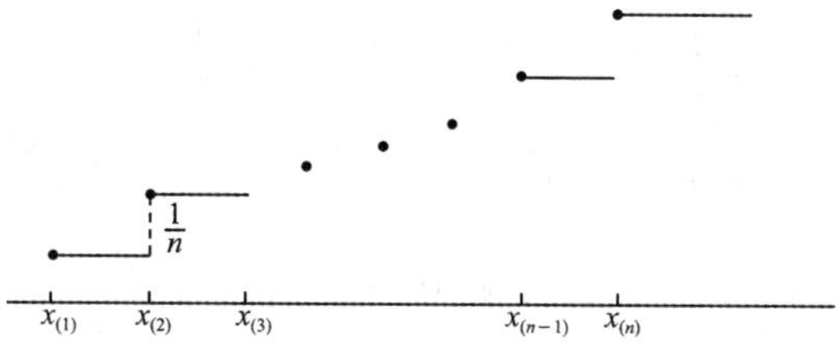

图 6-3

对于任意固定的x，$F_n(x)$就是事件“$X\leqslant x$”在n次试验中出现的频率，而事件的概率$P(X\leqslant x)=F(x)$. 由频率与概率的关系可知，当n充分大时，$F_n(x)$可以作为未知分布函数$F(x)$的一个近似，n越大，近似得越好.

在图6-4中，我们根据例1中的X的200个观察值画出了X的经验分布函数的图形. 根据这个图形，可以看出X的分布函数曲线大体上如图6-4中的曲线所示.

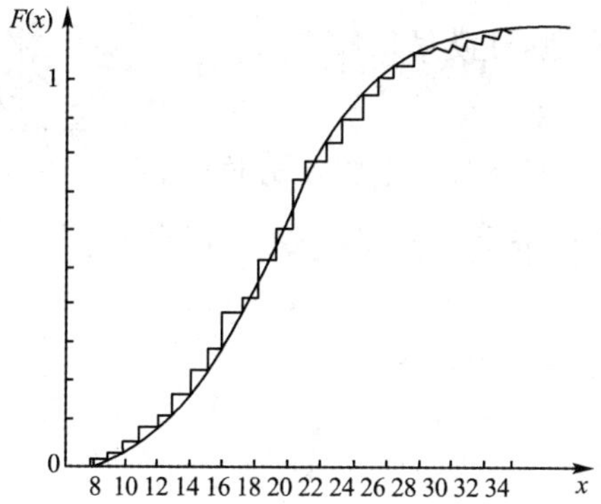

图 6-4

6.3　χ^2分布、t分布和F分布

一、χ^2分布

1. 定义 6-2　设$X_1,X_2,\cdots,X_n$为n个($n\geqslant 1$)相互独立的随机变量，它们都服从$N(0,1)$分布，则称$Y=\sum_{i=1}^{n}X_i^2$所服从的分布为自由度是n的χ^2**分布**，记为$Y\sim\chi^2(n)$.

该定义是χ^2分布的构造性定义，即χ^2分布是n个独立的标准正态分布的平方和.

2. 性质

(1) 若$X\sim\chi^2(n)$，则$EX=n,DX=2n$.　(6-3)

证明　因$X\sim\chi^2(n)$，所以$X=\sum_{i=1}^{n}X_i^2$，其中$X_1,\cdots,X_n$相互独立，且均服从$N(0,1)$分

布

$$EX=\sum_{i=1}^{n}EX_i^2=\sum_{i=1}^{n}1=n$$

$$DX=\sum_{i=1}^{n}DX_i^2=\sum_{i=1}^{n}[EX_i^4-(EX_i^2)^2]=\sum_{i=1}^{n}\left(\int_{-\infty}^{+\infty}x^4\cdot\frac{1}{\sqrt{2\pi}}e^{-\frac{x^2}{2}}dx-1\right)$$

$$=\sum_{i=1}^{n}(3-1)=2n$$

(2)设 $X\sim\chi^2(n_1)$，$Y\sim\chi^2(n_2)$且 X，Y 相互独立，则

$$X+Y\sim\chi^2(n_1+n_2) \tag{6-4}$$

证明 设 $X_1,\cdots,X_{n_1},Y_1,\cdots,Y_{n_2}$ 为 n_1+n_2 个相互独立的标准正态随机变量. 记 $X=\sum_{i=1}^{n_1}X_i^2$，$Y=\sum_{j=1}^{n_2}Y_j^2$，则 $X+Y=\sum_{i=1}^{n_1}X_i^2+\sum_{j=1}^{n_2}Y_j^2$，由 χ^2 分布的定义知

$$X+Y\sim\chi^2(n_1+n_2)$$

该性质表明 χ^2 分布关于自由度具有可加性.

3. 临界值

对于给定的正数 α，$0<\alpha<1$，称满足条件

$$P\{\chi^2>\chi_\alpha^2(n)\}=\alpha \tag{6-5}$$

的数值 $\chi_\alpha^2(n)$为自由度是 n 的 χ^2 分布的**上侧 α 分位数**，或**临界值**，以后我们经常用的临界值还有 $\chi_{1-\alpha}^2(n)$(如图 6-5).

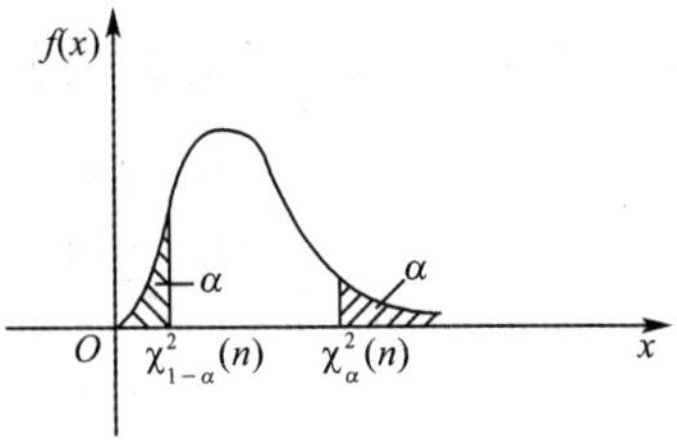

图 6-5

二、t 分布

1. 定义 6-3 设 $X\sim N(0,1)$，$Y\sim\chi^2(n)$，且 X，Y 相互独立，则称

$$T=\frac{X}{\sqrt{Y/n}}$$

所服从的分布为自由度为 n 的 **t 分布**，又称为学生氏(Student)分布，记为 $T\sim t(n)$.

2. 临界值

对于给定的正数 $\alpha(0<\alpha<1)$，称满足条件

$$P(T>t_\alpha(n))=\alpha \tag{6-6}$$

的数值 $t_\alpha(n)$为自由度是 n 的 t 分布的**上侧 α 分位数或临界值**(如图 6-6).

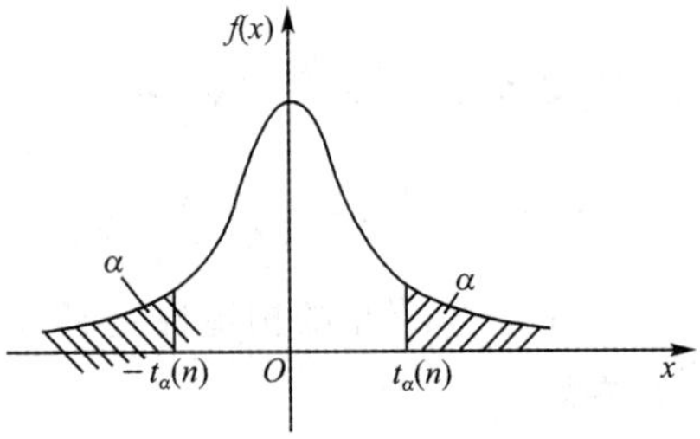

图 6-6

三、F 分布

1. 定义 6-4 设随机变量 X，Y 相互独立，$X\sim\chi^2(n_1)$，$Y\sim\chi^2(n_2)$，则称随机变量

$$F=\frac{X/n_1}{Y/n_2}=\frac{n_2X}{n_1Y}$$

所服从的分布为第一自由度是 n_1，第二自由度为 n_2 的 F **分布**，记为 $F \sim F(n_1, n_2)$.

可见 $\frac{1}{F}$ 服从第一自由度为 n_2，第二自由度为 n_1 的 F 分布.

2. 临界值

对于给定的正数 $\alpha(0<\alpha<1)$，称满足条件

$$P(F \geqslant F_{\alpha}(n_1, n_2)) = \alpha \tag{6-7}$$

的数值 $F_{\alpha}(n_1, n_2)$ 为 F 分布的**临界值**，也称为 F 分布的**上侧 α 分位数**（如图 6-7）. 它具有如下性质

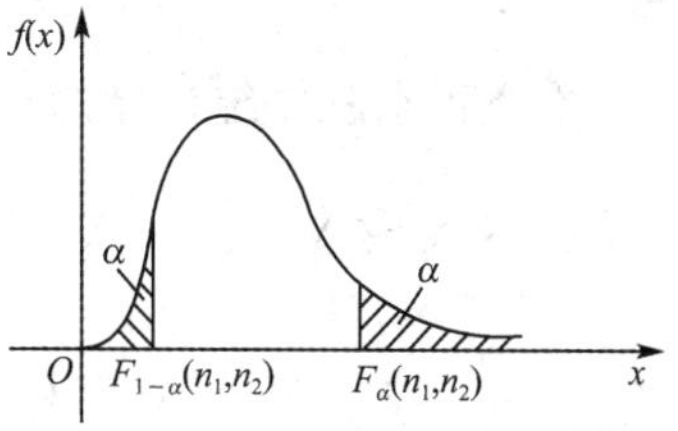

图 6-7

$$F_{1-\alpha}(n_1, n_2) = \frac{1}{F_{\alpha}(n_2, n_1)} \tag{6-8}$$

6.4　统计量及抽样分布

一、统计量

定义 6-5　设 $X_1, X_2, \cdots, X_n$ 为总体 X 的容量为 n 的样本，$T(x_1, x_2, \cdots, x_n)$ 是定义在样本空间上不依赖于未知参数的一个连续函数，则称随机变量 $T(X_1, X_2, \cdots, X_n)$ 为一个**统计量**.

常用的统计量：

样本均值　$$\overline{X} = \frac{1}{n}\sum_{i=1}^{n} X_i$$

样本方差　$$S^2 = \frac{1}{n-1}\sum_{i=1}^{n}(X_i - \overline{X})^2$$

样本 k 阶原点矩　$$a_k = \frac{1}{n}\sum_{i=1}^{n} X_i^k$$

样本 k 阶中心矩　$$A_k = \frac{1}{n}\sum_{i=1}^{n}(X_i - \overline{X})^k$$

其中，$A_2 = \frac{1}{n}\sum_{i=1}^{n}(X_i - \overline{X})^2 \triangleq S^{*2}$.

顺序统计量　设 $X_1, X_2, \cdots, X_n$ 为总体 X 的一个样本，$x_1, x_2, \cdots, x_n$ 是一组样本值，将它们按自小到大的顺序排列，得

$$x_{(1)} \leqslant x_{(2)} \leqslant \cdots \leqslant x_{(n)}$$

则称 $X_{(k)}$ 为样本的第 k 个顺序统计量，如果不管样本值如何，$X_{(k)}$ 总是以 $x_{(k)}$ 为其观察值. 显然

$$X_{(1)} = \min(X_1, \cdots, X_n), X_{(n)} = \max(X_1, \cdots, X_n)$$

样本中位数　$$M = \begin{cases} X_{\left(\frac{n+1}{2}\right)}, & n \text{ 为奇数} \\ \frac{1}{2}\left[X_{\left(\frac{n}{2}\right)} + X_{\left(\frac{n}{2}+1\right)}\right], & n \text{ 为偶数} \end{cases}$$

样本极差　$$R = X_{(n)} - X_{(1)}$$

二、抽样分布——统计量的分布

1. 单个正态总体统计量的分布

设总体 $X \sim N(\mu,\sigma^2)$，$X_1,X_2,\cdots,X_n$ 为 X 的样本，样本均值为 $\overline{X}=\frac{1}{n}\sum_{i=1}^{n}X_i$，样本方差为 $S^2=\frac{1}{n-1}\sum_{i=1}^{n}(X_i-\overline{X})^2$，样本二阶中心矩为 $S^{*2}=\frac{1}{n}\sum_{i=1}^{n}(X_i-\overline{X})^2$，则

(1) $\overline{X}\sim N\left(\mu,\frac{\sigma^2}{n}\right)$； (6-9)

(2) $\overline{X}$ 与 $S^2(S^{*2})$ 相互独立；

(3) $\frac{(n-1)S^2}{\sigma^2}=\frac{nS^{*2}}{\sigma^2}=\frac{1}{\sigma^2}\sum_{i=1}^{n}(X_i-\overline{X})^2\sim\chi^2(n-1)$. (6-10)

推论

(1) $u=\frac{\overline{X}-\mu}{\sigma}\sqrt{n}\sim N(0,1)$； (6-11)

(2) $t=\frac{\overline{X}-\mu}{S}\sqrt{n}=\frac{\overline{X}-\mu}{S^*}\sqrt{n-1}\sim t(n-1)$. (6-12)

证明 $\frac{\overline{X}-\mu}{\sigma}\sqrt{n}\sim N(0,1)$，$\frac{(n-1)S^2}{\sigma^2}\sim\chi^2(n-1)$ 且 $\overline{X}$ 与 S^2 相互独立.

$$t=\frac{\overline{X}-\mu}{S}\sqrt{n}=\frac{\frac{\overline{X}-\mu}{\sigma}\sqrt{n}}{\sqrt{\frac{(n-1)S^2}{\sigma^2}/(n-1)}}\sim t(n-1)$$

2. 两个正态总体统计量的分布

设总体 $X\sim N(\mu_1,\sigma_1^2)$，$Y\sim N(\mu_2,\sigma_2^2)$ 且 X,Y 独立，$X_1,\cdots,X_{n_1}$ 是 X 的样本，$Y_1,\cdots,Y_{n_2}$ 是 Y 的样本. 样本均值分别为 $\overline{X},\overline{Y}$，样本方差分别为 S_1^2,S_2^2，则

(1) $u=\frac{\overline{X}-\overline{Y}-(\mu_1-\mu_2)}{\sqrt{\frac{\sigma_1^2}{n_1}+\frac{\sigma_2^2}{n_2}}}\sim N(0,1)$ (6-13)

(2) 若 $\sigma_1^2=\sigma_2^2=\sigma^2$ 则

① $t=\frac{\overline{X}-\overline{Y}-(\mu_1-\mu_2)}{\sqrt{\frac{(n_1-1)S_1^2+(n_2-1)S_2^2}{n_1+n_2-2}}}\cdot\frac{1}{\sqrt{\frac{1}{n_1}+\frac{1}{n_2}}}=\frac{\overline{X}-\overline{Y}-(\mu_1-\mu_2)}{S_W\sqrt{\frac{1}{n_1}+\frac{1}{n_2}}}\sim t(n_1+n_2-2)$ (6-14)

② $F=\frac{S_1^2}{S_2^2}\sim F(n_1-1,n_2-1)$ (6-15)

(3) 若 $\sigma_1^2\neq\sigma_2^2$ 则

$$F=\frac{S_1^2/\sigma_1^2}{S_2^2/\sigma_2^2}=\frac{S_1^2\sigma_2^2}{S_2^2\sigma_1^2}\sim F(n_1-1,n_2-1) \qquad (6\text{-}16)$$

证明 (1) $\overline{X}\sim N\left(\mu_1,\frac{\sigma_1^2}{n_1}\right)$，$\overline{Y}\sim N\left(\mu_2,\frac{\sigma_2^2}{n_2}\right)$ 且 $\overline{X}$ 与 $\overline{Y}$ 独立，所以

$$\overline{X}-\overline{Y}\sim N\left(\mu_1-\mu_2,\frac{\sigma_1^2}{n_1}+\frac{\sigma_2^2}{n_2}\right)$$

于是

$$\frac{\overline{X}-\overline{Y}-(\mu_1-\mu_2)}{\sqrt{\frac{\sigma_1^2}{n_1}+\frac{\sigma_2^2}{n_2}}}\sim N(0,1)$$

(2) $\frac{\overline{X}-\overline{Y}-(\mu_1-\mu_2)}{\sqrt{\frac{1}{n_1}+\frac{1}{n_2}}\sigma}\sim N(0,1)$，$\frac{(n_1-1)S_1^2}{\sigma^2}\sim\chi^2(n_1-1)$，$\frac{(n_2-1)S_2^2}{\sigma^2}\sim\chi^2(n_2-1)$

且 S_1^2 与 S_2^2 独立，所以由 χ^2 分布的可加性

$$\frac{(n_1-1)S_1^2+(n_2-1)S_2^2}{\sigma^2}\sim\chi^2(n_1+n_2-2)$$

$$t=\frac{\overline{X}-\overline{Y}-(\mu_1-\mu_2)}{\sqrt{\frac{(n_1-1)S_1^2+(n_2-1)S_2^2}{n_1+n_2-2}}\sqrt{\frac{1}{n_1}+\frac{1}{n_2}}}$$

$$=\frac{\dfrac{\overline{X}-\overline{Y}-(\mu_1-\mu_2)}{\sqrt{\frac{1}{n_1}+\frac{1}{n_2}}\sigma}}{\sqrt{\dfrac{(n_1-1)S_1^2+(n_2-1)S_2^2}{\sigma^2}/(n_1+n_2-2)}}\sim t(n_1+n_2-2)$$

(3) $\frac{(n_1-1)S_1^2}{\sigma^2}\sim\chi^2(n_1-1)$，$\frac{(n_2-1)S_2^2}{\sigma^2}\sim\chi^2(n_2-1)$，且 S_1^2 与 S_2^2 独立

$$F=\frac{S_1^2}{S_2^2}=\frac{\dfrac{(n_1-1)S_1^2}{\sigma^2}/(n_1-1)}{\dfrac{(n_2-1)S_2^2}{\sigma^2}/(n_2-1)}\sim F(n_1-1,n_2-1)$$

习题 6

6-1　某厂生产的玻璃板，以每块玻璃上的泡疵点个数为数量指标，已知它服从均值为 λ 的泊松分布，从产品中抽一个容量为 n 的样本 $X_1,X_2,\cdots,X_n$，求样本分布.

6-2　加工某种零件时，每一件需要的时间服从均值为 $\frac{1}{\lambda}$ 的指数分布，今以加工时间为零件的数量指标，任取 n 个零件构成一个容量为 n 的样本，求样本分布.

6-3　一批产品中有正品 L 个，次品 M 个，总计 $N=L+M$ 个，今从中抽取容量为 2 的样本(非简单样本)，求样本分布，并验证：当 $N\to\infty$，$\frac{M}{N}\to p$ 时，样本分布为式(6-1)中 $n=2$ 的情况.

6-4　设总体 X 的容量为 100 的样本观察值如下：

15	20	15	20	25	25	30	15	30
25	15	30	25	35	30	35	20	35
30	25	20	30	20	25	35	30	25
20	30	25	35	25	15	25	35	25

25	30	35	25	35	20	30	30	15
30	40	30	40	15	25	40	20	25
20	15	20	25	25	40	25	25	40
35	25	30	20	35	20	15	35	25
25	30	25	30	25	30	43	25	43
22	20	23	20	25	15	25	20	25
30	43	35	45	30	45	30	45	45
35								

试做出总线 X 的直方图.

6-5 某射手独立重复地进行 20 次打靶试验,击中靶子的环数如下：

环数	10	9	8	7	6	5	4
频数	2	3	0	9	4	0	2

用 X 表示此射手对靶射击一次所命中的环数,求 X 的经验分布函数,并作出其图形.

6-6 设 $X_1,X_2,\cdots,X_n$ 是来自 $N(\mu,\sigma^2)$ 的一个样本,问 $\sum\limits_{i=1}^{n}(X_i-\mu)^2/\sigma^2$ 服从什么分布?

6-7 由附表查下列各值 $\chi^2_{0.95}(20),\chi^2_{0.05}(20),t_{0.01}(10),F_{0.05}(12,15),F_{0.95}(15,12)$.

6-8 设总体 $X\sim t(n)$,求证 $X^2\sim F(1,n)$.

6-9 设总体 $X\sim N(0,1)$,$X_1,\cdots,X_6$ 为来自 X 的一个样本,设 $Y=(X_1+X_2+X_3)^2+(X_4+X_5+X_6)^2$,求常数 C 使 $CY\sim\chi^2(2)$.

6-10 设$(X_1,\cdots,X_n)$是总体 $N(0,\sigma^2)$的一个样本,求下列统计量的分布.

(1)$Y_1=\sum\limits_{i=1}^{n}X_i^2/\sigma^2$　　(2)$Y_2=\left(\sum\limits_{i=1}^{n}X_i\right)^2/n\sigma^2$

6-11 设 $X_1,\cdots,X_n,X_{n+1},\cdots,X_{n+m}$ 是分布 $N(0,\sigma^2)$ 的容量为 $n+m$ 的样本,试求下列统计量的概率分布.

(1)$Y_1=\dfrac{\sqrt{m}\sum\limits_{i=1}^{n}X_i}{\sqrt{n}\sqrt{\sum\limits_{i=n+1}^{n+m}X_i^2}}$　　(2)$Y_2=\dfrac{m\sum\limits_{i=1}^{n}X_i^2}{n\sum\limits_{i=n+1}^{n+m}X_i^2}$

6-12 设 $X_1,\cdots,X_n,X_{n+1}$ 是来自总体 $N(\mu,\sigma^2)$ 的样本,$\overline{X}=\dfrac{1}{n}\sum\limits_{i=1}^{n}X_i,S^{*2}=\dfrac{1}{n}\sum\limits_{i=1}^{n}(X_i-\overline{X})^2$,试求统计量 $T=\dfrac{X_{n+1}-\overline{X}}{S^*}\sqrt{\dfrac{n-1}{n+1}}$ 的分布.

6-13 设 $X_1,\cdots,X_{n_1}$ 和 $Y_1,\cdots,Y_{n_2}$ 分别来自相互独立的总体 $N(\mu_1,\sigma_1^2)$和 $N(\mu_2,\sigma_2^2)$,已知 $\sigma_1=\sigma_2=\sigma$,α 和 β 是两个实数,求随机变量

$$\frac{\alpha(\overline{X}-\mu_1)+\beta(\overline{Y}-\mu_2)}{\sqrt{\dfrac{(n_1-1)S_1^2+(n_2-1)S_2^2}{n_1+n_2-2}\left(\dfrac{\alpha^2}{n_1}+\dfrac{\beta^2}{n_2}\right)}}$$

的分布.

6-14 设总体服从参数为 λ 的泊松分布,$X_1,\cdots,X_n$ 为一个样本,求 $E\overline{X}$和 $D\overline{X}$.

6-15　设总体 X 服从 $[a,b]$ 上的均匀分布，$X_1,\cdots,X_n$ 来自 X 的一个样本，求 $E\overline{X}$ 和 $D\overline{X}$.

6-16　设总体 X 服从两点分布，$P(X=1)=p$，$X_1,\cdots,X_n$ 是来自 X 的样本，求样本均值 $\overline{X}$ 的期望和方差及样本方差 S^2 的期望.

6-17　设某总体容量为 13 的样本值为 $-2.1,3.2,0,0.1,1.2,-4,2.22,2.01,1.2,-0.1,3.21,-2.1,0$. 试写出顺序统计量、样本中位数和样本极差的观察值. 如果抽得一个容量为 1 的样本值 2.7 与前面的样本值构成一个容量为 14 的样本值，求样本中位数的观察值.

第 7 章 参数估计

点估计法与
区间估计法

在实际问题中，所研究的总体的分布类型往往是已知的，但依赖于一个或几个未知参数. 利用样本，对这些参数做出估计，或利用样本对总体的某些数字特征做出估计统称为参数估计. 参数估计有点估计和区间估计.

7.1 点估计

设总体 X 的分布类型已知，但包含未知参数 θ，利用样本 $X_1,X_2,\cdots,X_n$ 构造统计量 $\hat{\theta}=\hat{\theta}(X_1,X_2,\cdots,X_n)$，作为 θ 的**估计量**. 如果取得样本值 $x_1,x_2,\cdots,x_n$，则 $\hat{\theta}=\hat{\theta}(x_1,x_2,\cdots,x_n)$ 就是 θ 的**估计值**. 这种估计称为参数的**点估计**. 点估计的主要任务是求估计量.

一、求估计量的方法

1. 矩估计

矩估计的基本思想是用样本(原点)矩 $a_k=\dfrac{1}{n}\sum\limits_{i=1}^{n}X_i^k$ 去估计总体(原点)矩 $\mu_k=EX^k$，进而用样本矩的函数去估计总体矩的函数.

设总体 X 的分布类型已知，但包含未知参数 $\theta_1,\theta_2,\cdots,\theta_m$，利用样本 $X_1,X_2,\cdots,X_n$，求这 m 个未知参数的矩估计的步骤如下：

(1)求出总体 X 的前 m 阶(原点)矩(假定它们存在)

$$\begin{cases}\mu_1=EX=g_1(\theta_1,\theta_2,\cdots,\theta_m)\\ \mu_2=EX^2=g_2(\theta_1,\theta_2,\cdots,\theta_m)\\ \qquad\vdots\\ \mu_m=EX^m=g_m(\theta_1,\theta_2,\cdots,\theta_m)\end{cases}\tag{7-1}$$

(2)解方程组(7-1)得

$$\begin{cases}\theta_1=h_1(\mu_1,\mu_2,\cdots,\mu_m)\\ \theta_2=h_2(\mu_1,\mu_2,\cdots,\mu_m)\\ \qquad\vdots\\ \theta_m=h_m(\mu_1,\mu_2,\cdots,\mu_m)\end{cases}\tag{7-2}$$

(3) 用样本矩 $a_k=\dfrac{1}{n}\sum\limits_{i=1}^{n}X_i^k$ 代替 μ_k，即得未知参数的矩估计

$$\hat{\theta}_k=h_k(a_1,a_2,\cdots,a_m)\quad(k=1,2,\cdots,m)\tag{7-3}$$

【例 1】 设总体 $X \sim N(\mu,\sigma^2)$，试用样本 $X_1,X_2,\cdots,X_n$，求：(1)μ,σ^2 的矩估计量；(2)当样本值为 15.1，14.8，15.2，14.9，14.6，15.1 时求 μ 和 σ^2 的矩估计值.

解 (1)

$$\mu_1 = EX = \mu$$

$$\mu_2 = EX^2 = DX + (EX)^2 = \sigma^2 + \mu^2$$

解方程组

$$\begin{cases}\mu = \mu_1 \\ \sigma^2 + \mu^2 = \mu_2\end{cases}$$

得

$$\mu = \mu_1$$

$$\sigma^2 = \mu_2 - \mu_1^2$$

用 $a_1 = \frac{1}{n}\sum_{i=1}^{n} X_i = \overline{X}$ 代替 μ_1，$a_2 = \frac{1}{n}\sum_{i=1}^{n} X_i^2$ 代替 μ_2，则得 μ,σ^2 的矩估计

$$\hat{\mu} = \overline{X}$$

$$\begin{aligned}\hat{\sigma}^2 &= \frac{1}{n}\sum_{i=1}^{n} X_i^2 - \overline{X}^2 = \frac{1}{n}\left[\sum_{i=1}^{n} X_i^2 - n\overline{X}^2\right] \\ &= \frac{1}{n}\left[\sum_{i=1}^{n} X_i^2 - 2\overline{X}\sum_{i=1}^{n} X_i + \sum_{i=1}^{n} \overline{X}^2\right] \\ &= \frac{1}{n}\sum_{i=1}^{n}(X_i - \overline{X})^2 = S^{*2}\end{aligned}$$

(2)

$$\overline{X} = \frac{1}{6} \times (15.1 + 14.8 + 15.2 + 14.9 + 14.6 + 15.1) \approx 15$$

$$S^{*2} = \frac{1}{6}\left(\sum_{i=1}^{6} X_i^2 - 6\overline{X}^2\right) = \frac{1}{6}\sum_{i=1}^{6}(X_i - \overline{X})^2 = 0.045$$

故 μ 和 σ^2 的矩估计值为

$$\hat{\mu} = \overline{X} = 15$$

$$\hat{\sigma}^2 = S^{*2} = 0.045$$

【例 2】 设总体 $X \sim U[0,\theta]$，试用样本 $X_1,X_2,\cdots,X_n$，求：(1)θ 的矩估计量；(2)当样本值为 0.3，0.8，0.27，0.35，0.62，0.55 时求 θ 的矩估计值.

解 (1)

$$\mu_1 = EX = \frac{\theta}{2}$$

解得

$$\theta = 2\mu_1$$

所以 θ 的矩估计量为

$$\hat{\theta} = 2\overline{X}$$

(2)

$$\overline{X} = \frac{1}{6} \times (0.3 + 0.8 + 0.27 + 0.35 + 0.62 + 0.55) = 0.481\,7$$

所以 θ 的矩估计值为

$$\hat{\theta} = 2\overline{X} = 0.963\,4$$

【例 3】 设总体 X 服从参数为 N,p 的二项分布，试用样本 $X_1,X_2,\cdots,X_n$ 求参数 N,p 的矩估计.

解

$$\begin{cases}\mu_1 = EX = Np \\ \mu_2 = EX^2 = DX + (EX)^2 = Np(1-p) + N^2p^2\end{cases} \quad (*)$$

解方程组(*)得

$$N=\frac{\mu_1}{p}$$

$$p=1-\frac{\mu_2-\mu_1^2}{\mu_1}$$

所以 p 与 N 的矩估计为

$$\hat{p}=1-\frac{S^{*2}}{\overline{X}}$$

$$N=\frac{\overline{X}}{\hat{p}}$$

2. 极大似然估计

极大似然估计的依据是极大似然原理——一个试验有若干个可能结果 $A_1,A_2,\cdots$,如果在一次试验中,A_1 发生了,则认为 A_1 发生的概率最大.

我们知道,若总体 X 的密度 $p(x;\theta_1,\cdots,\theta_m)$ 在 x 处的值越大,则 X 在 x 附近取值的概率越大. 而样本$(X_1,X_2,\cdots,X_n)$的密度

$$\prod_{i=1}^{n} p(x_i;\theta_1,\cdots,\theta_m)$$

在$(x_1,x_2,\cdots,x_n)$处的值越大,样本$(X_1,\cdots,X_n)$在$(x_1,\cdots,x_n)$附近取值的概率越大. 若一次抽样结果得样本值$(x_1,x_2,\cdots,x_n)$,就是说在一次试验中样本$(X_1,X_2,\cdots,X_n)$取样本值$(x_1,x_2,\cdots,x_n)$这一事件就发生了,所以我们对 $\theta_1,\theta_2,\cdots,\theta_m$ 做出估计时,应有利于这一事件的发生,即估计出来的参数 $\hat{\theta}_1,\cdots,\hat{\theta}_m$ 应使函数 $\prod\limits_{i=1}^{n} p(x_i;\theta_1,\cdots,\theta_m)$ 在点$(x_1,x_2,\cdots,x_n)$处取得最大值. 这就是极大似然估计的基本思想.

设总体 X 具有密度 $p(x;\theta_1,\cdots,\theta_m)$,则称

$$L(X_1,\cdots,X_n;\theta_1,\cdots,\theta_m)=\prod_{i=1}^{n} p(x_i;\theta_1,\cdots,\theta_m) \tag{7-4}$$

为**似然函数**,对确定的样本值 $x_1,\cdots,x_n$,它是 $\theta_1,\theta_2,\cdots,\theta_m$ 的函数,如果有 $\hat{\theta}_i=\hat{\theta}_i(x_1,\cdots,x_n)$使得

$$L(x_1,\cdots,x_n;\hat{\theta}_1,\cdots,\hat{\theta}_m)=\max_{\theta_1,\cdots,\theta_m} L(x_1,\cdots,x_n;\theta_1,\cdots,\theta_m) \tag{7-5}$$

则称 $\hat{\theta}_i=\hat{\theta}_i(X_1,\cdots,X_n)$为 $\theta_i(i=1,2,\cdots,m)$的**极大似然估计**.

由参数的极大似然估计的定义知,求极大似然估计归结为求函数的最大值问题. 这时 θ_i 可从方程(组)

$$\frac{\partial L}{\partial \theta_i}=0 \quad (i=1,2,\cdots,m)$$

解得,而 $L=\prod\limits_{i=1}^{n} p(x_i;\theta_1,\cdots,\theta_m)$ 是乘积,乘积的求导较麻烦,因 $L(\theta)$ 与 $\ln L(\theta)$ 在同一 θ 处取得极值,因此 θ_i 的极大似然估计可以解方程(组)

$$\frac{\partial \ln L}{\partial \theta_i}=0 \quad (i=1,2,\cdots,m) \tag{7-6}$$

得到.

由上面的分析,我们得到求极大似然估计的一般步骤如下.

(1)写出似然函数

$$L(X_1,\cdots,X_n;\theta_1,\cdots,\theta_m)=\begin{cases}\prod_{i=1}^{n}p(x_i;\theta_1,\cdots,\theta_m) & \text{连续总体}\\ \prod_{i=1}^{n}P(X=x_i) & \text{离散总体}\end{cases}$$

(2) 两边取对数(仅写出连续总体的情况)

$$\ln L=\sum_{i=1}^{n}\ln p(x_i,\theta_1,\cdots,\theta_m)$$

(3) 求导数,建立似然方程

$$\frac{\partial\ln L}{\partial\theta_j}=\sum_{i=1}^{n}\frac{\partial\ln p(x_i;\theta_1,\cdots,\theta_m)}{\partial\theta_j}\triangleq 0\quad(j=1,2,\cdots,m)$$

(4) 解似然方程(组) 即可求出未知参数的极大似然估计.

【例 4】 设总体 $X\sim N(\mu,\sigma^2)$,试用样本 $X_1,X_2,\cdots,X_n$ 求 μ,σ^2 的极大似然估计.

解 似然函数为

$$L(X_1,\cdots,X_n;\mu,\sigma^2)=\prod_{i=1}^{n}\frac{1}{\sqrt{2\pi}\sigma}e^{-\frac{(x_i-\mu)^2}{2\sigma^2}}=(2\pi)^{-\frac{n}{2}}(\sigma^2)^{-\frac{n}{2}}e^{-\frac{1}{2\sigma^2}\sum_{i=1}^{n}(x_i-\mu)^2}$$

取对数

$$\ln L=-\frac{n}{2}\ln(2\pi)-\frac{n}{2}\ln\sigma^2-\frac{1}{2\sigma^2}\sum_{i=1}^{n}(x_i-\mu)^2$$

求导数建立似然方程

$$\frac{\partial\ln L}{\partial\mu}=\frac{1}{\sigma^2}\sum_{i=1}^{n}(x_i-\mu)\triangleq 0$$

$$\frac{\partial\ln L}{\partial\sigma^2}=-\frac{n}{2\sigma^2}+\frac{1}{2\sigma^4}\sum_{i=1}^{n}(x_i-\mu)^2\triangleq 0$$

得似然方程

$$\begin{cases}n\mu=\sum_{i=1}^{n}x_i\\ n\sigma^2=\sum_{i=1}^{n}(x_i-\mu)^2\end{cases}$$

解似然方程得 μ,σ^2 的极大似然估计:

$$\hat{\mu}=\overline{X},\quad \hat{\sigma}^2=S^{*2}$$

【例 5】 设总体 $X\sim B(1,p)$,试用样本 $X_1,X_2,\cdots,X_n$ 求 p 的极大似然估计.

解 X 的概率分布为

$$P(X=x_i)=p^{x_i}(1-p)^{-x_i+1}\quad(x_i=0,1\text{ 且 }i=1,2,\cdots,n)$$

似然函数为

$$L(X_1,\cdots,X_n;p)=\prod_{i=1}^{n}p^{x_i}(1-p)^{-x_i+1}=p^{\sum_{i=1}^{n}x_i}(1-p)^{-\sum_{i=1}^{n}x_i+n}$$

取对数

$$\ln L = \sum_{i=1}^{n} x_i \ln p + (-\sum_{i=1}^{n} x_i + n)\ln(1-p)$$

似然方程

$$\frac{\mathrm{d}\ln L}{\mathrm{d}p}=\frac{n\overline{x}}{p}+\frac{n\overline{x}-n}{1-p}\triangleq 0$$

解得 p 的极大似然估计为

$$\hat{p}=\overline{x}$$

【例 6】 设总体 $X\sim U[\theta_1,\theta_2]$，试由样本 $X_1,\cdots,X_n$ 求参数 θ_1,θ_2 的矩估计.

解 似然函数

$$L(X_1,\cdots,X_n;\theta_1,\theta_2) = \prod_{i=1}^{n} \frac{1}{\theta_2-\theta_1} = \frac{1}{(\theta_2-\theta_1)^n}(\theta_1 \leqslant x_{(1)} \leqslant x_{(n)} \leqslant \theta_2)$$

$$\ln L = -n\ln(\theta_2-\theta_1)$$

$$\frac{\partial \ln L}{\partial \theta_1} = \frac{n}{\theta_2-\theta_1} \neq 0$$

即似然方程不存在，此时由极大似然估计的定义，当 $\hat{\theta}_1=x_{(1)}$，$\hat{\theta}_2=x_{(n)}$ 时似然函数取最大值，故 θ_1,θ_2 的极大似然估计为

$$\hat{\theta}_1=x_{(1)},\quad \hat{\theta}_2=x_{(n)}$$

从上面的例子可见，求极大似然估计一般是按四步进行，但如果在计算过程中发现似然方程不存在，则利用定义求之.

【例 7】 设总体 X 具有密度

$$p(x;\theta_1,\theta_2)=\begin{cases}\dfrac{1}{\theta_2}\mathrm{e}^{-\frac{x-\theta_1}{\theta_2}}, & x\geqslant\theta_1\\ 0, & x<\theta_1\end{cases}$$

试用样本 $X_1,\cdots,X_n$ 求 θ_1,θ_2 的矩估计和极大似然估计.

解 先求矩估计

$$\begin{cases}\mu_1=EX=\theta_1+\theta_2\\ \mu_2=EX^2=DX+(EX)^2=\theta_2^2+(\theta_1+\theta_2)^2\end{cases}$$

解之得

$$\theta_2^2=\mu_2-\mu_1^2$$

$$\theta_1=\mu_1-\theta_2$$

即 θ_1 和 θ_2 的矩估计为

$$\hat{\theta}_1=\overline{X}-S^*,\quad \hat{\theta}_2=S^*$$

极大似然估计

$$L(X_1,\cdots,X_n;\theta_1,\theta_2) = \prod_{i=1}^{n} \frac{1}{\theta_2}\mathrm{e}^{-\frac{1}{\theta_2}(X_i-\theta_1)} = \theta_2^{-n}\mathrm{e}^{-\frac{1}{\theta_2}\sum_{i=1}^{n}(X_i-\theta_1)},\theta_1 \leqslant x_{(1)}$$

$$\ln L = -n\ln\theta_2 - \frac{1}{\theta_2}\sum_{i=1}^{n}(X_i-\theta_1)$$

$$\frac{\partial \ln L}{\partial \theta_1} = \frac{n}{\theta_2} \neq 0$$

由定义知 θ_1 的极大似然估计为 $\hat{\theta}_1 = x_{(1)}$

$$\frac{\partial \ln L}{\partial \theta_2} = -\frac{n}{\theta_2} + \frac{1}{\theta_2^2}\sum_{i=1}^{n}(X_i - \theta_1) \triangleq 0$$

解得 θ_2 的极大似然估计为

$$\hat{\theta}_2 = \overline{X} - x_{(1)}$$

二、鉴定估计量的标准

由前面的讨论可以看出，对同一个未知参数，用不同的估计方法，可以得到不同的估计量，即使用相同的方法也可能得到不同的估计量. 例如总体 $X \sim P(\lambda)$，同是用矩估计来估计 λ，用一阶矩

$$\mu_1 = EX = \lambda$$

则 λ 的矩估计为 $\hat{\lambda} = \overline{X}$. 用二阶矩

$$\mu_2 = EX^2 = DX + (EX)^2 = \lambda + \mu_1^2$$

则 λ 的矩估计为 $\hat{\lambda} = S^{*2}$.

既然同一个参数可以有不同的估计量，这就存在哪一个较好的问题，为此我们给出鉴定估计量优良性的标准.

1. 无偏性

设 $\hat{\theta} = \hat{\theta}(X_1, X_2, \cdots, X_n)$ 是 θ 的估计量，若对任何可能的参数值 θ 都有

$$E\hat{\theta}(X_1, \cdots, X_n) = \theta \tag{7-7}$$

则称 $\hat{\theta}$ 是未知参数 θ 的**无偏估计量**.

【例 8】 证明对任意总体 X，样本 k 阶原点矩 $a_k = \frac{1}{n}\sum_{i=1}^{n} X_i^k$ 是总体 k 阶原点矩 $\mu_k = EX^k$ 的无偏估计，特别地，样本均值是总体均值的无偏估计.

证明 设 $X_1, X_2, \cdots, X_n$ 是 X 的样本，所以 $EX_i^k = EX^k$，于是

$$E\left(\frac{1}{n}\sum_{i=1}^{n} X_i^k\right) = \frac{1}{n}\sum_{i=1}^{n} EX_i^k = EX^k$$

即 $\frac{1}{n}\sum_{i=1}^{n} X_i^k$ 是 $\mu_k = EX^k$ 的无偏估计.

【例 9】 证明对任何总体 X，样本方差 $S^2 = \frac{1}{n-1}\sum_{i=1}^{n}(X_i - \overline{X})^2$ 是总体方差 $\sigma^2 = DX$ 的无偏估计.

证明

$$\begin{aligned} ES^2 &= \frac{1}{n-1}E\left[\sum_{i=1}^{n}(X_i - \overline{X})^2\right] = \frac{1}{n-1}E\left(\sum_{i=1}^{n} X_i^2 - n\overline{X}^2\right) \\ &= \frac{1}{n-1}\left(\sum_{i=1}^{n} EX_i^2 - nE\overline{X}^2\right) \\ &= \frac{1}{n-1}\left[\sum_{i=1}^{n}(DX_i + (EX_i)^2) - n(D\overline{X} + (E\overline{X})^2)\right] \\ &= \frac{1}{n-1}(n\sigma^2 + n\mu^2 - \sigma^2 - n\mu^2) = \sigma^2 \end{aligned}$$

即 S^2 是 $\sigma^2 = DX$ 的无偏估计.

【例 10】 设总体 $X \sim N(\mu,\sigma^2)$，$X_1,\cdots,X_n$ 为 X 的样本，$\overline{X}$ 是样本均值，求 k，使 $k\sum_{i=1}^{n}|X_i-\overline{X}|$ 是 σ 的无偏估计.

解 $E\sum_{i=1}^{n}|X_i-\overline{X}| = \sum_{i=1}^{n}E|X_i-\overline{X}|$，

$$X_i-\overline{X} = X_i - \frac{1}{n}X_i - \frac{1}{n}\sum_{j\neq i}X_j = \frac{n-1}{n}X_i - \frac{1}{n}\sum_{j\neq i}X_j \sim N\left(0,\frac{n-1}{n}\sigma^2\right),$$

于是

$$\frac{X_i-\overline{X}}{\sqrt{\frac{n-1}{n}}\sigma} \sim N(0,1)$$

$$E\left|\frac{X_i-\overline{X}}{\sqrt{\frac{n-1}{n}}\sigma}\right| = \sqrt{\frac{2}{\pi}},$$

即

$$E|X_i-\overline{X}| = \sqrt{\frac{2(n-1)}{n\pi}}\sigma$$

所以

$$E\sum_{i=1}^{n}|X_i-\overline{X}| = \sum_{i=1}^{n}E|X_i-\overline{X}| = \sqrt{\frac{2n(n-1)}{\pi}}\sigma$$

可见，当 $k=\sqrt{\frac{\pi}{2n(n-1)}}$ 时，$k\sum_{i=1}^{n}|X_i-\overline{X}|$ 是 σ 的无偏估计.

2. 有效性

设 $\hat{\theta}_1=\hat{\theta}_1(X_1,\cdots,X_n)$ 和 $\hat{\theta}_2=\hat{\theta}_2(X_1,\cdots,X_n)$ 都是 θ 的无偏估计，如果对于任何可能的参数值 θ 都有

$$D\hat{\theta}_1 \leqslant D\hat{\theta}_2 \tag{7-8}$$

且至少对某个参数值 θ_0 使小于号成立，则称 $\hat{\theta}_1$ **较** $\hat{\theta}_2$ **有效.**

这里所说的有效性，是比较而言的. 在几个无偏估计中，方差较小的较为有效.

【例 11】 设总体 $X\sim N(\mu,\sigma^2)$，X_1,X_2,X_3 是来自 X 的样本，试证明估计量

$$\hat{\mu}_1=\frac{1}{5}X_1+\frac{3}{10}X_2+\frac{1}{2}X_3$$

$$\hat{\mu}_2=\frac{1}{3}X_1+\frac{1}{4}X_2+\frac{5}{12}X_3$$

$$\hat{\mu}_3=\frac{1}{3}X_1+\frac{1}{3}X_2+\frac{1}{3}X_3$$

都是 μ 的无偏估计，并指出它们中哪一个最有效.

证明 $E\hat{\mu}_1=\frac{1}{5}EX_1+\frac{3}{10}EX_2+\frac{1}{2}EX_3=\left(\frac{1}{5}+\frac{3}{10}+\frac{1}{2}\right)\mu=\mu$

$$E\hat{\mu}_2=\frac{1}{3}EX_1+\frac{1}{4}EX_2+\frac{5}{12}EX_3=\left(\frac{1}{3}+\frac{1}{4}+\frac{5}{12}\right)\mu=\mu$$

$$E\hat{\mu}_3=\frac{1}{3}EX_1+\frac{1}{3}EX_2+\frac{1}{3}EX_3=\left(\frac{1}{3}+\frac{1}{3}+\frac{1}{3}\right)\mu=\mu$$

故$\hat{\mu}_1,\hat{\mu}_2,\hat{\mu}_3$都是$\mu$的无偏估计.

$$D\hat{\mu}_1=\frac{1}{25}DX_1+\frac{9}{100}DX_2+\frac{1}{4}DX_3=\left(\frac{1}{25}+\frac{9}{100}+\frac{1}{4}\right)\sigma^2=\frac{38}{100}\sigma^2=0.38\sigma^2$$

$$D\hat{\mu}_2=\frac{1}{9}DX_1+\frac{1}{16}DX_2+\frac{25}{144}DX_3=\left(\frac{1}{9}+\frac{1}{16}+\frac{25}{144}\right)\sigma^2=\frac{50}{144}\sigma^2=0.347\sigma^2$$

$$D\hat{\mu}_3=\frac{1}{9}DX_1+\frac{1}{9}DX_2+\frac{1}{9}DX_3=\left(\frac{1}{9}+\frac{1}{9}+\frac{1}{9}\right)\sigma^2=\frac{1}{3}\sigma^2=0.333\sigma^2$$

所以$\hat{\mu}_3$最有效.

一般地,设$X_1,X_2,\cdots,X_n$是来自任何总体X的样本,若$\sum\limits_{i=1}^{n}C_i=1$,则$\hat{\mu}=\sum\limits_{i=1}^{n}C_iX_i$是$\mu=EX$的无偏估计,称为$\mu$的线性无偏估计.在$\mu$的所有线性无偏估计中,以样本均值$\overline{X}=\frac{1}{n}\sum\limits_{i=1}^{n}X_i$最有效.事实上

$$D\hat{\mu}=\sum_{i=1}^{n}C_i^2DX_i=(\sum_{i=1}^{n}C_i^2)DX,D\overline{X}=\frac{1}{n}DX$$

利用柯西不等式$(\sum\limits_{i=1}^{n}a_ib_i)^2\leqslant(\sum\limits_{i=1}^{n}a_i^2)(\sum\limits_{i=1}^{n}b_i^2)$知

$$1=(\sum_{i=1}^{n}C_i)^2\leqslant(\sum_{i=1}^{n}C_i^2)(\sum_{i=1}^{n}1^2)=n\sum_{i=1}^{n}C_i^2$$

即

$$\sum_{i=1}^{n}C_i^2\geqslant\frac{1}{n}$$

所以

$$D\hat{\mu}=(\sum_{i=1}^{n}C_i^2)DX\geqslant\frac{1}{n}DX=D\overline{X}$$

故$\overline{X}$作为$\mu=EX$的线性无偏估计是最有效的.

3.相合(一致)性

设$\hat{\theta}_n$是参数θ的一个估计量,如果$\hat{\theta}_n$依概率收敛于θ,即对任意的$\varepsilon>0$,有

$$\lim_{n\to\infty}P(|\hat{\theta}_n-\theta|\geqslant\varepsilon)=0 \tag{7-9}$$

则称$\hat{\theta}_n$是θ的**相合估计量**.

【例12】 证明对任意总体,样本原点矩$a_k=\frac{1}{n}\sum\limits_{i=1}^{n}X_i^k$是总体原点矩$\mu_k=EX^k$的相合估计.

证明 由$X_1,X_2,\cdots,X_n$的独立同分布性知,对任意的$k\geqslant1$,$X_1^k,X_2^k,\cdots,X_n^k$也相互独立且与X^k同分布,因此,由大数定理,对任意的$\varepsilon>0$有

$$\lim_{n\to\infty}P\left\{\left|\frac{1}{n}\sum_{i=1}^{n}X_i^k-EX^k\right|\geqslant\varepsilon\right\}=0$$

即$\frac{1}{n}\sum\limits_{i=1}^{n}X_i^k$是$\mu_k=EX^k$的相合估计.

可以证明,对任意总体来说:

样本方差S^2是总体方差σ^2的相合估计;

样本二阶中心矩 S^{*2} 是总体方差 σ^2 的相合估计;

样本标准差 S(或 S^*)是总体标准差 σ 的相合估计.

7.2 区间估计

参数的点估计,是用一个数 $\hat{\theta}$ 来估计未知参数 θ. 这里有两个问题没有回答,一是精度,二是可靠度. 例如用样本均值估计总体均值,误差有多大? 以多大的可靠度可以期望误差不超过某一个限度? 这些问题在点估计中都没有解决,为此我们引入区间估计.

一、区间估计的概念

对于未知参数 θ,如果存在两个统计量 $\hat{\theta}_1(X_1,X_2,\cdots,X_n)$, $\hat{\theta}_2(X_1,X_2,\cdots,X_n)$,使对给定的 $\alpha(0<\alpha<1)$ 有

$$P(\hat{\theta}_1<\theta<\hat{\theta}_2)=1-\alpha \tag{7-10}$$

则称 $(\hat{\theta}_1,\hat{\theta}_2)$ 为 θ 在置信度 $1-\alpha$ 下的**置信区间**, $\hat{\theta}_1$, $\hat{\theta}_2$ 分别为**置信下限**和**置信上限**.

在区间估计中,置信区间的长度可以表示估计的精度,置信度可以表示估计的可靠度,这样点估计的两个问题都得到了解决.

式(7-10)的正确含义是什么呢? 从表面上看,该式似乎表示未知参数 θ 落在区间 $(\hat{\theta}_1,\hat{\theta}_2)$ 内的概率为 $1-\alpha$,但这种说法是不正确的. 因为对于固定的总体 X,参数 θ 是一个完全确定的数,不存在落在哪里和不落在哪里的问题. 而 $(\hat{\theta}_1,\hat{\theta}_2)$ 是一个随机区间,所以式(7-10)的正确含义是随机区间 $(\hat{\theta}_1,\hat{\theta}_2)$ 包含(或覆盖) θ 的概率为 $1-\alpha$.

构造置信区间的一般方法如下:

(1)选一个包含未知参数 θ 而不包含其他未知参数的随机变量 $T(X_1,\cdots,X_n;\theta)$,其分布已知.

(2)对于给定的 α,根据 T 的分布查出两个临界值 c 与 d,使得

$$P(c<T(X_1,\cdots,X_n;\theta)<d)=1-\alpha$$

(3)将不等式 $c<T(X_1,\cdots,X_n;\theta)<d$ 转化为等价形式

$$\hat{\theta}_1(X_1,\cdots,X_n)<\theta<\hat{\theta}_2(X_1,\cdots,X_n)$$

即将 θ 暴露出来,得

$$P(\hat{\theta}_1(X_1,\cdots,X_n)<\theta<\theta_2(X_1,\cdots,X_n))=1-\alpha$$

于是 $(\hat{\theta}_1,\hat{\theta}_2)$ 即为 θ 的置信度为 $1-\alpha$ 下的置信区间.

二、单个正态总体参数的区间估计

设 $X_1,X_2,\cdots,X_n$ 为取自总体 $N(\mu,\sigma^2)$ 的一个样本, $\overline{X}$, S^2 分别为样本均值和样本方差,现在讨论如下的区间估计问题.

1. σ^2 已知, μ 的置信区间

选随机变量

$$u=\frac{\overline{X}-\mu}{\sigma}\sqrt{n}\sim N(0,1)$$

对于给定的 α，查正态分布表求出临界值 $u_{\alpha/2}$（如图 7-1）使得

$$P(-u_{\alpha/2}<u<u_{\alpha/2})=1-\alpha$$

即

$$P\left(-u_{\alpha/2}<\frac{\overline{X}-\mu}{\sigma}\sqrt{n}<u_{\alpha/2}\right)=1-\alpha$$

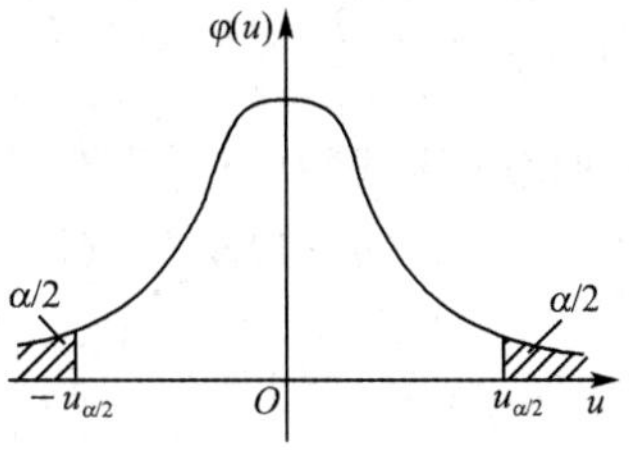

图 7-1

将 μ 暴露出来得

$$P\left(\overline{X}-u_{\alpha/2}\frac{\sigma}{\sqrt{n}}<\mu<\overline{X}+u_{\alpha/2}\frac{\sigma}{\sqrt{n}}\right)=1-\alpha$$

故 μ 的置信区间为

$$\left(\overline{X}-u_{\alpha/2}\frac{\sigma}{\sqrt{n}},\overline{X}+u_{\alpha/2}\frac{\sigma}{\sqrt{n}}\right) \tag{7-11}$$

2. σ^2 未知，μ 的置信区间

选随机变量

$$t=\frac{\overline{X}-\mu}{s}\sqrt{n}\sim t(n-1)$$

对于给定的 α，查 t 分布表求出临界值 $t_{\alpha/2}(n-1)$（如图 7-2）使得

$$P(-t_{\alpha/2}(n-1)<t<t_{\alpha/2}(n-1))=1-\alpha$$

即

$$P(-t_{\alpha/2}(n-1)<\frac{\overline{X}-\mu}{S}\sqrt{n}<t_{\alpha/2}(n-1))=1-\alpha$$

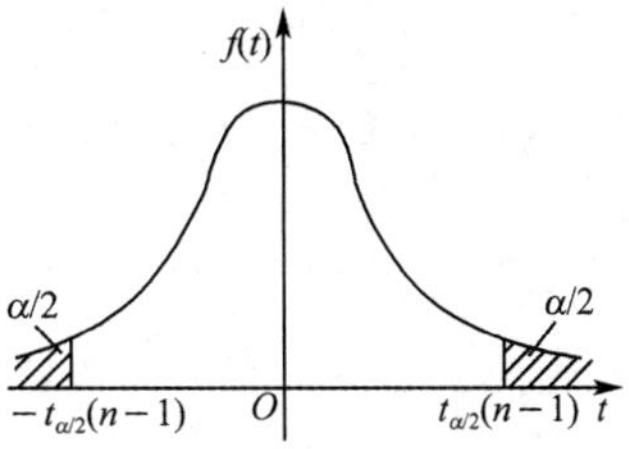

图 7-2

将 μ 暴露出来得

$$P\left(\overline{X}-t_{\alpha/2}(n-1)\frac{S}{\sqrt{n}}<\mu<\overline{X}+t_{\alpha/2}(n-1)\frac{S}{\sqrt{n}}\right)=1-\alpha$$

故 μ 的置信区间为

$$(\overline{X}-t_{\alpha/2}(n-1)\frac{S}{\sqrt{n}},\overline{X}+t_{\alpha/2}(n-1)\frac{S}{\sqrt{n}}) \tag{7-12}$$

3. σ^2 的置信区间

选随机变量

$$\chi^2=\frac{(n-1)S^2}{\sigma^2}\sim\chi^2(n-1)$$

对给定的 α，查 χ^2 分布表，求出临界值 $\chi^2_{1-\alpha/2}(n-1)$ 和 $\chi^2_{\alpha/2}(n-1)$（如图 7-3），使得

$$P(\chi^2_{1-\alpha/2}(n-1)<\chi^2<\chi^2_{\alpha/2}(n-1))=1-\alpha$$

即

$$P(\chi^2_{1-\alpha/2}(n-1)<\frac{(n-1)S^2}{\sigma^2}<\chi^2_{\alpha/2}(n-1))=1-\alpha$$

将 σ^2 暴露出来得

$$P\left(\frac{(n-1)S^2}{\chi^2_{\alpha/2}(n-1)}<\sigma^2<\frac{(n-1)S^2}{\chi^2_{1-\alpha/2}(n-1)}\right)=1-\alpha$$

故 σ^2 的置信区间为

$$\left(\frac{(n-1)S^2}{\chi^2_{\alpha/2}(n-1)},\frac{(n-1)S^2}{\chi^2_{1-\alpha/2}(n-1)}\right)$$

σ 的置信区间为

$$\left(\sqrt{\frac{(n-1)}{\chi^2_{\alpha/2}(n-1)}}S,\sqrt{\frac{(n-1)}{\chi^2_{1-\alpha/2}(n-1)}}S\right) \quad (7\text{-}13)$$

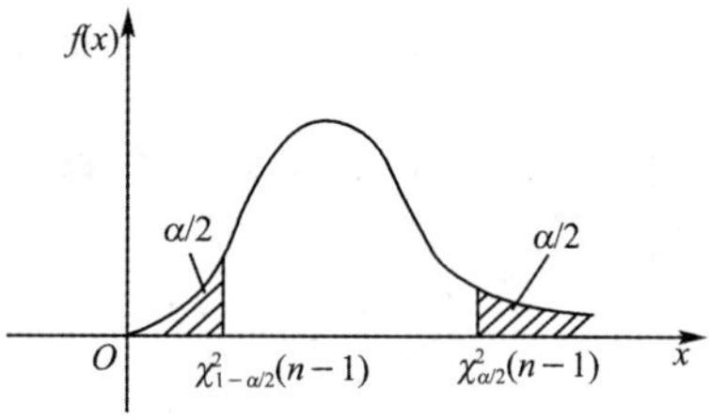

图 7-3

如果给定了样本值，具体的置信区间就可以求出来了.

【例 1】 设有一批胡椒粉，每袋净重 X(单位：克)服从 $N(\mu,\sigma^2)$分布，今任取 8 袋测得净重为 12.1，11.9，12.4，12.3，11.9，12.1，12.4，12.1. (1)求 μ 的置信区间($\alpha=0.01$)；(2)求 σ^2 的置信区间($\alpha=0.01$).

解 (1)μ 的置信区间为$\left(\overline{X}-t_{\alpha/2}(n-1)\frac{S}{\sqrt{n}},\overline{X}+t_{\alpha/2}(n-1)\frac{S}{\sqrt{n}}\right)$

此处

$$\overline{X}=\frac{1}{8}\times(12.1+11.9+12.4+12.3+11.9+12.1+12.4+12.1)=12.15$$

$$S^2=\frac{1}{7}\times[(12.1-12.15)^2+\cdots+(12.1-12.15)^2]=0.04,S=0.2$$

$$\alpha=0.01,n=8,t_{0.005}(7)=3.4995$$

$$\overline{X}\pm t_{\alpha/2}(n-1)\frac{S}{\sqrt{n}}=12.15\pm3.4995\times\frac{0.2}{\sqrt{8}}=12.15\pm0.25$$

故 μ 的置信区间为(11.90，12.40).

(2)σ^2 的置信区间为

$$\left(\frac{(n-1)S^2}{\chi^2_{\alpha/2}(n-1)},\frac{(n-1)S^2}{\chi^2_{1-\alpha/2}(n-1)}\right)$$

$$\chi^2_{0.005}(7)=20.278,\chi^2_{0.995}(7)=0.989$$

$$\frac{(n-1)S^2}{\chi^2_{\alpha/2}(n-1)}=\frac{7\times0.04}{20.278}=0.014,\frac{(n-1)S^2}{\chi^2_{0.995}(n-1)}=\frac{7\times0.04}{0.989}=0.283$$

故 σ^2 的置信区间为(0.014，0.283).

三、两个正态总体参数的区间估计

设总体 $X\sim N(\mu_1,\sigma_1^2)$，$Y\sim N(\mu_2,\sigma_2^2)$，$X_1,\cdots,X_{n_1}$ 为总体 X 的样本，$\overline{X}$ 和 S_1^2 分别为它的样本均值和样本方差；$Y_1,\cdots,Y_{n_2}$ 为总体 Y 的样本，$\overline{Y}$ 和 S_2^2 分别为它的样本均值和样本方差，又设两个样本相互独立.

1. 已知 $\sigma_1^2=\sigma_2^2$，求 $\mu_1-\mu_2$ 的置信区间

选随机变量

$$t=\frac{\overline{X}-\overline{Y}-(\mu_1-\mu_2)}{S_W\sqrt{\frac{1}{n_1}+\frac{1}{n_2}}}\sim t(n_1+n_2-2)$$

其中 $S_W=\sqrt{\dfrac{(n_1-1)S_1^2+(n_2-1)S_2^2}{n_1+n_2-2}}$,对于给定的 α,查 t 分布表求出临界值 $t_{\alpha/2}(n_1+n_2-2)$ 使得

$$P(-t_{\alpha/2}(n_1+n_2-2)<t<t_{\alpha/2}(n_1+n_2-2))=1-\alpha$$

即

$$P\left(-t_{\alpha/2}(n_1+n_2-2)<\frac{\overline{X}-\overline{Y}-(\mu_1-\mu_2)}{S_W\sqrt{\dfrac{1}{n_1}+\dfrac{1}{n_2}}}<t_{\alpha/2}(n_1+n_2-2)\right)=1-\alpha$$

将 $\mu_1-\mu_2$ 暴露出来得

$$P\Big(\overline{X}-\overline{Y}-t_{\alpha/2}(n_1+n_2-2)S_W\sqrt{\frac{1}{n_1}+\frac{1}{n_2}}<\mu_1-\mu_2<$$
$$\overline{X}-\overline{Y}+t_{\alpha/2}(n_1+n_2-2)S_W\sqrt{\frac{1}{n_1}+\frac{1}{n_2}}\Big)=1-\alpha$$

即 $\mu_1-\mu_2$ 的置信区间为

$$\Big(\overline{X}-\overline{Y}-t_{\alpha/2}(n_1+n_2-2)S_W\sqrt{\frac{1}{n_1}+\frac{1}{n_2}},$$
$$\overline{X}-\overline{Y}+t_{\alpha/2}(n_1+n_2-2)S_W\sqrt{\frac{1}{n_1}+\frac{1}{n_2}}\Big) \tag{7-14}$$

2. 求 σ_1^2/σ_2^2 的置信区间

选随机变量

$$F=\frac{S_1^2\sigma_2^2}{S_2^2\sigma_1^2}\sim F(n_1-1,n_2-1)$$

对于给定的 α,查 F 分布表求出临界值 $F_{\alpha/2}(n_1-1,n_2-1)$,$F_{1-\alpha/2}(n_1-1,n_2-1)$,使得

$$P(F_{1-\alpha/2}(n_1-1,n_2-1)<F<F_{\alpha/2}(n_1-1,n_2-1))=1-\alpha$$

将 σ_1^2/σ_2^2 暴露出来,得到 σ_1^2/σ_2^2 的置信区间

$$\left(\frac{S_1^2}{S_2^2}\frac{1}{F_{\alpha/2}(n_1-1,n_2-1)},\frac{S_1^2}{S_2^2}\frac{1}{F_{1-\alpha/2}(n_1-1,n_2-1)}\right) \tag{7-15}$$

【例 2】 两正态总体 $N(\mu_1,\sigma_1^2)$,$N(\mu_2,\sigma_2^2)$的参数均为未知,依次取容量 13,10 的两独立样本测得样本方差 $S_1^2=8.41$,$S_2^2=5.29$,求方差比 σ_1^2/σ_2^2 的置信区间(置信度为 0.90).

解 $n_1=13$,$n_2=10$,$\alpha=0.10$,查附表 5 得

$$F_{\alpha/2}(n_1-1,n_2-1)=F_{0.05}(12,9)=3.07$$

$$F_{1-\alpha/2}(n_1-1,n_2-1)=1/F_{0.05}(9,12)=\frac{1}{2.80}=0.357$$

置信限为

$$\frac{S_1^2}{S_2^2}\frac{1}{F_{\alpha/2}(n_1-1,n_2-1)}=\frac{8.41}{16.24}=0.52$$

$$\frac{S_1^2}{S_2^2}\frac{1}{F_{1-\alpha/2}(n_1-1,n_2-1)}=\frac{8.41}{1.89}=4.45$$

故置信区间为(0.52,4.45).

以上导出的正态总体参数的置信区间,列表如表 7-1:

表 7-1　　正态总体参数的置信区间表

	条件	参数	选用的随机变量	置信区间
单个总体	$X\sim N(\mu,\sigma^2)$ σ^2 已知	μ	$u=\frac{\overline{X}-\mu}{\sigma}\sqrt{n}\sim N(0,1)$	$(\overline{X}-u_{\alpha/2}\frac{\sigma}{\sqrt{n}},\overline{X}+u_{\alpha/2}\frac{\sigma}{\sqrt{n}})$
	$X\sim N(\mu,\sigma^2)$ σ^2 未知	μ	$t=\frac{\overline{X}-\mu}{S}\sqrt{n}\sim t(n-1)$	$(\overline{X}-t_{\alpha/2}(n-1)\frac{S}{\sqrt{n}},$ $\overline{X}+t_{\alpha/2}(n-1)\frac{S}{\sqrt{n}})$
	$X\sim N(\mu,\sigma^2)$ μ 未知	σ^2	$\chi^2=\frac{(n-1)S^2}{\sigma^2}\sim\chi^2(n-1)$	$\left(\frac{(n-1)S^2}{\chi^2_{\alpha/2}(n-1)},\frac{(n-1)S^2}{\chi^2_{1-\alpha/2}(n-1)}\right)$
两个总体	$X\sim N(\mu_1,\sigma_1^2)$ $Y\sim N(\mu_2,\sigma_2^2)$ $\sigma_1^2=\sigma_2^2=\sigma^2$ 未知	$\mu_1-\mu_2$	$t=\frac{\overline{X}-\overline{Y}-(\mu_1-\mu_2)}{S_w\sqrt{\frac{1}{n_1}+\frac{1}{n_2}}}\sim t(n_1+n_2-2)$ $S_w=\sqrt{\frac{(n_1-1)S_1^2+(n_2-1)S_2^2}{n_1+n_2-2}}$	$(\overline{X}-\overline{Y}-t_{\alpha/2}(n_1+n_2-2)\cdot$ $S_w\sqrt{\frac{1}{n_1}+\frac{1}{n_2}},$ $\overline{X}-\overline{Y}+t_{\alpha/2}(n_1+n_2-2)$ $S_W\sqrt{\frac{1}{n_1}+\frac{1}{n_2}})$
	$X\sim N(\mu_1,\sigma_1^2)$ $Y\sim N(\mu_2,\sigma_2^2)$	$\frac{\sigma_1^2}{\sigma_2^2}$	$F=\frac{S_1^2}{S_2^2}\frac{\sigma_2^2}{\sigma_1^2}\sim F(n_1-1,n_2-1)$	$(\frac{S_1^2}{S_2^2}\cdot\frac{1}{F_{\alpha/2}(n_1-1,n_2-1)},$ $\frac{S_1^2}{S_2^2}\cdot\frac{1}{F_{1-\alpha/2}(n_1-1,n_2-1)})$

四、大样本区间估计

上述两部分的结果，无论样本容量 n 多大都适用，因为构造置信区间时所用随机变量的精确分布都已知，这是在正态总体的大前提下才得到的. 对于非正态总体，通常精确分布很难找到，为对未知参数进行估计，只好利用中心极限定理来处理. 这样，就需要样本容量 n 充分大.

1. 一般总体均值的区间估计

设 $X_1,\cdots,X_n$ 是来自总体 X 的容量为 n 的样本，X 的均值为 μ，方差 σ^2 已知，当 n 充分大时，求 μ 的置信区间.

当 n 充分大时，近似地有

$$u=\frac{\overline{X}-\mu}{\sigma}\sqrt{n}\sim N(0,1)$$

对给定的 α，查附表 2，得 $u_{\alpha/2}$ 使

$$P(-u_{\alpha/2}<u<u_{\alpha/2})\approx 1-\alpha \tag{7-16}$$

将上式括号中不等式变形，得 μ 的置信区间为

$$\left(\overline{X}-u_{\alpha/2}\frac{\sigma}{\sqrt{n}},\overline{X}+u_{\alpha/2}\frac{\sigma}{\sqrt{n}}\right) \tag{7-17}$$

置信度近似为 $1-\alpha$.

如果 σ 未知，可用样本标准差 S 代替 σ 而求得 μ 的置信区间. 实际上，可以证明，当 n 充分大时有

$$u=\frac{\overline{X}-\mu}{S}\sqrt{n}$$

近似地服从 $N(0,1)$，故 μ 的置信区间为

$$\left(\overline{X}-u_{\alpha/2}\frac{S}{\sqrt{n}},\overline{X}+u_{\alpha/2}\frac{S}{\sqrt{n}}\right) \tag{7-18}$$

置信度近似为 $1-\alpha$.

2. (0,1)分布参数的区间估计

设总体 $X\sim(0,1)$，$P(x=1)=p(0<p<1)$. 显然，$\mu=p$，$\sigma^2=p(1-p)$. 为估计 p，取容量 n 充分大的样本 $X_1,X_2,\cdots,X_n$，由中心极限定理

$$u=\frac{\overline{X}-\mu}{\sigma}\sqrt{n}=\frac{\overline{X}-p}{\sqrt{p(1-p)}}\sqrt{n}$$

近似地服从 $N(0,1)$.

对给定的 α 有

$$P(|u|\leqslant u_{\alpha/2})\approx 1-\alpha \tag{7-19}$$

上式括号内不等式

$$\left|\frac{\overline{x}-p}{\sqrt{p(1-p)}}\sqrt{n}\right|\leqslant u_{\alpha/2} \tag{7-20}$$

等价于

$$\frac{n(\overline{x}-p)^2}{p(1-p)}\leqslant u_{\alpha/2}^2$$

即

$$(n+u_{\alpha/2}^2)p^2-(2n\overline{x}+u_{\alpha/2}^2)p+n\overline{x}^2\leqslant 0 \tag{7-21}$$

令 $a=n+u_{\alpha/2}^2$，$b=-(2n\overline{x}+u_{\alpha/2}^2)$，$c=n\overline{x}^2$ 知，式(7-21)的等价形式为

$$p_1<p<p_2 \tag{7-22}$$

其中

$$p_1=\frac{1}{2a}(-b-\sqrt{b^2-4ac})$$

$$p_2=\frac{1}{2a}(-b+\sqrt{b^2-4ac})$$

从式(7-20)与式(7-22)的等价性得 p 的置信区间为(p_1,p_2)，置信度近似为 $1-\alpha$.

由于 $0<x<1$，$4n\overline{x}\geqslant 4n\overline{x}^2$，故

$$b^2-4ac=u_{\alpha/2}^2[(u_{\alpha/2}^2+4n\overline{x})-4n\overline{x}^2]>0$$

上边的 p_1,p_2 总是存在的.

【例 3】 为估计一批齿轮的一级品率 p，从中抽取 100 个进行检验，发现有 60 个一级品，若取 $\alpha=0.05$，试求 p 的置信区间.

解 $n=100$，$\overline{x}=0.6$，$u_{\alpha/2}=u_{0.025}=1.96$，$u_{\alpha/2}^2=3.84$，$a=103.84$，$b=-123.84$，$c=36$，所以 $p_1=0.50$，$p_2=0.69$，故 p 的置信区间是$(0.50,0.69)$.

习题 7

7-1 对某一距离进行 5 次测量，结果如下：2 781，2 836，2 807，2 765，2 858(米)，已知

测量结果服从 $N(\mu,\sigma^2)$，求参数 μ 和 σ^2 的矩估计值.

7-2 设 $X_1,X_2,\cdots,X_n$ 是来自对数级数分布

$$P(X=k)=-\frac{1}{\ln(1-p)}\cdot\frac{p^k}{k}\quad(0<p<1,k=1,2,\cdots)$$

的一个样本，求参数 p 的矩估计.

7-3 设总体 X 服从参数为 N 和 p 的二项分布，$X_1,X_2,\cdots,X_n$ 为取自 X 的样本，试求参数 N 和 p 的矩估计.

7-4 设总体 X 具有密度

$$p(x;\theta)=\begin{cases}C^{\frac{1}{\theta}}\dfrac{1}{\theta}x^{-\left(1+\frac{1}{\theta}\right)}, & x\geqslant C\\ 0, & \text{其他}\end{cases}$$

其中参数 $0<\theta<1$，C 为已知常数，且 $C>0$，从中抽得一个样本 $x_1,x_2,\cdots,x_n$，求 θ 的矩估计.

7-5 设总体密度为

$$p(x;\alpha)=\begin{cases}(\alpha+1)x^{\alpha}, & 0<x<1,\alpha>-1\\ 0, & \text{其他}\end{cases}$$

试用样本 $x_1,x_2,\cdots,x_n$ 求参数 α 的矩估计和极大似然估计.

7-6 已知总体 X 在 $[\theta_1,\theta_2]$ 上服从均匀分布，$x_1,x_2,\cdots,x_n$ 是取自 X 的一个样本，求 θ_1,θ_2 的矩估计和极大似然估计.

7-7 设总体的密度函数如下，试利用样本 $x_1,x_2,\cdots,x_n$ 求参数 θ 的极大似然估计：

(1) $p(x;\theta)=\begin{cases}(\theta\alpha)x^{\alpha-1}\mathrm{e}^{-\theta x^{\alpha}}, & x>0,\alpha\text{ 已知}\\ 0, & \text{其他}\end{cases}$

(2) $p(x;\theta)=\dfrac{1}{2}\mathrm{e}^{-|x-\theta|}$，$-\infty<\theta<+\infty$，$-\infty<x<+\infty$

7-8 设总体 X 服从指数分布

$$p(x;\theta)=\begin{cases}\mathrm{e}^{-(x-\theta)}, & x\geqslant\theta\\ 0, & \text{其他}\end{cases}$$

试利用样本 $x_1,x_2,\cdots,x_n$ 求参数 θ 的极大似然估计.

7-9 设总体 X 服从几何分布

$$P(X=k)=p(1-p)^{k-1}\quad(k=1,2,\cdots,\quad 0<p<1)$$

试利用样本 $x_1,x_2,\cdots,x_n$ 求未知参数 p 的极大似然估计.

7-10 设 $x_1,x_2,\cdots,x_n$ 是来自两个参数指数分布的一个样本.

$$p(x;\theta_1,\theta_2)=\begin{cases}\dfrac{1}{\theta_2}\mathrm{e}^{-\frac{x-\theta_1}{\theta_2}}, & x\geqslant\theta_1\\ 0, & \text{其他}\end{cases}$$

其中 $-\infty<\theta_1<+\infty$，$0<\theta_2<+\infty$，求参数 θ_1 和 θ_2 的(1)极大似然估计和(2)矩估计.

7-11 罐中有 N 个硬币，其中有 θ 个是普通的硬币(掷出正面与反面的概率各为 0.5)，其余 $N-\theta$ 个硬币两面都是正面. 从罐中随机取出一个硬币，把它连掷两次，记下结果，但不去查看它属于哪一种硬币，又把它放回罐中，如此重复 n 次. 若掷出 0 次，1 次，2 次正面的次数分别为 n_0,n_1,n_2，利用(1)矩法；(2)极大似然法去估计参数 θ.

7-12 设总体的分布列为截尾几何分布

$$P(X=k)=\theta^{k-1}(1-\theta) \quad (k=1,2,\cdots,r)$$

$$P(X=r+1)=\theta^r$$

从中抽得样本 $X_1,X_2,\cdots,X_n$,其中有 M 个取值为 $r+1$,求 θ 的极大似然估计.

7-13 设总体 X 服从正态分布 $N(\mu,\sigma^2)$,$X_1,X_2,\cdots,X_n$ 是其样本,(1) 求 C 使得 $\hat{\sigma}^2 = C\sum_{i=1}^{n-1}(X_{i+1}-X_i)^2$ 为 σ^2 的无偏估计量;(2) 求 k 使得 $\hat{\sigma} = k\sum_{i=1}^{n}|X_i-\overline{X}|$ 为 σ 的无偏估计量.

7-14 设 $X_1,X_2,\cdots,X_n$ 是来自参数为 λ 的泊松分布总体的样本,试证对任意常数 k,统计量 $k\overline{X}+(1-k)S^2$ 是 λ 的无偏估计量.

7-15 设总体 X 有期望 μ,$X_1,X_2,\cdots,X_n$ 为一个样本,问下列统计量是否为 μ 的无偏估计量? (1)$\frac{1}{2}(X_1+X_2)$;(2)$-X_1+2X_2$;(3)$\frac{1}{10}(2X_1+3X_2+3X_{n-1}+2X_n)$;(4)$X_{(1)}$;(5)$X_{(n)}$;(6)$\frac{1}{2}(X_{(1)}+X_{(n)})$.

7-16 设 $\hat{\theta}$ 是参数 θ 的无偏估计量,且有 $D(\hat{\theta})>0$,试证 $\hat{\theta}^2=(\hat{\theta})^2$ 不是 θ^2 的无偏估计量.

7-17 设总体 $X\sim N(\mu,\sigma^2)$,X_1,X_2,X_3 是来自 X 的样本,试证估计量

$$\hat{\mu}_1=\frac{1}{5}X_1+\frac{3}{10}X_2+\frac{1}{2}X_3$$

$$\hat{\mu}_2=\frac{1}{3}X_1+\frac{1}{4}X_2+\frac{5}{12}X_3$$

$$\hat{\mu}_3=\frac{1}{3}X_1+\frac{1}{6}X_2+\frac{1}{2}X_3$$

都是 μ 的无偏估计,并指出它们中哪一个最有效.

7-18 设总体 X 服从区间$[1,\theta]$上的均匀分布,$\theta>1$ 未知,$X_1,X_2,\cdots,X_n$ 是取自 X 的样本.(1)求 θ 的矩估计和极大似然估计量;(2)上述两个估计量是否为无偏估计量,若不是请修正为无偏估计量;(3)问在(2)中的两个无偏估计量哪一个更有效?

7-19 设总体 X 的数学期望 $\mu = EX$ 已知,试证统计量 $\frac{1}{n}\sum_{i=1}^{n}(X_i-\mu)^2$ 是总体方差 $\sigma^2 = DX$ 的无偏估计.

7-20 设总体 $X\sim N(\mu,\sigma^2)$,$X_1,X_2,\cdots,X_n$ 为来自 X 的样本,试证 $S^2=\frac{1}{n-1}\sum_{i=1}^{n}(X_i-\overline{X})^2$ 是 σ^2 的相合(一致)估计.

7-21 设 $X_1,X_2,\cdots,X_n$ 是来自总体 $F(x;\theta)$的一个样本,$\hat{\theta}_n(X_1,X_2,\cdots,X_n)$是 θ 的一个估计量,若 $E\hat{\theta}_n=\theta+k_n$,$D\hat{\theta}_n=\sigma_n^2$,且

$$\lim_{n\to\infty}k_n=\lim_{n\to\infty}\sigma_n^2=0$$

试证 $\hat{\theta}_n$ 是 θ 的相合(一致)估计量.

7-22 设 $X_1,X_2,\cdots,X_n$ 是取自均匀分布在$(0,\theta)$上的一个样本,试证 $T_n=\max(X_1,$

$X_2,\cdots,X_n$)是 θ 的相合(一致)估计.

7-23 从一批钉子中抽取 16 枚,测得其长度为(单位:厘米)2.14,2.10,2.13,2.15,2.13,2.12,2.13,2.10,2.15,2.12,2.14,2.10,2.13,2.11,2.14,2.11.设钉长分布为正态,试在下列情况下求总体期望 μ 的置信度为 0.90 的置信区间:(1)已知 $\sigma=0.01$ 厘米;(2)σ 为未知.

7-24 生产一个零件所需时间(单位:秒)$X\sim N(\mu,\sigma^2)$,观察 25 个零件的生产时间得 $\overline{X}=5.5$,$S=1.73$.试以 0.95 的置信度求 μ 和 σ^2 的置信区间.

7-25 零件的尺寸与规定尺寸的偏差 $X\sim N(\mu,\sigma^2)$,今测得 10 个零件,得偏差值(单位:微米)2,1,−2,3,2,4,−2,5,3,4.试求 μ 和 σ^2 的无偏估计值和置信度为 0.90 的置信区间.

7-26 对某农作物两个品种计算了 8 个地区的单位面积产量如下:

品种 A　86,87,56,93,84,93,75,79;

品种 B　80,79,58,91,77,82,74,66.

假定两个品种的单位面积产量分别服从正态分布,且方差相等.试求平均单位面积产量之差置信度为 0.95 的置信区间.

7-27 设 A 和 B 两批导线是用不同工艺生产的,今随机地从每批导线中抽取 5 根测量电阻算得 $S_1^2=S_A^2=1.07\times10^{-7}$,$S_2^2=S_B^2=5.3\times10^{-6}$,若 A 批导线的电阻服从 $N(\mu_1,\sigma_1^2)$,B 批服从 $N(\mu_2,\sigma_2^2)$,求 σ_1^2/σ_2^2 的置信度为 0.90 的置信区间.

7-28 两台机床加工同一种零件,分别抽取 6 个和 9 个零件,测零件长度计算得 $S_1^2=0.245$,$S_2^2=0.375$.假定各台机床零件长度服从正态分布,试求两个总体方差比 σ_1^2/σ_2^2 的置信区间(置信度为 0.95).

7-29 设 $X_1,X_2,\cdots,X_n$ 是来自参数为 λ 的指数分布总体的一个样本.试求 λ 的置信度为 $1-\alpha$ 的置信区间.

7-30 设总体 X 服从区间$[0,\theta]$上均匀分布($\theta>0$),$X_1,X_2,\cdots,X_n$ 为来自 X 的一个样本,试利用 $X_{(n)}/\theta$ 的分布导出未知参数 θ 的置信度为 $1-\alpha$ 的置信区间.

7-31 设 0.50,1.25,0.80,2.00 是来自总体 X 的一个样本值.已知 $Y=\ln X$ 服从正态分布 $N(\mu,1)$.

(1)求 X 的数学期望 EX(记为 b);

(2)求 μ 的置信度为 0.95 的置信区间;

(3)利用上述结果求 b 的置信度为 0.95 的置信区间.

7-32 从一台机床加工的轴中随机取 200 根,测量其椭圆度.由测量值(单位:毫米)计算得平均值 $\overline{X}=0.081$,标准差 $S=0.025$.求此机床加工的轴平均椭圆度的置信度为 0.95 的置信区间.

7-33 在一批货物的容量为 100 的样本中,经检验发现 16 个次品,试求这批货次品率的置信区间(置信度近似为 0.95).

7-34 设 $x_1,x_2,\cdots,x_n$ 为来自参数为 λ 的泊松分布的样本,试求 λ 的置信度近似为 0.95的置信区间.

第 8 章
假设检验

假设检验

8.1 假设检验的基本概念

一、假设检验的问题

设总体 X 的分布类型已知，但包含未知参数 θ，比如 X 的分布函数为 $F(x;\theta)$，其中 θ 为未知参数，根据资料或经验提出假设：$\theta=\theta_0$（θ_0 为某已知数），然后利用样本 $X_1,X_2,\cdots,X_n$ 对这个假设进行检验，做出接受还是拒绝所做假设的结论，这种假设检验称为**参数的假设检验**.

若总体 X 的分布类型未知，比如 X 的分布函数 $F(x)$ 的表达式未知，根据资料或经验提出假设：$F(x)=F_0(x)$（$F_0(x)$ 是已知的函数），然后利用样本对这个假设进行检验，做出接受还是拒绝所做假设的结论，这种假设检验称为**非参数假设检验**.

二、假设检验的概念

(1)统计假设：对总体的分布提出的任何假设，都称为**统计假设**，记为 H.

(2)原假设和备择假设：对总体的分布提出假设 H_0，称为**原假设**或**零假设**. 为了评价一个检验的好坏，还需要考虑另外一个备选的假设 H_1，称为**备择假设**. 有两个假设的检验问题的一般提示是，在给定的备择假设 H_1 下对原假设 H_0 做出判断，若拒绝 H_0 就意味着接受 H_1，否则接受 H_0，即 H_0 和 H_1 必居其一.

(3)显著性检验：如果只提出一个假设 H_0，且目的只是检验 H_0 是否成立，这类假设检验称为**显著性检验**，下面我们只讨论参数的显著性检验.

(4)假设检验的依据——小概率原理：在概率统计的应用中，人们总是根据所研究的具体问题，规定一个界限 $\alpha(0<\alpha<1)$，把概率不超过 α 的事件看作**小概率事件**，小概率事件在一次试验中，实际上不可能发生. 如果小概率事件在一次试验中发生了，则认为是不合理的，这就是**小概率原理**.

(5)假设检验的方法——**概率反证法**：欲检验假设 H_0，先假定 H_0 是正确的，在此假定下构造一个小概率事件 A. 如果由一组样本值（一次试验），事件 A 发生了，这是不合理的，因而拒绝 H_0. 如果 A 没有发生，则表明 H_0 与试验结果不矛盾，不能拒绝 H_0，当然也没有充分理由接受 H_0，这时需要通过再次试验或用其他方法做进一步研究. 但是做出假设 H_0 是经过周密的调查和研究的，是有根据的，所以对 H_0 需加以保护，就是说拒绝它要慎重. 当不能拒绝它时，实际上就接受了.

(6)两类错误:因为做出拒绝 H_0 和接受 H_0 的推断,依据的是小概率事件 A 在一次试验中是否发生,这就不可避免地要犯错误.

第一类错误:**弃真的错误**,即本来 H_0 是正确的,但 A 却发生了,从而拒绝 H_0. 犯第一类错误的概率为 $\alpha=P(A|H_0)$.

第二类错误:**取伪的错误**,即本来 H_0 是不正确的,A 没有发生,从而接受 H_0. 犯第二类错误的概率为 $\beta=P(接受\ H_0|H_0\ 不正确)$.

三、参数假设检验的一般步骤

(1)提出假设 H_0(即假定 H_0 正确);

(2)选择一个统计量 $T=T(X_1,X_2,\cdots,X_n)$,在 H_0 下其分布已知;

(3)构造小概率事件:对于给定的显著性水平 α,按照 T 的分布查表,求出临界值 c,d,使 $P(T(X_1,X_2,\cdots,X_n)\in W)=\alpha$,即

$$\{T(X_1,X_2,\cdots,X_n)\in W\}$$

为小概率事件.

(4)判断:将样本值 $x_1,x_2,\cdots,x_n$ 代入 T 中算出其值 $T(x_1,x_2,\cdots,x_n)$(可以在(2)中进行),如果 $T(x_1,x_2,\cdots,x_n)\in W$,则拒绝 H_0;否则可接受 H_0.

8.2 单个正态总体参数的显著性检验

设 $X_1,X_2,\cdots,X_n$ 为取自正态总体 $N(\mu,\sigma^2)$的一个容量为 n 的样本,$\overline{X}$ 为样本均值,S^2 为样本方差. μ_0,σ_0 为已知常数,现在来讨论关于未知参数 μ,σ^2 的各种假设检验法.

一、u 检验

1. 已知 $\sigma^2=\sigma_0^2$,检验假设 $H_0:\mu=\mu_0$

选统计量

$$u=\frac{\overline{X}-\mu_0}{\sigma_0}\sqrt{n}\sim N(0,1) \tag{8-1}$$

构造小概率事件:直观的想法是 $\overline{X}$ 是 μ 的很好的估计量,因此 $\overline{X}$ 与 μ 不应有很大的差别. 在 H_0 下,$\overline{X}$ 与 μ_0 也不应有较大的差别. 于是 $|u|$ 大于某一个正数不太可能,也就是说 $|u|$ 大于某一个正数是小概率事件.

对于给定的显著性水平 α,查正态分布表,求出临界值 $u_{\alpha/2}$,使得

$$P(|u|\geqslant u_{\alpha/2})=\alpha \tag{8-2}$$

即 $A=\{|u|\geqslant u_{\alpha/2}\}$为小概率事件.

判断:将样本值代入 u 中算出其值 u,如果 $|u|\geqslant u_{\alpha/2}$,则表明在一次试验中小概率事件就发生了,因而拒绝 H_0,即 H_0 的拒绝域为 $|u|\geqslant u_{\alpha/2}$.

在上面的假设检验问题中,构造小概率事件时利用了统计量 u 的概率密度曲线两侧的尾部面积(如图 8-1),这样的检验称为双侧检验.

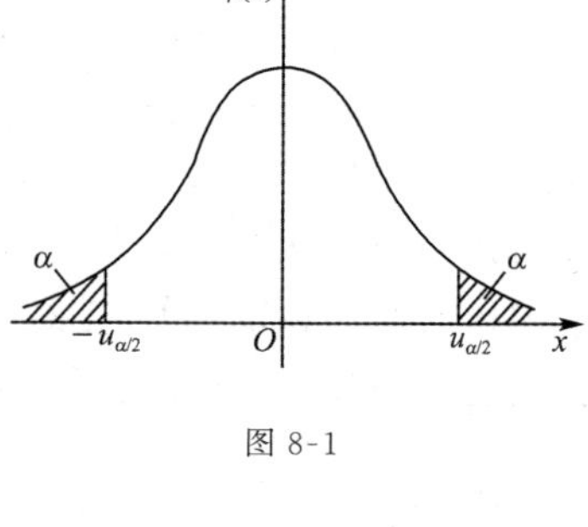

图 8-1

2. 已知 $\sigma^2=\sigma_0^2$，检验假设 $H_0:\mu\leqslant\mu_0$

选统计量

$$u=\frac{\overline{X}-\mu_0}{\sigma_0}\sqrt{n}$$

此时 u 的分布未知，不能直接用它构造小概率事件，于是令

$$\tilde{u}=\frac{\overline{X}-\mu}{\sigma_0}\sqrt{n}\sim N(0,1) \tag{8-3}$$

我们通过 $\tilde{u}$ 来构造小概率事件. 直观的想法是 $\overline{X}$ 是 μ 的很好的估计量，在 H_0 下 $\overline{X}$ 不应比 μ_0 大，因此对固定的 n，如果 u 太大是不大可能的，即 u 大于某一个正数应是小概率事件.

对给定的显著性水平，查正态分布表求出临界值 u_α，使得

$$P(\tilde{u}\geqslant u_\alpha)=\alpha \tag{8-4}$$

即$\{\tilde{u}\geqslant u_\alpha\}$是小概率事件. 若 H_0 成立，有

$$u\leqslant\tilde{u},(u\geqslant u_\alpha)\subset(\tilde{u}\geqslant u_\alpha)$$

于是

$$P(u\geqslant u_\alpha)\leqslant P(\tilde{u}\geqslant u_\alpha)=\alpha$$

从而$(u\geqslant u_\alpha)$更是小概率事件.

将样本值代入 u 中算出其值 u，若 $u\geqslant u_\alpha$，则拒绝 H_0，否则接受 H_0，即 H_0 的**拒绝域**为 $u\geqslant u_\alpha$.

这里在构造小概率事件时，利用了 $N(0,1)$分布概率密度曲线的单侧尾部的面积（如图 8-2），这样的检验称为单侧检验. 今后拒绝域在双侧的称为双侧检验，拒绝域在一侧的称为单侧检验.

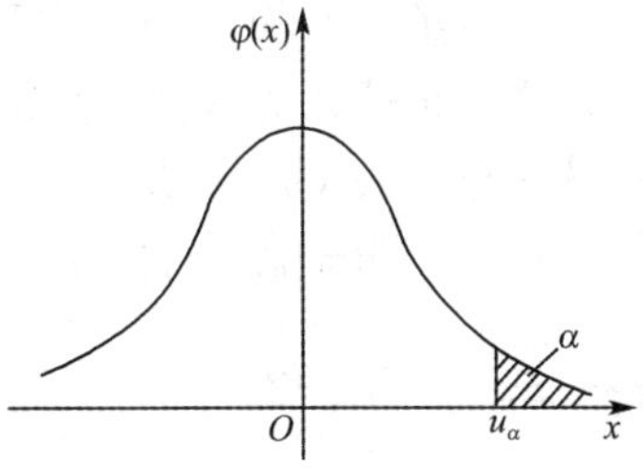

图 8-2

3. 已知 $\sigma^2=\sigma_0^2$，检验假设 $H_0:\mu\geqslant\mu_0$

用与 2 类似的方法可得 H_0 的拒绝域为 $u\leqslant-u_\alpha$.

在上述的检验问题中我们用的检验统计量是

$$u=\frac{\overline{X}-\mu_0}{\sigma_0}\sqrt{n}$$

或

$$Z=\frac{\overline{X}-\mu_0}{\sigma_0}\sqrt{n}$$

故这种检验法称为 u **检验**（或 Z **检验**）.

二、t 检验

1. 未知 σ^2，检验假设 $H_0:\mu=\mu_0$

选统计量

$$t=\frac{\overline{X}-\mu_0}{S}\sqrt{n}\sim t(n-1) \tag{8-5}$$

对于给定的显著性水平 α，查 t 分布表，求出临界值 $t_{\alpha/2}(n-1)$，使

$$P(|t|\geqslant t_{\alpha/2}(n-1))=\alpha \tag{8-6}$$

即$\{|t|\geqslant t_{\alpha/2}(n-1)\}$为小概率事件.

将样本值代入 t 中算出其值 t，如果$|t|\geqslant t_{\alpha/2}(n-1)$，则拒绝 H_0，否则接受 H_0，即 H_0 的

拒绝域为$|t|\geqslant t_{\alpha/2}(n-1)$.

2. 未知 σ^2,检验假设 $H_0:\mu\geqslant\mu_0$

选统计量

$$t=\frac{\overline{X}-\mu_0}{S}\sqrt{n} \tag{8-7}$$

在 H_0 下,t 分布未知,不能直接用它构造小概率事件,为此令

$$\tilde{t}=\frac{\overline{X}-\mu}{S}\sqrt{n}\sim t(n-1) \tag{8-8}$$

对于给定的水平 α,查 t 分布表求出临界值 $t_\alpha(n-1)$,使

$$P(\tilde{t}\leqslant -t_\alpha(n-1))=\alpha \tag{8-9}$$

即$\{\tilde{t}\leqslant -t_\alpha(n-1)\}$是小概率事件. 在 H_0 下

$$\tilde{t}\leqslant t,(t\leqslant -t_\alpha(n-1))\subset(\tilde{t}\leqslant -t_\alpha(n-1)) \tag{8-10}$$

故

$$P(t\leqslant -t_\alpha(n-1))\leqslant P(\tilde{t}\leqslant -t_\alpha(n-1))=\alpha \tag{8-11}$$

即$\{t\leqslant -t_\alpha(n-1)\}$更是小概率事件.

将样本值代入 t 中算出其值 t,如果 $t\leqslant -t_\alpha(n-1)$,则拒绝 H_0,否则接受 H_0,即 H_0 的拒绝域为 $t\leqslant -t_\alpha(n-1)$.

类似的可得到假设 $H_0:\mu\leqslant\mu_0$ 的**拒绝域**为 $t\geqslant t_\alpha(n-1)$.

三、χ^2 检验

1. 未知 μ,检验假设 $H_0:\sigma^2=\sigma_0^2$

选统计量

$$\chi^2=\frac{(n-1)S^2}{\sigma_0^2}\sim\chi^2(n-1)$$

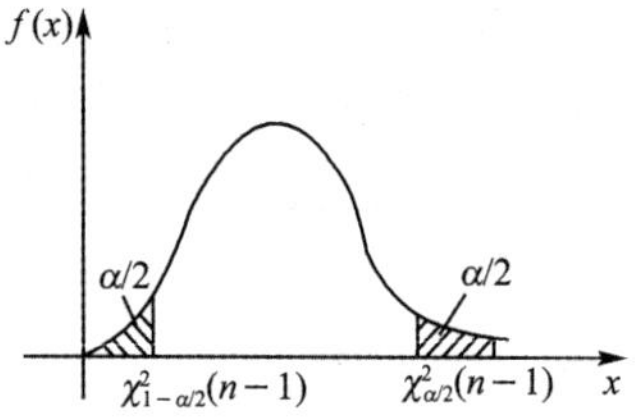

图 8-3

我们使用 χ^2统计量来构造小概率事件,直观的想法是 S^2 是 σ^2 的无偏估计,在 H_0 下,S^2/σ_0^2 与 1 相差不应太大,对于固定的 n,$\chi^2=(n-1)S^2/\sigma_0^2$ 不应太大.

对于给定的水平 $\alpha(0<\alpha<1)$,查 χ^2 分布表,求出临界值 $\chi^2_{1-\alpha/2}(n-1)$和 $\chi^2_{\alpha/2}(n-1)$,使得

$$P(\chi^2\leqslant\chi^2_{1-\alpha/2}(n-1))=\alpha/2 \tag{8-12}$$

$$P(\chi^2\geqslant\chi^2_{\alpha/2}(n-1))=\alpha/2 \tag{8-13}$$

即$\{\chi^2\leqslant\chi^2_{1-\alpha/2}(n-1)\}$和$\{\chi^2\geqslant\chi^2_{\alpha/2}(n-1)\}$都是小概率事件.

将样本值代入 χ^2 中算出其值 χ^2,如果 $\chi^2\leqslant\chi^2_{1-\alpha/2}(n-1)$或 $\chi^2_{\alpha/2}(n-1)\leqslant\chi^2$,则拒绝 H_0,否则接受 H_0. 即 H_0 的**拒绝域**为

$$\chi^2\leqslant\chi^2_{1-\alpha/2}(n-1)\text{或 }\chi^2\geqslant\chi^2_{\alpha/2}(n-1).$$

2. 未知 μ,检验假设 $H_0:\sigma^2\leqslant\sigma_0^2$

选统计量

$$\chi^2=\frac{(n-1)S^2}{\sigma_0^2} \tag{8-14}$$

在 H_0 下，χ^2 的分布未知，不能直接用它构造小概率事件，于是令

$$\tilde{\chi}^2=\frac{(n-1)S^2}{\sigma^2}\sim\chi^2(n-1) \tag{8-15}$$

我们通过 $\tilde{\chi}^2$ 构造小概率事件. 直观的想法是 S^2 是 σ^2 的无偏估计，在 H_0 下 S^2/σ_0^2 不应太大，对于固定的 n，χ^2 不应太大，即 χ^2 大于某一个正数是小概率事件. 由 $\tilde{\chi}^2\sim\chi^2(n-1)$，对给定的 α，查 χ^2 分布表，求出临界值 $\chi_\alpha^2(n-1)$，使

$$P(\tilde{\chi}^2\geqslant\chi_\alpha^2(n-1))=\alpha \tag{8-16}$$

即 $\{\tilde{\chi}^2\geqslant\chi_\alpha^2\}$ 是小概率事件. 在 H_0 下 $\chi^2\geqslant\tilde{\chi}^2$，于是

$$(\chi^2\geqslant\chi_\alpha^2(n-1))\subset(\tilde{\chi}^2\geqslant\chi_\alpha^2(n-1)) \tag{8-17}$$

故

$$P(\chi^2\geqslant\chi_\alpha^2(n-1))\leqslant P(\tilde{\chi}^2\geqslant\chi_\alpha^2(n-1))=\alpha \tag{8-18}$$

于是 $\{\chi^2\geqslant\chi_\alpha^2(n-1)\}$ 更是小概率事件.

将样本值代入 χ^2 中算出其值 χ^2，如果 $\chi^2\geqslant\chi_\alpha^2(n-1)$，则拒绝 H_0，否则接受 H_0，即 H_0 的**拒绝域**为 $\chi^2\geqslant\chi_\alpha^2(n-1)$.

用类似的方法可求出假设 $H_0:\sigma^2\geqslant\sigma_0^2$ 的拒绝域为

$$\chi^2\leqslant\chi_{1-\alpha}^2(n-1)$$

8.3 两个正态总体参数的显著性检验

设总体 $X\sim N(\mu_1,\sigma_1^2)$，总体 $Y\sim N(\mu_2,\sigma_2^2)$，$X_1,X_2,\cdots,X_{n_1}$ 为来自总体 X 的样本，$\overline{X}$ 和 S_1^2 分别是它的样本均值和样本方差；$Y_1,Y_2,\cdots,Y_{n_2}$ 为来自总体 Y 的样本，$\overline{Y}$ 和 S_2^2 分别是它的样本均值和样本方差，又设这两个样本相互独立. 考虑以下参数的假设检验问题.

一、t 检验

1. σ_1^2,σ_2^2 未知，但已知 $\sigma_1^2=\sigma_2^2$，检验假设 $H_0:\mu_1=\mu_2$

选统计量

$$t=\frac{\overline{X}-\overline{Y}}{S_W\sqrt{\frac{1}{n_1}+\frac{1}{n_2}}}$$

其中

$$S_W=\sqrt{\frac{(n_1-1)S_1^2+(n_2-1)S_2^2}{n_1+n_2-2}} \tag{8-19}$$

在 H_0 成立的条件下 $t\sim t(n_1+n_2-2)$，对于给定的显著性水平 α，查 t 分布表，求出临界值 $t_{\alpha/2}(n_1+n_2-2)$，不难求出 H_0 的**拒绝域**为 $|t|\geqslant t_{\alpha/2}(n_1+n_2-2)$.

2. σ_1^2,σ_2^2 未知，但已知 $\sigma_1^2=\sigma_2^2$，检验假设 $H_0:\mu_1<\mu_2$

利用前面的方法，不难求出 H_0 的**拒绝域**为 $t\geqslant t_\alpha(n_1+n_2-2)$；

同理可求出 $H_0:\mu_1>\mu_2$ 的**拒绝域**为 $t\leqslant -t_\alpha(n_1+n_2-2)$.

二、F 检验

1. 未知 μ_1,μ_2，检验假设 $H_0:\sigma_1^2=\sigma_2^2$

选统计量

$$F=S_1^2/S_2^2 \tag{8-20}$$

在 H_0 成立的条件下，$F\sim F(n_1-1,n_2-1)$，对于给定的水平 α，查 F 分布表，求出临界值 $F_{1-\alpha/2}(n_1-1,n_2-1)$，$F_{\alpha/2}(n_1-1,n_2-1)$，即求出 H_0 的**拒绝域**为

$$F\leqslant F_{1-\alpha/2}(n_1-1,n_2-1)\text{ 或 }F\geqslant F_{\alpha/2}(n_1-1,n_2-1) \tag{8-21}$$

2. 未知 μ_1,μ_2，检验假设 $H_0:\sigma_1^2\leqslant\sigma_2^2$

选统计量

$$F=S_1^2/S_2^2 \tag{8-22}$$

可以求出 H_0 的拒绝域为 $F\geqslant F_\alpha(n_1-1,n_2-1)$.

同理 $H_0:\sigma_1^2\geqslant\sigma_2^2$ 的**拒绝域**为 $F\leqslant F_{1-\alpha}(n_1-1,n_2-1)$.

检验一个假设，如果不要求写出过程，只需写出拒绝域，求出统计量的值，查相关表格求出临界值，验证统计量的值是否落入拒绝域.

【例 1】 设某次考试中，学生的成绩服从正态分布，从中随机地抽取 36 位考生的成绩，算得平均分数为 66.5，标准差为 15 分.

(1)在显著性水平 $\alpha=0.05$ 下，可否认为全体考生的平均成绩为 70 分？

(2)在显著性水平 $\alpha=0.05$ 下，可否认为这次考试成绩的方差为 16^2.

解 总体 $X\sim N(\mu,\sigma^2)$，样本容量 $n=36$，样本均值 $\overline{x}=66.5$，样本标准差 $s^2=15^2$.

(1)问题是在 σ^2 未知的条件下检验假设 $H_0:\mu=70$.

H_0 的拒绝域为

$$|t|\geqslant t_{\alpha/2}(n-1)$$

其中

$$t=\frac{\overline{X}-\mu_0}{S}\sqrt{n}=\frac{66.5-70}{15}\times 6=-1.4$$

$$\alpha=0.05,t_{\alpha/2}(35)=t_{0.025}(35)=2.030\ 1$$

因为 $|t|=1.4<2.030\ 1=t_{0.025}(35)$，故接受 H_0，即可认为这次考试全体考生的平均成绩为 70 分.

(2)问题是检验假设 $H_0:\sigma^2=16^2$.

H_0 的拒绝域为

$$\chi^2\leqslant\chi^2_{1-\alpha/2}(n-1)\quad\text{或}\quad\chi^2\geqslant\chi^2_{\alpha/2}(n-1)$$

其中

$$\chi^2=\frac{(n-1)S^2}{\sigma^2}=\frac{35\times 15^2}{16^2}=30.761\ 7$$

$\alpha=0.05$，由 χ^2 分布表查得 $\chi^2_{0.975}(35)=20.60$，$\chi^2_{0.025}(35)=53.20$，因为

$$\chi^2_{0.975}(35)=20.60\leqslant\chi^2=30.761\ 7<53.20=\chi^2_{0.025}(35)$$

所以接受 H_0，即可以认为这次考试成绩的方差为 16^2.

【例 2】 从某锌矿的东西两支矿脉中各抽取容量为 9 和 8 的样本，分析后算得样本含

锌量(%)的平均值和方差分别为

东支：$\overline{x}=0.230, s_1^2=0.1337$

西支：$\overline{y}=0.269, s_2^2=0.1736$

假定两支矿脉含锌量都服从正态分布，在显著性水平 $\alpha=0.05$ 下能否认为两支矿脉的含锌量相同？

解 设东支矿脉含锌量为 $X, X\sim N(\mu_1,\sigma_1^2)$，西支矿脉含锌量为 $Y, Y\sim N(\mu_2,\sigma_2^2)$，$\mu_1$，$\mu_2,\sigma_1^2,\sigma_2^2$ 均为未知参数.

(1)首先检验假设 $H_0:\sigma_1^2=\sigma_2^2$.

H_0 的拒绝域为

$$F\leqslant F_{1-\alpha/2}(n_1-1,n_2-1)，或 F\geqslant F_{\alpha/2}(n_1-1,n_2-1)$$

其中

$$F=\frac{S_1^2}{S_2^2}=\frac{0.1337}{0.1736}=0.7702$$

$n_1=9, n_2=8, \alpha=0.05$，查 F 分布表得 $F_{0.975}(8,7)=\dfrac{1}{F_{0.025}(7,8)}=\dfrac{1}{4.53}=0.22, F_{0.025}(8,7)=4.90$，因为

$$F_{0.975}(8,7)=0.22<F=0.7702<4.90=F_{0.025}(8,7)$$

故接受 H_0，即可以认为 $\sigma_1^2=\sigma_2^2$.

(2)检验假设 $H_0:\mu_1=\mu_2$.

H_0 的拒绝域为 $|t|\geqslant t_{\alpha/2}(n_1+n_2-2)$，其中

$$t=\frac{\overline{X}-\overline{Y}}{S_W\sqrt{\dfrac{1}{n_1}+\dfrac{1}{n_2}}}=\frac{0.230-0.269}{\sqrt{\dfrac{8\times0.1337+7\times0.1736}{9+8-2}}\sqrt{\dfrac{1}{8}+\dfrac{1}{7}}}=-0.2180$$

$\alpha=0.05$，查 t 分布表，求出临界值 $t_{\alpha/2}(n_1+n_2-2)=t_{0.025}(15)=2.1315$，因为

$$|t|=0.2180<2.1315=t_{0.025}(15)$$

所以接受 H_0，即可以认为两支矿脉含锌量相同.

正态总体显著性检验总结见表 8-1.

表 8-1 正态总体显著性检验表

名称	条件	假设 H_0	否定域	统计量
u 检验	$X\sim N(\mu,\sigma^2)$ σ^2 已知	$\mu=\mu_0$	$\lvert u\rvert\geqslant u_{\alpha/2}$	$u=\dfrac{\overline{X}-\mu_0}{\sigma}\sqrt{n}$
		$\mu\leqslant\mu_0$	$u\geqslant u_\alpha$	
		$\mu\geqslant\mu_0$	$u\leqslant -u_\alpha$	
t 检验	$X\sim N(\mu,\sigma^2)$ σ^2 未知	$\mu=\mu_0$	$\lvert t\rvert\geqslant t_{\alpha/2}(n-1)$	$t=\dfrac{\overline{X}-\mu_0}{S}\sqrt{n}$
		$\mu\leqslant\mu_0$	$t\geqslant t_\alpha(n-1)$	
		$\mu\geqslant\mu_0$	$t\leqslant -t_\alpha(n-1)$	
	$X\sim N(\mu_1,\sigma^2)$ $Y\sim N(\mu_2,\sigma^2)$ σ^2 未知	$\mu_1=\mu_2$	$\lvert t\rvert\geqslant t_{\alpha/2}(n_1+n_2-2)$	$t=\dfrac{\overline{X}-\overline{Y}}{S_W\sqrt{\dfrac{1}{n_1}+\dfrac{1}{n_2}}}$
		$\mu_1\leqslant\mu_2$	$t\geqslant t_\alpha(n_1+n_2-2)$	
		$\mu_1\geqslant\mu_2$	$t\leqslant -t_\alpha(n_1+n_2-2)$	

（续表）

名称	条件	假设 H_0	否定域	统计量
χ^2 检验	$X\sim N(\mu,\sigma^2)$ μ 未知	$\sigma^2=\sigma_0^2$	$\chi^2\leqslant\chi^2_{1-\alpha/2}(n-1)$ 或 $\chi^2\geqslant\chi^2_{\alpha/2}(n-1)$	$\chi^2=\dfrac{(n-1)S^2}{\sigma_0^2}$
		$\sigma^2\leqslant\sigma_0^2$	$\chi^2\geqslant\chi^2_{\alpha}(n-1)$	
		$\sigma^2\geqslant\sigma_0^2$	$\chi^2\leqslant\chi^2_{1-\alpha}(n-1)$	
F 检验	$X\sim N(\mu_1,\sigma_1^2)$ $Y\sim N(\mu_2,\sigma_2^2)$ μ_1,μ_2 未知	$\sigma^2=\sigma_0^2$	$F\leqslant F_{1-\alpha/2}(n_1-1,n_2-1)$ 或 $F\geqslant F_{\alpha/2}(n_1-1,n_2-1)$	$F=\dfrac{S_1^2}{S_2^2}$
		$\sigma^2\leqslant\sigma_0^2$	$F\geqslant F_{\alpha}(n_1-1,n_2-1)$	
		$\sigma^2\geqslant\sigma_0^2$	$F\leqslant F_{1-\alpha}(n_1-1,n_2-1)$	

8.4 非参数假设检验

前两节讨论了总体分布类型已知(为正态总体)时,参数的假设检验问题.一般在进行参数估计或参数假设检验之前,需要对总体的分布类型进行正确的判断.但在实际问题中往往不能确知总体分布,这时就需要利用样本来检验关于总体分布的各种假设,这就是非参数假设检验.

本节介绍 χ^2 拟合优度检验,它是一种重要的非参数假设检验.拟合优度检验是检验得到的观测数据,是否与某种类型的理论分布相吻合.因为 χ^2 拟合优度检验采用的检验统计量的极限分布是 χ^2 分布,所以称为 χ^2 拟合.它属于大样本检验,一般要求样本容量 $n\geqslant50$,最好是 100 以上.

非参数假设的提出,一般先根据实际问题的各种条件进行分析,或由样本观测数据,做出直方图或经验分布函数,依此作为依据提出假设 H_0,然后用本节介绍的方法对 H_0 进行检验.

下面介绍 χ^2 拟合优度检验.

一、χ^2 统计量

设总体 X 仅在 k 个互不相交的实数集 $A_1,\cdots,A_k$ 中取值,并令

$$p_i=P(X\in A_i)\quad(i=1,2,\cdots,k)\tag{8-23}$$

这里,不妨设 $p_i>0,i=1,2,\cdots,k$,显然,$\sum\limits_{i=1}^{n}p_i=1$.现在要检验假设

$$H_0:p_i=p_{i0}\quad(i=1,2,\cdots,k)\tag{8-24}$$

其中 p_{i0} 均为已知常数.

设 X 的观察值为 $x_1,\cdots,x_n$,用 n_i 表示 $x_1,\cdots,x_n$ 落入 A_i 中的个数($i=1,2,\cdots,k$),即事件($X\in A_i$)的频数,n_i/n 是($X\in A_i$)的频率.由大数定律,在 H_0 成立的条件下,当 n 充分大时,应有 $n_i/n\approx p_{i0}$,即

$$(n_i/n)/p_{i0}=\frac{n_i}{np_{i0}}\approx1$$

从而

$$\sum_{i=1}^{k}\frac{n_i\cdot n_i}{np_{i0}}\approx\sum_{i=1}^{k}n_i=n$$

即

$$\sum_{i=1}^{k}\frac{n_i^2}{np_{i0}}-n=\sum_{i=1}^{k}\frac{n_i^2}{np_{i0}}-2\sum_{i=1}^{k}n_i+\sum_{i=1}^{k}np_{i0}=\sum_{i=1}^{k}\frac{(n_i-np_{i0})^2}{np_{i0}}\approx 0$$

这就是说，在 H_0 成立的条件下，当 n 充分大时，统计量 $\sum_{i=1}^{k}\frac{(n_i-np_{i0})^2}{np_{i0}}$ 不应太大，当它的取值大于临界值时，应拒绝 H_0. 这就是选 $\sum_{i=1}^{k}\frac{(n_i-np_{i0})^2}{np_{i0}}$ 作为检验统计量的直观想法. 这个统计量是由英国数理统计学家卡尔・皮尔逊(K. Pearson) 提出来的，所以称为**皮尔逊统计量**. 理论上已经证明，当 $n\to\infty$ 时，$\sum_{i=1}^{k}\frac{(n_i-np_{i0})^2}{np_{i0}}$ 的极限分布是自由度为 $k-1$ 的 χ^2 分布，因此皮尔逊统计量也称为 χ^2 **统计量**，记为 χ^2，即

$$\chi^2=\sum_{i=1}^{k}\frac{(n_i-np_{i0})^2}{np_{i0}}\tag{8-25}$$

于是检验式(8-24) 的假设 H_0 时对给定的 α，从附表 3 查出临界值 $\chi^2_\alpha(k-1)$，当 n 充分大时，有近似等式

$$P(\chi^2\geqslant\chi^2_\alpha(k-1))\approx\alpha$$

故 H_0 的拒绝域为 $\chi^2\geqslant\chi^2_\alpha(k-1)$.

利用 χ^2 统计量，我们可以对离散型总体的分布进行检验.

【例 1】 某市开办有奖储蓄以来，13 期对奖号码中诸号码的频数汇总如下表所示.

号码 i	0	1	2	3	4	5	6	7	8	9	总数
频数 n_i	21	28	37	36	31	45	30	37	33	52	350

试检验器械或操作方法是否有问题($\alpha=0.05$).

解 每抽一个号码，其值用 X 表示，它的可能取值为 0,1,…,9. 这里要检验假设

$$H_0:p_i=P(X=i)=\frac{1}{10}\quad(i=0,1,\cdots,9)$$

现在 $k=10,p_{i0}=\frac{1}{10},n=350,np_{i0}=35$，故

$$\chi^2=\sum_{i=0}^{9}\frac{(n_i-35)^2}{35}=\frac{688}{35}=19.657$$

查附表 3 得临界表

$$\chi^2_\alpha(k-1)=\chi^2_{0.05}(9)=16.9$$

由于 19.657>16.9，故拒绝 H_0，即认为器械或操作方法有问题.

二、分布函数的拟合集优度检验

设总体分布函数为 $F(x)$，$F_0(x)$为一完全已知的分布函数(不含未知参数). 要检验假设

$$H_0:F(x)=F_0(x)$$

设 $x_1,\cdots,x_n$ 是取自总体 $F(x)$的样本观察值，n 足够大. 用 $k-1$ 个实数 y_i，即

$$-\infty < y_1 < y_2 < \cdots < y_{k-1} < +\infty$$

将实轴分为 k 个互不相交的区间，记为

$$A_i = (y_{i-1}, y_i) \quad (i=2,\cdots,k-1)$$

$$A_1 = (-\infty, y_1) \quad A_k = (y_{k-1}, +\infty)$$

并设

$$\begin{cases} p_1 = P(X \in A_1) = F(y_1) \\ p_i = P(X \in A_i) = F(y_i) - F(y_{i-1}) \quad (i=2,\cdots,k-1) \\ p_k = P(X \in A_k) = 1 - F(y_{k-1}) \end{cases} \tag{8-26}$$

如果 H_0 成立，则

$$p_i = p_{i0} \quad (i=1,2,\cdots,k)$$

由前部分的结果，我们可以先数出样本 $x_1,\cdots,x_n$ 落入 A_i 中的个数 n_i，然后计算皮尔逊统计量之值

$$\chi^2 = \sum_{i=1}^{k} \frac{(n_i - np_{i0})^2}{np_{i0}}$$

如果 $\chi^2 \geqslant \chi^2_\alpha(k-1)$，则拒绝 H_0，否则接受 H_0.

在上面的假设检验问题中，$F_0(x)$不仅类型已知，而且参数也已知. 但在实际问题中，常常只知道 $F_0(x)$的函数类型，而不知道其中的参数，因而假设 H_0 只给出分布函数的类型，其中含有未知参数. 例如，要检验"总体分布为正态分布"，这里设 $H_0:F(x)=\Phi\left(\frac{x-\mu}{\sigma}\right)$，$\mu$，$\sigma^2$ 未知. 这就不能从这一假设成立出发计算式(8-23)中 p_i 的值，因而也无法计算式(8-25)中皮尔逊统计量之值. 对于这种情况，自然考虑用未知参数估计值去代替它们. 现在我们给出一般情况下分布函数的 χ^2 拟合集成度检验.

设总体分布函数为 $F(x)$，考虑假设检验问题

$$H_0: F(x) = F_0(x_i;\theta_1,\cdots,\theta_m)$$

其中，$F_0(\cdots)$类型已知，但含有 m 个未知参数 $\theta_1,\cdots,\theta_m$.

设$\hat{\theta}_1,\cdots,\hat{\theta}_m$ 点估计，将式(8-26)中 $F(x)$用 $F_0(x_i;\hat{\theta}_1,\cdots,\hat{\theta}_m)$代替，得

$$\begin{cases} \hat{p}_1 = F_0(y_1,\hat{\theta}_1,\cdots,\hat{\theta}_n) \\ \hat{p}_i = F_0(y_i,\hat{\theta}_1,\cdots,\hat{\theta}_m) - F_0(y_{i-1},\hat{\theta}_1,\cdots,\hat{\theta}_m) \quad (i=2,\cdots,k-1) \\ \hat{p}_k = 1 - F_0(y_{k-1},\hat{\theta}_1,\cdots,\hat{\theta}_m) \end{cases} \tag{8-27}$$

用$\hat{p}_i$ 代替式(8-25)中的 p_{i0}，而得皮尔逊统计量

$$\chi^2 = \sum_{i=1}^{k} \frac{(n_i - n\hat{p}_i)^2}{n\hat{p}_i} \tag{8-28}$$

费歇耳证明了对满足一定条件的点估计$\hat{\theta}_1,\cdots,\hat{\theta}_m$，上述统计量的分布当 $n\to\infty$时趋向于 $\chi^2(k-m-1)$分布. 由于按照费歇耳的条件去求点估计$\hat{\theta}_1,\cdots,\hat{\theta}_m$ 是很麻烦的，所以常改用极大似然估计去代替它们，这时当 $n\to\infty$时，χ^2 还是渐近服从 χ^2 分布，于是得到 H_0 拒绝域为 $\chi^2 \geqslant \chi^2_\alpha(k-m-1)$.

从上面的讨论，我们可以总结出，利用 χ^2 拟合检验来检验关于总体分布的假设的步骤

如下：

(1)将总体 X 的值域划分为 k 个互不相交的区间 $A_i(i=1,2,\cdots,k)$，k 取多大？和做直方图时一致，注意使每个区间中至少含有 5 个样本值，否则可将区间适当调整.

(2)在 H_0 成立之下，求出未知参数的极大似然估计值；

(3)在 H_0 成立之下，计算式(8-27)中各 $\hat{p}_i$ 的值；

(4)数出 A_i 中含样本值个数 n_i，并计算式(8-28)中皮尔逊统计量之值 χ^2；

(5)对显著水平 α，查 χ^2 分布表，找出临界值 $\chi^2_\alpha(k-m-1)$；

(6)若 $\chi^2 \geqslant \chi^2_\alpha(k-m-1)$，则拒绝 H_0，否则可接受 H_0.

【例 2】 由 6.2 节例 1 提供的数据用 χ^2 拟合检验来检验假设 H_0：X 服从正态分布($\alpha=0.05$).

解 先取 $y_1=9.5, y_2=11.5, y_3=13.5, y_4=15.5, y_5=17.5, y_6=19.5, y_7=21.5, y_8=23.5, y_9=25.5, y_{10}=27.5, y_{11}=31.5$.

它们将实轴分成 12 个互不相交的区间，从而将样本分成 12 组.

在 H_0 成立之下，参数 μ, σ^2 的极大似然估计为 $\hat{\mu}=18.69, \hat{\sigma}^2=29.575\ 8, \hat{\sigma}=5.44$. 计算式(8-27)中各 $\hat{p}_i$ 的值

$$\hat{p}_1=\Phi\left(\frac{9.5-18.69}{5.44}\right)=\Phi(-1.69)=0.045\ 5$$

$$\hat{p}_2=\Phi\left(\frac{11.5-18.69}{5.44}\right)-0.045\ 5=\Phi(-1.32)-0.045\ 5=0.047\ 9$$

$$\vdots$$

$$\hat{p}_{12}=1-\Phi\left(\frac{31.5-18.69}{5.44}\right)=0.009\ 4$$

数出各区间中含样本值个数 n_i 并列表如下.

i	$y_{i-1} \sim y_i$	n_i	$\hat{p}_i$	$200\hat{p}_i$	$\frac{(n_i-200\hat{p}_i)^2}{200\hat{p}_i}$
1	$-\infty \sim 9.5$	5	0.045 5	9.10	1.817
2	9.5～11.5	15	0.047 9	9.58	3.066
3	11.5～13.5	18	0.077 7	15.54	0.389
4	13.5～15.5	19	0.106 5	21.30	0.248
5	15.5～17.5	24	0.135 3	27.06	0.346
6	17.5～19.5	33	0.146 7	29.34	0.457
7	19.5～21.5	30	0.138 9	27.78	0.177
8	21.5～23.5	17	0.112 1	22.42	1.310
9	23.5～25.5	17	0.083 8	16.76	0.003
10	25.5～27.5	9	0.053 0	10.60	0.242
11	27.5～31.5	8	0.043 2	8.64	0.047
12	$31.5 \sim +\infty$	5	0.009 4	1.88	5.178
		$\sum$			13.310

从上表可见，$\chi^2=13.31$，又 $k=12, m=2, \alpha=0.05$.

查附表 3 得 $\chi_\alpha^2(k-m-1)=\chi_{0.05}^2(9)=16.92$.

由于 $13.31<16.92$,故接受 H_0,即认为 X 服从正态分布.

习题 8

8-1 设 $X_1,X_2,\cdots,X_n$ 是从总体 X 中抽出的样本,假设 X 服从参数为 λ 的指数分布,λ 未知,给定 $\lambda_0>0$ 和显著性水平 $\alpha(0<\alpha<1)$. 试求假设 $H_0:\lambda\geqslant\lambda_0$ 的 χ^2 检验统计量及否定域.

8-2 某种零件的尺寸方差为 $\sigma^2=1.21$,对一批这类零件检查 6 件的尺寸数据(毫米):

32.56　29.66　31.64　30.00　21.87　31.03

设零件尺寸服从正态分布,问这批零件的平均尺寸能否认为是 32.50 毫米($\alpha=0.05$)?

8-3 设某产品的指标服从正态分布,它的标准差为 $\sigma=100$,今抽得一个容量为 26 的样本,计算得平均值为 1 580. 问在显著性水平 $\alpha=0.05$ 下,能否认为这批产品的指标的期望值 μ 不低于 1 600?

8-4 一种元件,要求其使用寿命不得低于 1 000 小时. 现在从一批这种元件中任取 25 件,测得其寿命平均值为 950 小时. 已知该种元件寿命服从标准差 $\sigma=100$ 小时的正态分布,问这批元件是否合格($\alpha=0.05$)?

8-5 某批矿砂的 5 个样品中镍含量经测定为 x(%):

3.25　3.27　3.24　3.26　3.24

设测定值服从正态分布,问能否认为这批矿砂的镍的含量为 3.25($\alpha=0.01$)?

8-6 糖厂用自动打包机打包. 每包标准质量为 100 千克. 每天开工后需要检验一次打包机工作是否正常. 某日开工后测得 9 包质量(单位:千克)如下:

99.3　98.7　100.5　101.2　98.3　99.7　99.5　102.1　100.5

问该日打包机工作是否正常($\alpha=0.05$;已知包标准质量服从正态分布)?

8-7 按照规定,每 100 克的番茄汁罐头,维生素 C 的含量不得少于 21 毫克,现从某厂生产的一批罐头中抽取 17 个,测得维生素 C 的含量(单位:毫克)如下:

16　22　21　20　23　21　19　15　13　23　17　20　29　18　22　16　25

已知维生素 C 的含量服从正态分布,试检验这种罐头的维生素 C 含量是否合格($\alpha=0.025$).

8-8 某种合金弦的抗拉强度 $X\sim N(\mu,\sigma^2)$,过去经验 $\mu\leqslant 10\ 560$(千克/厘米^2),今用新工艺生产了一批弦线,随机取 10 根做抗拉试验,测得数据如下:

10 512　10 632　10 668　10 554　10 766　10 707　10 557　10 581　10 666　10 670

问这批弦线的抗拉强度是否提高了($\alpha=0.05$)?

8-9 从一批轴料中取 15 件测量其椭圆度,计算得 $s=0.025$,问该批轴料椭圆度的总体方差与规定的 $\sigma^2=0.000\ 4$ 有无显著差别($\alpha=0.05$,椭圆度服从正态分布)?

8-10 从一批保险丝中抽取 10 根试验其熔化时间,结果为

42　65　75　78　71　59　57　68　54　55

问是否可认为这批保险丝的熔化时间的方差小于等于 80($\alpha=0.05$,熔化时间服从正态分

布)?

8-11 对两种羊毛织品的强度进行试验,所得结果为

第一种 138,127,134,125

第二种 134,137,135,140,130,134

问是否能说一种羊毛较另一种好($\alpha=0.05$,设两种羊毛织品的强度都服从方差相同的正态分布)?

8-12 在20块条件相同的土地上,同时试种新旧两种品种的作物各10块,其产量(千克)分别为

旧品种 78.1,72.4,76.2,74.3,77.4,78.4,76.0,75.5,76.7,77.3

新品种 79.1,81.0,77.3,79.1,80.0,79.1,79.1,77.3,80.2,82.1

设这两个样本相互独立,并都来自正态总体(方差相等),问新品种的产量是否高于旧品种($\alpha=0.01$)?

8-13 两台机床加工同一种零件,分别取6个和9个零件,量其长度得 $S_1^2=0.345$,$S_2^2=0.357$,假定零件长度服从正态分布,问是否可认为两台机床加工的零件长度的方差无显著差异($\alpha=0.05$)?

8-14 一骰子掷了120次,得下列结果:

点数	1	2	3	4	5	6
出现次数	23	26	21	20	15	15

问骰子是否匀称($\alpha=0.05$)

8-15 从一批滚珠中随机抽取了50个,测得它们的直径为(单位:毫米)

15.0	15.8	15.2	15.1	15.9	14.7	14.8	15.5	15.6	15.3
15.1	15.3	15.0	15.6	15.7	14.8	14.5	14.2	14.9	14.9
15.2	15.0	15.3	15.6	15.1	14.9	14.2	14.6	15.8	15.2
15.9	15.2	15.0	14.9	14.8	14.5	15.1	15.5	15.5	15.1
15.1	15.0	15.3	14.7	14.5	15.5	15.0	14.7	14.6	14.2

是否可认为这批滚珠直径服从正态分布($\alpha=0.05$)?

8-16 设 $A_i=\left(\frac{i-1}{2},\frac{i}{2}\right)$,$i=1,2,3$,$A_4=\left(\frac{3}{2},2\right)$,假设随机变量在(0,2)上是均匀分布的,今对 X 进行100次的独立观察,发现其值落入 $A_i(i=1,2,3,4)$ 的频数分别为30,20,36,14.问均匀分布的假设在显著性水平为0.05下是否可信?

第 9 章　单因素试验的方差分析及一元正态线性回归

9.1　单因素试验的方差分析

一、问题的提出

在 8.3 节中，我们讨论了两个正态总体在方差相同的条件下，数学期望是否相等的假设检验问题. 由于实际的需要，必须考虑多个正态总体在方差相同的条件下，数学期望是否相等的假设检验问题. 让我们先看一个例子.

【例 1】 考虑温度对某化工产品得率的影响. 选定五种不同的温度进行试验，同一温度试验三次，测得结果见表 9-1.

表 9-1

温　度	60°	65°	70°	75°	80°
得率/%	90 92 88	97 93 92	96 96 93	84 83 88	84 86 82
平均得率/%	90	94	95	85	84

从平均得率可见，温度对得率是有影响的. 但我们还看到，在同一温度下得率也不完全一样. 这是因为在试验中还有许多不可控制的随机因素在起作用. 因此应把每种温度下的试验结果(得率)看作随机变量，记为 $X_i(i=1,2,3,4,5)$，而把第 i 种温度下的第 j 个试验结果看作样本值，记为 X_{ij}，$j=1,2,3$，如 $X_{11}=90$，$X_{12}=92$，$X_{13}=88$，$X_{21}=97$，…因为 $X_{ij}(i=1,2,3,4,5;j=1,2,3)$在试验之前是不确定的，所以它们都是随机变量，于是 X_{i1}，X_{i2}，X_{i3} 就是总体 X_i 的样本.

假设总体 $X_i \sim N(\mu_i,\sigma^2)(i=1,2,3,4,5)$并且相互独立，其中 μ_i 表示在无干扰的理想状态下第 i 种温度的得率. 那么，考察温度对得率的影响是否显著，就是看 $\mu_1,\mu_2,\cdots,\mu_5$ 是否相等，这就需要检验假设

$$H_0:\mu_1=\mu_2=\cdots=\mu_5 \tag{9-1}$$

检验这个假设的有效方法，是通过把样本的某些偏差平方和进行分解而得到的. 称为**方差分析法**.

我们把在试验中要考察的那些(可以控制)条件称为**试验的因素**，用 $A,B,\cdots$表示.

为了考察一个因素对试验结果的影响，一般把它控制在几个不同的状态或等级上，因素 A 的每一个状态(或等级)**称为它的一个水平**，用 $A_1, A_2, \cdots$ 表示.

我们把要考察的因素只有一个的试验，称为**单因素试验**，相应的方差分析称为**单因素方差分析**.

二、数学模型

我们要考察因素 A 对试验结果的影响，控制 A 在 m 个水平 $A_1, A_2, \cdots, A_m$ 上，在水平 A_i 下做 n_i 次重复试验，结果见表 9-2.

表 9-2

A_1	$\cdots$	A_i	$\cdots$	A_m
a_{11}		a_{i1}		a_{m1}
a_{12}		a_{i2}		a_{m2}
$\vdots$	$\cdots$	$\vdots$	$\cdots$	$\vdots$
a_{1n_1}		a_{in_i}		a_{mn_m}

因为试验中有随机的影响，所以 A_i 下的试验结果是随机变量，记为 X_i. 它是一个总体，而 $X_{ij}(i=1,2,\cdots,m; j=1,2,\cdots,n_i)$ 是 X_i 的样本.

假定 $X_i \sim N(\mu_i, \sigma^2)(i=1,2,\cdots,m)$ 并且相互独立，我们的问题是检验假设

$$H_0: \mu_1 = \mu_2 = \cdots = \mu_m \tag{9-2}$$

由于 $X_i \sim N(\mu_i, \sigma^2)$，$X_{i1}, \cdots, X_{in_i}$，是它的样本，所以 $X_{ij} \sim N(\mu_i, \sigma^2)(j=1,2,\cdots,n_i)$，其中 μ_i 是理想状态下总体的均值. X_{ij} 与 μ_i 之差可以看成随机误差 δ_{ij}，$\delta_{ij} \sim N(0, \sigma^2)$. 这样，可以假定 X_{ij} 具有下面的形式

$$X_{ij} = \mu_i + \delta_{ij}, \quad \delta_{ij} \sim N(0, \sigma^2)$$
$$(i=1,2,\cdots,m; j=1,2,\cdots,n_i) \tag{9-3}$$

其中，δ_{ij} 独立，$\mu_1, \mu_2, \cdots, \mu_m, \sigma^2$ 都是未知参数，称式(9-3)为**单因素试验方差分析的数学模型**.

为了导出检验假设式(9-2)的统计量，我们首先分析引起 X_{ij} 波动的原因. 这里原因有两个：一个是当 H_0 为真时，X_{ij} 的波动完全由随机因素引起；另一个是当 H_0 不真时，X_{ij} 的波动除随机因素外还由 μ_i 不同而引起. 因此，我们想用一个量来描述 X_{ij} 之间的总的波动，并能将上述两个原因引起的波动分解开来. 这就是方差分析中所用的偏差平方和分解的方法，下面来叙述它.

三、平方和分解

我们作一统计量

$$S = \sum_{i=1}^{m} \sum_{j=1}^{n_i} (X_{ij} - \overline{X})^2 \tag{9-4}$$

其中

$$\overline{X} = \frac{1}{n} \sum_{i=1}^{m} \sum_{j=1}^{n_i} X_{ij}, n = \sum_{i=1}^{m} n_i$$

这个统计量是 X_{ij} 与样本总平均 $\overline{X}$ 的偏差平方和，反映了 X_{ij} 之间的总的波动，我们称为**总平方和**. 一般说来，如果 H_0 不成立，那么 $X_{ij}(j=1,\cdots,n_i;i=1,2,\cdots,m)$ 取值的差别就要大些，这时 S 就要变大，但是我们不能只从 S 值比较大就断定 H_0 不成立. 因为即使 H_0 为真，由于抽样的随机性，S 也可能取较大的值. 为了区别这两种情况，将 S 做一分解，为此记

$$\overline{X}_{i\cdot} = \frac{1}{n_i}\sum_{j=1}^{n_i} X_{ij} \quad (i = 1,2,\cdots,m)$$

并注意

$$\sum_{i=1}^{m}\sum_{j=1}^{n_i}(X_{ij} - \overline{X}_{i\cdot})(\overline{X}_{i\cdot} - \overline{X}) = \sum_{i=1}^{m}(\overline{X}_{i\cdot} - \overline{X})\sum_{j=1}^{n_i}(X_{ij} - \overline{X}_{i\cdot}) = 0$$

$$S = \sum_{i=1}^{m}\sum_{j=1}^{n_i}(X_{ij} - \overline{X})^2 = \sum_{i=1}^{m}\sum_{j=1}^{n_i}(X_{ij} - \overline{X}_{i\cdot} + \overline{X}_{i\cdot} - \overline{X})^2$$

$$= \sum_{i=1}^{m}\sum_{j=1}^{n_i}(X_{ij} - \overline{X}_{i\cdot})^2 + \sum_{i=1}^{m}\sum_{j=1}^{n_i}(\overline{X}_{i\cdot} - \overline{X})^2$$

于是有

$$S=S_e+S_A \tag{9-5}$$

其中

$$S_e = \sum_{i=1}^{m}\sum_{j=1}^{n_i}(X_{ij} - \overline{X}_{i\cdot})^2 \tag{9-6}$$

$$S_A = \sum_{i=1}^{m}\sum_{j=1}^{n_i}(\overline{X}_{i\cdot} - \overline{X})^2 = \sum_{i=1}^{m} n_i(\overline{X}_{i\cdot} - \overline{X})^2 \tag{9-7}$$

由式(9-6)可见，S_e 是各个总体的样本 $X_{i1},\cdots,X_{in_i}$；与样本均值 $\overline{X}_{i\cdot}\ (i=1,2,\cdots,m)$ 的偏差平方和的总和，它反映了抽样的随机性引起的波动. 今后称 S_e 为**组内平方和**或**误差平方和**，简称为**组内差**. 由式(9-7)可见，S_A 是各总体的样本均值 $\overline{X}_{i\cdot}$ 与样本总平均 $\overline{X}$ 的偏差的平方构成的平方和，它在一定程度上反映了各总体的均值 μ_i 之间的差异所引起的波动，称为**组间平方和**或简称**组间差**. 为了更清楚地说明以上事实，分别计算它们的数学期望.

$$ES_e = \sum_{i=1}^{m} E\sum_{j=1}^{n_i}(X_{ij} - \overline{X}_{i\cdot})^2 = \sum_{i=1}^{m}(n_i - 1)E\left[\frac{1}{n_i - 1}\sum_{j=1}^{n_i}(X_{ij} - \overline{X}_{i\cdot})^2\right]$$

$$= \sum_{i=1}^{m}(n_i - 1)\sigma^2 = (n - m)\sigma^2 \tag{9-8}$$

$$ES_A = E\sum_{i=1}^{m} n_i(\overline{X}_{i\cdot} - \overline{X})^2 = E\left(\sum_{i=1}^{m} n_i\overline{X}_{i\cdot}^2 - n\,\overline{X}^2\right)$$

$$= \sum_{i=1}^{m} n_i E\,\overline{X}_{i\cdot}^2 - nE\,\overline{X}^2$$

由于 $\overline{X}_{i\cdot} \sim N\left(\mu_i,\dfrac{\sigma^2}{n_i}\right)$，$\overline{X} \sim \left(\mu,\dfrac{\sigma^2}{n}\right)$，其中 $\mu = \dfrac{1}{n}\sum\limits_{i=1}^{m} n_i\mu_i$，故得

$$ES_A = \sum_{i=1}^{m} n_i\left(\frac{\sigma^2}{n_i} + \mu_i^2\right) - n\left(\frac{\sigma^2}{n} + \mu^2\right)$$

$$= (m - 1)\sigma^2 + \sum_{i=1}^{m} n_i\mu_i^2 - n\mu^2$$

$$= (m-1)\sigma^2 + \sum_{i=1}^{m} n_i(\mu_i - \mu)^2 \tag{9-9}$$

我们知道 σ^2 是表示试验误差的数学特征，而

$$\alpha_i = \mu_i - \mu \quad (i = 1,2,\cdots,m)$$

表示第 i 个总体的均值与各总体的总平均值之差，我们称它为第 i 个水平 A_i 的效应，因此，$\sum_{i=1}^{m} n_i(\mu_i - \mu)^2 = \sum_{i=1}^{m} n_i\alpha_i^2$ 反映了各个总体之间的差异程度. 由此可见，我们已将 S 分成了两个部分 S_e 和 S_A，S_e 只反映了随机因素所引起的波动，而 S_A 既反映了各个总体之间的差异引起的波动，也包含了随机因素所引起的波动.

由式(9-8)和式(9-9)可得

$$E\left(\frac{S_e}{n-m}\right) = \sigma^2 \tag{9-10}$$

$$E\left(\frac{S_A}{m-1}\right) = \sigma^2 + \frac{\sum_{i=1}^{m} n_i(\mu_i - \mu)^2}{m-1} \tag{9-11}$$

这表明，不管对 $\mu_i(i=1,\cdots,m)$ 的假设如何，$S_e/(n-m)$ 总是 σ^2 的无偏估计，而 $S_A/(m-1)$ 仅当假设式(9-2)成立，才是 σ^2 的一个无偏估计；否则它的期望都大于 σ^2. 这说明比值

$$F = \frac{S_A/(m-1)}{S_e/(n-m)} = \frac{(n-m)S_A}{(m-1)S_e} \tag{9-12}$$

太大时，则可以认为 μ_i 之间的差异是显著的，从而拒绝 H_0，故用 F 作为检验 H_0 的统计量. 但是 F 服从什么分布是个重要问题，下面我们就来讨论这个问题.

定理 9-1　在模型(9-3)中

(1) $S_e/\sigma^2 \sim \chi^2(n-m)$；　(9-13)

(2) S_A 与 S_e 相互独立；

(3) 当式(9-2) H_0 成立时，$S_A/\sigma^2 \sim \chi^2(m-1)$.　(9-14)

证明　(1) $\frac{S_e}{\sigma^2} = \frac{1}{\sigma^2}\sum_{i=1}^{m}\sum_{j=1}^{n_i}(X_{ij} - \overline{X}_{i\cdot})^2$

记

$$S_i^2 = \frac{1}{n_i - 1}\sum_{j=1}^{n_i}(X_{ij} - \overline{X}_{i\cdot})^2 \quad (i = 1,\cdots,m)$$

由单个正态总体统计量的分布中的结论(3)

$$\chi_i^2 = \frac{n_i - 1}{\sigma^2}S_i^2 = \frac{1}{\sigma^2}\sum_{j=1}^{n_i}(X_{ij} - \overline{X}_{i\cdot})^2 \sim \chi^2(n_i - 1) \quad (i = 1,\cdots,m)$$

又由 $X_{ij}(j = 1,\cdots,n_i; i = 1,\cdots,m)$ 的独立性知，$S_1^2,\cdots,S_m^2$ 相互独立，即 $\chi_1^2,\cdots,\chi_m^2$ 独立，故根据 χ^2 分布的可加性得

$$\frac{S_e}{\sigma^2} = \sum_{i=1}^{m}\chi_i^2 \sim \chi^2(n-m)$$

(2) 由单个正态总体统计量的分布中的结论(2)，S_i^2 与 $\overline{X}_{i\cdot}$ 独立，又由 $X_{ij}(j = 1,2,\cdots, n_i; i = 1,2,\cdots,m)$ 独立知，S_i^2 与 $\overline{X}_1,\cdots,\overline{X}_m$ 独立，故 S_i^2 与 S_A 独立$(i = 1,2,\cdots,m)$，从而

$S_e=\sum_{i=1}^{m}(n_i-1)S_i^2$ 与 S_A 独立.

(3)证略.

利用本定理及定义 6-4,在 H_0 成立的条件下,统计量

$$F=\frac{(n-m)S_A}{(m-1)S_e}=\frac{\frac{S_A}{\sigma^2}/(m-1)}{\frac{S_e}{\sigma^2}/(n-m)}\sim F(m-1,n-m) \tag{9-15}$$

因此,对模型(9-3)可利用统计量 F 来检验假设 H_0,即对给定的显著性水平 α,从附表 5 查出临界值 $F_\alpha(m-1,n-m)$. 当 $F\geqslant F_\alpha(m-1,n-m)$时,拒绝 H_0,否则接受 H_0.

上述分析结果常排成表 9-3 的形式,称为**单因素方差分析表**.

表 9-3　单因素方差分析表

方差来源	平方和	自由度	均方	F 值
因素 A	S_A	$m-1$	$\overline{S}_A=\frac{S_A}{m-1}$	$\overline{S}_A/\overline{S}_e$
误差	S_e	$n-m$	$\overline{S}_e=\frac{S_e}{n-m}$	—
总和	$S=S_A+S_e$	$n-1$	—	—

为计算方便,令

$$\begin{cases} P=\frac{1}{n}\left(\sum_{i=1}^{m}\sum_{j=1}^{n_i}X_{ij}\right)^2 \\ Q=\sum_{i=1}^{m}\frac{1}{n_i}\left(\sum_{j=1}^{n_i}X_{ij}\right)^2 \\ R=\sum_{i=1}^{m}\sum_{j=1}^{n_i}X_{ij}^2 \end{cases} \tag{9-16}$$

不难验证

$$S_e=R-Q,S_A=Q-P,S=R-P \tag{9-17}$$

事实上

$$\begin{aligned} S_e &= \sum_{i=1}^{m}\sum_{j=1}^{n_i}(X_{ij}-\overline{X}_{i\cdot})^2=\sum_{i=1}^{m}\left(\sum_{j=1}^{n_i}X_{ij}^2-n_i\overline{X}_{i\cdot}^2\right) \\ &= \sum_{i=1}^{m}\sum_{j=1}^{n_i}X_{ij}^2-\sum_{i=1}^{m}\frac{1}{n_i}\left(\sum_{j=1}^{n_i}X_{ij}\right)^2=R-Q \\ S_A &= \sum_{i=1}^{m}n_i(\overline{X}_{i\cdot}-\overline{X})^2=\sum_{i=1}^{m}n_i\overline{X}_{i\cdot}^2-n\overline{X}^2 \\ &= \sum_{i=1}^{m}\frac{1}{n_i}\left(\sum_{j=1}^{n_i}X_{ij}\right)^2-\left(\frac{1}{n}\sum_{i=1}^{m}\sum_{j=1}^{n_i}X_{ij}\right)^2=Q-P \end{aligned}$$

由式(9-5)得

$$S=R-P$$

根据上面的讨论,单因素试验的方差分析可用表 9-4 计算.

表 9-4 单因素方差分析计算表

因素 / 测量值 / 序号	A_1	A_2	$\cdots$	A_m	
1	X_{11}	X_{21}	$\cdots$	A_{m1}	
2	X_{12}	X_{22}	$\cdots$	X_{m2}	
$\vdots$	$\vdots$	$\vdots$		$\vdots$	
n_i	χ_{1n_1}	χ_{2n_2}	$\cdots$	χ_{mn_m}	
$\sum\limits_{j=1}^{n_i} X_{ij}$					$\frac{1}{n}(\sum\limits_{i=1}^{m}\sum\limits_{j=1}^{n_i} X_{ij})^2 = P$
$\frac{1}{n}(\sum\limits_{j=1}^{n_i} X_{ij})^2$					$\sum\limits_{i=1}^{m}\frac{1}{n_i}(\sum\limits_{j=1}^{n_i} X_{ij})^2 = Q$
$\sum\limits_{j=1}^{n_i} X_{ij}^2$					$\sum\limits_{i=1}^{m}\sum\limits_{j=1}^{n_i} X_{ij}^2 = R$

在实际计算中，为了简便，对 X_{ij} 做如下变换

$$y_{ij}=b(X_{ij}-c) \tag{9-18}$$

b,c 是适当的常数，使 y_{ij} 变得简单些. 由式(9-18)易得

$$\overline{X}_{i\cdot}=c+\frac{1}{b}\overline{y}_{i\cdot}.$$

$$\overline{X}=c+\frac{1}{b}\overline{y}$$

于是

$$S_e=\sum_{i=1}^{m}\sum_{j=1}^{n_i}(X_{ij}-\overline{X}_{i\cdot})^2=\frac{1}{b^2}\sum_{i=1}^{m}\sum_{j=1}^{n_i}(y_{ij}-\overline{y}_{i\cdot})^2$$

$$=\frac{1}{b^2}\left[\sum_{i=1}^{m}\sum_{j=1}^{n_i}y_{ij}^2-\sum_{i=1}^{m}\frac{1}{n_i}(\sum_{j=1}^{n_i}y_{ij})^2\right]$$

$$S_A=\sum_{i=1}^{m}n_i(\overline{X}_{i\cdot}-\overline{X})^2=\frac{1}{b^2}\sum_{i=1}^{m}n_i(\overline{y}_{i\cdot}-\overline{y})^2$$

$$=\frac{1}{b^2}\left[\sum_{i=1}^{m}\frac{1}{n_i}(\sum_{j=1}^{n_i}y_{ij})^2-\frac{1}{n}(\sum_{i=1}^{m}\sum_{j=1}^{n_i}y_{ij})^2\right]$$

记

$$\left.\begin{aligned}P'&=\frac{1}{n}(\sum_{i=1}^{m}\sum_{j=1}^{n_i}y_{ij})^2\\Q'&=\sum_{i=1}^{m}\frac{1}{n_i}(\sum_{j=1}^{n_i}y_{ij})^2\\R'&=\sum_{i=1}^{m}\sum_{j=1}^{n_i}y_{ij}^2\end{aligned}\right\} \tag{9-19}$$

从而

$$F=\frac{(n-m)S_A}{(m-1)S_e}=\frac{(n-m)(Q'-P')}{(m-1)(R'-Q')} \tag{9-20}$$

【例 1】 对 6 种不同的农药在相同条件下，分别进行杀虫试验，试验结果见表 9-5. 问杀

虫率是否因不同的农药而有显著的差异($\alpha=0.01$)?

表 9-5

	A_1 X_1	A_2 X_2	A_3 X_3	A_4 X_4	A_5 X_5	A_6 X_6
1	87	90	56	55	92	75
2	85	88	62	48	99	72
3	80	87			95	81
4		94			91	

解 $m=6, n_1=3, n_2=4, n_3=2, n_4=2, n_5=4, n_6=3, n=\sum_{i=1}^{6} n_i=18$. 查附表 5 得 $F_{0.01}(m-1, n-m)=F_{0.01}(5,12)=5.06$.

为了简化计算,从表 9-5 的试验结果中都减去 80 得到表 9-6(这里变换式(9-18)中 $b=1, c=80$).

表 9-6

	A_1 y_1	A_2 y_2	A_3 y_3	A_4 y_4	A_5 y_5	A_6 y_6	
	7	10	−24	−25	12	−5	
	5	8	−18	−32	19	−8	
	0	7			15	1	
		14			11		
$\sum_{j=1}^{n_i} y_{ij}$	12	39	−42	−57	57	−12	$P'=\frac{(-3)^2}{18}=0.5$
$\frac{1}{n_i}\left(\sum_{j=1}^{n_i} y_{ij}\right)^2$	48	380.25	882	1 624.5	812.25	48	$Q'=3\ 795$
$\sum_{j=1}^{n_i} y_{ij}^2$	74	409	900	1 649	851	90	$R'=3\ 973$

代入式(9-17),得

$$S_A=3\ 794.5, S_e=178$$

从而

$$\overline{S}_e=S_e/(n-m)=178/12=14.83$$

$$\overline{S}_A=S_A/(m-1)=3\ 794.5/5=758.9$$

$$F=\overline{S}_A/\overline{S}_e=51.17$$

因 $F>F_{0.01}(5,12)$,故拒绝 H_0,即不同农药的杀虫率有明显差异.

比较表 9-5 各种农药杀虫率的平均值 $\overline{X}_i=\overline{y}_i+80(i=1,2,\cdots,6)$,可得

$$\overline{X}_{1}.=84, \overline{X}_{2}.=89.75, \overline{X}_{3}.=59$$

$$\overline{X}_{4}.=51.5, \overline{X}_{5}.=94.25, \overline{X}_{6}.=76$$

由此可知,第五种农药杀虫率最高,平均达到 94.25%,方差分析表见表 9-7.

表 9-7

方差来源	平方和	自由度	均方	F 值
农药	3 794.5	5	758.9	51.17**
误差	178	12	14.83	
总和	3 973	17		

注：一般在 F 栏内，对 $\alpha=0.05$ 显著的，用"*"标出，表示检验结果是显著的；对 $\alpha=0.01$ 显著的，用"**"标出，意指特别显著；不做记号的表示不显著.

9.2 一元正态线性回归

一、一元正态线性回归的数学模型

回归分析

1. 问题的提出

在生产实践和科学研究中，经常遇到一些同处于一个统一体中的变量，这些变量是相互联系和相互制约的，它们之间存在着一定的关系. 这种关系一般可分为两大类：一类是确定性的函数关系，这是人们所熟知的，诸如圆的面积 S 和半径 r 之间有关系 $S=\pi r^2$ 等. 另一类是非确定性的关系称为相关关系. 例如：

家庭支出 Y 和收入 x 的关系，一般说来，收入高的家庭支出也大，但同等收入的家庭其开支不一定一样，就是说收入确定以后，支出并不随之而定.

小麦单位面积的产量 Y 与施肥量 x 的关系. 一般说来，在一定范围内，施肥越多，单位面积产量越高，因而 Y 依赖于 x. 但 x 一定，Y 并不能完全确定.

在上面的两个例子中，都有两个变量 x 与 Y. 其中 x 是一般变量，它的值可以精确测量或严格控制. Y 是依赖于 x 的一个随机变量. Y 与 x 之间的关系就是相关关系. 还可以举出许多具有相关关系的变量的例子. 例如人的身高 x 与裤长 Y；汽车的行驶速度 x 与耗油量 Y 等等.

反映 Y 与 x 之间关系的最重要的数字特征当然是 Y 的数学期望与 x 之间的关系. 我们称 $\mu(x)=EY$ 为 Y 对 x 的**回归函数**. 回归分析的一个重要内容就是估计 $\mu(x)$，然后利用估计结果做预测和控制. 为估计 $\mu(x)$，通常是指定 n 个 x 的值 $x_1,\cdots,x_n$，做 n 次独立试验，取得 Y 的相应观察值 $y_1,\cdots,y_n$，再由 n 对数据 (x_1,y_1)，$\cdots$，(x_n,y_n) 来估计 $\mu(x)$.

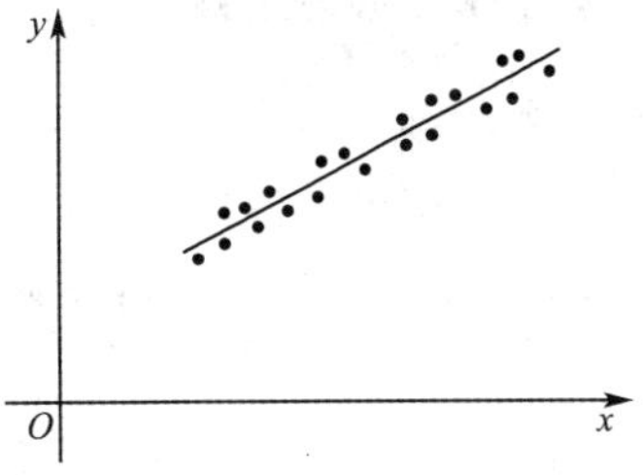

图 9-1

在实际应用中，通常是先用近似作图法描述 $\mu(x)$ 的图形：将 n 对观察数据 (x_i,y_i) $(i=1,\cdots,n)$ 看成 n 个点，并把它们点在坐标平面 xOy 上，这种图称为**散点图**；然后在平面上引一条直线或曲线，使它最好地与这些散点的分布相符合(如图 9-1). 这一直线或曲线就近似地描绘了 $y=\mu(x)$ 的图形. 当然，这是很粗糙的描述方法，回归分析为我们提供了研究回归函数 $y=\mu(x)$ 的精确的统计推断方法. 本节将讨论最简单的也是经常遇到的一元正态线性回归分析. 这里 Y 为正态变量，回归函数 $\mu(x)=a+bx$ 为 x 的线性函数.

2. 数学模型

设 Y 是可观测的随机变量，x 是一般变量，它们之间存在着如下的关系

$$\begin{cases} Y=a+bx+\varepsilon \\ \varepsilon \sim N(0,\sigma^2) \end{cases} \tag{9-21}$$

其中未知参数 a,b,σ^2 不依赖于 x，称线性函数

$$y=\mu(x)=a+bx \tag{9-22}$$

为**随机变量 Y 对 x 的线性回归**，称变量 x 为**回归变量**，a、b 为**回归系数**. 由模型式(9-21)可知，随机变量 Y 服从正态分布 $N(a+bx,\sigma^2)$，它依赖于 x 的值. 假设 $x_1,\cdots,x_n$ 是 x 的任意 n 个值(可以有相同的，但假定不完全相同)，而 $y_1,\cdots,y_n$ 分别是 $x_1,\cdots,x_n$ 处对 Y 独立观测的结果；那么，$y_i\sim N(a+bx_i,\sigma^2)(i=1,\cdots,n)$ 且相互独立. 由此可得

$$\begin{cases} y_i=a+bx_i+\varepsilon_i \\ \varepsilon_i \sim N(0,\sigma^2) \\ i=1,\cdots,n \end{cases} \tag{9-23}$$

且 $\varepsilon_1,\cdots,\varepsilon_n$ 相互独立.

式(9-21)和式(9-23)都称为**一元正态线性回归模型**，今后也称 $y_1,\cdots,y_n$ 为来自随机变量 Y 的独立随机样本，但需注意，它不是简单随机样本，因为 $y_1,\cdots,y_n$ 不是同分布的.

二、未知参数的估计

在模型(9-23)中，a,b 和 σ^2 是未知参数，ε_i 是误差项. 由(9-23)得

$$\varepsilon_i=y_i-a-bx_i \quad (i=1,2,\cdots,n)$$

全部误差的平方和是

$$\sum_{i=1}^{n}\varepsilon_i^2=\sum_{i=1}^{n}(y_i-a-bx_i)^2$$

记它为 Q，显然 Q 只是 a,b 的函数. 我们的任务是给出 a,b 的估计，使 Q 达到最小，从而使式(9-23)“符合得最好”.

利用多元函数求极值的办法，求出 a,b，使 $Q=\sum\limits_{i=1}^{n}(y_i-a-bx_i)^2$ 达到最小值，这要用最小二乘法.

我们采用极大似然法来估计未知参数 a,b,σ^2.

由式(9-23)知，y_i 的概率密度为

$$\frac{1}{\sqrt{2\pi}\sigma}\exp\left\{-\frac{1}{2\sigma^2}(y_i-a-bx_i)^2\right\} \quad (i=1,\cdots,n)$$

故似然函数为

$$L=\prod_{i=1}^{n}\frac{1}{\sqrt{2\pi}\sigma}\exp\left\{-\frac{1}{2\sigma^2}(y_i-a-bx_i)^2\right\}$$

$$= \left(\frac{1}{2\pi\sigma^2}\right)^{\frac{n}{2}} \exp\left\{-\frac{1}{2\sigma^2}\sum_{i=1}^{n}(y_i - a - bx_i)^2\right\}$$

于是

$$\ln L = -\frac{n}{2}\ln(2\pi\sigma^2) - \frac{1}{2\sigma^2}\sum_{i=1}^{n}(y_i - a - bx_i)^2$$

回归系数 a 和 b 的极大似然估计是下列似然方程组的解

$$\begin{cases} \dfrac{\partial \ln L}{\partial a} = \dfrac{1}{\sigma^2}\sum_{i=1}^{n}(y_i - a - bx_i) = 0 \\ \dfrac{\partial \ln L}{\partial b} = \dfrac{1}{\sigma^2}\sum_{i=1}^{n}(y_i - a - bx_i)x_i = 0 \end{cases} \tag{9-24}$$

由此得方程组

$$\begin{cases} na + n\bar{x}b = n\bar{y} \\ n\bar{x}a + \sum_{i=1}^{n}x_i^2 b = \sum_{i=1}^{n}x_i y_i \end{cases} \tag{9-25}$$

称式(9-25)为**正规方程组**,其中

$$\bar{x} = \frac{1}{n}\sum_{i=1}^{n}x_i, \quad \bar{y} = \frac{1}{n}\sum_{i=1}^{n}y_i$$

由式(9-25)解得 a,b 的极大似然估计为

$$\begin{cases} \hat{a} = \bar{y} - \hat{b}\,\bar{x} \\ \hat{b} = \dfrac{\sum_{i=1}^{n}x_i y_i - n\bar{x}\,\bar{y}}{\sum_{i=1}^{n}(x_i - \bar{x})^2} = \dfrac{\sum_{i=1}^{n}(x_i - \bar{x})(y_i - \bar{y})}{\sum_{i=1}^{n}(x_i - \bar{x})^2} \end{cases} \tag{9-26}$$

由于 $x_1,\cdots,x_n$ 不全相同,式(9-25)的解式(9-26)总是存在的.未知参数 σ^2 的极大似然估计可由似然方程

$$\frac{\partial \ln L}{\partial \sigma^2} = -\frac{n}{2\sigma^2} + \frac{1}{2\sigma^4}\sum_{i=1}^{n}(y_i - a - bx_i)^2 = 0$$

与式(9-24)联立解出

$$\hat{\sigma}^2 = \frac{1}{n}\sum_{i=1}^{n}(y_i - \hat{a} - \hat{b}x_i)^2 \tag{9-27}$$

其中 $\hat{a}$,$\hat{b}$ 由式(9-26)确定.如果把线性回归函数式(9-22)中的系数 a,b 换成相应的估计 $\hat{a}$,$\hat{b}$,则得

$$\hat{y} = \hat{a} + \hat{b}x \tag{9-28}$$

我们称此方程为 ***Y* 对 *x* 的经验回归方程**,简称**回归方程**.其图形称为**回归直线**.回归方程式(9-28)是回归函数 $y=a+bx$ 的估计.在实际应用中,回归方程就是 Y 与 x 之间相依关系的经验公式.

为今后记忆和计算方便,引入记号

$$\begin{cases} L_{xx} = \sum_{i=1}^{n}(x_i - \overline{x})^2 = \sum_{i=1}^{n} x_i^2 - n\,\overline{x}^2 \\ L_{yy} = \sum_{i=1}^{n}(y_i - \overline{y})^2 = \sum_{i=1}^{n} y_i^2 - n\,\overline{y}^2 \\ L_{xy} = \sum_{i=1}^{n}(x_i - \overline{x})(y_i - \overline{y}) = \sum_{i=1}^{n} x_i y_i - n\,\overline{x}\;\overline{y} \end{cases} \tag{9-29}$$

利用这些记号,由式(9-26)和式(9-27)可得

$$\begin{cases} \hat{b} = \dfrac{L_{xy}}{L_{xx}} \\ \hat{\sigma}^2 = \dfrac{1}{n}(L_{yy} - \hat{b} L_{xy}) \end{cases} \tag{9-30}$$

后一式是由于

$$\begin{aligned} &\sum_{i=1}^{n}(y_i - \hat{a} - \hat{b} x_i)^2 = \sum_{i=1}^{n}[(y_i - \overline{y}) - \hat{b}(x_i - \overline{x})]^2 \\ &= \sum_{i=1}^{n}(y_i - \overline{y})^2 - 2\hat{b}\sum_{i=1}^{n}(x_i - \overline{x})(y_i - \overline{y}) + \hat{b}^2 \sum_{i=1}^{n}(x_i - \overline{x})^2 \\ &= L_{yy} - 2\hat{b} L_{xy} + \hat{b} L_{xy} = L_{yy} - \hat{b} L_{xy} \end{aligned} \tag{9-31}$$

由上面的讨论,求回归方程的具体计算可列表 9-8 进行.

表 9-8　　回归方程计算表

序号	x_i	y_i	x_i^2	y_i^2	$x_i y_i$
1	x_1	y_1	x_1^2	y_1^2	$x_1 y_1$
2	x_2	y_2	x_2^2	y_2^2	$x_2 y_2$
⋮	⋮	⋮	⋮	⋮	⋮
n	x_n	y_n	x_n^2	y_n^2	$x_n y_n$
$\sum$	$\sum_{i=1}^{n} x_i$	$\sum_{i=1}^{n} y_i$	$\sum_{i=1}^{n} x_i^2$	$\sum_{i=1}^{n} y_i^2$	$\sum_{i=1}^{n} x_i y_i$
$\frac{1}{n}\sum$	$\overline{x}$	$\overline{y}$	$L_{xx} = \sum_{i=1}^{n} x_i^2 - n\overline{x}^2$, $\hat{b} = L_{xy}/L_{xx}$		
$\left(\frac{1}{n}\sum\right)^2$	$\overline{x}^2$	$\overline{y}^2$	$L_{xy} = \sum_{i=1}^{n} x_i y_i - n\overline{x}\,\overline{y}$, $\hat{a} = \overline{y} - \hat{b}\,\overline{x}$		
$\frac{1}{n}\left(\sum\right)^2$	$n\overline{x}^2$	$n\overline{y}^2$	$L_{yy} = \sum_{i=1}^{n} y_i^2 - n\overline{y}^2$, $\hat{y} = \hat{a} + \hat{b}x$		

这里 L_{yy} 在求回归方程时用不上,为了下面应用我们一并算了出来.

【例 1】 为考察某地区婴幼儿的年龄 x(岁)和身高 Y(厘米)的相关关系,进行抽样调查的资料见表 9-9.

表 9-9

x_i	1.7	3.2	3.1	0.3	1.2	1.8	3.8
y_i	72	88	85	63	77	84	100

试求 x 与 Y 间的回归方程 $\hat{y} = \hat{a} + \hat{b}x$.

解 列计算表 9-10.

表 9-10

序号	x_i	y_i	x_i^2	y_i^2	x_iy_i
1	1.7	72	2.89	5 184	122.4
2	3.2	88	10.24	7 744	281.6
3	3.1	85	9.61	7 225	263.5
4	0.3	63	0.09	3 969	18.9
5	1.2	77	1.44	5 929	92.4
6	1.8	84	3.24	7 056	151.2
7	3.8	100	14.44	10 000	380.0
$\sum$	15.1	569	41.95	47 107	1 310
$\frac{1}{n}\sum$	2.157	81.286	$L_{xx}=41.95-32.57=9.38$　$\hat{b}=\frac{82.66}{9.38}=8.8$		
$\left(\frac{1}{n}\sum\right)^2$	4.653	6 607.41	$L_{xy}=1\ 310-1\ 227.34=82.66$ $\hat{a}=81.286-8.8\times 2.157=62.3$		
$\frac{1}{n}\left(\sum\right)^2$	32.57	46 251.9	$L_{yy}=47\ 107-46\ 251.9=855.1$		

由此得 Y 对 x 的回归方程 $\hat{y}=62.3+8.8x$.

下面我们来讨论估计量 $\hat{a}$ 和 $\hat{b}$ 的性质.

三、估计量 $\hat{a}$ 和 $\hat{b}$ 的性质

1. $\hat{a}$，$\hat{b}$ 是 $y_1,\cdots,y_n$ 的线性函数

事实上，由式(9-26)知

$$\hat{b}=\frac{\sum_{i=1}^{n}(x_i-\overline{x})(y_i-\overline{y})}{\sum_{i=1}^{n}(x_i-\overline{x})^2}=\sum_{i=1}^{n}\frac{x_i-\overline{x}}{L_{xx}}y_i-\frac{\sum_{i=1}^{n}(x_i-\overline{x})}{L_{xx}}\overline{y}=\sum_{i=1}^{n}\lambda_i y_i \tag{9-32}$$

$$\hat{a}=\overline{y}-\hat{b}\,\overline{x}$$

其中

$$\lambda_i=\frac{x_i-\overline{x}}{L_{xx}}\quad(i=1,2,\cdots,n) \tag{9-33}$$

在统计中，如果估计量是样本的线性函数，则称它为**线性估计**，所以 $\hat{b}$ 与 $\hat{a}$ 分别是参数 a 与 b 的线性估计.

2. $\hat{a}$，$\hat{b}$ 分别是 a，b 的无偏估计

由式(9-33)知

$$\begin{cases}\sum_{i=1}^{n}\lambda_i=0, & \sum_{i=1}^{n}\lambda_i^2=\frac{1}{L_{xx}}\\ \sum_{i=1}^{n}\lambda_i x_i=1, & \sum_{i=1}^{n}\lambda_i y_i=\hat{b}\end{cases} \tag{9-34}$$

于是

$$\begin{cases} E\hat{b} = \sum_{i=1}^{n}\lambda_i E y_i = \sum_{i=1}^{n}\lambda_i(a+bx_i) = b \\ E\hat{a} = E\overline{y} - E\hat{b}\,\overline{x} = a + b\overline{x} - b\overline{x} = a \end{cases} \tag{9-35}$$

即$\hat{a}$与$\hat{b}$分别是参数 a 与 b 的无偏估计. 对于$\hat{a}$及$\hat{b}$的方差,我们有

$$D\hat{b} = \sum_{i=1}^{n}\lambda_i^2 D y_i = \sum_{i=1}^{n}\lambda_i^2\sigma^2 = \frac{\sigma^2}{L_{xx}} \tag{9-36}$$

$$\begin{aligned} D\hat{a} &= D(\overline{y} - \hat{b}\,\overline{x}) = D\left[\sum_{i=1}^{n}\left(\frac{1}{n} - \lambda_i\overline{x}\right)y_i\right] \\ &= \sum_{i=1}^{n}\left(\frac{1}{n} - \lambda_i\overline{x}\right)^2 D y_i = \sigma^2\left(\frac{1}{n} + \sum_{i=1}^{n}\lambda_i^2\overline{x}^2\right) \\ &= \sigma^2\left(\frac{1}{n} + \frac{\overline{x}^2}{L_{xx}}\right) \end{aligned} \tag{9-37}$$

可见$\hat{a}$,$\hat{b}$的波动大小,不仅与随机变量 Y 的方差 σ^2 有关,而且与回归变量 x 取值的分散程度有关,如果 x 取值的分散程度较大,那么它们的波动就较小,也就是估计比较精确;反之,若 x 在一个比较小的范围内取值,那么对 a,b 的估计就不会精确. 此外还可以看出,观测数据的个数 n 越大,$D\hat{a}$ 越小. 这些对安排试验都有一定的指导意义.

上面证明了$\hat{a}$,$\hat{b}$分别是 a,b 的无偏估计,但是估计量$\hat{\sigma}^2$ 不是 σ^2 的无偏估计,而它的修正量

$$S^2 = \frac{n}{n-2}\hat{\sigma}^2 = \frac{1}{n-2}\sum_{i=1}^{n}(y_i - \hat{a} - \hat{b}x_i)^2 = \frac{1}{n-2}(L_{yy} - \hat{b}L_{xy}) \tag{9-38}$$

才是 σ^2 的无偏估计. 因而在实际中常用 S^2 估 σ^2. 关于 $ES^2=\sigma^2$ 的证明,将在后面讨论.

为了进一步研究,需要知道$\hat{a}$,$\hat{b}$和 S^2 的精确分布,我们给出下面的定理.

定理 9-2

(1)$\hat{b} \sim N\left(b, \dfrac{\sigma^2}{L_{xx}}\right)$;

(2)$\hat{a} \sim N\left(a, \sigma^2\left(\dfrac{1}{n} + \dfrac{\overline{x}^2}{L_{xx}}\right)\right)$;

(3)$\dfrac{(n-2)S^2}{\sigma^2} \sim \chi^2(n-2)$;

(4)$\overline{y}$,$\hat{b}$和 S^2 三者独立.

证明 由式(9-32),$\hat{b}$和$\hat{a}$都是独立的正态变量 $y_1,\cdots,y_n$ 的线性函数,故$\hat{b}$,$\hat{a}$均为正态变量;再由式(9-35)、(9-36)、(9-37)知(1),(2)成立.

(3),(4)证明比较复杂,从略.

从本定理不难看出,$\hat{a}$与 S^2,$\hat{y}=\hat{a}+\hat{b}x$ 与 S^2 也都独立.

现在来证明 S^2 是 σ^2 的无偏估计. 事实上,从本定理的(3)及 χ^2 分布的性质(1)(见第 6 章),可知

$$E\frac{(n-2)S^2}{\sigma^2} = n-2$$

故

$$ES^2 = \sigma^2$$

四、回归方程的显著性检验

利用表 9-10 我们求出了 Y 对 x 的回归方程，但是它是否基本上符合变量 Y 与 x 之间的客观规律呢？这首先需要考虑 Y 与 x 之间是否存在式(9-21)的线性关系.除了根据有关的专业知识来判断外，还要根据实测数据用统计方法来检验.

由式(9-21)可知，若 $b=0$，则 Y 就不依赖于 x，从而认为它们之间不存在线性关系；若 $b\neq 0$，则说 Y 与 x 之间有式(9-21)的线性关系.因此，问题归结于检验假设 $H_0:b=0$.

为了检验这个假设，和方差分析一样，我们来考虑独立随机样本 $y_1,\cdots,y_n$ 与总平均 $\overline{y}=\frac{1}{n}\sum_{i=1}^{n}y_i$ 的偏差平方和.这个和式就是式(9-29)中第二式，即

$$L_{yy}=\sum_{i=1}^{n}(y_i-\overline{y})^2$$

以后称它为**总平方和**.显然，L_{yy} 反映了 $y_1,\cdots,y_n$ 波动的大小.引起这个波动的原因有两个：一个是当 Y 与 x 之间有线性关系时，由于 x 的波动引起的 Y 的波动；另一个是其他因素引起的，包括 x 对 Y 的非线性影响，以及一切未加控制的因素的影响.为了把 L_{yy} 中这两种原因所引起的部分区分开来，我们将 L_{yy} 进行分解.

$$\begin{aligned}L_{yy}&=\sum_{i=1}^{n}(y_i-\overline{y})^2=\sum_{i=1}^{n}(y_i-\hat{y}_i+\hat{y}_i-\overline{y})^2\\&=\sum_{i=1}^{n}(y_1-\hat{y}_i)^2+\sum_{i=1}^{n}(\hat{y}_i-\overline{y})^2+2\sum_{i=1}^{n}(y_i-\hat{y}_i)(\hat{y}_i-\overline{y})\end{aligned}$$

由式(9-24)可知，$\sum_{i=1}^{n}(y_i-\hat{y}_i)=0$，$\sum_{i=1}^{n}(y_i-\hat{y}_i)x_i=0$，从而可得 $\sum_{i=1}^{n}(y_i-\hat{y}_i)(\hat{y}_i-\overline{y})=0$，故有

$$L_{yy}=\sum_{i=1}^{n}(y_i-\overline{y})^2=\sum_{i=1}^{n}(y_i-\hat{y}_i)^2+\sum_{i=1}^{n}(\hat{y}_i-\overline{y})^2 \tag{9-39}$$

式(9-39)就是总平方和 L_{yy} 的分解公式，常简记为

$$L_{yy}=Q+U$$

其中 $Q=\sum_{i=1}^{n}(y_i-\hat{y}_i)^2$ 称为**剩余平方和或残差平方和**，$U=\sum_{i=1}^{n}(\hat{y}_i-\overline{y})^2$ 称为**回归平方和**.

由式(9-38)知，$Q/(n-2)=S^2$，再由 $ES^2=\sigma^2$ 知

$$E\left(\frac{Q}{n-2}\right)=\sigma^2$$

这表明剩余平方和 Q 反映了除 x 对 Y 的线性影响之外的一切随机因素对 Y 的作用.

比较式(9-31)与式(9-39)，容易得到

$$U=\sum_{i=1}^{n}(\hat{y}_i-\overline{y})^2=\hat{b}L_{xy}-\hat{b}^2L_{xx}. \tag{9-40}$$

由此，利用式(9-35)和式(9-36)有

$$EU=L_{xx}E\hat{b}^2=L_{xx}[D\hat{b}+(E\hat{b})^2]=\sigma^2+b^2L_{xx}$$

因而，U 只有当假设 $H_0:b=0$ 成立时，才是 σ^2 的无偏估计.由此可知，回归平方和 U 除反映

随机因素对 Y 的作用外，还反映了 $b\neq 0$ 时变量 x 对 Y 的作用. 因而，用它和 $Q/(n-2)$ 相比较可判断假设 H_0 是否成立. 若 U 超过 $Q/(n-2)$ 太大，则可认为 $b\neq 0$，从而拒绝 H_0，相反则可接受 H_0，故可用

$$F=\frac{U}{Q/(n-2)} \tag{9-41}$$

作为检验 H_0 的统计量. 下面研究它的分布.

根据定理 9-2

$$\hat{b}\sim N(b,\sigma^2/L_{xx})$$

于是

$$\frac{\hat{b}-b}{\sigma/\sqrt{L_{xx}}}\sim N(0,1)$$

当 H_0 成立时，有

$$\frac{\hat{b}\sqrt{L_{xx}}}{\sigma}\sim N(0,1)$$

从而，由式(9-40)得到

$$\frac{U}{\sigma^2}=\left(\frac{\hat{b}\sqrt{L_{xx}}}{\sigma}\right)^2\sim\chi^2(1)$$

再根据定理 9-2，$Q/\sigma^2\sim\chi^2(n-2)$ 且 Q 与 $\hat{b}$ 相互独立，故

$$F=\frac{U}{Q/(n-2)}\sim F(1,n-2) \tag{9-42}$$

于是，对于给定的显著性水平 α，查附表 5，求出临界值 $F_\alpha(1,n-2)$，当 $F\geqslant F_\alpha(1,n-2)$ 时，则拒绝 H_0，即认为 Y 与 x 之间具有式(9-21)的线性关系. 这时，我们称**所得的回归方程式(9-28)是显著的**；反之，**则称回归方程不显著**. 回归方程不显著的原因可能有以下几种：一是影响 Y 的，除 x 而外还有其他重要的因素；二是 Y 与 x 不存在式(9-21)的线性关系；三是 Y 与 x 无关. 因此，当回归方程不显著时，需进一步查明原因，分别处理.

关于显著性检验的计算，与 9.1 节方差分析所讲的一样，可排成方差分析表 9-11.

表 9-11　　方差分析表

方差来源	平方和	自由度	均方	F 值
回归	U	1	U	
剩余	Q	$n-2$	$Q/(n-2)$	$\frac{U}{Q/(n-2)}$
总分	L_{yy}	$n-1$		

L_{yy}，U，Q 的值可利用表 9-8 直接算出来；L_{yy} 表中已有，而

$$\begin{cases}U=\hat{b}^2L_{xx}=\hat{b}L_{xy}\\ Q=L_{yy}-\hat{b}L_{xy}\end{cases} \tag{9-43}$$

【例 2】(续例 1)　检验回归方程是否显著，取显著性水平 $\alpha=0.01$.

解　$U=\hat{b}L_{xy}=8.8\times 82.66=727.408$

$$Q=L_{yy}-U=855.1-727.408=127.692$$

列方差分析表 9-12.

表 9-12

方差来源	平方和	自由度	均方	F 值
回归	727.408	1	727.408	
剩余	127.692	5	25.54	$\frac{727.408}{25.54}=28.48^{**}$
总和	855.1	6		

查附表 5 得 $F_{0.01}(1,5)=16.26$，由于 $28.48>16.26$，故回归方程高度显著.

关于回归方程的显著性检验，在实际应用中，除 F 检验法外，还常采用 t 检验法和 r 检验法. 关于 t 检验法，我们放在习题中(题 9-6)，留给读者. 下面介绍 r 检验法.

从上面的讨论我们知道，回归平方和 U 主要反映了 x 对 Y 的影响，U 的值越大，也就是 Y 对 x 的线性关系越密切. 因此，在 L_{yy} 固定的条件下，比值

$$U/L_{yy}=U/(Q+U)$$

就是衡量 x 与 Y 之间线性相关程度的一个量. 由式(9-30)和式(9-43)可得

$$\frac{U}{L_{yy}}=\frac{\hat{b}^2L_{xx}}{L_{yy}}=\left(\frac{L_{xy}}{L_{xx}}\right)^2\frac{L_{xx}}{L_{yy}}=\left(\frac{L_{xy}}{\sqrt{L_{xx}L_{yy}}}\right)^2$$

$$=\left[\frac{\sum_{i=1}^{n}(x_i-\overline{x})(y_i-\overline{y})}{\sqrt{\sum_{i=1}^{n}(x_i-\overline{x})^2\sum_{i=1}^{n}(y_i-\overline{y})^2}}\right]^2$$

括号中的式子称为**样本相关系数**，简称**相关系数**，记为

$$r=\frac{\sum_{i=1}^{n}(x_i-\overline{x})(y_i-\overline{y})}{\sqrt{\sum_{i=1}^{n}(x_i-\overline{x})^2\sum_{i=1}^{n}(y_i-\overline{y})^2}} \tag{9-44}$$

比较式(9-26)和式(9-44)可知，r 的符号和回归系数 $\hat{b}$ 的符号是一致的. 又因

$$r^2=\frac{U}{L_{yy}}=\frac{L_{yy}-Q}{L_{yy}}$$

故得

$$Q=L_{yy}(1-r^2)$$

这表明 $|r|\leqslant1$，且当 L_{yy} 固定时，$|r|$ 越接近于 1，Q 越小. 特别当 $|r|=1$ 时，$Q=0$，$U=L_{yy}$，即 Y 的变化完全是由 Y 与 x 的线性关系所引起的.

由上可知，统计量 r 可用来表示 Y 与 x 之间线性相关的密切程度. 因此也可用统计量 r 来检验假设 $H_0:b=0$. 但是，这个检验与统计量 F 所做的检验，只是形式上的不同，实质上是一回事. 这是因为

$$F=\frac{U}{Q/(n-2)}=\frac{U/(Q+U)}{[1-U/(Q+U)]/(n-2)}=\frac{(n-2)r^2}{1-r^2}$$

关于 r 的临界值表，可利用上式根据 F 的临界值表反算过来. 因为对 F 的临界值 $F_\alpha(1,n-2)$ 有

$$P\left[\frac{(n-2)r^2}{1-r^2}\geqslant F_\alpha(1,n-2)\right]=\alpha$$

从而可得

$$P(|r|\geqslant r_\alpha(n-2))=\alpha$$

其中

$$r_\alpha(n-2)=\sqrt{\frac{F_\alpha(1,n-2)}{F_\alpha(1,n-2)+n-2}}$$

利用此式即可定出统计量 r 的临界值 $r_\alpha(n-2)$的数值表(附表 6).

对例 2 可采用 r 检验法.

计算统计量 r 的值

$$r=\frac{L_{xy}}{\sqrt{L_{xx}L_{yy}}}=\frac{82.66}{\sqrt{9.38\times 855.1}}=0.923$$

查附表 6,得 $r_\alpha(5)=r_{0.01}(5)=0.874$,由于 $0.923>0.874$,故拒绝假设 H_0. 这与用 F 检验所得的结论是一致的.

五、利用回归方程进行预测和控制

现在讨论如何利用求得的回归方程进行预测和控制的问题. 所谓预测问题,就是对固定的 x 值预测 Y 的值. 所谓控制问题是指通过控制 x 的值以便把 Y 的值控制在指定的范围内. 下面先考虑预测问题.

1. 预测

设 Y 与 x 满足线性模型式(9-21),根据观察值 $(x_1,y_1),\cdots,(x_n,y_n)$求得的回归方程为 $\hat{y}=\hat{a}+\hat{b}x$,且 $y_0=a+bx_0+\varepsilon_0,\varepsilon_0\sim N(0,\sigma^2)$. 假设 $y_0,y_1,\cdots,y_n$ 相互独立,求 y_0 的预测值及预测区间.

根据回归方程的意义,很自然我们用 $\hat{y}_0=\hat{a}+\hat{b}x_0$ 作为 y_0 的预测值. 因为 $E\hat{y}_0=E(\hat{a}+\hat{b}x_0)=a+bx_0=Ey_0$,故预测值 $\hat{y}_0$ 是 Ey_0 的无偏估计. 下面讨论 y_0 的预测区间问题,也就是 y_0 的区间估计问题.

可以证明,对于任意固定的 x_0,统计量

$$t=\frac{y_0-\hat{y}_0}{S\sqrt{1+\frac{1}{n}+\frac{(x_0-\overline{x})^2}{L_{xx}}}}\sim t(n-2) \tag{9-45}$$

其中,$S=\sqrt{Q/(n-2)}$,常称为**剩余标准差**.

证明 首先讨论 $y_0-\hat{y}_0$ 的分布. $\hat{y}_0=\overline{y}+\hat{b}(x_0-\overline{x})$,由定理 9-2 知,$\hat{b}$ 是正态变量,又 $\overline{y}$ 是独立正态变量的线性组合而且 $\hat{b}$,$\overline{y}$ 独立,故 $\hat{y}_0$ 是正态变量,而 $y_0\sim N(a+bx_0,\sigma^2)$且 y_0 与 $\hat{y}_0$ 独立,故 $y_0-\hat{y}_0$ 是正态变量,且 $E(y_0-\hat{y}_0)=0$,下面求 $D(y_0-\hat{y}_0)=D[y_0-\overline{y}-\hat{b}(x_0-\overline{x})]$.

根据定理 9-2,$\overline{y}$ 与 $\hat{b}$ 相互独立,又因 $y_0,y_1,\cdots,y_n$ 相互独立,故得 $y_0,\overline{y},\hat{b}$ 相互独立,从而

$$D(y_0-\hat{y}_0)=Dy_0+D\overline{y}+(x_0-\overline{x})^2D\hat{b}=\sigma^2\left[1+\frac{1}{n}+\frac{(x_0-\overline{x})^2}{L_{xx}}\right]$$

于是

$$y_0-\hat{y}_0\sim N\left\{0,\sigma^2\left[1+\frac{1}{n}+\frac{(x_0-\overline{x})^2}{L_{xx}}\right]\right\} \tag{9-46}$$

且

$$\frac{y_0-\hat{y}_0}{\sigma\sqrt{1+\frac{1}{n}+\frac{(x_0-\overline{x})^2}{L_{xx}}}}\sim N(0,1)$$

再由定理 9-2 知,$Q/\sigma^2\sim\chi^2(n-2)$,且 Q 与 $\hat{y}$ 相互独立,从而可得 $y_0-\hat{y}_0$ 与 Q 相互独立.由 t 分布的定义知

$$t=\frac{y_0-\hat{y}_0}{S\sqrt{1+\frac{1}{n}+\frac{(x_0-\overline{x})^2}{L_{xx}}}}=\frac{y_0-\hat{y}_0}{\sigma\sqrt{1+\frac{1}{n}+\frac{(x_0-\overline{x})^2}{L_{xx}}}}\Bigg/\sqrt{\frac{Q}{\sigma^2(n-2)}}\sim t(n-2)$$

利用式(9-45)很容易求 y_0 的预测区间.因为对任意的 $\alpha(0<\alpha<1)$,有

$$P\left(-t_{\alpha/2}(n-2)<\frac{y_0-\hat{y}_0}{S\sqrt{1+\frac{1}{n}+\frac{(x_0-\overline{x})^2}{L_{xx}}}}<t_{\alpha/2}(n-2)\right)=1-\alpha$$

若令

$$\delta(x_0)=t_{\alpha/2}(n-2)S\sqrt{1+\frac{1}{n}+\frac{(x_0-\overline{x})^2}{L_{xx}}} \tag{9-47}$$

则得

$$P(\hat{y}_0-\delta(x_0)<y_0<\hat{y}_0+\delta(x_0))=1-\alpha$$

这样,对于任意 x_0,$y_0=a+bx_0+\varepsilon_0$ 的置信度为 $1-\alpha$ 的预测区间是

$$(\hat{y}_0-\delta(x_0),\hat{y}_0+\delta(x_0)) \tag{9-48}$$

其中,$\hat{y}_0=\hat{a}+\hat{b}x_0$,$\delta(x_0)$由式(9-47)决定.

由上可知,剩余标准差 S 越小,预测区间越窄,即预测越精确.另外,对于给定的样本观察值及置信度,当 x_0 越靠近 $\overline{x}$ 时,预测精度也越高.

若对给定的样本观察值作曲线

$$\begin{cases}y_1(x)=\hat{y}-\delta(x)\\y_2(x)=\hat{y}+\delta(x)\end{cases} \tag{9-49}$$

则夹在这两条曲线之间的部分就是 $Y=a+bx+\varepsilon$ 的置信度为 $1-\alpha$ 的预测带,它以 $1-\alpha$ 的概率包含 Y 的值,且当 x 越靠近 $\overline{x}$ 时,预测区间越窄,预测越精确(如图 9-2).

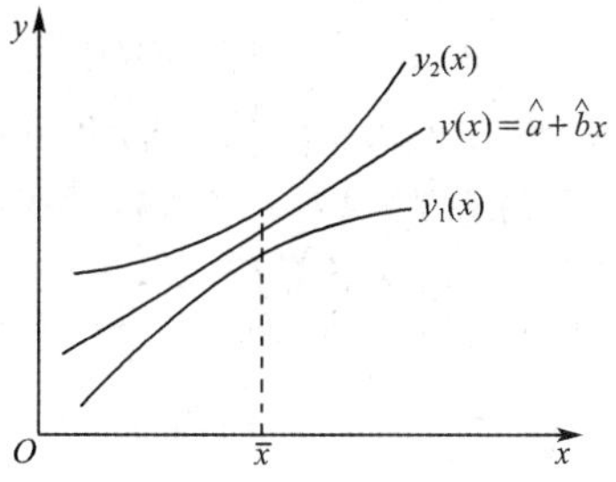

图 9-2

【例 3】(续例 1) 设 $x=3$,求 Y 的置信度为 0.90 的预测区间.

解 由例 1 可知,$n=7$,$\overline{x}=2.157$,$L_{xx}=9.38$,$S^2=25.54$,$S=5.05$,回归方程为 $\hat{y}=62.3+8.8x$,从而

$$\hat{y}_0=62.3+8.8\times3=88.7$$

查 t 分布表得,$t_\alpha(n-2)=t_{0.05}(5)=2.015$,于是由式(9-47)得

$$\delta(3)=2.015\times5.05\times\sqrt{1+\frac{1}{7}+\frac{(3-2.157)^2}{9.38}}=11.23$$

故由式(9-48)，当 $x=3$ 时，Y 的预测区间为

$$(88.7-11.23, 88.7+11.23)=(77.47, 99.93)$$

置信度为 0.90.

由上面的例子可以看出，$\delta(x)$的计算是很烦琐的，但对下述情况，则可进行简化.

当 x_0 取值在 $\overline{x}$ 附近而且 n 较大时，有

$$1+\frac{1}{n}+\frac{(x_0-\overline{x})^2}{L_{xx}}\approx1$$

$$t_{\alpha/2}(n-2)\approx u_{\alpha/2}$$

于是 $\delta(x_0)\approx u_{\alpha/2}S$，此时式(9-48)变为

$$(\hat{y}_0-u_{\alpha/2}S,\quad \hat{y}_0+u_{\alpha/2}S)$$

故可得 y_0 的置信度为 0.95 和 0.99 的预测区间为

$$(\hat{y}_0-1.96S,\quad \hat{y}_0+1.96S) \tag{9-50}$$

$$(\hat{y}_0-2.58S,\quad \hat{y}_0+2.58S) \tag{9-51}$$

利用式(9-50)、(9-51)进行预测是很方便的，因为只需要计算出$\hat{y}_0$ 及剩余标准差 S 即可，若作直线

$$y_1=\hat{y}-1.96S=\hat{a}-1.96S+\hat{b}x$$

$$y_2=\hat{y}+1.96S=\hat{a}+1.96S+\hat{b}x$$

则当 x 在 $\overline{x}$ 附近取值且 n 较大时，$Y=a+bx+\varepsilon$ 的值将有 95%落在这两条直线所夹的区域中(如图 9-3).这里剩余标准差 S 起了重要的作用，它决定了预测精度的大小.

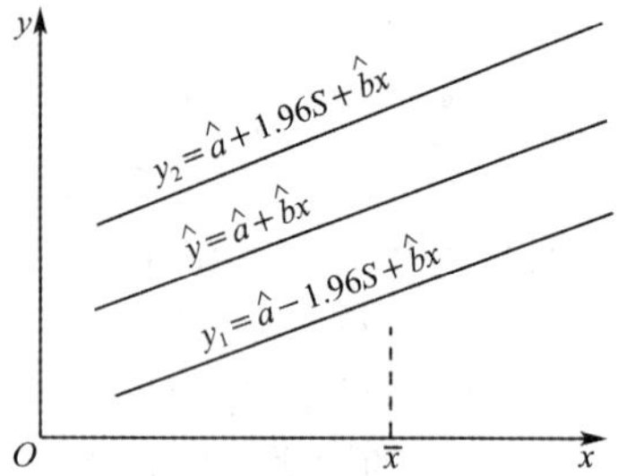

图 9-3

2. 控制

控制问题是预测问题的反问题，即若要 $Y=a+bx+\varepsilon$ 的值以 $1-\alpha$ 的概率落在指定区间(y', y'')之中，那么回归变量 x 应控制在什么范围内. 也就是说，要求出区间(x', x'')，使当 $x'<x<x''$时，对应的 Y 值以 $1-\alpha$ 的概率落在(y', y'')之中.

在图 9-2 中，由于两曲线 $y_1(x)=\hat{y}-\delta(x)$ 及 $y_2(x)=\hat{y}+\delta(x)$所夹的部分就是 $Y=a+bx+\varepsilon$ 的置信度为 $1-\alpha$ 的预测带，故若要 Y 的观察值以 $1-\alpha$ 的概率落在(y', y'')中，只需控制 x 满足以下两个不等式，即

$$\hat{y}-\delta(x)\geqslant y',\quad \hat{y}+\delta(x)\leqslant y''$$

若由等式

$$\hat{y}-\delta(x)=y',\quad \hat{y}+\delta(x)=y''$$

分别解出 x', x''，那么(x', x'')就是所求的 x 的控制区间(如图 9-4).

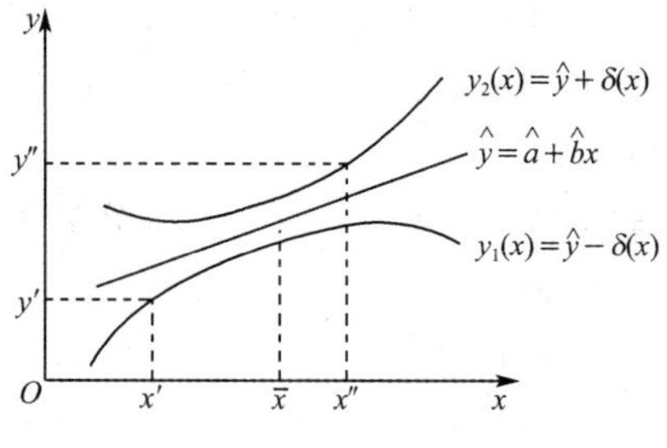

图 9-4

当 x 在 $\bar{x}$ 附近取值且 n 较大,可以利用式(9-50)或式(9-51)进行控制.例如,若要控制 $Y=a+bx+\varepsilon$ 在 (y',y'') 中,置信度为 0.95,那么就利用式(9-50)求回归变量 x 的控制区间,为此,令

$$y'=\hat{y}-1.96S=\hat{a}-1.96S+\hat{b}x$$

$$y''=\hat{y}+1.96S=\hat{a}+1.96S+\hat{b}x$$

由上两方程分别解出 x' 和 x'',则当 $\hat{b}>0$ 时,x 的控制区间为 (x',x'')(如图 9-5);当 $\hat{b}<0$ 时,x 的控制区间为 (x'',x')(如图 9-6).

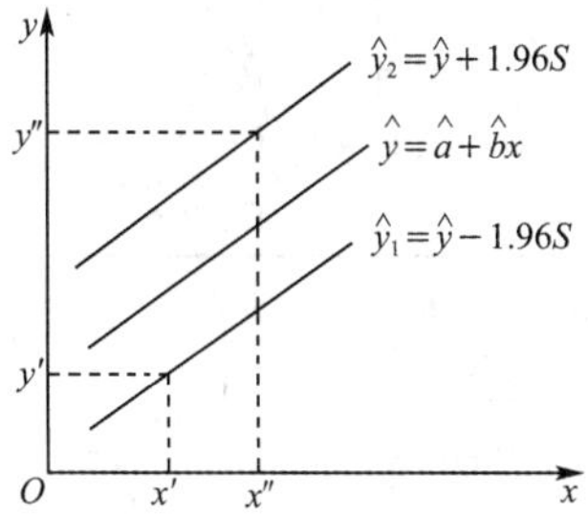

图 9-5

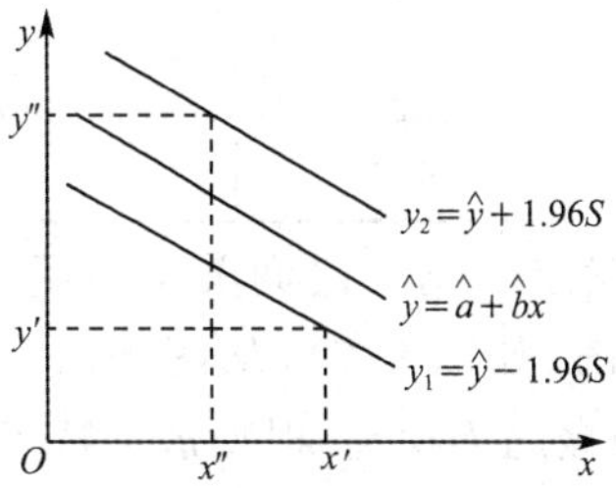

图 9-6

六、一元非线性回归

前面讨论了当回归函数为线性函数 $y=a+bx$ 时,求它的估计式——回归方程 $\hat{y}=\hat{a}+\hat{b}x$ 的问题.但在实际问题中,y 与 x 的关系未必是线性的,这时就必须研究非线性回归的问题.

设 y 与 x 的关系不是线性的,但经过整理可以化为如下的形式,即

$$g(y)=a+bh(x)$$

那么,通过变换 $z=g(y)$,$t=h(x)$,上式就变成线性关系

$$z=a+bt$$

如果利用一元线性回归的方法求出上式的估计

$$\hat{z}=\hat{a}+\hat{b}t$$

再将 x,y 代回,就可求得 y 与 x 非线性关系式的估计了.

例如,设 y 与 x 的关系

$$y=ax^b \quad (a>0)$$

两边取对数,上式变成

$$\ln y=\ln a+b\ln x$$

令

$$z=\ln y, A=\ln a, t=\ln x$$

则得线性关系

$$z=A+bt$$

若求得回归方程 $\hat{z}=\hat{A}+\hat{b}t$,则通过 $\hat{z}=\ln\hat{y}$,$\hat{A}=\ln\hat{a}$,$t=\ln x$,就可得到 $\hat{y}=\hat{a}x^{\hat{b}}$.

下面看一个具体的例子.

【例 4】 出钢时所用的盛钢水的钢包，由于钢水对耐火材料的浸蚀，容积不断增大. 我们希望找出使用次数与增大的容积之间的关系. 试验数据见表 9-13.

表 9-13

使用次数 x	容积 y	使用次数 x	容积 y
2	6.42	9	9.99
3	8.20	10	10.49
4	9.58	11	10.59
5	9.50	12	10.60
6	9.70	13	10.80
7	10.00	14	10.60
8	9.93	15	10.90
		16	10.76

解 首先确定 Y 与 x 之间关系的函数类型. 为此根据实测数据作散点图(如图 9-7)，从图中看出，最初容积增加很快，以后逐渐减慢趋于稳定. 根据这个特点，我们选用双曲线

$$\frac{1}{y}=a+\frac{b}{x}$$

来表示容积 Y 与使用次数 x 之间的关系. 令

$$z=\frac{1}{y},t=\frac{1}{x}$$

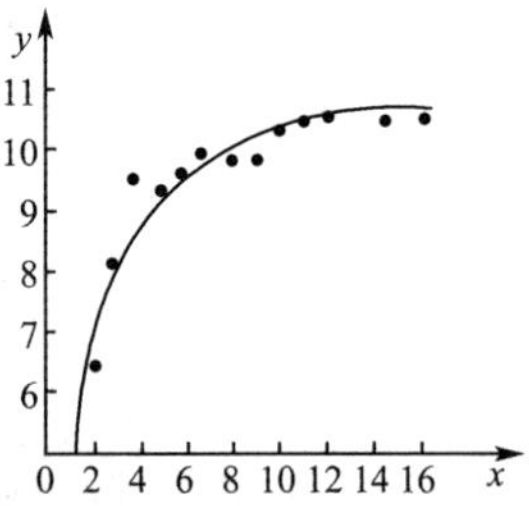

图 9-7

则得线性关系

$$z=a+bt$$

由 x,y 的数据分别取倒数，即可得到 t 和 z 的数据，见表 9-14.

表 9-14

t	0.500 0	0.333 3	0.250 0	0.200 0	0.166 7	0.142 9	0.125 0	0.111 1
z	0.155 8	0.122 0	0.104 4	0.105 3	0.103 1	0.100 0	0.100 7	0.100 1
t	0.100 0	0.090 9	0.083 3	0.076 9	0.071 4	0.066 7	0.062 5	
z	0.095 3	0.094 4	0.094 3	0.092 6	0.094 3	0.091 7	0.092 9	

利用上面的数据，按线性回归公式可算得

$$\bar{t}=0.158\ 7,\quad \bar{z}=0.103\ 1$$

$$L_{tt}=0.206\ 5,\quad L_{zz}=0.003\ 79,\quad L_{tz}=0.027\ 09$$

$$\hat{b}=\frac{L_{tz}}{L_{tt}}=0.131\ 2,\quad \hat{a}=\bar{z}-\hat{b}\,\bar{t}=0.103\ 1-0.131\ 2\times0.158\ 7=0.082\ 3$$

$$\hat{z}=\hat{a}+\hat{b}\,t=0.082\ 3+0.131\ 2t \tag{9-52}$$

$$r=\frac{L_{tz}}{\sqrt{L_{tt}L_{zz}}}=\frac{0.027\ 09}{\sqrt{0.206\ 5\times0.003\ 79}}=0.968\ 3^{*}$$

将 $\hat{z}=\frac{1}{\hat{y}},t=\frac{1}{x}$ 代入式(9-52)，则得

$$\frac{1}{\hat{y}}=0.082\ 3+\frac{0.131\ 2}{x}$$

或

$$\hat{y}=\frac{x}{0.0823x+0.1312}$$

把这条曲线画在图 9-7 中,可见基本反映了 y 与 x 之间的变化规律.

习题 9

9-1 一批由同样原料织成的布,用 5 种不同的染整工艺处理,然后进行缩水率试验.设每种工艺处理四块布样,测得缩水率的结果如下表:

布样号 \ 缩水率/% \ 工艺	A_1	A_2	A_3	A_4	A_5
1	4.3	6.1	6.5	9.3	9.5
2	7.8	7.3	8.3	8.7	8.8
3	3.2	4.2	8.6	7.2	11.4
4	6.5	4.1	8.2	10.1	7.8

试问不同的工艺对布的缩水率是否有显著影响($\alpha=0.01$)?

9-2 灯泡厂用四种不同配料方案制成的灯丝生产了四批灯泡,今从中分别抽样进行使用寿命的试验,得到下表的结果(单位:小时).问这几种配料方案对使用寿命有无显著影响($\alpha=0.05$)?

试验号 \ 寿命 \ 灯泡	A_1	A_2	A_3	A_4
1	1 600	1 850	1 460	1 510
2	1 610	1 640	1 550	1 520
3	1 650	1 640	1 600	1 530
4	1 680	1 700	1 620	1 570
5	1 700	1 750	1 640	1 600
6	1 720	—	1 660	1 680
7	1 800	—	1 740	—
8	—	—	1 820	—

9-3 在单因素试验方差分析模型式(9-3)中,μ_i 是未知参数($i=1,2,\cdots,m$),求 μ_i 的点估计和区间估计.

9-4 在单因素试验方差分析模型式(9-3)中,σ^2 是未知参数,试证 $\hat{\sigma}^2=\frac{S_e}{n-m}$ 是 σ^2 的无偏估计,且 σ^2 的 $1-\alpha$ 的置信区间为

$$(S_e/\chi^2_{\alpha/2}(n-m),S_e/\chi^2_{1-\alpha/2}(n-m))$$

9-5 验证式(9-25)的解 $\hat{a},\hat{b}$ 能使 $Q(a,b)=\sum_{i=1}^{n}(y_i-a-bx_i)^2$ 达到最小值.

9-6 利用定理 9-2 证明在假设 $H_0:b=0$ 成立的条件下,统计量

$$t=\frac{\hat{b}}{S}\sqrt{L_{XX}}\sim t(n-2)$$

并利用它检验 9.2 节中例 1 所得回归方程的显著性($\alpha=0.01$).

9-7 利用定理 9-2 证明回归系数 b 置信度为 $1-\alpha$ 的置信区间为

$$\left(\hat{b}-t_{\alpha/2}(n-2)S/\sqrt{L_{XX}},\quad \hat{b}+t_{\alpha/2}(n-2)S/\sqrt{L_{XX}}\right)$$

并利用这个公式求 9.2 节中例 1 的回归系数 b 的置信区间(置信度为 0.95).

9-8 在钢线碳含量 x(%)对于电阻 y(20℃时,微欧)的效应的研究中,得到以下的数据:

x	0.10	0.30	0.40	0.55	0.70	0.80	0.95
y	15	18	19	21	22.6	23.8	26

设给定的 x,y 为正态变量,且方差与 x 无关.(1)求线性回归方程 $\hat{y}=\hat{a}+\hat{b}x$;(2)检验回归方程的显著性;(3)求 b 的置信区间(置信度为 0.95);(4)求 y 在 $x=0.50$ 处的置信度为 0.95 的预测区间.

9-9 在硝酸钠($NaNO_3$)的溶解度试验中,对不同温度 t℃测得溶解于 100 mL 的水中的硝酸钠质量 Y 的观察值如下:

t_i	0	4	10	15	21	29	36	51	68
y_i	66.7	71.0	76.3	80.6	85.7	92.9	99.9	113.6	125.1

从理论知 Y 与 t 满足线性回归模式(9-20).(1)求 Y 对 t 的回归方程;(2)检验回归方程的显著性($\alpha=0.01$);(3)求 Y 在 $t=25$℃时的预测区间(置信度为 0.95).

9-10 某种合金的抗拉强度 Y 与钢中含碳量 x 满足线性回归模型式(9-21),今实测了 92 组数据 $(x_i,y_i)(i=1,2,\cdots,92)$,并算得 $\overline{x}=0.125\,5$,$\overline{y}=45.798\,9$,$L_{xx}=0.301\,8$,$L_{yy}=2\,941.033\,9$,$L_{xy}=26.509\,7$.(1)求 Y 对 x 的回归方程;(2)对回归方程作显著性检验($\alpha=0.01$);(3)当含碳量 $x=0.09$ 时,求 Y 置信度为 0.95 的预测区间;(4)若要控制抗拉强度以 0.95的概率落在(38,52)之中,那么含碳量 x 应控制在什么范围内?

9-11 电容器充电后,电压达到 100 V,然后开始放电.设在 t_i 时刻电压 U 的观察值为 u_i,具体数据如下:

t_i	0	1	2	3	4	5	6	7	8	9	10
u_i	100	75	55	40	30	20	15	10	10	5	5

(1)画出散点图;

(2)用指数曲线模型 $U=ae^{bt}$ 来拟合 U 与 t 的关系,求 a,b 的估计值.

习题解答

第 1 章

1-1　解

E_1 的样本空间为

$$S_1=\{(1,2),(1,3),(2,1),(2,3),(3,1),(3,2)\}$$

相应的事件为

$$A=\{(1,2),(1,3),(2,1),(3,1)\}$$
$$B=\{(1,3),(3,1)\}$$
$$C=\{(1,2),(2,1),(2,3),(3,2)\}$$

E_2 的样本空间为

$$S_2=\{(1,1),(1,2),(1,3),(2,1),(2,2),(2,3),(3,1),(3,2),(3,3)\}$$

相应的事件为

$$A=\{(1,1),(1,2),(1,3),(2,1),(3,1)\}$$
$$B=\{(1,3),(2,2),(3,1)\}$$
$$C=\{(1,2),(2,1),(2,2),(2,3),(3,2)\}$$

E_3 的样本空间为

$$S_3=\{(1,2),(2,3),(1,3)\}$$

相应的事件为

$$A=\{(1,2),(1,3)\}$$
$$B=\{(1,3)\}$$
$$C=\{(1,2),(2,3)\}$$

1-2　解

E 的样本空间为

$$\begin{aligned}S=\{&(1,1),(1,2),(1,3),(1,4),(1,5),(1,6),\\&(2,1),(2,2),(2,3),(2,4),(2,5),(2,6),\\&(3,1),(3,2),(3,3),(3,4),(3,5),(3,6),\\&(4,1),(4,2),(4,3),(4,4),(4,5),(4,6),\\&(5,1),(5,2),(5,3),(5,4),(5,5),(5,6),\\&(6,1),(6,2),(6,3),(6,4),(6,5),(6,6)\}\end{aligned}$$

事件

$$A=\{(4,6),(5,5),(6,4)\}$$
$$B=\{(1,3),(2,4),(3,5),(4,6)\}$$

1-3　解

设 e_i＝“通过 i 台汽车”($i=0,1,2,\cdots$)，则 E 的样本空间为

$$S=\{e_0,e_1,e_2,\cdots\}$$

事件

$$A=\{e_0,e_1,e_2,e_3,e_4\}$$
$$B=\{e_3,e_4,e_5,\cdots\}$$

1-4 解

以 x,y,z 表示对长方体的长、宽和高的测量，则 E 的样本空间为

$$S=\{(x,y,z)\,|\,9.8\leqslant x\leqslant 10.2,4.8\leqslant y\leqslant 5.2,2.8\leqslant z\leqslant 3.2\}$$

1-5 解

(1)$A\overline{B}\,\overline{C}$；

(2)$AB\cup AC\cup BC$，或 $AB\overline{C}\cup A\overline{B}C\cup\overline{A}BC\cup ABC$；

(3)$\overline{A}\cup\overline{B}\cup\overline{C}$，或 $\overline{A}\,\overline{B}\,\overline{C}\cup A\overline{B}\,\overline{C}\cup\overline{A}B\overline{C}\cup\overline{A}\,\overline{B}C\cup AB\overline{C}\cup A\overline{B}C\cup\overline{A}BC$；

(4)$AB\overline{C}\cup A\overline{B}C\cup\overline{A}BC$；

(5)$\overline{A}\,\overline{B}\cup\overline{A}\,\overline{C}\cup\overline{B}\,\overline{C}$，或 $\overline{A}\,\overline{B}\,\overline{C}\cup A\overline{B}\,\overline{C}\cup\overline{A}B\overline{C}\cup\overline{A}\,\overline{B}C$.

1-6 证

由题 1-6 图可见，以上四式均成立

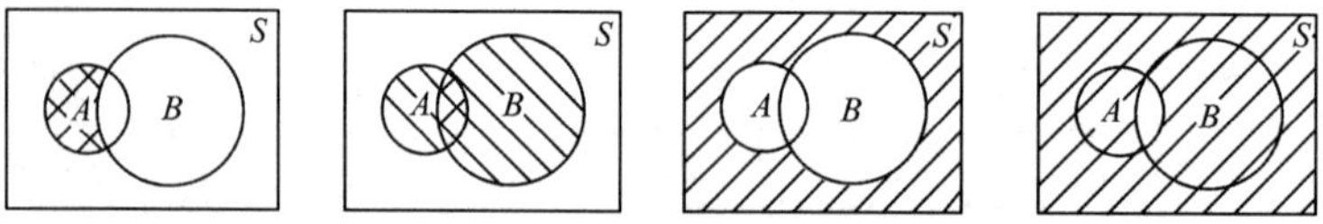

题 1-6 图

下面我们按照事件相等的定义证明之.

(1)设 ω 是一个样本点，并且 $\omega\in A-B$，即 $\omega\in A$ 而且 $\omega\notin B$，亦即 $\omega\in A$ 且 $\omega\in\overline{B}$，从而 $\omega\in A\cap\overline{B}$，故 $A-B\subset A\cap\overline{B}$；

反之，设 $\omega\in A\cap\overline{B}$，则 $\omega\in A$ 且 $\omega\in\overline{B}$，即 $\omega\in A$ 且 $\omega\notin B$，即 $\omega\in A-B$，故 $A\cap\overline{B}\subset A-B$. 由事件相等的定义知(1)成立.

(2)设 $\omega\in A\cup B$，则 $\omega\in A$ 且 $\omega\notin B$、$\omega\in B$ 且 $\omega\notin A$ 及 $\omega\in AB$ 三种情况至少有一种成立.(当然也只有一种成立)，即 $\omega\in AB$、$\omega\in A-B$、$\omega\in B-A$ 必有一个成立，故 $\omega\in AB\cup(A-B)\cup(B-A)$，从而有

$$A\cup B\subset AB\cup(A-B)\cup(B-A);$$

反之，设 $\omega\in AB\cup(A-B)\cup(B-A)$，则 $\omega\in AB$、$\omega\in A-B$、$\omega\in B-A$ 必有一个成立(且只有一个成立)，即 $\omega\in A$、$\omega\in B$ 至少一个成立，于是 $\omega\in A\cup B$，故 $AB\cup(A-B)\cup(B-A)\subset A\cup B$，从而(2)成立.(2)式说明任意事件的和可以化为不相容事件的和.

(3)设 $\omega\in\overline{A\cup B}$，则 $\omega\notin A\cup B$，即既有 $\omega\notin A$，又有 $\omega\notin B$，从而 $\omega\in\overline{A}$ 与 $\omega\in\overline{B}$ 同时成立，故 $\omega\in\overline{A}\cap\overline{B}$，于是有 $\overline{A\cup B}\subset\overline{A}\cap\overline{B}$.

反之，若 $\omega\in\overline{A}\cap\overline{B}$，则 $\omega\in\overline{A}$ 与 $\omega\in\overline{B}$ 同时成立. 即 $\omega\notin A\cup B$，从而 $\omega\in\overline{A\cup B}$. 故 $\overline{A}\cap\overline{B}\subset\overline{A\cup B}$，即(3)成立.

(4)设 $\omega\in\overline{A\cap B}$，则 $\omega\notin A\cap B$，故 $\omega\in\overline{A}$ 与 $\omega\in\overline{B}$ 至少一个成立，从而 $\omega\in\overline{A}\cup\overline{B}$. 于是 $\overline{A\cap B}\subset\overline{A}\cup\overline{B}$.

反之，若 $\omega\in\overline{A}\cup\overline{B}$，则 $\omega\in\overline{A}$，$\omega\in\overline{B}$ 至少一个成立，故 $\omega\notin A\cap B$，从而 $\omega\in\overline{A\cap B}$，于是 $\overline{A}\cup\overline{B}\subset\overline{A\cap B}$，即(4)成立.

1-7 解

不能. 因为多个事件互不相容必须是任意两个事件都是互不相容的，这称为两两互不相容，而 $ABC=\varnothing$，不能说明 A、B、C 两两互不相容. 如题 1-7 图：

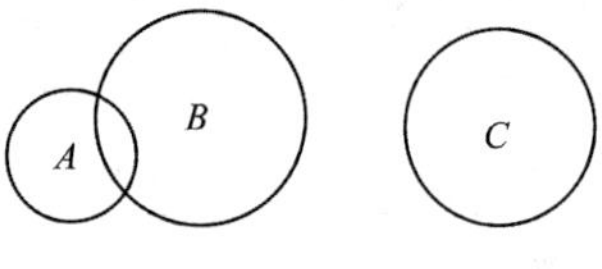

题 1-7 图

A、B、C 满足 $ABC=\varnothing$ 但 A 与 B 相容.

1-8 解

(1)$A_1A_2A_3$;

(2)$\overline{A}_1\cup\overline{A}_2\cup\overline{A}_3$;

(3)$\overline{A}_1A_2A_3\cup A_1\overline{A}_2A_3\cup A_1A_2\overline{A}_3$;

(4)$A_1A_2\cup A_1A_3\cup A_2A_3$.

1-9 解

设 A=排列恰好为 12345 的顺序.将 5 本书排到书架上的一种排列作为一个基本事件,基本事件总数为 $P_5=5!$,A 中含有两个基本事件故(熟悉后可以不必写出基本事件).

$$P(A)=\frac{2}{P_5}=\frac{2}{5!}=\frac{1}{60}$$

1-10 解

设 A=后面四个数全不相同

$$P(A)=\frac{A_{10}^4}{10^4}=\frac{10\times 9\times 8\times 7}{10^4}=0.504$$

1-11 解

(1)设 A=5 只全是好的,则

$$P(A)=\frac{C_{37}^5}{C_{40}^5}=0.662\ 4$$

(2)设 B=5 只中有两只坏的,则

$$P(B)=\frac{C_3^2\cdot C_{37}^3}{C_{40}^5}=0.035$$

1-12 解

(1)设 A=3 个球的最小号码为 5,则

$$P(A)=\frac{C_5^2\cdot 1}{C_{10}^3}=\frac{10}{120}=0.083$$

(2)设 B=3 个球的最大号码为 5,则

$$P(B)=\frac{C_4^2\cdot 1}{C_{10}^3}=\frac{6}{120}=0.05$$

1-13 解

(1)设 A=没有两只配对,则 A 中的基本事件可以这样构成:从 n 双鞋中任取 $2r$ 双,然后从每一双中任取一只,这样得到的 $2r$ 只鞋肯定没有两只是配对的,于是 A 中的基本事件数为 $C_n^{2r}\cdot C_2^1\cdot C_2^1\cdot\cdots\cdot C_2^1=C_n^{2r}\cdot(C_2^1)^{2r}=C_n^{2r}\cdot 2^{2r}$,故

$$P(A)=\frac{C_n^{2r}\cdot 2^{2r}}{C_{2n}^{2r}}$$

(2)设 B=只有两只配对,则

$$P(B)=\frac{C_n^1\cdot C_{n-1}^{2r-2}\cdot 2^{2r-2}}{C_{2n}^{2r}}$$

(3)设 C=配对数目恰好为 2,则

$$P(C)=\frac{C_n^2C_{n-2}^{2r-4}\cdot 2^{2r-4}}{C_{2n}^{2r}}$$

(4)设 D=配对数目恰好为 r,则

$$P(D)=\frac{C_n^r}{C_{2n}^{2r}}$$

1-14 解

设 $A=r$ 个学生的生日都不相同，则

$$P(A)=\frac{A_{365}^{r}}{365^{r}}$$

1-15 解

(1)$P(A)=\frac{C_6^2\cdot 8^4}{9^6}=0.115\,6$

(2)我们把"恰有一层有两位乘客下电梯"做这样的理解，只要楼层取定了，那么只有在这层楼上有两人下电梯，其余楼层都不是两个人下电梯. 于是

$$P(B)=\frac{C_6^2\cdot C_9^1[A_8^4+C_8^1+C_8^1C_4^3C_7^1]}{9^6}=0.543;$$

(3)$P(C)=A_9^5/9^6=0.113\,8$

(4)"同一层至少有两位乘客下电梯"应理解为在一层楼上只要有人下电梯，就必须是两个或两个以上的人下来. 故

$$P(D)=\frac{[C_6^2A_9^2+C_6^2C_4^2A_9^3+C_6^3A_9^2]}{9^6}=0.89$$

1-16 解

设 $A=$两件产品中至少有一件次品，$B_1=$两件产品中恰有一件次品，$B_2=$两件产品中都是次品. 则 $A=B_1\cup B_2$，且 $B_1\cdot B_2=\varnothing$，故

$$P(A)=P(B_1)+P(B_2)=\frac{C_{37}^1C_3^1}{C_{40}^2}+\frac{C_3^2}{C_{40}^2}=\frac{19}{130}\approx 0.146$$

或

$$P(A)=1-P(\overline{A})=1-\frac{C_{37}^2}{C_{40}^2}=1-\frac{666}{780}\approx 0.146$$

1-17 解

$$P(A)=[C_{12}^1C_4^2A_{11}^2+\frac{1}{2}C_4^2A_{12}^2]/12^4=\frac{77}{192}=0.4$$

$$P(B)=\frac{C_{12}^1C_4^3A_{11}^1}{12^4}=\frac{11}{432}=0.025$$

$$P(C)=\frac{P(A)+P(B)+C_{12}^1}{12^4}=\frac{41}{96}=0.427$$

或

$$P(C)=1-A_{12}^4/12^4=0.427$$

1-18 解

$$P(A\cup B\cup C)=P(A)+P(B)+P(C)-P(AB)-P(BC)-P(AC)+P(ABC)$$
$$=\frac{3}{4}-\frac{1}{8}+P(ABC)$$

由于 $AB\supset ABC$，由前面式(1-16)知 $0=P(AB)\geqslant P(ABC)\geqslant 0$，即 $P(ABC)=0$，故

$$P(A\cup B\cup C)=\frac{5}{8}$$

1-19 解

$$P(A_1)=\frac{C_8^3}{C_{10}^3}=\frac{7}{15}$$

$$P(A_2)=\frac{C_9^3}{C_{10}^3}+\frac{C_9^3}{C_{10}^3}-\frac{C_8^3}{C_{10}^3}=\frac{14}{15}$$

或

$$P(A_2)=1-P(\overline{A}_2)=1-\frac{C_8^1}{C_{10}^3}=\frac{14}{15}$$

$$P(A_3)=\frac{C_8^2}{C_{10}^3}=\frac{7}{30}$$

1-20　解 1　见题 1-20-1 图.

设其中两段的长为 x 和 y，则 x,y 应满足条件：$x>0,y>0,x+y<a$，这三个不等式决定了一个平面区域 G，三段构成三角形的充要条件为 $x<\frac{a}{2},y<\frac{a}{2},x+y>\frac{a}{2}$，这些不等式确定 G 的子区域 g，于是所求概率为

$$P=\frac{g\text{ 的面积}}{G\text{ 的面积}}=\frac{a^2/8}{a^2/2}=\frac{1}{4}$$

解 2　如题 1-20-2 图.

设三段的长分别为 x,y,z，则有 $0\leqslant x\leqslant a,0\leqslant y\leqslant a,0\leqslant z\leqslant a,x+y+z=a$. 这四个不等式确定一个空间平面 ABC；构成三角形的充要条件为 $x+y>z,x+z>y,y+z>x$，这三个不等式确定了平面 ABC 内的三角形 $A'B'C'$. 故所求概率为

$$P=\frac{\triangle A'B'C'\text{ 的面积}}{\triangle ABC\text{ 的面积}}=\frac{1}{4}$$

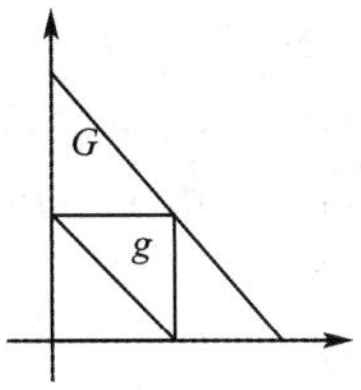

题 1-20-1 图

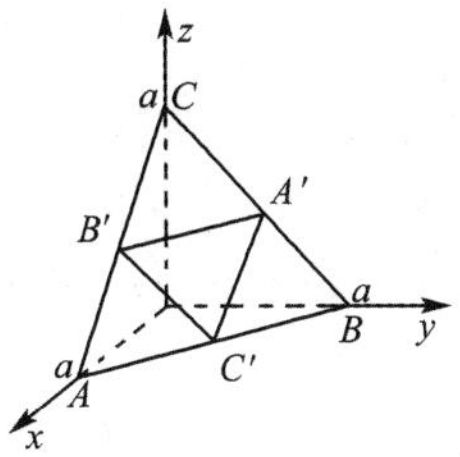

题 1-20-2 图

***1-21　解**

以 x 表示针的中点与最近一条平行线的距离，φ 表示针与最近一条平行线的交角如题 1-21 图.

易见 $0\leqslant x\leqslant\frac{a}{2},0\leqslant\varphi\leqslant\pi$，上述不等式在 φOx 坐标系中决定矩形 R. 而

$$x\leqslant\frac{L}{2}\sin\varphi$$

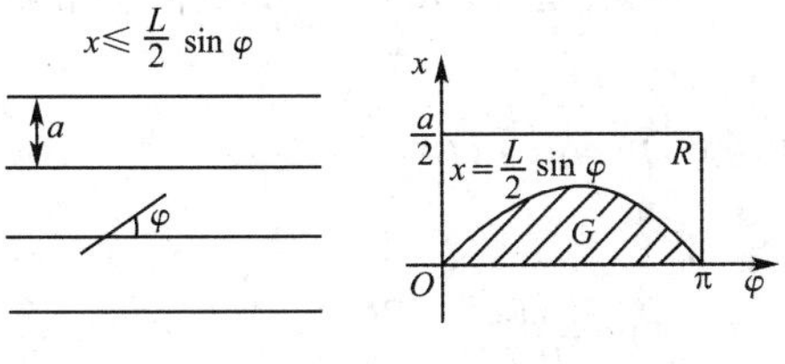

题 1-21 图

是使针与平行线相交的充要条件，该不等式表示图中阴影部分 G，所以所求概率为

$$p=\frac{G\text{ 的面积}}{R\text{ 的面积}}=\frac{\int_0^{\pi}\frac{L}{2}\sin\varphi\mathrm{d}\varphi}{\frac{1}{2}a\pi}=\frac{2L}{\pi a}$$

1-22　解

由条件知，$0\leqslant x\leqslant 1,0\leqslant y\leqslant 1$，这两个不等式决定了平面上的正方形 S，而满足 $0<x+y\leqslant 1,0.09\leqslant xy\leqslant 1$ 的点 (x,y) 构成题 1-22 图中阴影部分 g，故所求概率为

$$p=\frac{g\text{ 的面积}}{S\text{ 的面积}}=\frac{1}{2}-0.1\times0.1-0.9\times0.1-0.8\times0.1-\int_{0.1}^{0.9}\frac{0.09}{x}\mathrm{d}x\approx0.2$$

或

$$\varphi=\int_{0.1}^{0.9}\left[(1-x)-\frac{0.09}{x}\right]\mathrm{d}x=0.4-0.18\ln3\approx0.2$$

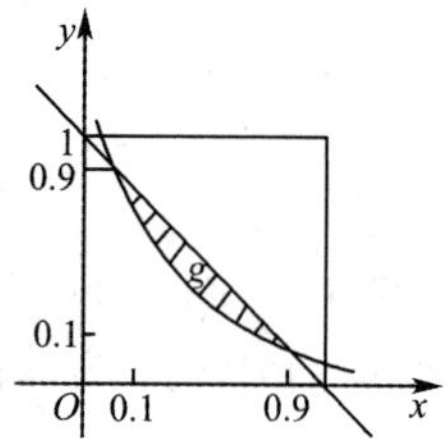

题 1-22 图

1-23 解 如题 1-23 图.

当弦长等于 R 时,它与垂直于它的直径的交点到圆心的距离为 $R\cos30°=\frac{\sqrt{3}}{2}R$. 当弦与直径的交点到圆心的距离小于$\frac{\sqrt{3}}{2}R$ 时,弦长大于半径. 故任画一条弦,其长大于 R 的概率为

$$p=\frac{\frac{\sqrt{3}}{2}R}{R}=\frac{\sqrt{3}}{2}$$

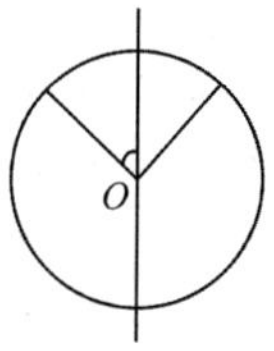

题 1-23 图

1-24 解

有明显效果的频率为$\frac{368}{512}\approx0.72$,由概率的统计定义可以说,该患者服药后有明显疗效的可能性大约是 0.72.

1-25 解

因为 $AB\subset C$,所以

$$P(C)\geqslant P(AB)=P(A)+P(B)-P(A\cup B)\geqslant P(A)+P(B)-1$$

故

$$P(A)+P(B)-P(C)\leqslant1$$

1-26 证明

$$\begin{aligned}P(AB)+P(AC)-P(BC)&\leqslant P(AB)+P(AC)-P(ABC)\\&=P(AB\cup AC)=P\{A(B\cup C)\}\leqslant P(A)\end{aligned}$$

第二章

2-1 解

设 A=三个球都是白球,B=三个球都是黑球,C=三个球颜色相同. 则 $C=A\cup B$,而且 A 与 B 互不相容,于是

$$P(C)=P(A)+P(B)=\frac{C_5^3}{C_{11}^3}+\frac{C_6^3}{C_{11}^3}=\frac{6}{33}=0.182$$

所以概率为

$$P(B|C)=\frac{P(BC)}{P(C)}=\frac{P(B)}{P(C)}=\frac{4/33}{6/33}=\frac{4}{6}=\frac{2}{3}$$

2-2 解

设 A_i=两件中恰有 i 件废品$(i=0,1,2)$,B=两件中有一件废品,C=两件中有一件正品,则

(1)$B=A_1\cup A_2$,因 A_1 与 A_2 互不相容. 故

$$\begin{aligned}P(B)&=P(A_1)+P(A_2)=\frac{C_{M-m}^1C_m^1}{C_M^2}+\frac{C_m^2}{C_M^2}\\&=\frac{2(M-m)\cdot m+m(m-1)}{M(M-1)}=\frac{(2M-m-1)m}{M(M-1)}\end{aligned}$$

所求概率为

$$P(A_2|B)=\frac{C_m^2}{C_M^2}\bigg/\frac{(2M-m-1)m}{M(M-1)}=\frac{m-1}{2M-m-1}$$

(2)$C=A_0\cup A_1$

$$P(C)=\frac{C_{M-m}^2}{C_M^2}+\frac{C_{M-m}^1C_m^1}{C_M^2}=\frac{(M-m)(M+m-1)}{M(M-1)}$$

所求概率为

$$P(B|C)=\frac{P(BC)}{P(C)}=\frac{P(A_1)}{P(C)}=\frac{2(M-m)m}{M(M-1)}\bigg/\frac{(M-m)(M+m-1)}{M(M-1)}=\frac{2m}{M+m-1}$$

2-3 解

设 A=至少有 3 张黑桃,B=5 张全是黑桃,则所求概率为

$$P(B|A)=\frac{P(AB)}{P(A)}=\frac{P(B)}{P(A)}=\frac{C_{13}^5/C_{52}^5}{\dfrac{C_{13}^3C_{39}^2+C_{13}^4C_{39}^1+C_{13}^5}{C_{52}^5}}$$

$$=\frac{C_{13}^5}{C_{13}^3C_{39}^2+C_{13}^4C_{39}^1+C_{13}^5}=\frac{9}{1\ 686}=0.005\ 3$$

2-4 证明

$$P(A|B)=\frac{P(AB)}{P(B)}=\frac{P(AB)}{1-\varepsilon}$$

因

$$P(A\cup B)=P(A)+P(B)-P(AB)\leqslant 1$$

故

$$P(AB)\geqslant P(A)+P(B)-1=P(A)-[1-P(B)]=p-\varepsilon$$

即

$$\frac{p-\varepsilon}{1-\varepsilon}\leqslant\frac{P(AB)}{1-\varepsilon}$$

又

$$P(AB)\leqslant P(A)=p$$

故不等式得证.

2-5 证明

因为 $P(A)>0$,所以条件概率 $P(B|A)$存在.

$$P(B|A)=\frac{P(AB)}{P(A)}=\frac{P(A-\overline{B})}{P(A)}=\frac{P(A)-P(A\overline{B})}{P(A)}\geqslant\frac{P(A)-P(\overline{B})}{P(A)}=1-\frac{P(\overline{B})}{P(A)}$$

故不等式成立.

2-6 解

设 A=任取一件产品是合格品,B=任取一件产品是一等品,则

$$B=AB$$

于是

$$P(B)=P(AB)=P(A)P(B|A)=0.96\times 0.75=0.72$$

2-7 解

设 A_i=第 i 次取到的产品是正品($i=1,2,3$),A=第三次才取到正品,则

$$A=\overline{A}_1\overline{A}_2A_3$$

$$P(A)=P(\overline{A}_1\overline{A}_2A_3)=P(\overline{A}_1)P(\overline{A}_2|\overline{A}_1)P(A_3|\overline{A}_1\overline{A}_2)=\frac{10}{100}\times\frac{9}{99}\times\frac{90}{98}=0.008\ 4$$

2-8 解

设 A=产品被拒绝接受,A_i=第 i 个被检产品为合格品($i=1,2,3,4,5$),则

$$\overline{A}=A_1A_2A_3A_4A_5$$

$$\begin{aligned}P(A)&=1-P(\overline{A})=1-P(A_1A_2A_3A_4A_5)\\&=1-P(A_1)P(A_2|A_1)P(A_3|A_1A_2)P(A_4|A_1A_2A_3)P(A_5|A_1A_2A_3A_4)\\&=1-\frac{95}{100}\times\frac{94}{99}\times\frac{93}{98}\times\frac{92}{97}\times\frac{91}{96}=0.23\end{aligned}$$

2-9 解

设 A=任取一个零件是合格品，B_i=任取一个零件是第 i 台车床加工的($i=1,2$)，则

$$A=AB_1\cup AB_2$$

由全概公式

$$\begin{aligned}P(A)&=P(B_1)P(A|B_1)+P(B_2)P(A|B_2)\\&=\frac{2}{3}\times0.97+\frac{1}{3}\times0.98=0.973\ 2\end{aligned}$$

2-10 解

设 A=从乙袋中任取一球为白球，B_i=从甲袋中任取 2 球中恰有 i 个白球($i=0,1,2$)

则 $A=B_0A\cup B_1A\cup B_2A$，由全概公式

(1)$P(A)=P(B_0)P(A|B_0)+P(B_1)P(A|B_1)+P(B_2)P(A|B_2)$

$$=\frac{C_2^2}{C_5^2}\cdot\frac{4}{10}+\frac{C_3^1C_2^1}{C_5^2}\cdot\frac{5}{10}+\frac{C_3^2}{C_5^2}\cdot\frac{6}{10}=\frac{13}{25}=0.52$$

(2)所求概率为 $P(B_1|A)=\dfrac{P(B_1)P(A|B_1)}{P(A)}=\dfrac{3/10}{13/25}=\dfrac{15}{26}=0.577$

2-11 解

设 A=乙取到白球，B_i=甲取走的 k 个球中有 i 个白球($i=0,1,\cdots,k$)，

则 $A=\bigcup\limits_{i=0}^{k}AB_i$，由全概公式

$$P(A)=\sum_{i=0}^{k}P(B_i)\cdot P(A\mid B_i)=\sum_{i=0}^{k}\frac{C_a^iC_b^{k-i}}{C_{a+b}^k}\cdot\frac{a-i}{a+b-k}$$

2-12 解

设 A=发出“·”，B=收到“·”，则 $B=AB\cup\overline{A}B$

由贝叶斯公式

$$P(A|B)=\frac{P(A)P(B|A)}{P(B)}=\frac{\frac{5}{8}\times\frac{3}{5}}{\frac{5}{8}\times\frac{3}{5}+\frac{3}{8}\times\frac{1}{3}}=\frac{3}{4}$$

2-13 解

设 A_i=第 i 次取出的是一等品($i=1,2$)，B_j=取到第 j 箱($j=1,2$).

(1)$P(A_1)=P(B_1)P(A_1|B_1)+P(B_2)P(A_1|B_2)=\dfrac{1}{2}\times\left(\dfrac{10}{50}+\dfrac{18}{30}\right)=0.4$

(2)$P(A_2|A_1)=\dfrac{P(A_1A_2)}{P(A_1)}=\dfrac{P(B_1)P(A_1A_2|B_1)+P(B_2)P(A_1A_2|B_2)}{P(A_1)}$

$$=\frac{\frac{1}{2}\times\left(\frac{10}{50}\times\frac{9}{49}+\frac{18}{30}\times\frac{17}{29}\right)}{0.4}=0.485\ 6$$

2-14 解

设 A_i=第 i 门炮中靶($i=1,2,3$)，B=两弹中靶，则

$$B=A_1A_2\overline{A}_3\cup A_1\overline{A}_2A_3\cup\overline{A}_1A_2A_3$$

由独立性知

$$P(B)=P(A_1)P(A_2)P(\overline{A}_3)+P(A_1)P(\overline{A}_2)P(A_3)+P(\overline{A}_1)P(A_2)P(A_3)=0.29$$

而

$$P(A_1B)=P(A_1)P(A_2)P(\overline{A}_3)+P(A_1)P(\overline{A}_2)P(A_3)=0.2$$

所求概率为

$$P(A_1|B)=\frac{P(A_1B)}{P(B)}=\frac{20}{29}=0.69$$

2-15 解

设 A=最后抽取的零件是次品,B=第一次是从无次品的一批中抽取的,C=第一次抽到的零件是合格品.

由全概公式

$$P(C)=P(B)P(C|B)+P(\overline{B})P(C|\overline{B})$$
$$=\frac{1}{2}+\frac{1}{2}\times\frac{3}{4}=\frac{7}{8}$$

再设 H=第一次抽到的合格品是从无次品的一批中抽取的,则 $P(H)=P(B|C)$

由贝叶斯公式

$$P(H)=\frac{P(B)P(C|B)}{P(C)}=\frac{\frac{1}{2}}{\frac{7}{8}}=\frac{4}{7}$$

$$P(\overline{H})=P(\overline{B}|C)=\frac{3}{7}$$

又

$$A=HA\cup\overline{H}A$$

再由全概公式得

$$P(A)=P(H)P(A|H)+P(\overline{H})P(A|\overline{H})$$
$$=P(\overline{H})\cdot P(A|\overline{H})=\frac{3}{7}\times\frac{1}{4}=\frac{3}{28}$$

2-16 解

设 A=加工出的零件是次品,A_i=第 i 道工序是次品($i=1,2,3,4$),则

$$A=A_1\cup A_2\cup A_3\cup A_4$$
$$P(A)=1-P(\overline{A})=1-P(\overline{A}_1\overline{A}_2\overline{A}_3\overline{A}_4)$$
$$=1-0.98\times0.97\times0.95\times0.97=0.124$$

2-17 解

设 A=密码被译出,A_i=第 i 个人将密码译出($i=1,2,3$),则

$$A=A_1\cup A_2\cup A_3$$
$$P(A)=P(A_1)+P(A_2)+P(A_3)-P(A_1A_2)-P(A_1A_3)-P(A_2A_3)+P(A_1A_2A_3)$$
$$=\frac{1}{5}+\frac{1}{3}+\frac{1}{4}-\frac{1}{15}-\frac{1}{20}-\frac{1}{12}+\frac{1}{60}=0.6$$

或

$$P(A)=1-P(\overline{A})=1-P(\overline{A}_1\overline{A}_2\overline{A}_3)=1-\frac{4}{5}\times\frac{2}{3}\times\frac{3}{4}=0.6$$

2-18 解

设 A=飞机被击落,B_i=飞机中 i 弹($i=1,2,3$),则

$$A=B_1A\cup B_2A\cup B_3A$$

由全概公式

$$P(A)=P(B_1)P(A|B_1)+P(B_2)P(A|B_2)+P(B_3)P(A|B_3)$$
$$=0.2\times P(B_1)+0.6\times P(B_2)+P(B_3)$$

为求出 $P(B_1),P(B_2),P(B_3)$，设 $C_j=$第 j 个人击中，$j=1$(甲)，2(乙)，3(丙)，则

$$B_1=C_1\overline{C}_2\overline{C}_3\cup\overline{C}_1C_2\overline{C}_3\cup\overline{C}_1\overline{C}_2C_3,$$
$$B_2=C_1C_2\overline{C}_3\cup C_1\overline{C}_2C_3\cup\overline{C}_1C_2C_3,$$
$$B_3=C_1C_2C_3$$

由加法公式和独立性得

$$P(B_1)=P(C_1\overline{C}_2\overline{C}_3)+P(\overline{C}_1C_2\overline{C}_3)+P(\overline{C}_1\overline{C}_2C_3)$$
$$=0.4\times0.5\times0.3+0.6\times0.5\times0.3+0.6\times0.5\times0.7=0.36$$
$$P(B_2)=0.41,P(B_3)=0.14$$

故

$$P(A)=0.2\times0.36+0.6\times0.41+0.14=0.458$$

2-19　解

依题意

$$P(A\overline{B})=P(\overline{A}B)=\frac{1}{4}$$

由 A 与 B 独立知

$$P(A\overline{B})=P(A)P(\overline{B}),P(\overline{A}B)=P(\overline{A})P(B)$$

即

$$P(A)[1-P(B)]=\frac{1}{4}\tag{1}$$

$$P(B)-P(A)P(B)=\frac{1}{4}\tag{2}$$

将(1)式 $P(A)=\dfrac{1}{4[1-P(B)]}$代入式(2)，得

$$[P(B)]^2-P(B)+\frac{1}{4}=0$$

从而 $P(B)=\dfrac{1}{2}$，同理可得 $P(A)=\dfrac{1}{2}$.

2-20　解

设 $A=$该生能借到此书，$B_i=$从第 i 个图书馆借到($i=1,2,3$)，则

$P(B_i)=P$(第 i 个图书馆有此书且能借到)$=P$(第 i 个图书馆有此书)$\cdot P$(能借到|第 i 个图书馆有此书)$=\dfrac{1}{2}\cdot\dfrac{1}{2}=\dfrac{1}{4}\quad(i=1,2,3)$

$$P(A)=1-P(\overline{A})=1-P(\overline{B}_1\overline{B}_2\overline{B}_3)=1-\frac{3}{4}\times\frac{3}{4}\times\frac{3}{4}=\frac{37}{64}=0.578$$

2-21　证明

$P(A)=P(AB)+P(A\overline{B})$从而

$$P(AB)=P(A)-P(A\overline{B})=P(A)-P(\overline{B})P(A|\overline{B})$$
$$=P(A)-[1-P(B)]P(A|B)$$
$$=P(A)-P(A|B)+P(B)P(A|B)$$
$$=P(A)-P(A|B)+P(AB)$$

于是 $P(A)=P(A|B)$，即 A 与 B 独立.

2-22　证明 1

利用上题的结果.

因为

$$P(A|B)+P(\overline{A}|\overline{B})=1 \tag{1}$$

$$P(A|\overline{B})+P(\overline{A}|\overline{B})=1 \tag{2}$$

所以有

$$P(A|B)=P(A|\overline{B})$$

由 2-21 题的结果知 A 与 B 独立.

证明 2

$$P(A|B)=\frac{P(AB)}{P(B)}$$

$$P(\overline{A}|\overline{B})=\frac{P(\overline{A}\overline{B})}{P(\overline{B})}=\frac{1-P(A\cup B)}{1-P(B)}$$

$$=\frac{1-P(A)-P(B)+P(AB)}{1-P(B)}$$

由题意

$$1=P(A|B)+P(\overline{A}|\overline{B})=\frac{P(AB)}{P(B)}+\frac{1-P(A)-P(B)+P(AB)}{1-P(B)}$$

$$=\frac{P(AB)-P(B)P(AB)+P(B)-P(A)P(B)-[P(B)]^2+P(B)P(AB)}{P(B)-[P(B)]^2}$$

即

$$P(AB)=P(A)P(B)$$

故 A、B 相互独立.

2-23 证明

$$P[(A\cup B)C]=P(AC\cup BC)=P(AC)+P(BC)-P(ABC)$$

$$=P(A)P(C)+P(B)P(C)-P(A)P(B)P(C)$$

$$=P(C)[P(A)+P(B)-P(AB)]$$

$$=P(C)P(A\cup B)$$

故 $A\cup B$ 与 C 独立.

$$P(AB\cdot C)=P(A)P(B)P(C)=P(AB)P(C)$$

故 AB 与 C 独立.

$$P[(A-B)\cdot C]=P(AC-BC)=P(AC-ABC)=P(AC)-P(ABC)$$

$$=P(A)P(C)-P(AB)P(C)=P(C)[P(A)-P(AB)]$$

$$=P(C)P(A-AB)=P(C)P(A-B)$$

故 $A-B$ 与 C 独立.

2-24 解

若把检查一个晶体管作为一次试验,试验的结果有两个:是次品和是正品.则抽取 4 个晶体管是 4 重伯努利试验.

设 A_i=4 只晶体管中恰有 i 只次品,$i=1,2$,则所求概率为

$$P(A_1)=P_4(1)=C_4^1(0.01)(0.99)^3=0.039$$

$$P(A_2)=P_4(2)=C_4^2(0.01)^2(0.99)^2=0.000\,6$$

2-25 解

设 A_i=甲进 i 个球($i=0,1,2,3$),B_j=乙进 j 个球($j=0,1,2,3$).

(1)设 A=两人进球数相等,则

$$A=A_0B_0\cup A_1B_1\cup A_2B_2\cup A_3B_3$$

$$P(A)=P(A_0B_0)+P(A_1B_1)+P(A_2B_2)+P(A_3B_3)$$

$$=(0.4)^3(0.3)^3+C_3^1(0.6)(0.4)^2\cdot C_3^1(0.7)(0.3)^2+C_3^2(0.6)^2(0.4)\cdot C_3^2(0.7)^2(0.3)+(0.6)^3(0.7)^3=0.321$$

(2)设 B=甲比乙进球多

$$B=A_1B_0\cup A_2B_0\cup A_2B_1\cup A_3B_2\cup A_3B_1\cup A_3B_0$$

$$\begin{aligned}P(B)&=P(A_1B_0)+P(A_2B_0)+P(A_2B_1)+P(A_3B_2)+P(A_3B_1)+P(A_3B_0)\\&=C_3^1(0.6)(0.4)^2\cdot(0.3)^3+C_3^2(0.6)^2(0.4)\cdot C_3^0(0.7)^0(0.3)^3+\\&\quad C_3^2(0.6)^2(0.4)\cdot C_3^1(0.7)(0.3)^2+C_3^3(0.6)^3(0.4)^0[C_3^2(0.7)^2(0.3)+\\&\quad C_3^1(0.7)(0.3)^2+(0.3)^3]=0.243\end{aligned}$$

2-26 解

第 n 次试验时得到第 r 次成功，等价于前 $n-1$ 试验得到 $r-1$ 次成功，第 n 次试验得到成功，故所求概率为

$$P=C_{n-1}^{r-1}p^{r-1}(1-p)^{n-r}\cdot p=C_{n-1}^{r-1}p^r(1-p)^{n-r}$$

2-27 解

设想将两盒火柴标上甲、乙. 发现甲盒已经用完时，该盒被取到的次数为 $n+1$，此时乙盒还有 r 根，则乙盒被取到的次数为 $n-r$. 如果把取一次火柴看作一次试验，则发现甲盒已经用完，乙盒还有 r 根时共进行了 $2n-r+1$ 次试验，其中取到甲盒的次数为 $n+1$，且最后一次是取到甲盒. 若以
A_1 表示“发现甲盒已经用完乙盒还有 r 根”的事件，则

$$P(A_1)=C_{2n-r}^n\left(\frac{1}{2}\right)^n\left(\frac{1}{2}\right)^{n-r}\cdot\frac{1}{2}$$

同理，若以 A_2 表示“发现乙盒已经用完甲盒还有 r 根”的事件，则

$$P(A_2)=C_{2n-r}^n\left(\frac{1}{2}\right)^n\left(\frac{1}{2}\right)^{n-r}\cdot\frac{1}{2}$$

故所求概率为

$$P=C_{2n-r}^n/2^{2n-r}$$

2-28 解

设 A=昆虫有 L 条后代，B_i=昆虫产 i 个卵($i=L,L+1,\cdots$). 显然

$$A=B_LA\cup B_{L+1}A\cup\cdots\cup B_{L+K}A\cup\cdots$$

由概率的可加性及乘法公式有

$$\begin{aligned}P(A)&=\sum_{i=L}^{\infty}P(B_i)P(A\mid B_i)=\sum_{i=L}^{\infty}\frac{\lambda^i}{i!}e^{-\lambda}\cdot C_i^Lp^L(1-p)^{i-l}\\&=\sum_{i=L}^{\infty}\frac{\lambda^i}{i!}\cdot\frac{i!}{L!(i-L)!}p^L(1-p)^{i-L}\cdot e^{-\lambda}\\&=\frac{e^{-\lambda}}{L!}\sum_{i=L}^{\infty}\frac{\lambda^{i-L}}{(i-L)!}(\lambda p)^L(1-p)^{i-L}\\&\xlongequal{令 k=i-L}\frac{(\lambda p)^L}{L!}e^{-\lambda}\sum_{k=0}^{\infty}\frac{(\lambda-\lambda p)^k}{k!}\\&=\frac{(\lambda p)^L}{L!}e^{-\lambda}\cdot e^{\lambda-\lambda p}=\frac{(\lambda p)^L}{L!}e^{-\lambda p}\end{aligned}$$

2-29 解

设 A=仪器停止工作，则事件 A 等价于事件“至少有一个元件损坏”，故

$$P(A)=\sum_{k=1}^{2\,000}C_{2\,000}^k(0.000\,5)^k(0.999\,5)^{2\,000-k}$$

由泊松定理

$$P(A)=\sum_{k=1}^{2\,000}\frac{1}{k!}e^{-1}=0.631$$

2-30　解

假设发病率是 0.000 1，则 5 000 人中至少有 4 个人患这种疾病的概率为

$$p=\sum_{k=4}^{5\,000}C_{5\,000}^{k}(0.000\,1)^{k}(0.999\,9)^{5\,000-k}$$

$$=\sum_{k=4}^{5\,000}\frac{(0.5)^{k}}{k!}e^{-0.5}=0.001\,75$$

这个概率很小，根据实际推断原理可知，如果发病率是 0.000 1，则 5 000 人中至少 4 人患病是实际不可能事件．那么，发病率不超过 0.000 1 则 5 000 人中恰有 4 人患病显然是实际不可能事件，而实际不可能事件在一次试验中，实际上是几乎不可能发生的．而题中的试验结果居然使实际不可能事件在一次试验中发生了，这与实际推断原理矛盾，故假定发病率不超过 0.000 1 是不可信的．

第 3 章

3-1　解

(1)因为 $P(X=1)+P(X=3)+P(X=5)=0.5+0.3+0.2=1$，故该表是某个随机变量的分布列．

(2)因为 $P(X=1)+P(X=2)+P(X=3)=0.7+0.1+0.1=0.9\neq1$，故该表不是随机变量的分布列．

(3) 因为 $\sum\limits_{k=1}^{\infty}P(X=k)=\sum\limits_{k=1}^{\infty}\frac{1}{2^k}=\frac{\frac{1}{2}}{1-\frac{1}{2}}=1$

故该表是某个随机变量的分布列．

3-2　解

由分布的性质

$1=\frac{1}{2C}+\frac{3}{4C}+\frac{5}{8C}+\frac{7}{16C}=\frac{37}{16C}$，故 $C=\frac{37}{16}=2.312\,5$

$$P(X<1|X\neq0)=\frac{P(X<1,X\neq0)}{P(X\neq0)}=\frac{P(X=-1)}{P(X=-1)+P(X=1)+P(X=2)}$$

$$=\frac{\frac{8}{37}}{\frac{25}{37}}=\frac{8}{25}=0.32$$

3-3　解

以 X 表示两次调整之间生产的合格品数，则 X 的分布列为

$$P(X=k)=(1-p)^{k}p\quad(k=0,1,2,\cdots)$$

3-4　解

$P(X=2)=P$(第一次掷出正面，第二次掷出反面)$+P$(第一次掷出反面，第二次掷出正面)$=p(1-p)+(1-p)p=2p(1-p)$．

$$P(X=3)=p^{2}(1-p)+(1-p)^{2}p$$

$$\vdots$$

$$P(X=k)=p^{k-1}(1-p)+(1-p)^{k-1}p$$

$$\vdots$$

即 X 的分布列为

$$P(X=k)=p^{k-1}(1-p)+(1-p)^{k-1}p\quad(k=2,3,\cdots)$$

3-5 解

以 X 表示通过的信号灯数,则 X 的分布列为

X	0	1	2	3	4
P	$\frac{1}{2}$	$\frac{1}{2}\cdot\frac{1}{2}$	$\left(\frac{1}{2}\right)^2\frac{1}{2}$	$\left(\frac{1}{2}\right)^3\frac{1}{2}$	$\left(\frac{1}{2}\right)^4$

或

$$P(X=k)=\begin{cases}\left(\frac{1}{2}\right)^{k+1}, & k=0,1,2,3\\ \left(\frac{1}{2}\right)^{k}, & k=4\end{cases}$$

3-6 解

设 X 为 r 个球中的黑球个数,则 X 的分布列为

$$P(X=k)=\frac{C_b^kC_a^{r-k}}{C_{a+b}^r},k=\max(0,r-a),\cdots,\min(r,b)$$

3-7 解

X 的分布列为

$$P(X=k)=P(\text{前 } k-1 \text{ 次试验是失败,第 } k \text{ 次试验是成功})=\left(\frac{1}{4}\right)^{k-1}\cdot\frac{3}{4}$$

$(k=1,2,\cdots)$

$$P(X=\text{偶数})=P(X=2)+P(X=4)+\cdots$$

$$=\sum_{n=1}^{\infty}\left(\frac{1}{4}\right)^{2n-1}\cdot\frac{3}{4}=\frac{3}{4}\cdot\left(\frac{1}{4}\right)^{-1}\sum_{n=1}^{\infty}\left(\frac{1}{16}\right)^{n}$$

$$=3\cdot\frac{\frac{1}{16}}{1-\frac{1}{16}}=\frac{1}{5}$$

3-8 解

(1) $P\left(\frac{1}{2}<X<\frac{5}{2}\right)=P(X=1)+P(X=2)=\frac{3}{15}=\frac{1}{5}$

(2) $P(1\leqslant X\leqslant 2)=P(X=1)+P(X=2)=\frac{1}{5}$

3-9 解

$$P(X=1)=\lambda e^{-\lambda},P(X=2)=\frac{\lambda^2}{2}e^{-\lambda}$$

由条件知

$$\lambda e^{-\lambda}=\frac{\lambda^2}{2}e^{-\lambda}$$

即

$$\lambda^2-2\lambda=0$$

解之得 $\lambda=0$ 或 $\lambda=2$,因 $\lambda>0$,故取 $\lambda=2$ 于是

$$P(X=4)=\frac{2^4}{4!}e^{-2}=\frac{2}{3}e^{-2}=0.090\ 2$$

3-10 解

设库存量为 N,销售量为 X,根据题意有

$$P(X\leqslant N)=0.999\ 77$$

即

$$P(X \leqslant N)=\sum_{k=0}^{N}\frac{5^k}{k!}e^{-5}=1-\sum_{k=N+1}^{\infty}\frac{5^k}{k!}e^{-5}=0.999\ 77$$

于是

$$\sum_{k=N+1}^{\infty}\frac{5^k}{k!}e^{-5}=0.000\ 23$$

由附表 1 可查得 $N+1=15$,即 $N=14$.

3-11 解

设 X 为在 n 次独立试验中事件 A 发生的次数,则 $X \sim B(n,0.3)$

(1)所求概率为

$$\begin{aligned}P(X \geqslant 3)&=P(X=3)+P(X=4)+P(X=5)\\&=\sum_{k=3}^{5}C_5^k(0.3)^k(0.7)^{5-k}=0.163\ 03\end{aligned}$$

(2) 所求概率为

$$P(X \geqslant 3)=\sum_{k=3}^{7}C_7^k(0.3)^k(0.7)^{7-k}=1-\sum_{k=0}^{2}C_7^k(0.3)^k(0.7)^{7-k}=0.353$$

3-12 解

设 X 为 20 个样品中次品的个数,则 $X \sim B(20,0.15)$,由公式当 $k_0=3$ 时概率最大,此时的概率为

$$P(X=3)=C_{20}^3(0.15)^3(0.85)^{20-3}\approx\frac{3^3}{3!}e^{-3}=0.224\ 04$$

3-13 解

设 X 为损坏的电子管数,则 $X \sim B(2\ 000,0.000\ 5)$,根据泊松逼近定理,所求概率为

$$P(X \geqslant 2)\approx\sum_{k=2}^{2\ 000}\frac{e^{-1}}{k!}=0.264\ 24$$

3-14 解

考虑比值

$$I=\frac{P(X=k)}{P(X=k-1)}=\frac{\dfrac{\lambda^k}{k!}e^{-\lambda}}{\dfrac{\lambda^{k-1}}{(k-1)!\ e^{-\lambda}}}=\frac{\lambda}{k}$$

当 $I>1$ 时 $P(X=k)$递增,即 $k<\lambda$ 时 $P(X=k)$递增,当 $I<1$ 时 $P(X=k)$递减,即 $k>\lambda$ 时 $P(X=k)$递减,可见当 λ 是整数时,则 $k=\lambda$ 使 $P(X=k)$取最大值,但此时 $P(X=k)=P(X=k-1)$,故当 λ 为整数时 k 取 λ 及 $\lambda-1$ 时 $P(X=k)$取最大值.当 λ 不是整数时,则存在一个整数 m:$\lambda-1<m<\lambda$,使当 $k=m$ 时 $P(X=k)$取最大值,显然有 $m=[\lambda]$,故当 λ 不是整数时,$k=[\lambda]$即使 $P(X=k)$取最大值.

3-15 解

在使用的最初 150 小时内,每一个电子管被烧坏的概率均为

$$p=P(X<150)=\int_{100}^{150}\frac{100}{x^2}dx=-\frac{100}{x}\bigg|_{100}^{150}=\frac{1}{3}$$

设 Y 为在使用的最初 150 小时内烧坏的电子管数,则 $Y \sim B\left(3,\frac{1}{3}\right)$.

(1)所求概率为

$$\begin{aligned}P(Y \geqslant 2)&=P(Y=2)+P(Y=3)\\&=C_3^2\left(\frac{1}{3}\right)^2\cdot\frac{2}{3}+C_3^3\left(\frac{1}{3}\right)^3=\frac{7}{27}=0.259\end{aligned}$$

(2)Y 的分布列为

$$P(Y=k)=C_3^k\left(\frac{1}{3}\right)^k\left(\frac{2}{3}\right)^{3-k}\quad(k=0,1,2,3)$$

(3)Y 的分布函数为

$$F(y)=\begin{cases}0, & y<0\\ \dfrac{8}{27}, & 0\leqslant y<1\\ \dfrac{20}{27}, & 1\leqslant y<2\\ \dfrac{26}{27}, & 2\leqslant y<3\\ 1, & y\geqslant 3\end{cases}$$

3-16　解

(1)由 $F(-\infty)=0$ 得 $A-B\cdot\dfrac{\pi}{2}=0$,由 $F(+\infty)=1$ 得 $A+B\cdot\dfrac{\pi}{2}=1$,解线性方程组

$$\begin{cases}A-\dfrac{\pi}{2}B=0\\ A+\dfrac{\pi}{2}B=1\end{cases}$$

得 $A=\dfrac{1}{2},B=\dfrac{1}{\pi}$.

(2)$P(-1<X\leqslant 1)=F(1)-F(-1)+[F(1)-F(1-0)]$
$=2F(1)-F(1-0)-F(-1)$
$=\left(\dfrac{1}{2}+\dfrac{1}{4}\right)-\left(\dfrac{1}{2}-\dfrac{1}{4}\right)=\dfrac{1}{2}$

(3)X 的密度为

$$p(x)=F'(x)=\frac{1}{\pi(1+x^2)}\quad -\infty<x<\infty$$

3-17　解

(1)$P(X\leqslant 2)=F(2)=1-e^{-2}=0.8647$
$P(X>3)=1-P(X\leqslant 3)=1-F(3)=e^{-3}=0.0498$

(2)$p(x)=F'(x)=\begin{cases}e^{-x}, & x>0\\ 0, & x\leqslant 0\end{cases}$

3-18　解

设 X 的分布函数为 $F(x)$,则

$$F(x)=P(X\leqslant x)=\int_{-\infty}^{x}p(x)\mathrm{d}x$$

当 $x<0$ 时,$F(x)=0$

当 $0\leqslant x<1$ 时,$F(x)=\int_0^x t\mathrm{d}t=\dfrac{1}{2}x^2$

当 $1\leqslant x<2$ 时,$F(x)=\int_0^1 x\mathrm{d}x+\int_1^x(2-t)\mathrm{d}t=-\dfrac{x^2}{2}+2x-1$

当 $x\geqslant 2$ 时,$F(x)=\int_0^1 x\mathrm{d}x+\int_1^2(2-x)\mathrm{d}x=1$

综上所述

$$F(x)=\begin{cases}0, & x<0\\ \dfrac{x^2}{2}, & 0\leqslant x<1\\ -\dfrac{x^2}{2}+2x-1, & 1\leqslant x<2\\ 1, & x\geqslant 2\end{cases}$$

3-19 解

设 X 为乘客候车时间，则 X 相当于向(0,5)区间内任投一个质点(乘客的到达时间)试验的质点坐标，故 X 在(0,5)内服从均匀分布. 所求概率为

$$P(X\leqslant 3)=\int_0^3\frac{1}{5}\mathrm{d}x=\frac{3}{5}=0.6$$

3-20 解

方程有实根的充要条件是

$$16\kappa^2-16(\kappa+2)\geqslant 0$$

由此解得 $\kappa\leqslant -1$ 或 $\kappa\geqslant 2$，故方程有实根的概率为 $P(\kappa\leqslant -1)+P(\kappa\geqslant 2)$，由于 κ 在 $[0,5]$ 上服从均匀分布，故所求概率为

$$P(\kappa\leqslant -1)+P(\kappa\geqslant 2)=\int_2^5\frac{1}{5}\mathrm{d}x=\frac{3}{5}=0.6$$

3-21 解

(1) $P(0.02<X<2.33)=\Phi(2.33)-\Phi(0.02)=0.9901-0.5080=0.4821$

(2) $P(-1.85<X<0.04)=\Phi(0.04)-\Phi(-1.85)=\Phi(0.04)+\Phi(1.85)-1$

$=0.5160+0.9678-1=0.4838$

(3) $P(-2.80<X<-1.21)=\Phi(-1.21)-\Phi(-2.80)$

$=\Phi(2.80)-\Phi(1.21)$

$=0.9974-0.8869$

$=0.1105$

3-22 解

(1) $P(6<X<9)=\Phi\left(\dfrac{9-10}{2}\right)-\Phi\left(\dfrac{6-10}{2}\right)=\Phi(-0.5)-\Phi(-2)$

$=\Phi(2)-\Phi(0.5)=0.9772-0.6915=0.2857$

(2) $P(7<X<12)=\Phi\left(\dfrac{12-10}{2}\right)-\Phi\left(\dfrac{7-10}{2}\right)=\Phi(1)-\Phi(-1.5)$

$=\Phi(1)+\Phi(1.5)-1=0.8413+0.9332-1=0.7745$

(3) $P(13<X<15)=\Phi\left(\dfrac{15-10}{2}\right)-\Phi\left(\dfrac{13-10}{2}\right)=\Phi(2.5)-\Phi(1.5)$

$=0.9938-0.9332=0.0606$

3-23 解

(1) $P(101.1<X<117.6)=\Phi\left(\dfrac{117.6-108}{3}\right)-\Phi\left(\dfrac{101.1-108}{3}\right)$

$=\Phi(3.2)-\Phi(-2.3)=\Phi(3.2)+\Phi(2.3)-1$

$=0.9993+0.9893-1=0.9886$

(2) $0.90=P(X<a)=\Phi\left(\dfrac{a-108}{3}\right)$，即 $\dfrac{a-108}{3}=1.28$

故 $$a=111.84$$

(3) $0.01=P(|X-a|>a)=P(X-a>a)+P(X-a<-a)$

$=P(X>2a)+P(X<0)=\Phi\left(\dfrac{0-108}{3}\right)+1-\Phi\left(\dfrac{2a-108}{3}\right)$

$=2-\Phi(36)-\Phi\left(\dfrac{2a-108}{3}\right)=1-\Phi\left(\dfrac{2a-108}{3}\right)$

即 $\Phi\left(\dfrac{2a-108}{3}\right)=0.99$，$\dfrac{2a-108}{3}=2.33$，$a=57.5$.

3-24 解

误差的绝对值不超过 30 米的概率为

$$\begin{aligned}p&=P(|X|\leqslant 30)=P(-30\leqslant X\leqslant 30)\\&=\Phi\left(\frac{30-20}{40}\right)-\Phi\left(\frac{-30-20}{40}\right)\\&=\Phi(0.25)-\Phi(-1.25)=0.4931\end{aligned}$$

设 Y 为三次测量中,误差绝对值不超过 30 米的次数,则 $Y\sim B(3,p)$,所求概率为

$$P(Y\geqslant 1)=1-(1-0.4931)^3=0.8698$$

3-25 解

Y 的分布列为

Y	0	1	4	9
p	$\frac{1}{5}$	$\frac{7}{30}$	$\frac{1}{5}$	$\frac{11}{30}$

3-26 解

解方程组得

$$Z=\frac{1}{2}(3X+1),\quad Y=\frac{1}{2}(X+1)$$

于是

$$P(0\leqslant Z\leqslant 1)=P\left(0\leqslant\frac{3X+1}{2}\leqslant 1\right)=P\left(-\frac{1}{3}\leqslant X\leqslant\frac{1}{3}\right)=\int_0^{\frac{1}{3}}\mathrm{d}x=\frac{1}{3}$$

$$P(0\leqslant Y\leqslant 1)=P\left(0\leqslant\frac{X+1}{2}\leqslant 1\right)=P(-1\leqslant X\leqslant 1)=1$$

3-27 解

(1)函数 $y=\mathrm{e}^x$ 在$(-\infty,+\infty)$内严格增,由定理 3-2,Y 的概率密度为

$$p_Y(y)=p_X[h(y)]|h'(y)|=\begin{cases}\frac{1}{y}, & 1<y<\mathrm{e}\\0, & \text{其他}\end{cases}$$

其中 $h(y)=\ln y$ 是 $y=\mathrm{e}^x$ 的反函数.

(2)函数 $y=-2\ln x$ 在 $x>0$ 上严格减,其反函数 $x=h(y)=\mathrm{e}^{-\frac{y}{2}}$,$h'(y)=-\frac{1}{2\mathrm{e}^{-\frac{y}{2}}}$,由定理 3-2,$Y$ 的密度函数为

$$p_Y(y)=\begin{cases}\frac{1}{2}\mathrm{e}^{-\frac{y}{2}}, & y>0\\0, & y\leqslant 0\end{cases}$$

3-28 解

函数 $y=\mathrm{e}^x$ 在$(-\infty,+\infty)$内严格增,其反函数 $x=h(y)=\ln y$,$h'(x)=\frac{1}{y}$,由定理 3-2,Y 的密度为

$$p_Y(y)=\begin{cases}p_X[h(y)]|h'(y)|, & y>0\\0, & y\leqslant 0\end{cases}=\begin{cases}\frac{1}{\sqrt{2\pi}\sigma y}\mathrm{e}^{-\frac{(\ln y-\mu)^2}{2\sigma^2}}, & y>0\\0, & y\leqslant 0\end{cases}$$

此时称 Y 服从对数正态分布.

3-29 解

函数 $y=|x|$ 在 $x<0$ 内单调递减,其反函数为 $h_1(y)=-y$,在 $x>0$ 内单调递增,其反函数为 $h_2(y)=y$,由定理 3-3,Y 的概率密度为

$$p_Y(y)=\begin{cases}p_X[h_1(y)]|h_1'(y)|+p_X[h_2(y)]|h_2'(y)|, & y>0\\ 0, & y\leqslant 0\end{cases}$$

$$=\begin{cases}\sqrt{\dfrac{2}{\pi}}\mathrm{e}^{-\frac{y^2}{2}}, & y>0\\ 0, & y\leqslant 0\end{cases}$$

3-30 解

函数 $y=\sin x$ 在 $\left(0,\dfrac{\pi}{2}\right)$ 内单调递增，其反函数为 $h_1(y)=\arcsin y$，在 $\left(\dfrac{\pi}{2},\pi\right)$ 内单调递减，其反函数为 $h_2(y)=\pi-\arcsin y$. 由定理 3-3，Y 的密度为

$$p_Y(y)=\begin{cases}p_X[h_1(y)]|h_1'(y)|+p_X[h_2(y)]|h_2'(y)|, & 0<y<1\\ 0, & 其他\end{cases}$$

$$=\begin{cases}\dfrac{2}{\pi^2}\arcsin y\cdot\dfrac{1}{\sqrt{1-y^2}}+\dfrac{2}{\pi^2}(\pi-\arcsin y)\cdot\dfrac{1}{\sqrt{1-y^2}}, & 0<y<1\\ 0, & 其他\end{cases}$$

$$=\begin{cases}\dfrac{2}{\pi\sqrt{1-y^2}}, & 0<y<1\\ 0, & 其他\end{cases}$$

3-31 解 如题 3-31 图.

设 M 到点 $(-R,0)$ 的距离为 S，则

$$S=\sqrt{(R\sin Z)^2+(R+R\cos Z)^2}$$
$$=R(\sin^2 Z+\cos^2 Z+2\cos Z+1)^{\frac{1}{2}}$$
$$=\sqrt{2}R\sqrt{1+\cos Z}\quad(-\pi\leqslant Z\leqslant\pi)$$

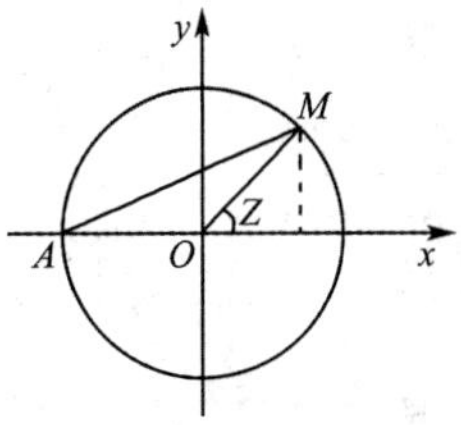

题 3-31 图

问题化为求随机变量 Z 的函数的密度，其中 Z 为质点 M 与原点连线和 x 轴的夹角，在 $[-\pi,\pi]$ 上服从均匀分布.

函数 $s=\sqrt{2}R\sqrt{1+\cos z}$ 当 z 在 $(-\pi,0)$ 内时单调递增，反函数为 $h_1(s)=-\arccos\left(\dfrac{s^2}{2R^2}-1\right)$；当 z 在 $(0,\pi)$ 内时单调递减，反函数为 $h_2(s)=\arccos\left(\dfrac{s^2}{2R^2}-1\right)$. 由定理 3-3 知 S 的概率密度为

$$p_S(s)=\begin{cases}p_Z[h_1(s)]|h_1'(s)|+p_Z[h_2(s)]|h_2'(s)|, & 0\leqslant s\leqslant 2R\\ 0, & 其他\end{cases}$$

$$=\begin{cases}\dfrac{2\cdot\dfrac{s}{R^2}}{\sqrt{1-\left(\dfrac{s^2}{2R^2}-1\right)^2}}\cdot\dfrac{1}{2\pi}, & 0\leqslant s\leqslant 2R\\ 0, & 其他\end{cases}$$

$$=\begin{cases}\dfrac{2}{\pi\sqrt{4R^2-s^2}}, & 0\leqslant s\leqslant 2R\\ 0, & 其他\end{cases}$$

3-32 解 如题 3-32 图.

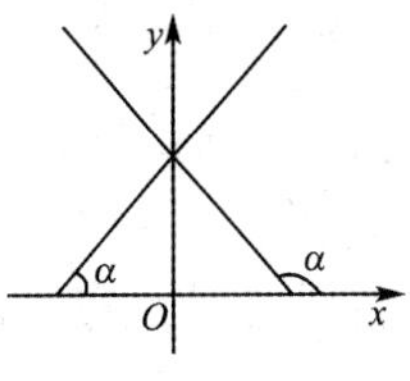

题 3-32 图

设直线在 x 轴上的截距为 X，则 $X=-\cot\alpha$，α 在 $(0,\pi)$ 上服从均匀分布.

函数 $x=-\cot\alpha$ 在 $(0,\pi)$ 上单调下降，其反函数为 $h(x)=\operatorname{arccot}(-x)$，由定理 3-2 知，$X$ 的密度为

$$p_X(x)=\frac{1}{\pi(1+x^2)},-\infty<x<+\infty$$

第 4 章

4-1 解

X 和 Y 的可能值均为 1,2,3 由

$$P(X=i,Y=j)=P(X=i)P(y=j|X=i) \quad (i,j=1,2,3)$$

得(X,Y)的联合分布列为

X \ Y	1	2	3
1	0	$\frac{1}{6}$	$\frac{1}{12}$
2	$\frac{1}{6}$	$\frac{1}{6}$	$\frac{1}{6}$
3	$\frac{1}{12}$	$\frac{1}{6}$	0

4-2 解

X 的可能值为 0,1,2,3,当 X 取 0 或 3 时,Y 取 3,当 X 取 1 或 2 时,Y 取 1,即 Y 的可能值为 1,3. 于是(X,Y)的联合分布列和边缘分布列为

Y \ X	0	1	2	3	$p_{\cdot j}$
1	0	$\frac{3}{8}$	$\frac{3}{8}$	0	$\frac{6}{8}$
3	$\frac{1}{8}$	0	0	$\frac{1}{8}$	$\frac{2}{8}$
$p_{i\cdot}$	$\frac{1}{8}$	$\frac{3}{8}$	$\frac{3}{8}$	$\frac{1}{8}$	1

4-3 解

(X,Y)的可能值为(i,j),$i,j=1,2,\cdots,6$;(X,Y)取每对可能值的概率如下

$P(X=1,Y=1)=P$(两颗骰子均出现 1 点)$=\frac{1}{36}$

$P(X=1,Y=2)=P$(第一颗骰子出现 1 点,第二颗出现 2 点)$=\frac{1}{36}$

⋮

$P(X=1,Y=6)=P$(第一颗骰子出现 1 点,第二颗出现 6 点)$=\frac{1}{36}$

$P(X=2,Y=1)=P$(第一颗骰子出现 2 点,两颗骰子中最大点数为 1)$=0$

$P(X=2,Y=2)=P$(第一颗骰子出现 2 点,第二颗出现 1 点,或第一颗出现 2 点,第二颗出现 2 点)$=\frac{2}{36}$

⋮

$P(X=2,Y=6)=P$(第一颗骰子出现 2 点,第二颗出现 6 点)$=\frac{1}{36}$

⋮

$P(X=6,Y=1)=P(X=6,Y=2)=\cdots=P(X=6,Y=5)=0$

$P(X=6,Y=6)=P$(第一颗骰子出现 6 点,第二颗出现 1 点,或第一颗出现 6 点,第二颗出现 2 点,…,两颗骰子均出现 6 点)$=\frac{6}{36}$

以上就是(X,Y)的联合分布列,该联合分布列和边缘分布列也可用下表表示.

Y \ X	1	2	3	4	5	6	$p_{i\cdot}$
1	$\frac{1}{36}$	$\frac{1}{36}$	$\frac{1}{36}$	$\frac{1}{36}$	$\frac{1}{36}$	$\frac{1}{36}$	$\frac{1}{6}$
2	0	$\frac{2}{36}$	$\frac{1}{36}$	$\frac{1}{36}$	$\frac{1}{36}$	$\frac{1}{36}$	$\frac{1}{6}$
3	0	0	$\frac{3}{36}$	$\frac{1}{36}$	$\frac{1}{36}$	$\frac{1}{36}$	$\frac{1}{6}$
4	0	0	0	$\frac{4}{36}$	$\frac{1}{36}$	$\frac{1}{36}$	$\frac{1}{6}$
5	0	0	0	0	$\frac{5}{36}$	$\frac{1}{36}$	$\frac{1}{6}$
6	0	0	0	0	0	$\frac{6}{36}$	$\frac{1}{6}$
$p_{\cdot j}$	$\frac{1}{36}$	$\frac{3}{36}$	$\frac{5}{36}$	$\frac{7}{36}$	$\frac{9}{36}$	$\frac{11}{36}$	1

4-4 解

所求概率为

$$P\left(\left(X<\frac{1}{2}\right)\cup\left(Y<\frac{1}{2}\right)\right)=P\left(X<\frac{1}{2}\right)+P\left(Y<\frac{1}{2}\right)-P\left(X<\frac{1}{2},Y<\frac{1}{2}\right)$$
$$=\int_0^{\frac{1}{2}}\int_0^2\frac{1}{2}\mathrm{d}x\mathrm{d}y+\int_0^{\frac{1}{2}}\int_0^1\frac{1}{2}\mathrm{d}x\mathrm{d}y-\int_0^{\frac{1}{2}}\int_0^{\frac{1}{2}}\frac{1}{2}\mathrm{d}x\mathrm{d}y$$
$$=\frac{1}{2}\cdot\frac{1}{2}\cdot 2+\frac{1}{2}\cdot\frac{1}{2}\cdot 1-\frac{1}{2}\cdot\frac{1}{2}\cdot\frac{1}{2}=\frac{5}{8}$$

4-5 解

(1) $P\left(0<X<\frac{1}{2},\frac{1}{4}<Y<1\right)=\int_0^{\frac{1}{2}}\int_{\frac{1}{4}}^1 4xy\mathrm{d}x\mathrm{d}y=4\cdot\left.\frac{x^2}{2}\right|_0^{\frac{1}{2}}\cdot\left.\frac{y^2}{2}\right|_{\frac{1}{4}}^1=\frac{15}{64}$;

(2) $P(X=Y)=\iint\limits_{x=y}p(x,y)\mathrm{d}x\mathrm{d}y=\int_0^1\int_x^x 4xy\mathrm{d}x\mathrm{d}y=0$;

(3) $P(X<Y)=\iint\limits_{x<y}p(x,y)\mathrm{d}x\mathrm{d}y=\int_0^1\int_x^1 4xy\mathrm{d}x\mathrm{d}y=\int_0^1 2x(1-x^2)\mathrm{d}x=\frac{1}{2}$;

(4) 由(2)和(3)知

$$P(X\leqslant Y)=\frac{1}{2}$$

4-6 解 如题 4-6 图.

(1) $P((X,Y)\in D)=\iint\limits_D p(x,y)\mathrm{d}x\mathrm{d}y$
$$=\int_0^1\int_2^3\frac{1}{8}(6-x-y)\mathrm{d}x\mathrm{d}y$$
$$=\frac{1}{8}\int_0^1\left(\frac{7}{2}-x\right)\mathrm{d}x=\frac{3}{8};$$

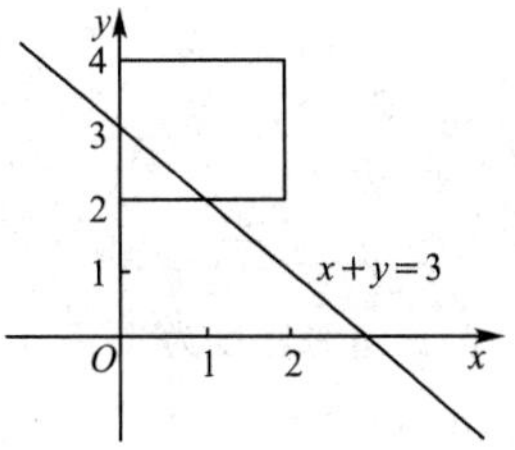

题 4-6 图

(2) $P((X,Y)\in D)=\iint\limits_D p(x,y)\mathrm{d}x\mathrm{d}y$
$$=\int_0^1\int_2^{3-x}\frac{1}{8}(6-x-y)\mathrm{d}x\mathrm{d}y$$
$$=\frac{1}{8}\int_0^1\frac{x^2-8x+7}{2}\mathrm{d}x$$
$$=\frac{1}{16}\left[\frac{x^3}{3}-4x^2+7x\right]_0^1=\frac{5}{24}$$

4-7　解　如题 4-7 图.

$$P(X+Y\geqslant 1)=\iint\limits_{x+y\geqslant 1}p(x,y)\mathrm{d}x\mathrm{d}y$$
$$=\int_0^1\int_{1-x}^2\left(x^2+\frac{xy}{3}\right)\mathrm{d}x\mathrm{d}y$$
$$=\int_0^1\left(\frac{5}{6}x^3+\frac{4}{3}x^2+\frac{3}{6}x\right)\mathrm{d}x=\frac{65}{72}$$

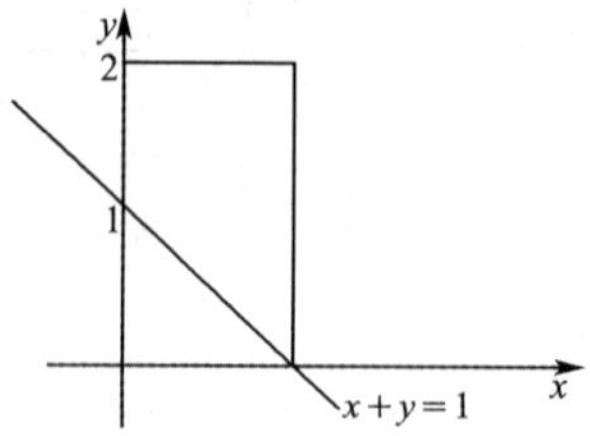

题 4-7 图

4-8　解

$$(1)1=\iint\limits_{-\infty}^{+\infty}p(x,y)\mathrm{d}x\mathrm{d}y=\iint\limits_{x^2+y^2\leqslant R^2}C(R-\sqrt{x^2+y^2})\mathrm{d}x\mathrm{d}y$$
$$=C\left(R\iint\limits_{x^2+y^2\leqslant R^2}\mathrm{d}x\mathrm{d}y-\iint\limits_{x^2+y^2\leqslant R^2}\sqrt{x^2+y^2}\,\mathrm{d}x\mathrm{d}y\right)$$
$$=C\left(\pi R^3-\int_0^{2\pi}\int_0^R r\cdot r\mathrm{d}r\mathrm{d}\theta\right)=\frac{C\pi R^3}{3}$$

故 $C=\dfrac{3}{\pi R^3}$；

(2) 设 $D=\{(x,y)\mid x^2+y^2\leqslant r^2,r<R\}$,所求概率为

$$P((X,Y)\in D)=\iint\limits_D p(x,y)\mathrm{d}x\mathrm{d}y=\iint\limits_{x^2+y^2\leqslant r^2}\frac{3}{\pi R^3}(R-\sqrt{x^2+y^2})\mathrm{d}x\mathrm{d}y$$
$$=\int_0^{2\pi}\int_0^r\frac{3}{\pi R^3}(R-\rho)\rho\mathrm{d}\rho\mathrm{d}\theta=\frac{6}{R^3}\left(\int_0^r R\rho\mathrm{d}\rho-\int_0^r\rho^2\mathrm{d}\rho\right)=\frac{r^2(3R-2r)}{R^3}$$

4-9　解　如题 4-9 图.

区域 D 的面积为

$$A=\int_{-1}^1(1-x^2)\mathrm{d}x=\frac{4}{3}$$

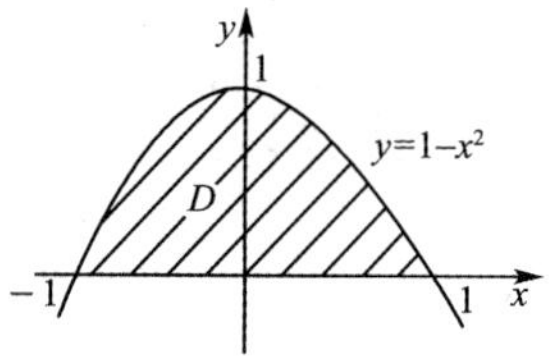

题 4-9 图

由二维均匀分布的定义知,(X,Y) 的联合密度为

$$P(x,y)=\begin{cases}\dfrac{1}{A}, & (x,y)\in D\\ 0, & 其他\end{cases}=\begin{cases}\dfrac{3}{4}, & (x,y)\in D\\ 0, & 其他\end{cases}$$

关于 X 的边缘密度为

$$P_X(x)=\int_{-\infty}^{+\infty}p(x,y)\mathrm{d}y=\begin{cases}\displaystyle\int_0^{1-x^2}\frac{3}{4}\mathrm{d}y, & -1\leqslant x\leqslant 1\\ 0, & 其他\end{cases}$$
$$=\begin{cases}\dfrac{3}{4}(1-x^2), & -1\leqslant x\leqslant 1\\ 0, & 其他\end{cases}$$

关于 Y 的边缘密度为

$$p_Y(y)=\int_{-\infty}^{+\infty}p(x,y)\mathrm{d}x=\begin{cases}\displaystyle\int_{-\sqrt{1-y}}^{\sqrt{1-y}}\frac{3}{4}\mathrm{d}x, & 0\leqslant y\leqslant 1\\ 0, & 其他\end{cases}$$
$$=\begin{cases}\dfrac{3}{2}\sqrt{1-y}, & 0\leqslant y\leqslant 1\\ 0, & 其他\end{cases}$$

4-10　解

关于 X 的边缘密度为

$$p_X(x)=\begin{cases}\int_x^{+\infty} e^{-y}dy, & x>0\\ 0, & x\leqslant 0\end{cases}=\begin{cases}e^{-x}, & x>0\\ 0, & x\leqslant 0\end{cases}$$

关于 Y 的边缘密度为

$$P_Y(y)=\begin{cases}\int_0^{y} e^{-y}dx, & y>0\\ 0, & y\leqslant 0\end{cases}=\begin{cases}ye^{-y}, & y>0\\ 0, & y\leqslant 0\end{cases}$$

在 $Y=y$ 的条件下，X 的条件概率密度为

$$P_{X|Y}(x\mid y)=\frac{p(x,y)}{P_Y(y)}=\begin{cases}\dfrac{1}{y}, & 0<x<y<+\infty\\ 0, & \text{其他}\end{cases}$$

在 $X=x$ 的条件下，Y 的条件概率密度为

$$P_{Y|X}(y\mid x)=\frac{p(x,y)}{P_X(x)}=\begin{cases}e^{x-y}, & 0<x<y<+\infty\\ 0, & \text{其他}\end{cases}$$

4-11 解

关于 X 的边缘密度为

$$P_X(x)=\begin{cases}\int_{-x}^{x}dy, & 0<x<1\\ 0, & \text{其他}\end{cases}=\begin{cases}2x, & 0<x<1\\ 0, & \text{其他}\end{cases}$$

关于 Y 的边缘密度为

$$P_Y(y)=\begin{cases}\int_{-y}^{1}dx, & -1<y\leqslant 0\\ \int_{y}^{1}dx, & 0<y\leqslant 1\\ 0, & \text{其他}\end{cases}=\begin{cases}1+y, & -1<y\leqslant 0\\ 1-y, & 0<y\leqslant 1\\ 0, & \text{其他}\end{cases}$$

在 $Y=y$ 的条件下，X 的条件密度为

$$P_{X|Y}(x\mid y)=\frac{p(x,y)}{P_Y(y)}=\begin{cases}\dfrac{1}{1+y}, & 0<x<1,-1<y\leqslant 0\\ \dfrac{1}{1-y}, & 0<x<1,0<y<1\\ 0, & \text{其他}\end{cases}$$

在 $X=x$ 的条件下，Y 的条件密度为

$$P_{Y|X}(y\mid x)=\begin{cases}\dfrac{1}{2x}, & 0<x\leqslant 1,\ |y|<x\\ 0, & \text{其他}\end{cases}$$

4-12 解

由

$$P_{X|Y}(x\mid y)=\frac{P(x,y)}{P_Y(y)}$$

知，(X,Y) 的联合概率密度为

$$p(x,y)=P_Y(y)P_{X|Y}(x\mid y)=\begin{cases}15x^2y, & 0<x<y,0<y<1\\ 0, & \text{其他}\end{cases}$$

于是关于 X 的边缘密度为

$$P_X(x)=\int_{-\infty}^{+\infty}p(x,y)dy=\begin{cases}\int_x^1 15x^2ydy, & 0<x<1\\ 0, & \text{其他}\end{cases}$$

$$=\begin{cases}\frac{15}{2}(x^2-x^4), & 0<x<1\\ 0, & 其他\end{cases}$$

故

$$P\left(X>\frac{1}{2}\right)=\int_{\frac{1}{2}}^{1}\frac{15}{2}(x^2-x^4)\mathrm{d}x=\frac{15}{2}\left[\frac{1}{3}x^3-\frac{1}{5}x^5\right]_{\frac{1}{2}}^{1}=\frac{47}{64}$$

4-13 解

$F(x,y)$可化为

$$F(x,y)=\begin{cases}(1-\alpha^{-x^2})(1-\alpha^{-2y^2}), & x\geqslant 0,y\geqslant 0\\ 0, & 其他\end{cases}$$

$$\begin{aligned}P(1\leqslant X\leqslant 2,1\leqslant Y\leqslant 2)&=F(2,2)-F(2,1)-F(1,2)+F(1,1)\\&=(1-\alpha^{-4})(1-\alpha^{-8})-(1-\alpha^{-4})(1-\alpha^{-2})-\\&\quad(1-\alpha^{-1})(1-\alpha^{-8})+(1-\alpha^{-1})(1-\alpha^{-2})\\&=(\alpha^{-2}-\alpha^{-8})(\alpha^{-1}-\alpha^{-4})=\alpha^{-3}-\alpha^{-6}-\alpha^{-9}+\alpha^{-12}\end{aligned}$$

边缘分布函数分别为

$$F_X(x)=F(x,+\infty)=\begin{cases}1-\alpha^{-x^2}, & x\geqslant 0\\ 0, & x<0\end{cases}$$

$$F_Y(y)=F(+\infty,y)=\begin{cases}1-\alpha^{-2y^2}, & y\geqslant 0\\ 0, & y<0\end{cases}$$

因

$$F(x,y)=F_X(x)\cdot F_Y(y)$$

故 X,Y 相互独立.

4-14 解

关于 X 的边缘密度为

$$P_X(x)=\int_{-\infty}^{+\infty}p(x,y)\mathrm{d}y=\begin{cases}\mathrm{e}^{-x}, & x\geqslant 0\\ 0, & x<0\end{cases}$$

关于 Y 的边缘密度为

$$P_Y(y)=\int_{-\infty}^{+\infty}p(x,y)\mathrm{d}x=\begin{cases}\mathrm{e}^{-y}, & y\geqslant 0\\ 0, & y<0\end{cases}$$

可见

$$p(x,y)=P_X(x)\cdot P_Y(y)$$

即 X,Y 相互独立.

4-15 解

关于 X 的边缘密度为

$$P_X(x)=\int_{-\infty}^{+\infty}p(x,y)\mathrm{d}y=\begin{cases}\int_x^1 8xy\mathrm{d}y, & 0<x<1\\ 0, & 其他\end{cases}$$

$$=\begin{cases}4x(1-x^2), & 0<x<1\\ 0, & 其他\end{cases}$$

关于 Y 的边缘密度为

$$P_Y(y)=\int_{-\infty}^{+\infty}p(x,y)\mathrm{d}x=\begin{cases}\int_0^y 8xy\mathrm{d}x, & 0<y<1\\ 0, & 其他\end{cases}$$

$$= \begin{cases} 4y^3, & 0 < y < 1 \\ 0, & \text{其他} \end{cases}$$

因为 $p(x,y) \neq P_X(x) \cdot P_Y(y)$，所以 X,Y 不独立.

4-16 解

方程有实根的充要条件是

$$X^2 - 4Y \geqslant 0$$

故方程有实根的概率为

$$P(X^2 - 4Y \geqslant 0) = P\{(X,Y) \in D\} = \iint_D p(x,y)\mathrm{d}x\mathrm{d}y$$

其中 $D = \{(x,y) \mid x^2 - 4y \geqslant 0, 0 \leqslant x \leqslant 1, 0 \leqslant y \leqslant 1\}$

$$p(x,y) = \begin{cases} 1, & 0 \leqslant x \leqslant 1, 0 \leqslant y \leqslant 1 \\ 0, & \text{其他} \end{cases}$$

所以方程有实根的概率为

$$P(X^2 - 4Y \geqslant 0) = \int_0^1 \int_0^{\frac{1}{4}x^2} \mathrm{d}x\mathrm{d}y = \frac{1}{12}$$

4-17 证明

(1)因为$(x_1 < X \leqslant x_2, y_1 < Y \leqslant y_2) \subset (x_1 + y_1 < X + Y \leqslant x_2 + y_2) = (x_1 + y_1 < Z \leqslant x_2 + y_2)$

所以

$$P(x_1 < X \leqslant x_2, y_1 < Y \leqslant y_2) \leqslant P(x_1 + y_1 < Z \leqslant x_2 + y_2)$$

由 X,Y 的独立性得证.

(2)因为$(X+Y \leqslant x+y) \subset (X \leqslant x) \cup (Y \leqslant y)$

而 $X+Y=Z$，故

$$(Z \leqslant x+y) \subset (X \leqslant x) \cup (Y \leqslant y)$$

由加法公式及 X,Y 的独立性即得证.

4-18 证明

设它们的概率密度为 $P_X(x)$ 和 $P_Y(y)$，由于它们是同分布的，故

$$P(Y > X) = \iint_{x<y} P_X(x)P_Y(y)\mathrm{d}x\mathrm{d}y = \iint_{y<x} P_X(y)P_Y(x)\mathrm{d}y\mathrm{d}x$$

$$= \iint_{x>y} P_X(x)P_Y(y)\mathrm{d}x\mathrm{d}y = P(Y < X)$$

又由于它们是连续型随机变量，所以

$$P(Y > X) + P(Y < X) = 1$$

从而 $P(Y > X) = \dfrac{1}{2}$，证毕.

4-19 解

设三个电子管的寿命分别为 X_1, X_2, X_3，它们的密度均如上.

以 A_i 表示在最初使用的 150 小时中，有 i 个管子要替换$(i = 0,1,2,3)$，则

$$P(A_0) = P(X_1 > 150, X_2 > 150, X_3 > 150)$$

$$= P(X_1 > 150) \cdot P(X_2 > 150) \cdot P(X_3 > 150)$$

$$= \left(\int_{150}^{+\infty} \frac{100}{x^2}\mathrm{d}x\right)^3 = \left(\frac{2}{3}\right)^3 = \frac{8}{27}$$

$$P(A_3) = P(X_1 < 150, X_2 < 150, X_3 < 150)$$

$$= P(X_1 < 150)P(X_2 < 150)P(X_3 < 150)$$

$$=\left(\int_{100}^{150}\frac{100}{x^2}\mathrm{d}x\right)^3=\frac{1}{27}$$

4-20 解

(1)由联合分布列的性质，α 与 β 应满足条件

$$0<\alpha<1,0<\beta<1\text{ 且 }\alpha+\beta=1-\left(\frac{1}{6}+\frac{1}{9}+\frac{1}{18}+\frac{1}{3}\right)=\frac{1}{3}$$

(2)若 X,Y 相互独立，则

$$P(X=i,Y=j)=P(X=i)P(Y=j)\quad i=1,2,3,j=1,2$$

于是

$$\begin{aligned}\alpha&=P(X=2,Y=2)=P(X=2)P(Y=2)\\&=\left(\frac{1}{9}+\alpha\right)\left(\frac{1}{3}+\alpha+\beta\right)=\frac{2}{3}\left(\frac{1}{9}+\alpha\right),\alpha=\frac{2}{9};\\\beta&=P(X=3,Y=2)=P(X=3)P(Y=2)\\&=\left(\frac{1}{18}+\beta\right)\left(\frac{1}{3}+\alpha+\beta\right)=\frac{2}{3}\left(\frac{1}{18}+\beta\right),\beta=\frac{1}{9}\end{aligned}$$

4-21 证明

由于 X_1,X_2 相互独立，欲证两两独立只需证明 X_1,X_3 独立，X_2,X_3 独立．现仅证明 X_1,X_3 相互独立．X_3 的分布列为

$$\begin{aligned}P(X_3=-1)&=P\{(X_1=1,X_2=-1)\cup(X_1=-1,X_2=1)\}\\&=P\{(X_1=1,X_2=-1)\}+P\{(X_1=-1,X_2=1)\}\\&=\frac{1}{2}\cdot\frac{1}{2}+\frac{1}{2}\cdot\frac{1}{2}=\frac{1}{2}\end{aligned}$$

$$P(X_3=1)=P\{(X_1=1,X_2=1)\cup(X_1=-1,X_2=-1)\}=\frac{1}{2}$$

因为

$$\begin{aligned}P(X_1=1,X_3=1)&=P(X_1=1)P(X_3=1\mid X_1=1)\\&=\frac{1}{4}=P(X_1=1)P(X_3=1)\\P(X_1=1,X_3=-1)&=P(X_1=1)P(X_3=-1\mid X_1=1)\\&=\frac{1}{4}=P(X_1=1)P(X_3=-1)\end{aligned}$$

类似地有

$$P(X_1=-1,X_3=1)=P(X_1=-1)P(X_3=1)$$
$$P(X_1=-1,X_3=-1)=P(X_1=-1)P(X_3=-1)$$

所以 X_1,X_3 相互独立，同理可证 X_2,X_3 相互独立，从而 X_1,X_2,X_3 两两独立．但是，由于

$$P(X_1=1,X_2=1,X_3=-1)=0\neq P(X_1=1)P(X_2=1)P(X_3=-1)=\frac{1}{8}$$

故 X_1,X_2,X_3 不是相互独立的．

4-22 解 如题 4-22 图．

(X,Y,Z)的密度为

$$p(x,y,z)=\begin{cases}1, & 0\leqslant x\leqslant 1,0\leqslant y\leqslant 1,0\leqslant z\leqslant 1\\0, & \text{其他}\end{cases}$$

$$\begin{aligned}P(X\geqslant Y\geqslant Z)&=\iiint\limits_{x>y>z}p(x,y,z)\mathrm{d}x\mathrm{d}y\mathrm{d}z\\&=\int_0^1\int_0^x\int_0^y\mathrm{d}x\mathrm{d}y\mathrm{d}z\end{aligned}$$

$$= \text{四面体 } OABC \text{ 的体积} = \frac{1}{6}$$

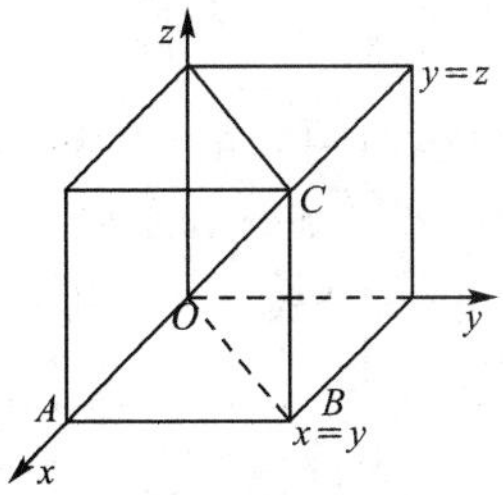

题 4-22 图

4-23 解

U 的可能值为 0,1,V 的可能值为 1,4,(U,V)的联合分布列为

$$P(U=0,V=1)=P(U=0)P(V=1|U=0)$$

$$=P(X=0)P(Y=1|X=0)=\frac{1}{6}\cdot\frac{\frac{1}{12}}{\frac{1}{6}}=\frac{1}{12}$$

$$P(U=0,V=4)=P(U=0)P(V=4|U=0)$$

$$=P(X=0)P\{(Y=-2)\cup(Y=2)|X=0\}$$

$$=P(X=0)[P\{(Y=-2)|X=0\}+P\{(Y=2)|X=0\}]$$

$$=\frac{1}{6}\times\left[\frac{\frac{1}{12}}{\frac{1}{6}}+0\right]=\frac{1}{12}$$

$$P(U=1,V=1)=P(U=1)P(V=1|U=1)$$

$$=P\{(X=-1)\cup(X=1)\}P\{Y=1|(X=-1)\cup(X=1)\}$$

$$=\left(\frac{5}{12}+\frac{5}{12}\right)\times\frac{\frac{2}{6}}{\frac{10}{12}}=\frac{2}{6}=\frac{1}{3}$$

$$P(U=1,V=4)=P\{[(Y=-2)\cup(Y=2)]\cap[(X=1)\cup(X=-1)]\}$$

$$=P\{(Y=-2,X=1)\cup(Y=2,X=1)\cup(Y=-2,X=-1)\cup$$

$$(Y=2,X=-1)\}=\frac{1}{6}+\frac{1}{12}+\frac{1}{6}+\frac{1}{12}=\frac{1}{2}$$

用表写出(U,V)的联合分布列和边缘分布列为

U \ V	1	4	$P_{i\cdot}$
0	$\frac{1}{12}$	$\frac{1}{12}$	$\frac{1}{6}$
1	$\frac{1}{3}$	$\frac{1}{2}$	$\frac{5}{6}$
$P_{\cdot j}$	$\frac{5}{12}$	$\frac{7}{12}$	1

4-24 解

设 $Z=X+Y$,则 Z 的分布列为

$$P(Z=k)=\sum_{i=1}^{k-1}P(X=i,Y=k-i)=\sum_{i=1}^{k-1}P(X=i)P(Y=k-i)$$

$$=\sum_{i=1}^{k-1}\frac{1}{2^i}\cdot\frac{1}{2^{k-i}}=\sum_{i=1}^{k-1}\frac{1}{2^k}=\frac{k-1}{2^k}\quad(k=2,3,\cdots)$$

4-25 证明

因为

$$P(Z=k)=\sum_{i=0}^{k}P(X=i,Y=k-i)=\sum_{i=0}^{k}P(X=i)P(Y=k-i)$$

$$=\sum_{i-0}^{k}C_n^i p^i q^{n-i}\cdot C_n^{k-i}p^{k-i}q^{n-k+i}$$

$$= \sum_{i=0}^{k} C_n^i \cdot C_n^{k-i} p^k q^{2n-k} \xlongequal{\text{式}(0-7)} C_{2n}^k p^k q^{2n-k}$$

所以 $Z = X + Y$ 服从参数为 $2n, p$ 的二项分布.

4-26 解 如题 4-26 图.

由卷积公式,$X+Y$ 的概率密度为

$$P_Z(z) = \int_{-\infty}^{+\infty} P_X(x) P_Y(z-x) \mathrm{d}x$$

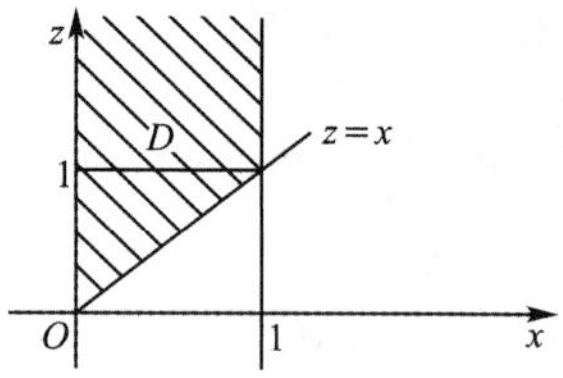

题 4-26 图

其中

$$P_X(x) P_Y(z-x) = \begin{cases} \mathrm{e}^{-(z-x)}, & 0 \leqslant x \leqslant 1, z-x>0 \\ 0, & \text{其他} \end{cases}$$

不等式 $0 \leqslant x \leqslant 1, z-x>0$ 确定了平面区域 D(如题 4-26 图),于是当 $z \leqslant 0$ 时 $P_Z(z) = 0$,当 $0 < z \leqslant 1$ 时

$$P_Z(z) = \int_0^z \mathrm{e}^{-(z-x)} \mathrm{d}x = \mathrm{e}^{-z} \cdot \mathrm{e}^x \Big|_0^z = 1 - \mathrm{e}^{-z}$$

当 $z > 1$ 时

$$P_Z(z) = \int_0^1 \mathrm{e}^{-(z-x)} \mathrm{d}x = \mathrm{e}^{-z} \mathrm{e}^x \Big|_0^1 = \mathrm{e}^{-z}(\mathrm{e}-1)$$

综上所述 $X+Y$ 的概率密度为

$$P_Z(z) = \begin{cases} 0, & z \leqslant 0 \\ 1-\mathrm{e}^{-z}, & 0 < z \leqslant 1 \\ \mathrm{e}^{-z}(\mathrm{e}-1), & 1 < z \end{cases}$$

4-27 解

显然 $Z = X + Y$,由卷积公式,Z 的密度为

$$P_Z(z) = \int_{-\infty}^{+\infty} P_X(x) P_Y(z-x) \mathrm{d}x$$

其中

$$P_X(x) \cdot P_Y(z-x) = \begin{cases} \alpha\beta \mathrm{e}^{-\alpha x} \mathrm{e}^{-\beta(z-x)}, & x>0, z-x>0 \\ 0, & \text{其他} \end{cases}$$

不等式 $x > 0, z - x > 0$ 确定平面区域 D,如题 4-27 图.

当 $z \leqslant 0$ 时,$P_Z(z) = 0$

当 $z > 0$ 时

$$P_Z(z) = \int_0^z \alpha\beta \mathrm{e}^{-\alpha x} \mathrm{e}^{-\beta(z-x)} \mathrm{d}x = \alpha\beta \mathrm{e}^{-\beta z} \int_0^z \mathrm{e}^{(\beta-\alpha)x} \mathrm{d}x$$

$$= \frac{\alpha\beta}{\beta-\alpha} [\mathrm{e}^{(\beta-\alpha)z} - 1] \mathrm{e}^{-\beta z} = \frac{\alpha\beta}{\beta-\alpha} [\mathrm{e}^{-\alpha z} - \mathrm{e}^{-\beta z}]$$

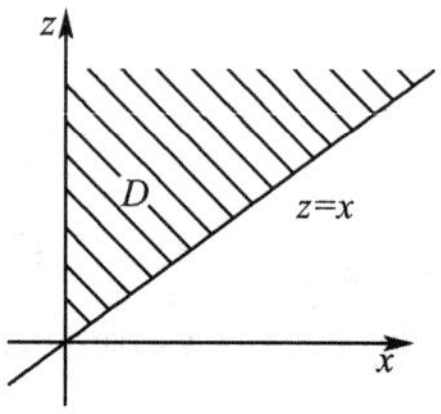

题 4-27 图

即

$$P_Z(z) = \begin{cases} \dfrac{\alpha\beta}{\beta-\alpha} [\mathrm{e}^{-\beta z} - \mathrm{e}^{-\beta z}], & z>0 \\ 0, & z \leqslant 0 \end{cases}$$

4-28 证明 1 如题 4-28 图.

设 Z 的分布函数为 $F_Z(z)$,则

$F_Z(z) = P(Z \leqslant z) = P(X - Y \leqslant z)$

$$= \iint\limits_{x-y \leqslant z} p(x,y) \mathrm{d}x \mathrm{d}y$$

$$= \int_{-\infty}^{+\infty} \int_{-\infty}^{y+z} p(x,y) \mathrm{d}x \mathrm{d}y$$

$$\overset{\text{令 } u=x-y}{=\!=\!=\!=} \int_{-\infty}^{+\infty}\int_{-\infty}^{z} p(u+y,y)\mathrm{d}u\mathrm{d}y$$

$$=\int_{-\infty}^{z}\left[\int_{-\infty}^{+\infty} p(u+y,y)\mathrm{d}y\right]\mathrm{d}u$$

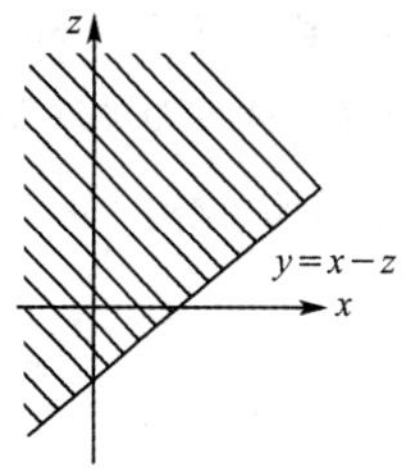

题 4-28 图

故 Z 的概率密度为

$$P_Z(z)=\int_{-\infty}^{+\infty} p(z+y,y)\mathrm{d}y$$

当 X,Y 相互独立时有

$$P_Z(z)=\int_{-\infty}^{+\infty} P_X(z+y)P_Y(y)\mathrm{d}y$$

证明 2

因为 $Z=X-Y=X+(-Y)$，由式(4-27)可得证.

4-29　解法 1

利用上题导出的公式，设 Z 的密度为 $P_Z(z)$，则

$$P_Z(z)=\int_{-\infty}^{+\infty} p(z+y,y)\mathrm{d}y$$

其中

$$p(z+y,y)=\begin{cases}3(z+y), & 0<z+y<1, z>0, y>0\\ 0, & \text{其他}\end{cases}$$

不等式 $0<z+y<1, z>0, y>0$ 确定平面域如题 4-29-1 图.

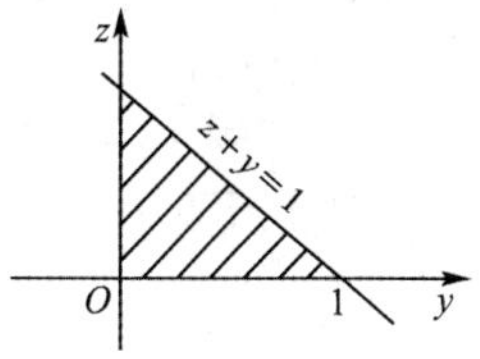

题 4-29-1 图

当 $z\leqslant 0$ 或 $z\geqslant 1$ 时，$P_Z(z)=0$；

当 $0<z<1$ 时，

$$P_Z(z)=\int_{0}^{1-z} 3(z+y)\mathrm{d}y=\frac{3}{2}(1-z^2)$$

即

$$P_Z(z)=\begin{cases}\dfrac{3}{2}(1-z^2), & 0<z<1\\ 0, & \text{其他}\end{cases}$$

解法 2　如题 4-29-2 图.

利用分布函数法

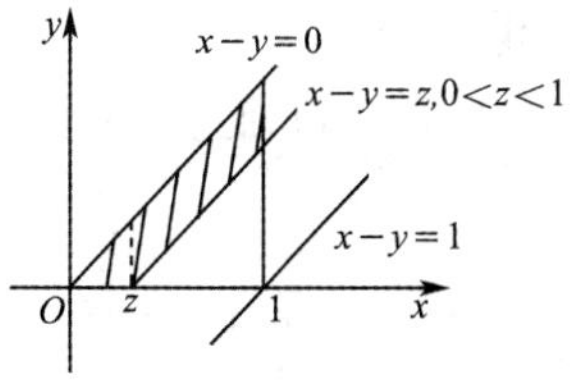

题 4-29-2 图

设 Z 的分布函数为 $F_Z(z)$，则

$$F_Z(z)=P(Z\leqslant z)=P(X-Y\leqslant z)$$

$$=\iint\limits_{x-y\leqslant z} p(x,y)\mathrm{d}x\mathrm{d}y$$

$$=\begin{cases}0, & z\leqslant 0\\ 3\displaystyle\int_{0}^{z} x\left(\int_{0}^{x}\mathrm{d}y\right)\mathrm{d}x+3\int_{z}^{1} x\left(\int_{x-z}^{x}\mathrm{d}y\right)\mathrm{d}x, & 0<z<1\\ 1, & z\geqslant 1\end{cases}$$

$$=\begin{cases}0, & z\leqslant 0\\ \dfrac{3}{2}z-\dfrac{1}{2}z^3, & 0<z<1\\ 1, & z\geqslant 1\end{cases}$$

故

$$P_Z(z)=F'_Z(z)=\begin{cases}\dfrac{3(1-z^2)}{2}, & 0<z<1\\ 0, & \text{其他}\end{cases}$$

4-30 解 如题 4-30 图.

设 Z 的分布函数为 $F_Z(z)$，概率密度为 $P_Z(z)$，则

$$F_Z(z)=P(Z\leqslant z)=P(\frac{X}{Y}\leqslant z)=\iint\limits_{\frac{x}{y}\leqslant z}p_X(x)\cdot p_Y(y)\mathrm{d}x\mathrm{d}y$$

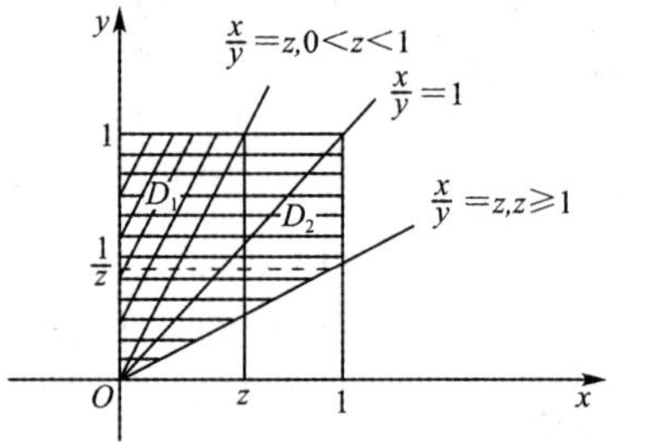

题 4-30 图

其中

$$p_X(x)=\begin{cases}1, & 0<x<1\\0, & 其他\end{cases};\quad p_Y(y)=\begin{cases}1, & 0<y<1\\0, & 其他\end{cases}$$

故

$$F_Z(z)=\iint\limits_{\frac{x}{y}\leqslant z}p_X(x)\cdot p_Y(y)\mathrm{d}x\mathrm{d}y=\begin{cases}0, & z\leqslant 0\\ \iint\limits_{D_1}\mathrm{d}x\mathrm{d}y, & 0<z<1\\ \iint\limits_{D_2}\mathrm{d}x\mathrm{d}y, & z\geqslant 1\end{cases}$$

$$=\begin{cases}0, & z\leqslant 0\\ \frac{z}{2}, & 0<z<1\\ 1-\frac{1}{2z}, & z\geqslant 1\end{cases}$$

所以 Z 的概率密度为

$$p_Z(z)=F'_Z(z)=\begin{cases}0, & z\leqslant 0\\ \frac{1}{2}, & 0<z<1\\ \frac{1}{2z^2}, & z\geqslant 1\end{cases}$$

第 5 章

5-1 解

设 X 为已取出的废品只数，则 X 的分布为

X	0	1	2
P	$\frac{8}{10}$	$\frac{2}{10}\cdot\frac{8}{9}$	$\frac{2}{10}\cdot\frac{1}{9}\cdot\frac{8}{8}$

即

X	0	1	2
P	$\frac{8}{10}$	$\frac{8}{45}$	$\frac{1}{45}$

所以

$$EX=\frac{8}{45}+\frac{2}{45}=\frac{2}{9}$$

$$EX^2=\frac{8}{45}+\frac{4}{45}=\frac{4}{15}$$

$$DX=EX^2-(EX)^2=\frac{4}{15}-\frac{4}{81}=\frac{88}{405}$$

5-2 解

设一周所获利润为 T(万元),则 T 的可能值为 10,5,0,−2. 又设 X 为机器一周内发生故障的次数,则 $X\sim B(5,0.2)$,于是

$$P(T=10)=P(X=0)=(0.8)^5=0.3277$$

$$P(T=5)=P(X=1)=C_5^1 0.2\times(0.8)^4=0.4096$$

类似地可求出 T 的分布为

T	−2	0	5	10
P	0.057 9	0.204 8	0.409 6	0.327 7

所以一周内的期望利润为

$$ET=-2\times0.0579+5\times0.4096+10\times0.3277=5.209(\text{万元})$$

5-3 解

$$\begin{aligned}ET&=-1\times P(X<10)+20\times P(10\leqslant X\leqslant 12)-5\times P(X>12)\\&=-\Phi\left(\frac{10-\mu}{1}\right)+20[\Phi(12-\mu)-\Phi(10-\mu)]-5[1-\Phi(12-\mu)]\\&=25\Phi(12-\mu)-21\Phi(10-\mu)-5\end{aligned}$$

$$\begin{aligned}\frac{\mathrm{d}ET}{\mathrm{d}\mu}&=-25\varphi(12-\mu)+21\varphi(10-\mu)\\&=21\cdot\frac{1}{\sqrt{2\pi}}\mathrm{e}^{-\frac{(10-\mu)^2}{2}}-25\cdot\frac{1}{\sqrt{2\pi}}\mathrm{e}^{-\frac{(12-\mu)^2}{2}}\triangleq 0\end{aligned}$$

即

$$\frac{21}{25}=\mathrm{e}^{-\frac{1}{2}[(12-\mu)^2-(10-\mu)^2]}$$

两边取对数得

$$2\mu-22=\ln\frac{21}{25}$$

即 $\mu=11-\frac{1}{2}\ln\frac{25}{21}$时,平均利润最大.

5-4 解

$$X\sim B\left(3,\frac{2}{5}\right)\text{分布律为 } P(X=k)=C_3^k\left(\frac{2}{5}\right)^k\left(\frac{3}{5}\right)^{3-k}\quad(k=0,1,2,3)$$

即

X	0	1	2	3
P	$\frac{27}{125}$	$\frac{54}{125}$	$\frac{36}{125}$	$\frac{8}{125}$

X 的分布函数为

$$F(x)=\begin{cases}0, & x<0\\ \frac{27}{125}, & 0\leqslant x<1\\ \frac{81}{125}, & 1\leqslant x<2\\ \frac{117}{125}, & 2\leqslant x<3\\ 1, & x\geqslant 3\end{cases}$$

$$EX=\frac{54}{125}+\frac{72}{125}+\frac{24}{125}=\frac{150}{125}=\frac{6}{5}$$

5-5 解法 1

$$EX = \sum_{k=1}^{\infty} k(1-p)^{k-1} p = p\sum_{k=1}^{\infty} kq^{k-1} = p\sum_{k=1}^{\infty}(x^k)'\Big|_{x=q} = p(\sum_{k=1}^{\infty} x^k)'_{x=q}$$

其中 $q = 1 - p$

由函数的幂级数展开有

$$\sum_{k=0}^{\infty} x^k = \frac{1}{1-x}$$

所以

$$EX = p\left(\frac{1}{1-x} - 1\right)'_{x=q} = p\,\frac{1}{(1-x)^2}\Big|_{x=q} = \frac{1}{p}$$

因为

$$EX^2 = \sum_{k=1}^{\infty} k^2 pq^{k-1} = p[x(\sum_{k=1}^{\infty} x^k)']'_{x=q} = p[\frac{x}{(1-x)^2}]'_{x=q} = \frac{2-p}{p^2}$$

所以

$$DX = EX^2 - (EX)^2 = \frac{2-p}{p^2} - \frac{1}{p^2} = \frac{q}{p^2}$$

解法 2

$$\begin{aligned} EX &= p + 2pq + 3pq^2 + \cdots + kpq^{k-1} + \cdots \\ &= p(1 + 2q + 3q^2 + \cdots + kq^{k-1} + \cdots) \end{aligned}$$

设

$$S = 1 + 2q + 3q^3 + \cdots + kq^k + \cdots \tag{1}$$

则

$$qS = q + 2q^2 + 3q^3 + \cdots + kq^k + \cdots \tag{2}$$

(1)－(2)得

$$(1-q)S = 1 + q + q^2 + \cdots + q^{k-1} + \cdots = \frac{1}{1-q}$$

所以

$$S = \frac{1}{(1-q)^2} = \frac{1}{p^2}$$

从而,得

$$EX = pS = p \cdot \frac{1}{p^2} = \frac{1}{p}$$

$$EX^2 = p + 2^2 pq + 3^2 pq^2 + \cdots + n^2 pq^{n-1} + \cdots$$

$$= p(1 + 2^2 q + 3^2 q^2 + \cdots + n^2 q^{n-1} + \cdots) \triangleq pS_1$$

$$qS_1 = q + 2^2 q^2 + 3^2 q^3 + \cdots + n^2 q^n + \cdots$$

$$(1-q)S_1 = 1 + 3q + 5q^2 + \cdots + (2n-1)q^{n-1} + \cdots \triangleq S_2$$

$$qS_2 = q + 3q^2 + 5q^3 + \cdots + (2n-1)q^n + \cdots$$

$$(1-q)S_2 = 1 + 2(q + q^2 + \cdots + q^{n-1} + \cdots)$$

$$= 1 + \frac{2q}{1-q} = 1 + \frac{2q}{p}$$

$$S_2 = \frac{1}{p} + \frac{2q}{p^2}$$

于是

$$S_1 = \frac{S_2}{p} = \frac{1}{p^2} + \frac{2q}{p^3}$$

所以

$$EX^2=p\left(\frac{1}{p^2}+\frac{2q}{p^3}\right)=\frac{1}{p}+\frac{2q}{p^2}$$

故得 X 的方差为

$$DX=EX^2-(EX)^2=\frac{1}{p}+\frac{2q}{p^2}-\frac{1}{p^2}=\frac{q}{p^2}=\frac{1-p}{p^2}$$

5-6 解

(1)$EX=\int_{-\infty}^{+\infty}x\cdot\frac{1}{2}\mathrm{e}^{-|x|}\mathrm{d}x=0$,(因为被积函数为奇函数)

$$DX=EX^2=\int_{-\infty}^{+\infty}x^2\ \frac{1}{2}\mathrm{e}^{-|x|}\mathrm{d}x=\int_0^{+\infty}x^2\mathrm{e}^{-x}\mathrm{d}x$$

$$=-x^2\mathrm{e}^{-x}\Big|_0^{+\infty}+2\int_0^{+\infty}x\mathrm{e}^{-x}\mathrm{d}x$$

$$=2\left(-x\mathrm{e}^{-x}\Big|_0^{+\infty}+\int_0^{+\infty}\mathrm{e}^{-x}\mathrm{d}x\right)=2$$

(2)$EX=\int_{-1}^{1}x(1-|x|)\mathrm{d}x=0$

$$DX=EX^2=\int_{-1}^{1}x^2(1-|x|)\mathrm{d}x=2\int_0^1(x^2-x^3)\mathrm{d}x=2\left[\frac{x^3}{3}-\frac{x^4}{4}\right]_0^1=\frac{1}{6}$$

(3)$EX=\int_0^2\frac{15}{16}x^3(x-2)^2\mathrm{d}x=\frac{15}{16}\int_0^2(x^5-4x^4+4x^3)\mathrm{d}x$

$$=\frac{15}{16}\left[\frac{x^6}{6}-\frac{4}{5}x^5+\frac{4x^4}{4}\right]_0^2=\frac{15}{16}\cdot\frac{16}{15}=1$$

$$EX^2=\int_0^2\frac{15}{16}(x^6-4x^5+4x^4)\mathrm{d}x=\frac{15}{16}\left[\frac{x^7}{7}-\frac{4x^6}{6}+\frac{4x^5}{5}\right]_0^2=\frac{8}{7}$$

所以

$$DX=EX^2-(EX)^2=\frac{8}{7}-1=\frac{1}{7}$$

(4)$EX=\int_0^1x^2\mathrm{d}x+\int_1^2(2x-x^2)\mathrm{d}x=\frac{1}{3}+x^2\Big|_1^2-\frac{x^3}{3}\Big|_1^2=\frac{2}{3}+3-\frac{8}{3}=1$

$$EX^2=\int_0^1x^3\mathrm{d}x+\int_1^2(2x^2-x^3)\mathrm{d}x=\frac{1}{4}+\frac{2}{3}\times(8-1)-\frac{1}{4}\times(16-1)=\frac{14}{12}$$

所以

$$DX=\frac{14}{12}-1=\frac{1}{6}$$

5-7 解

因 X 的分布为

X	0	1	2	3	4
P	$\frac{1}{2}$	$\frac{1}{4}$	$\frac{1}{8}$	$\frac{1}{16}$	$\frac{1}{16}$

所以

$$E\frac{1}{1+X}=\frac{1}{2}+\frac{1}{2}\times\frac{1}{4}+\frac{1}{3}\times\frac{1}{8}+\frac{1}{4}\times\frac{1}{16}+\frac{1}{5}\times\frac{1}{16}=\frac{667}{960}$$

5-8 解

(1)$1=\int_{-\infty}^{+\infty}f(x)\mathrm{d}x=\int_0^2ax\mathrm{d}x+\int_2^4(cx+b)\mathrm{d}x$

$$=\frac{a}{2}x^2\Big|_0^2+\frac{c}{2}x^2\Big|_2^4+bx\Big|_2^4=2a+2b+6c$$

$$2=\int_{-\infty}^{+\infty}xf(x)\mathrm{d}x=\int_0^2 ax^2\mathrm{d}x+\int_2^4(cx+b)x\mathrm{d}x=\frac{8}{3}a+\frac{56}{3}c+6b$$

$$\frac{3}{4}=\int_1^2 ax\,\mathrm{d}x+\int_2^3(cx+b)\mathrm{d}x=\frac{3}{2}a+\frac{5}{2}c+b$$

解方程组

$$\begin{cases}a+b+3c=\dfrac{1}{2}\\8a+18b+56c=6\\3a+2b+5c=\dfrac{3}{2}\end{cases}$$

得

$$a=\frac{1}{4},b=1,c=-\frac{1}{4}$$

$$(2)EY=E(\mathrm{e}^X)=\int_{-\infty}^{+\infty}\mathrm{e}^x f(x)\mathrm{d}x=\int_0^2\frac{1}{4}x\mathrm{e}^x\mathrm{d}x+\int_2^4\left(-\frac{1}{4}x+1\right)\mathrm{e}^x\mathrm{d}x=\frac{1}{4}(\mathrm{e}^2-1)^2$$

$$EY^2=E(\mathrm{e}^{2X})=\int_{-\infty}^{+\infty}\mathrm{e}^{2x}f(x)\mathrm{d}x=\int_0^2\frac{1}{4}x\mathrm{e}^{2x}\mathrm{d}x+\int_2^4\left(-\frac{1}{4}x+1\right)\mathrm{e}^{2x}\mathrm{d}x$$

$$=\frac{1}{4}(\mathrm{e}^2-1)^2\left[\mathrm{e}^2+\frac{1}{4}(\mathrm{e}^2-1)^2\right]$$

$$DY=EY^2-(EY)^2=\frac{1}{4}\mathrm{e}^2(\mathrm{e}^2-1)^2$$

5-9 解

设候梯时间为 T,则

$$T=g(X)=\begin{cases}5-X, & X\leqslant 5\\25-X, & 5<X\leqslant 25\\55-X, & 25<X\leqslant 55\\60-X+5, & X>55\end{cases}$$

$$ET=E[g(X)]=\int_{-\infty}^{+\infty}g(x)f(x)\mathrm{d}x=\int_0^{60}g(x)\cdot\frac{1}{60}\mathrm{d}x$$

$$=\frac{1}{60}\left[\int_0^5(5-x)\mathrm{d}x+\int_5^{25}(25-x)\mathrm{d}x+\int_{25}^{55}(55-x)\mathrm{d}x+\int_{55}^{60}(65-x)\mathrm{d}x\right]$$

$$=\frac{1}{60}(12.5+200+450+37.5)=11.67$$

5-10 解

设商店获得的利润为 T,进货量为 y,则

$$T=g(X)=\begin{cases}500y+(X-y)\times 300, & y<X\leqslant 30\\500X-(y-X)\times 100, & 10\leqslant X<y\end{cases}$$

$$=\begin{cases}300X+200y, & y<X\leqslant 30\\600X-100y, & 10\leqslant X<y\end{cases}$$

由题意

$$9\,280\leqslant ET=\int_{-\infty}^{+\infty}g(x)f(x)\mathrm{d}x=\frac{1}{20}\left[\int_{10}^{y}(600x-100y)\mathrm{d}x+\int_y^{30}(300x+200y)\mathrm{d}x\right]$$

$$=-7.5y^2+350y+5\,250$$

即

$$7.5y^2-350y+4\,030\leqslant 0$$

解不等式得

$$20\frac{2}{3} \leqslant y \leqslant 26$$

即使利润的期望值不少于 9 280 元的最少进货量为 21 个单位.

5-11 解

(1)$P(X > a) = \int_a^2 \frac{3}{8}x^2 \mathrm{d}x = \frac{1}{8}(8 - a^3)$

$$\frac{3}{4} = P(A \cup B) = P(A) + P(B) - P(AB)$$
$$= \frac{2}{8}(8 - a^3) - \frac{1}{64}(8 - a^3)^2$$

即有方程

$$(8 - a^3)^2 - 16(8 - a^3) + 48 = 0$$

即

$$[(8 - a^3) - 12][(8 - a^3) - 4] = 0$$

可见

$$8 - a^3 = 12 \text{ 或 } 8 - a^3 = 4$$

解之得 $a = \sqrt[3]{4}$ 或 $a = -\sqrt[3]{4}$(不合题意),故 $a = \sqrt[3]{4}$.

(2)$E\frac{1}{X^2} = \int_0^2 \frac{3}{8}\mathrm{d}x = \frac{3}{4}$.

5-12 解

X,Y 的分布为

(X,Y)	(0,0)	(0,1)	(1,0)	(1,1)	(2,0)	(2,1)
P_{ij}	0.10	0.15	0.25	0.20	0.15	0.15

$$EZ = \sin\frac{\pi}{2} \times 0.15 + \sin\frac{\pi}{2} \times 0.25 + \sin\pi \times 0.20 + \sin\pi \times 0.15 + \sin\frac{3\pi}{2} \times 0.15$$
$$= 0.15 + 0.25 - 0.15 = 0.25$$

5-13 解

(1) $EX = 0.4 + 2 \times 0.2 + 3 \times 0.4 = 2$

$EY = -1 \times 0.3 + 0.3 = 0$

(2)$EZ = E\left(\frac{Y}{X}\right) = \sum_i \sum_j \frac{y_j}{x_i} p_{ij} = -1 \times 0.2 + \left(-\frac{1}{2}\right) \times 0.1 - \frac{1}{3} \times 0 +$

$0.1 + \frac{1}{2} \times 0.1 + \frac{1}{3} \times 0.1 = -\frac{1}{15}$

(3)$EW = E(X - Y)^2 = D(X - Y) + (E(X - Y))^2$

$= DX + DY - 2(EXY - EXEY) + (EX - EY)^2$

$= [EX^2 - (EX)^2] + [EY^2 - (EY)^2] - 2\left(\sum_i \sum_j x_i y_j p_{ij} - 0\right) + 4$

$= [0.4 + 4 \times 0.2 + 9 \times 0.4 - 4] + [0.3 + 0.3] -$

$2 \times (-0.2 - 2 \times 0.1 + 0.1 + 2 \times 0.1 + 3 \times 0.1) + 4$

$= 0.8 + 0.6 - 0.4 + 4 = 5$

或

$$EW = E(X - Y)^2 = E[X^2 - 2XY + Y^2] = EX^2 - 2EXY + EY^2$$
$$= 0.4 + 4 \times 0.2 + 9 \times 0.4 - 2 \times (-0.2 - 2 \times 0.1 + 0.1 +$$
$$2 \times 0.1 + 3 \times 0.1) + 0.3 + 0.3$$
$$= 4.8 - 0.4 + 0.6 = 5$$

或先求$(X-Y)^2$的分布

$(X-Y)^2$	0	1	4	9	16
P	0.1	0.2	0.3	0.4	0

$$EW = 0.2 + 4\times 0.3 + 9\times 0.4 = 5$$

5-14 解

$$EX = -1\times\frac{1}{4} - \frac{1}{2}\times\frac{1}{4} + \frac{1}{2}\times\frac{1}{4} + 1\times\frac{1}{4} = 0$$

$$EX^2 = \frac{1}{4} + \frac{1}{16} + \frac{1}{16} + \frac{1}{4} = \frac{10}{16} = \frac{5}{8}$$

所以 $DX = \frac{5}{8}$；$EY = -1\times\frac{1}{4} - \frac{1}{4}\times\frac{1}{4} + \frac{1}{4}\times\frac{1}{4} + 1\times\frac{1}{4} = 0$

$$DY = EY^2 = \frac{1}{4} + \frac{1}{64} + \frac{1}{64} + \frac{1}{4} = \frac{17}{32}$$

$$EXY = (-1)\times(-1)\times\frac{1}{4} + \left(-\frac{1}{2}\right)\times\left(-\frac{1}{4}\right)\times\frac{1}{4} + \left(\frac{1}{2}\times\frac{1}{4}\right)\times\frac{1}{4} + 1\times 1\times\frac{1}{4}$$

$$= \frac{1}{4}\times\left(1 + \frac{1}{8} + \frac{1}{8} + 1\right) = \frac{9}{16}$$

5-15 解

$$EZ = E\sqrt{X^2+Y^2} = \int_0^{+\infty}\int_0^{+\infty}\sqrt{x^2+y^2}\cdot 4xy\mathrm{e}^{-(x^2+y^2)}\mathrm{d}x\mathrm{d}y$$

$$= 4\int_0^{\frac{\pi}{2}}\int_0^{+\infty} r\cdot r^2\cos\theta\sin\theta\mathrm{e}^{-r^2}r\mathrm{d}r\mathrm{d}\theta = \int_0^{\frac{\pi}{2}}\sin 2\theta\mathrm{d}2\theta\int_0^{+\infty} r^4\mathrm{e}^{-r^2}\mathrm{d}r$$

$$= -\cos 2\theta\Big|_0^{\frac{\pi}{2}}\frac{1}{2}\left(-r^3\mathrm{e}^{-r^2}\Big|_0^{+\infty} + \int_0^{+\infty}3r^2\mathrm{e}^{-r^2}\mathrm{d}r\right)$$

$$= \frac{1}{2}\left[3\left(-r\mathrm{e}^{-r^2}\Big|_0^{+\infty} + \int_0^{+\infty}\mathrm{e}^{-r^2}\mathrm{d}r\right)\right]$$

$$= \frac{3}{2}\int_0^{+\infty}\mathrm{e}^{-r^2}\mathrm{d}r = \frac{3}{4}\int_{-\infty}^{+\infty}\mathrm{e}^{-r^2}\mathrm{d}r$$

$$\xlongequal{令 r=\frac{t}{\sqrt{2}}}\frac{3}{4}\sqrt{\pi}\int_{-\infty}^{+\infty}\frac{1}{\sqrt{2\pi}}\mathrm{e}^{-\frac{t^2}{2}}\mathrm{d}t = \frac{3}{4}\sqrt{\pi}$$

5-16 解 如题 5-16 图.

$$EX = \int_0^1 x\left[\int_{-x}^{x}\mathrm{d}y\right]\mathrm{d}x = \int_0^1 2x^2\mathrm{d}x = \frac{2}{3}$$

$$EY = \int_0^1\mathrm{d}x\left[\int_{-x}^{x}y\mathrm{d}y\right] = 0$$

$$EXY = \int_0^1 x\left[\int_{-x}^{x}y\mathrm{d}y\right]\mathrm{d}x = 0$$

$$EX^2 = \int_0^1 x^2\left[\int_{-x}^{x}\mathrm{d}y\right]\mathrm{d}x = \int_0^1 2x^3\mathrm{d}x = \frac{1}{2}$$

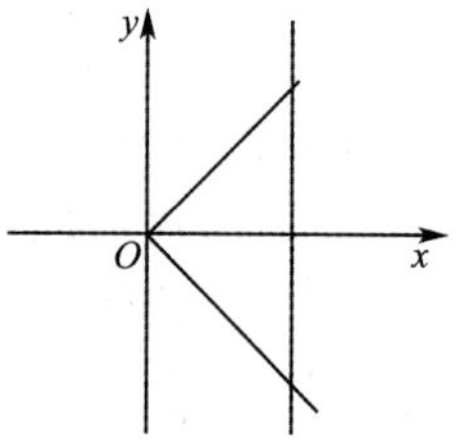

题 5-16 图

于是

$$DX = \frac{1}{2} - \left(\frac{2}{3}\right)^2 = \frac{1}{18}$$

故

$$D(2X+1) = 4DX = \frac{4}{18} = \frac{2}{9}$$

5-17 解

(1)(X_1,X_2)的分布

$X_1 \backslash X_2$	0	1
0	$1-e^{-1}$	0
1	$e^{-1}-e^{-2}$	e^{-2}

$$P(X_1=0,X_2=0)=P(Y\leqslant 1,Y\leqslant 2)=P(Y\leqslant 1)=1-e^{-1}$$
$$P(X_1=0,X_2=1)=P(Y\leqslant 1,Y>2)=0$$
$$P(X_1=1,X_2=0)=P(Y>1,Y\leqslant 2)=P(1<Y\leqslant 2)=e^{-1}-e^{-2}$$
$$P(X_1=1,X_2=1)=P(Y>1,Y>2)=P(Y>2)=1-P(Y\leqslant 2)=e^{-2}$$
$$E(X_1+X_2)=EX_1+EX_2=e^{-1}+e^{-2}$$

5-18 证明

(1)因为 $a\leqslant X\leqslant b$,所以 $Ea\leqslant EX\leqslant Eb$,即 $a\leqslant EX\leqslant b$;

(2)因为对于任意的常数 C 有

$$DX\leqslant E(X-c)^2$$

取 $c=\frac{a+b}{2}$则有

$$DX\leqslant E\left(X-\frac{a+b}{2}\right)^2\leqslant E\left(b-\frac{a+b}{2}\right)^2=E\left(\frac{b-a}{2}\right)^2=\frac{(b-a)^2}{4}$$

5-19 解 如题 5-19 图.

设 T 为一周内所得利润,则

$$T=g(X,Y)=\begin{cases}1\,000Y, & X>Y\\ 1\,000X+500(Y-X), & X\leqslant Y\end{cases}$$
$$=\begin{cases}1\,000Y, & X>Y\\ 500(X+Y), & X\leqslant Y\end{cases}$$
$$ET=E[g(X,Y)]=\iint_{-\infty}^{+\infty}g(x,y)f(x,y)\mathrm{d}x\mathrm{d}y$$

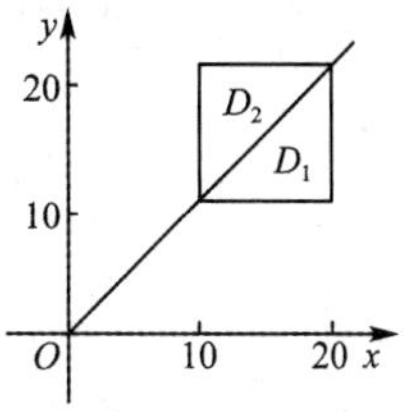

题 5-19 图

其中

$$f(x,y)=\begin{cases}\frac{1}{100}, & 10\leqslant x\leqslant 20,10\leqslant y\leqslant 20\\ 0, & \text{其他}\end{cases}$$

所以

$$ET=\iint_{D_1}1\,000y\cdot\frac{1}{100}\mathrm{d}x\mathrm{d}y+\iint_{D_2}500(x+y)\cdot\frac{1}{100}\mathrm{d}x\mathrm{d}y$$
$$=10\int_{10}^{20}\mathrm{d}y\int_{y}^{20}y\mathrm{d}x+5\int_{10}^{20}\mathrm{d}y\int_{10}^{y}(x+y)\mathrm{d}x$$
$$=10\int_{10}^{20}y(20-y)\mathrm{d}y+5\int_{10}^{20}\left(\frac{3}{2}y^2-10y-50\right)\mathrm{d}y$$
$$=\frac{20\,000}{3}+5\times 1\,500\approx 14\,166.67(\text{元})$$

5-20 解

$$EX=\int_0^1 2x^2\mathrm{d}x=\frac{2}{3}$$

$$EY = 6$$

(注:因为参数为 1 的指数分布的数学期望为 1,而 $f_Y(y)$ 是前指数分布向右平移了 5 个单位,所以 $EY = 1 + 5 = 6$)

因 X,Y 独立,所以

$$EXY = EXEY = \frac{2}{3} \times 6 = 4$$

若求 $D(XY)$,可采用以下方法.

解法 1 $D(XY) = EX^2Y^2 - (EXY)^2 = EX^2EY^2 - 16$

$$= \int_0^1 2x^3\,dx \cdot [DY + (EY)^2] - 16$$

$$= \frac{1}{2} \times (1 + 36) - 16 = \frac{37}{2} - 16 = \frac{5}{2} = 2.5$$

解法 2 利用公式:当 X,Y 独立时

$$D(XY) = DX \cdot DY + DX(EY)^2 + DY(EX)^2$$

$$= \frac{1}{18} \times 1 + \frac{1}{18} \times 36 + 1 \times \frac{4}{9} = 2.5$$

5-21 解

以线段的左端点为原点建立坐标系,任取两点的坐标分别为 X,Y,则它们均在$[0,L]$上服从均匀分布,且 X,Y 相互独立.

$$E|X-Y| = \iint\limits_{-\infty}^{+\infty} |x-y| f(x,y)\,dx\,dy = \int_0^L\int_0^x \frac{1}{L^2}(x-y)\,dx\,dy + \int_0^L\int_x^L \frac{1}{L^2}(y-x)\,dx\,dy$$

$$= \frac{1}{L^2}\left[\int_0^L \left(x^2 - Lx + \frac{L^2}{2}\right)dx\right] = \frac{L}{3}$$

$$E|X-Y|^2 = \int_0^L\int_0^L (x-y)^2 \frac{1}{L^2}\,dx\,dy = \frac{1}{L^2}\left[2\int_0^L\int_0^L x^2\,dx\,dy - 2\int_0^L\int_0^L xy\,dx\,dy\right]$$

$$= \frac{1}{L^2}\left(\frac{2}{3}L^4 - \frac{L^4}{2}\right) = \frac{L^2}{6}$$

所以

$$D|X-Y| = \frac{L^2}{6} - \frac{L^2}{9} = \frac{L^2}{18}$$

5-22 解

因为相互独立的正态分布的线性组合仍为正态分布,所以 $Z \sim N(\mu,\sigma^2)$ 其中

$$\mu = EZ = E(2X - Y + 3) = 2EX - EY + 3 = 5$$

$$\sigma^2 = DZ = D(2X - Y + 3) = 4DX + DY = 9$$

所以 Z 的概率密度为

$$f_Z(z) = \frac{1}{3\sqrt{2\pi}} e^{-\frac{(z-5)^2}{18}} \quad (-\infty < z < +\infty)$$

5-23 解法 1

$$E|X-Y| = \int_{-\infty}^{+\infty}\int_{-\infty}^{+\infty} |x-y| f(x,y)\,dx\,dy = \int_{-\infty}^{+\infty}\int_{-\infty}^{+\infty} |x-y| \frac{1}{(\sqrt{\pi})^2} e^{-\frac{(x^2+y^2)}{1}}\,dx\,dy$$

$$= \frac{1}{\pi}\int_{-\infty}^{+\infty}\int_{-\infty}^{x} (x-y)e^{-(x^2+y^2)}\,dx\,dy + \frac{1}{\pi}\int_{-\infty}^{+\infty}\int_{x}^{+\infty} (y-x)e^{-(x^2+y^2)}\,dx\,dy$$

$$= \frac{2}{\pi}\int_{-\infty}^{+\infty}\int_{-\infty}^{x} (x-y)e^{-(x^2+y^2)}\,dx\,dy$$

$$= \frac{2}{\pi}\left[\int_{-\infty}^{+\infty}\int_{-\infty}^{x} xe^{-(x^2+y^2)}\,dx\,dy - \int_{-\infty}^{+\infty}\int_{-\infty}^{x} ye^{-(x^2+y^2)}\,dx\,dy\right]$$

$$= \frac{2}{\pi}\left[\int_{-\frac{3\pi}{4}}^{\frac{\pi}{4}}\cos\theta d\theta\int_0^{+\infty} r^2 e^{-r^2} dr - \int_{-\frac{3\pi}{4}}^{\frac{\pi}{4}}\sin\theta d\theta\int_0^{+\infty} r^2 e^{-r^2} dr\right]$$

$$= \frac{2}{\pi}\left\{\sin\theta\Big|_{-\frac{3\pi}{4}}^{\frac{\pi}{4}}\left[\frac{1}{2}\left(-re^{-r^2}\Big|_0^{+\infty}+\int_0^{+\infty}e^{-r^2}dr\right)\right]\right\}+$$

$$\frac{2}{\pi}\left\{\cos\theta\Big|_{-\frac{3\pi}{4}}^{\frac{\pi}{4}}\left[\frac{1}{2}\left(-re^{-r^2}\Big|_0^{+\infty}+\int_0^{+\infty}e^{-r^2}dr\right)\right]\right\}$$

$$= \frac{4}{\pi}\left(\frac{\sqrt{2}}{4}\int_{-\infty}^{+\infty}e^{-r^2}dr\right) = \frac{\sqrt{2}}{\sqrt{\pi}}\int_{-\infty}^{+\infty}\frac{1}{\sqrt{2\pi}}e^{-\frac{t^2}{2}}dt = \sqrt{\frac{2}{\pi}}$$

$$E\mid X-Y\mid^2 = E(X-Y)^2 = \int_{-\infty}^{+\infty}\int_{-\infty}^{+\infty}(x-y)^2\frac{1}{\pi}e^{-\frac{x^2+y^2}{2-1/2}}dxdy$$

$$= \frac{1}{\pi}\int_{-\infty}^{+\infty}\int_{-\infty}^{+\infty}(x^2+y^2-2xy)e^{-(x^2+y^2)}dxdy$$

$$= \frac{1}{\pi}\int_0^{2\pi}\int_0^{+\infty}r^3e^{-r^2}drd\theta - \frac{2}{\pi}\int_0^{2\pi}\int_0^{+\infty}\sin\theta\cos\theta e^{-r^2}r^3drd\theta$$

$$= 2\left(-\frac{1}{2}r^2e^{-r^2}\Big|_0^{+\infty}+\frac{2}{2}\int_0^{+\infty}re^{-r^2}dr\right)-\frac{1}{2\pi}\left(\cos2\theta\Big|_0^{2\pi}\int_0^{+\infty}r^2dr\right)$$

$$= 2\int_0^{+\infty}re^{-r^2}dr = -e^{-r^2}\Big|_0^{+\infty} = 1$$

所以

$$D\mid X-Y\mid = 1-\frac{2}{\pi}$$

注意:从上面的解题过程看,计算相当麻烦,下面给出一种简单的计算方法.

解法 2

设 $Z=X-Y$,则 $Z\sim N(0,1)$

$$E\mid X-Y\mid = E\mid Z\mid = \int_{-\infty}^{+\infty}\frac{1}{\sqrt{2\pi}}\mid z\mid e^{-\frac{z^2}{2}}dz = \frac{2}{\sqrt{2\pi}}\int_0^{+\infty}ze^{-\frac{z^2}{2}}dz$$

$$= \sqrt{\frac{2}{\pi}}\left(-e^{-\frac{z^2}{2}}\Big|_0^{+\infty}\right) = \sqrt{\frac{2}{\pi}}$$

$$E\mid X-Y\mid^2 = EZ^2 = DZ = 1$$

所以

$$D\mid X-Y\mid = E\mid X-Y\mid^2-(E\mid X-Y\mid)^2 = 1-\frac{2}{\pi}$$

5-24　证明 1

令 $X_1=\frac{X-\mu}{\sigma}, Y_1=\frac{Y-\mu}{\sigma}$,则 X_1,Y_1 仍相互独立且均服从 $N(0,1)$ 于是

$$X=\mu+\sigma X_1, Y=\mu+\sigma Y_1$$

从而

$$\max(X,Y)=\max(\mu+\sigma X_1,\mu+\sigma Y_1)=\mu+\sigma\max(X_1,Y_1)$$

$$E\max(X,Y)=\mu+\sigma E\max(X_1,Y_1)$$

$$E\max(X_1,Y_1)=\int_{-\infty}^{+\infty}\int_{-\infty}^{+\infty}\max(x_1,y_1)\cdot\frac{1}{2\pi}e^{-\frac{x_1^2+y_1^2}{2}}dx_1dy_1$$

$$= \iint_{x_1>y_1}x_1\cdot\frac{1}{2\pi}e^{-\frac{x_1^2+y_1^2}{2}}dx_1dy_1+\iint_{x_1\leqslant y_1}y_1\cdot\frac{1}{2\pi}e^{-\frac{x_1^2+y_1^2}{2}}dx_1dy_1$$

$$\xlongequal[y_1=r\sin\theta]{x_1=r\cos\theta}\frac{1}{2\pi}\int_{\frac{5}{4}\pi}^{\frac{\pi}{4}}\cos\theta d\theta\int_0^{+\infty}r^2e^{-\frac{r^2}{2}}dr+\frac{1}{2\pi}\int_{\frac{\pi}{4}}^{\frac{5\pi}{4}}\sin\theta d\theta\int_0^{+\infty}r^2e^{-\frac{r^2}{2}}dr$$

$$= \frac{1}{2\pi}\left(\int_{\frac{5}{4}\pi}^{\frac{\pi}{4}} \cos\theta d\theta + \int_{\frac{\pi}{4}}^{\frac{5\pi}{4}} \sin\theta d\theta\right)\int_0^{+\infty} r^2 e^{-\frac{r^2}{2}} dr$$

$$= \frac{1}{2\pi}\left(\sin\theta\Big|_{\frac{5}{4}\pi}^{\frac{\pi}{4}} - \cos\theta\Big|_{\frac{\pi}{4}}^{\frac{5\pi}{4}}\right)\left[\left(-re^{-\frac{r^2}{2}}\Big|_0^{+\infty} + \int_0^{+\infty} e^{-\frac{r^2}{2}} dr\right)\right]$$

$$= \frac{2}{2\pi}\left(\frac{1}{\sqrt{2}} + \frac{1}{\sqrt{2}}\right)\int_0^{+\infty} e^{-\frac{r^2}{2}} dr = \frac{\sqrt{2}}{2\pi}\int_{-\infty}^{+\infty} e^{-\frac{r^2}{2}} dr$$

$$= \frac{1}{\sqrt{\pi}}\int_{-\infty}^{+\infty} \frac{1}{\sqrt{2\pi}} e^{-\frac{r^2}{2}} dr = \frac{1}{\sqrt{\pi}}$$

所以

$$E\max(X,Y) = \mu + \frac{\sigma}{\sqrt{\pi}}$$

同理可证

$$E\min(X,Y) = \mu - \frac{\sigma}{\sqrt{\pi}}$$

证明 2

X_1, Y_1 如上所设，令 $Z = X_1 - Y_1$，则 $Z \sim N(0,2)$，$\frac{Z}{\sqrt{2}} \sim N(0,1)$

利用题 5-23 的结果得

$$EZ = E|X_1 - Y_1| = \frac{2}{\sqrt{\pi}}$$

由公式

$$\max(X_1, Y_1) = \frac{1}{2}(X_1 + Y_1 + |X_1 - Y_1|)$$

$$\min(X_1, Y_1) = \frac{1}{2}(X_1 + Y_1 - |X_1 - Y_1|)$$

得

$$E\max(X,Y) = \mu + \sigma E\max(X_1, Y_1) = \mu + \sigma E\left[\frac{1}{2}(X_1 + Y_1 + |X_1 - Y_1|)\right]$$

$$= \mu + \sigma \cdot \frac{1}{\sqrt{\pi}} = \mu + \frac{\sigma}{\sqrt{\pi}}$$

$$E\min(X,Y) = \mu + \sigma E\min(X_1, Y_1) = \mu - \frac{\sigma}{\sqrt{\pi}}$$

5-25 解

由式(5-14)知

$$EX = \int_{-\infty}^{+\infty}\int_{-\infty}^{+\infty} xf(x,y)dxdy = \int_0^1 x\left[\int_0^1 (x+y)dy\right]dx$$

$$= \int_0^1 x\left(x + \frac{1}{2}\right)dx = \frac{1}{3} + \frac{1}{4} = \frac{7}{12}$$

$$EX^2 = \int_{-\infty}^{+\infty}\int_{-\infty}^{+\infty} x^2 f(x,y)dxdy = \int_0^1 x^2\left[\int_0^1 (x+y)dy\right]dx$$

$$= \int_0^1 x^2\left(x + \frac{1}{2}\right)dx = \frac{1}{4} + \frac{1}{6} = \frac{5}{12}$$

所以

$$DX = EX^2 - (EX)^2 = \frac{60}{144} - \frac{49}{144} = \frac{11}{144}$$

5-26 解

X	0	1	2	3
P	$(1-p_1)(1-p_2)(1-p_3)$	$p_1(1-p_2)(1-p_3)$ $+(1-p_1)p_2(1-p_3)$ $+(1-p_1)(1-p_2)p_3$	$p_1p_2(1-p_3)$ $+p_1(1-p_2)p_3$ $+(1-p_1)p_2p_3$	$p_1p_2p_3$

由此计算 EX 和 DX 相当麻烦,我们利用期望的性质进行计算.

设

$$X_i=\begin{cases}1, & \text{第 } i \text{ 台仪器出现故障}\\ 0, & \text{第 } i \text{ 台仪器不出故障}\end{cases} \quad (i=1,2,3)$$

X_i 的分布如下

X_i	0	1
P	$1-p_i$	p_i

$(i=1,2,3)$

于是

$$EX_i=p_i,(i=1,2,3) \quad DX_i=p_i(1-p_i),(i=1,2,3)$$

故

$$EX=\sum_{i=1}^{3}EX_i=p_1+p_2+p_3;$$

$$DX=\sum_{i=1}^{3}DX_i=p_1(1-p_1)+p_2(1-p_2)+p_3(1-p_3).$$

5-27 解

设 X_i 为第 i 张的号码,$i=1,2,\cdots,k$,则

$$X=\sum_{i=1}^{n}X_i$$

X_i 的分布为

X_i	1	2	$\cdots$	n
P	$\frac{1}{n}$	$\frac{1}{n}$	$\cdots$	$\frac{1}{n}$

则

$$EX_i=\frac{1}{n}(1+2+\cdots+n)=\frac{n+1}{2}, \quad (i=1,2,\cdots,k)$$

$$EX_i^2=\frac{1}{n}(1+4+\cdots+n^2)=\frac{(n+1)(2n+1)}{6}$$

$$DX_i=EX_i^2-(EX_i)^2=\frac{(n+1)(2n+1)}{6}-\frac{(n+1)^2}{4}$$

$$=\frac{n+1}{12}(4n+2-3n-3)=\frac{n^2-1}{12}$$

所以

$$EX=\frac{k(n+1)}{2}, \quad DX=\frac{k(n^2-1)}{12}$$

5-28 解

设 $X_i=\begin{cases}1, & \text{第 } i \text{ 号球放入 } i \text{ 号盒}\\ 0, & \text{其他}\end{cases} \quad (i=1,2,\cdots,n)$

则
$$X=\sum_{i=1}^{n}X_i$$

X_i 的分布为

X_i	0	1
P	$1-\frac{1}{n}$	$\frac{1}{n}$

$$EX_i=\frac{1}{n},EX=\sum_{i=1}^{n}EX_i=n\cdot\frac{1}{n}=1$$

5-29 解

X 的分布为
$$P(X=k)=\frac{C_{10}^{k}C_{10-k}^{8-2k}(2)^{8-2k}}{C_{20}^{8}}\quad(k=0,1,\cdots,4)$$

即

X	0	1	2	3	4
P	0.091 5	0.427	0.400	0.08	0.001 67

故
$$EX=0.427+2\times0.400+3\times0.08+4\times0.001\ 67=1.473\ 68$$

5-30 解

$$D(X+Y)=DX+DY+2\rho_{XY}\sqrt{DX}\sqrt{DY}=25+36+24=85$$
$$D(X-Y)=DX+DY-2\rho_{XY}\sqrt{DX}\sqrt{DY}=25+36-24=37$$

5-31 解

$$EW=E(X+Y+Z)=EX+EY+EZ=1$$
$$\begin{aligned}DW&=D(X+Y+Z)=DX+DY+DZ+2\mathrm{Cov}(X,Y)+2\mathrm{Cov}(X,Z)+2\mathrm{Cov}(Y,Z)\\&=3+2\times\frac{1}{2}\times1-2\times\frac{1}{2}\times1=3\end{aligned}$$

5-32 解

$$\begin{aligned}\mathrm{Cov}(X-Y,Y-Z)&=\mathrm{Cov}(X,Y)-\mathrm{Cov}(X,Z)-\mathrm{Cov}(Y,Y)+\mathrm{Cov}(Y,Z)\\&=-DY=-1\end{aligned}$$
$$D(X-Y)=D(Y-Z)=2$$

所以 $X-Y$ 与 $Y-Z$ 的相关系数为
$$\rho=\frac{\mathrm{Cov}(X-Y,Y-Z)}{\sqrt{D(X-Y)D(Y-Z)}}=-\frac{1}{2}$$

5-33 解

(1)(X_1,X_2)的分布

X_1 \ X_2	0	1
0	0.1	0.1
1	0.8	0

$$P(X_1=0,X_2=0)=P(X_3=1)=0.1$$
$$P(X_1=0,X_2=1)=P(X_2=1)=0.1$$
$$P(X_1=1,X_2=0)=P(X_1=1)=0.8$$
$$P(X_1=1,X_2=1)=0$$
$$EX_1=0.8,EX_2=0.1,EX_1X_2=0,DX_1=0.16,DX_2=0.09$$

所以 X_1, X_2 的相关系数为

$$\rho=\frac{-0.8\times 0.1}{\sqrt{0.16}\sqrt{0.09}}=-\frac{0.08}{0.12}=-\frac{2}{3}$$

5-34 解 如题 5-34 图.

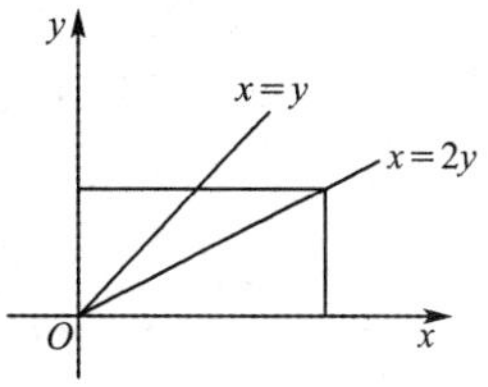

题 5-34 图

(1) $P(U=0,V=0)=P(X\leqslant Y,X\leqslant 2Y)=P(X\leqslant Y)=\frac{1}{4}$

$P(U=0,V=1)=P(X\leqslant Y,X>2Y)=0$

$P(U=1,V=0)=P(X>Y,X\leqslant 2Y)=P(Y<X\leqslant 2Y)=\frac{1}{4}$

$P(U=1,V=1)=P(X>Y,X>2Y)=P(X>2Y)=\frac{1}{2}$

即 (U,V) 的概率分布为

U \ V	0	1	$P_{i\cdot}$
0	1/4	0	1/4
1	1/4	1/2	3/4
$P_{\cdot j}$	1/2	1/2	

(2) $EU=\frac{3}{4}, DU=\frac{3}{16}; EV=\frac{1}{2}, DV=\frac{1}{4}; EUV=\frac{1}{2}$

所以 U,V 的相关系数为

$$\rho=\frac{EUV-EUEV}{\sqrt{DU}\sqrt{DV}}=\frac{1/8}{\sqrt{3}/8}=\frac{1}{\sqrt{3}}$$

5-35 解

$$\begin{aligned}Q(a,b)&=E[Y-(a+bX)]^2=D[Y-a-bX]+[E(Y-a-bX)]^2\\&=DY+b^2DX-2b\mathrm{Cov}(X,Y)+(EY-bEX-a)^2\end{aligned}$$

$$\frac{\partial Q}{\partial a}=-2(EY-bEX-a)\triangleq 0$$

$$\frac{\partial Q}{\partial b}=2bDX-2\mathrm{Cov}(X,Y)-2EX(EY-bEX-a)=0$$

解方程组

$$\begin{cases}EY-bEX-a=0\\2bDX-2\mathrm{Cov}(X,Y)-2EX(EY-bEX-a)=0\end{cases}$$

得

$$b=\frac{\mathrm{Cov}(X,Y)}{DX},\quad a=EY-bEX$$

此时

$$\begin{aligned}Q_{\min}&=E[Y-(a+bX)]^2=DY+\frac{[\mathrm{Cov}(X,Y)]^2}{(DX)^2}DX-2\frac{[\mathrm{Cov}(X,Y)]^2}{DX}\\&=DY-\frac{[\mathrm{Cov}(X,Y)]^2}{DX}=DY(1-\rho_{XY}^2)\end{aligned}$$

5-36 解

(X,Y) 的密度为

$$f(x,y)=\begin{cases}\frac{1}{\pi r^2}, & x^2+y^2\leqslant r^2\\0, & 其他\end{cases}$$

(1) $EX = \iint\limits_{x^2+y^2\leqslant r^2} x\cdot\frac{1}{\pi r^2}\mathrm{d}x\mathrm{d}y = \int_0^{2\pi}\int_0^r \rho\cos\theta\cdot\frac{1}{\pi r^2}\rho\mathrm{d}\rho\mathrm{d}\theta = \sin\theta\Big|_0^{2\pi}\cdot\frac{1}{r^2\pi}\int_0^r\rho^2\mathrm{d}\rho = 0$

$$EXY = \iint\limits_{x^2+y^2\leqslant r^2} xy\cdot\frac{1}{\pi r^2}\mathrm{d}x\mathrm{d}y = \frac{1}{2\pi r^2}\int_0^{2\pi}\sin2\theta\mathrm{d}\theta\int_0^r\rho^3\mathrm{d}\rho = \frac{1}{4\pi r^2}\left(-\cos2\theta\Big|_0^{2\pi}\right)\int_0^r\rho^3\mathrm{d}\rho = 0$$

故 X,Y 的相关系数 $\rho = 0$.

(2) 关于 X 的边缘密度为

$$f_X(x) = \int_{-\infty}^{+\infty} f(x,y)\mathrm{d}y = \begin{cases}\int_{-\sqrt{r^2-x^2}}^{\sqrt{r^2-x^2}}\frac{1}{\pi r^2}\mathrm{d}y, & |x|\leqslant r\\ 0, & |x|>r\end{cases}$$
$$= \begin{cases}\frac{2\sqrt{r^2-x^2}}{\pi r^2}, & |x|\leqslant r\\ 0, & |x|>r\end{cases}$$

关于 Y 的边缘密度为

$$f_Y(y) = \begin{cases}\frac{2\sqrt{r^2-y^2}}{\pi r^2}, & |y|\leqslant r\\ 0, & |y|>r\end{cases}$$

因为 $f(x,y)\neq f_X(x)\cdot f_Y(y)$,所以 X,Y 不独立.

5-37 证明

若 A,B 独立,则 X 与 Y 独立,当然 X 与 Y 不相关,充分性得证,现证必要性,设 X 与 Y 不相关,即 $EXY = EXEY$.

$$EX = P(A) - P(\overline{A}) = 2P(A)-1, EY = 2P(B)-1$$

$$\begin{aligned}EXY = \sum_i\sum_j x_iy_j = P(X=x_i,Y=y_j) = P(X=1,Y=1)+\\ P(X=-1,Y=-1) - P(X=1,Y=-1) -\\ P(X=-1,Y=1) = P(AB)+P(\overline{A}\,\overline{B}) - P(A\overline{B}) - P(\overline{A}B)\\ = P(AB)+1-P(A)-P(B)+P(AB)-P(A)+P(AB)-P(B)+P(AB)\\ = 4P(AB)-2P(A)-2P(B)+1\end{aligned}$$

因为 $EXY = EXEY$,所以

$$\begin{aligned}4P(AB)-2P(A)-2P(B)+1 &= [2P(A)-1][2P(B)-1]\\ &= 4P(A)P(B)-2P(A)-2P(B)+1\end{aligned}$$

从而有

$$P(AB) = P(A)P(B)$$

故 A 与 B 独立.

5-38 证明

$$EX = \int_{-\infty}^{+\infty} x\cdot\frac{1}{2}\mathrm{e}^{-|x|}\mathrm{d}x = 0 \quad (\text{因为 } x\mathrm{e}^{-|x|} \text{ 是奇函数})$$

$$EX|X| = \int_{-\infty}^{+\infty} x|x|\cdot\frac{1}{2}\mathrm{e}^{-|x|}\mathrm{d}x = 0$$

所以 $\mathrm{Cov}(X,|X|) = 0$,即 X 与 $|X|$ 不相关.今证 X 与 $|X|$ 不独立,用反证法.

假定 X 与 $|X|$ 独立,则对任意的正数 a 有

$$P(X\leqslant a, |X|\leqslant a) = P(X\leqslant a)P(|X|\leqslant a)$$

但

$$P(X\leqslant 1) = \int_{-\infty}^{1}\frac{1}{2}\mathrm{e}^{-|x|}\mathrm{d}x = \int_0^1\frac{1}{2}\mathrm{e}^{-x}\mathrm{d}x + \frac{1}{2} = \frac{1}{2} - \frac{1}{2}\mathrm{e}^{-x}\Big|_0^1$$

$$= \frac{1}{2} + \frac{1}{2} - \frac{1}{2}e^{-1} < 1$$

而$(X \leqslant 1) \supset (|X| \leqslant 1)$，所以

$$P(X \leqslant 1, |X| \leqslant 1) = P(|X| \leqslant 1) \neq P(X \leqslant 1)P(|X| \leqslant 1)$$

出现矛盾，故 X 与 $|X|$ 不独立.

5-39 解

(X,Y) 的相关系数为 $\rho = \frac{3}{6} = \frac{1}{2}$，所以$(X,Y)$ 的密度为

$$f(x,y) = \frac{1}{6\pi\sqrt{3}}\exp\left\{-\frac{4}{6}\left[\frac{(x-1)^2}{4} - \frac{(x-1)\cdot y}{6} + \frac{y^2}{9}\right]\right\}$$

$$= \frac{1}{6\sqrt{3}\pi}\exp\left\{-\frac{1}{54}(9x^2 - 18x - 6xy + 6y + 4y^2 + 9)\right\}$$

5-40 解

(1)$p_1(x) = \int_{-\infty}^{+\infty} p(x,y)\mathrm{d}y = \frac{1}{2}\left[\int_{-\infty}^{+\infty}\varphi_1(x,y)\mathrm{d}y + \int_{-\infty}^{+\infty}\varphi_2(x,y)\mathrm{d}y\right]$

$$= \frac{1}{2}\left(\frac{1}{\sqrt{2\pi}}e^{-\frac{x^2}{2}} + \frac{1}{\sqrt{2\pi}}e^{-\frac{x^2}{2}}\right) = \frac{1}{\sqrt{2\pi}}e^{-\frac{x^2}{2}} \quad (-\infty < x < +\infty)$$

同理

$$p_2(y) = \frac{1}{\sqrt{2\pi}}e^{-\frac{y^2}{2}} \quad (-\infty < y < +\infty)$$

因为 $EX = EY = 0, DX = DY = 1$，所以 X 和 Y 的相关系数为

$$\rho = EXY = \int_{-\infty}^{+\infty}\int_{-\infty}^{+\infty} xy \cdot \frac{1}{2}[\varphi_1(x,y) + \varphi_2(x,y)]\mathrm{d}x\mathrm{d}y$$

$$= \frac{1}{2}\left[\int_{-\infty}^{+\infty}\int_{-\infty}^{+\infty} xy\varphi_1(x,y)\mathrm{d}x\mathrm{d}y + \int_{-\infty}^{+\infty}\int_{-\infty}^{+\infty} xy\varphi_2(x,y)\mathrm{d}x\mathrm{d}y\right]$$

$$= \frac{1}{2} \times \left(\frac{1}{3} - \frac{1}{3}\right) = 0$$

(2)因为(X,Y)的密度为

$$p(x,y) = \frac{1}{2}[\varphi_1(x,y) + \varphi_2(x,y)]$$

$$= \frac{1}{2}\left\{\frac{3}{4\sqrt{2}\pi}\left[e^{-\frac{9}{16}(x^2 - \frac{2}{3}xy + y^2)} + e^{-\frac{9}{16}(x^2 + \frac{2}{3}xy + y^2)}\right]\right\}$$

$$= \frac{3}{8\sqrt{2}\pi}e^{-\frac{9}{16}(x^2 + y^2)}(e^{\frac{3}{8}xy} + e^{-\frac{3}{8}xy})$$

而边缘密度的乘积为

$$p_1(x) \cdot p_2(y) = \frac{1}{2\pi}e^{-\frac{x^2 + y^2}{2}}$$

所以 X,Y 不独立.

5-41 证明

若 X 为离散型，其概率分布的 $P(X = x_i) = p_i (i = 1,2,\cdots)$，则

$$P(|X| \geqslant \varepsilon) = \sum_{|x_i| \geqslant \varepsilon} p_i \leqslant \sum_{|x_i| \geqslant \varepsilon} \frac{|x_i|^r}{\varepsilon^r}p_i \leqslant \sum_i \frac{|x_i|^r}{\varepsilon^r}p_i = \frac{E|X|^r}{\varepsilon^r}$$

若 X 为连续型，其概率密度为 $f(x)$，则

$$P(|X| \geqslant \varepsilon) = \int_{|x| \geqslant \varepsilon} f(x)\mathrm{d}x \leqslant \int_{|x| \geqslant \varepsilon} \frac{|x|^r}{\varepsilon^r}f(x)\mathrm{d}x \leqslant \frac{1}{\varepsilon^r}\int_{-\infty}^{+\infty} |x|^r f(x)\mathrm{d}x = \frac{E|X|^r}{\varepsilon^r}$$

5-42 解

由切比雪夫不等式

$$P(|X-EX|<0.2)\geqslant 1-\frac{DX}{(0.2)^2}=1-\frac{0.004}{0.04}=0.9$$

5-43 解

$$P(|X-EX|<\varepsilon)\geqslant 1-\frac{DX}{\varepsilon^2}=1-\frac{0.009}{\varepsilon^2}\geqslant 0.9\quad \varepsilon\geqslant 0.3$$

5-44 解

设需掷 n 次,正面出现的次数为 Y_n,则 $Y_n\sim B\left(n,\frac{1}{2}\right)$,依题意应有

$$P\left(0.4<\frac{Y_n}{n}<0.6\right)\geqslant 0.9$$

而

$$P\left(0.4<\frac{Y_n}{n}<0.6\right)=P\left(\left|\frac{Y_n}{n}-0.5\right|<0.1\right)=P(|Y_n-0.5n|<0.1n)$$
$$\geqslant 1-\frac{n\times 0.5\times 0.5}{0.01n^2}=1-\frac{25}{n}\geqslant 0.9$$

所以 $n\geqslant 250$

5-45 证明

由切比雪夫不等式,对任意的 $\varepsilon>0$ 有

$$P\left(\left|\frac{1}{n}\sum_{i=1}^{n}X_i-\frac{1}{n}\sum_{i=1}^{n}EX_i\right|\geqslant\varepsilon\right)\leqslant\frac{D\left(\frac{1}{n}\sum_{i=1}^{n}X_i\right)}{\varepsilon^2}=\frac{\frac{1}{n^2}D\left(\sum_{i=1}^{n}X_i\right)}{\varepsilon^2}$$

所以对任意的 $\varepsilon>0$ 有

$$\lim_{n\to+\infty}P\left(\left|\frac{1}{n}\sum_{i=1}^{n}X_i-\frac{1}{n}\sum_{i=1}^{n}EX_i\right|\geqslant\varepsilon\right)\leqslant\frac{1}{\varepsilon^2}\lim_{n\to+\infty}\frac{1}{n^2}D\left(\sum_{i=1}^{n}X_i\right)=0$$

故 $\{X_n\}$ 服从大数定律.

5-46 解

设 X_i 为装运的第 i 箱的重量(单位:千克),n 是所求箱数,则 $X_1,X_2,\cdots,X_n$ 为独立同分布的随机变量,n 箱的总重量为 $X=\sum_{i=1}^{n}X_i$.

由条件,$EX_i=50$,$\sqrt{DX_i}=5$;$EX=50n$,$DX=25n$.

由独立同分布下的中心极限定理,及题目的要求

$$P(X\leqslant 5\,000)=P\left(\sum_{i=1}^{n}X_i\leqslant 5\,000\right)\approx\Phi\left(\frac{5\,000-50n}{5\sqrt{n}}\right)>0.977=\Phi(2)$$

可见

$$\frac{1\,000-10n}{\sqrt{n}}=2$$

从而 $n<98.019\,9$,即最多可装 98 箱.

5-47 解

$$设\ X_i=\begin{cases}1, & 第\ i\ 个终端在使用\\ 0, & 第\ i\ 个终端不使用\end{cases}\quad (i=1,2,\cdots)$$

则同时使用的终端数

$$X=\sum_{i=1}^{100}X_i\sim B(100,0.2)$$

所求概率为

$$P(X\geqslant 10)\approx 1-\Phi\left(\frac{10-20}{\sqrt{16}}\right)=1-\Phi(-2.5)=\Phi(2.5)=0.993\ 8$$

5-48 解

设第 i 个加数为 X_i，$i=1,2,\cdots,n$，则 $X_i\sim U[-0.5,0.5]$，且 $X_1,\cdots,X_n$ 相互独立，$EX_i=0$，$DX_i=\frac{1}{12}$，$i=1,2,\cdots,n$，$X=\sum_{i=1}^{n}X_i$，$EX=0$，$DX=\frac{n}{12}$.

$$(1)P(|X|>15)=P\left(\left|\sum_{i=1}^{1\,500}X_i\right|>15\right)=1-P\left(\left|\sum_{i=1}^{1\,500}X_i\right|\leqslant 15\right)$$

$$=1-P\left(-15<\sum_{i=1}^{1\,500}X_i\leqslant 15\right)\approx 1-\Phi\left(\frac{15-0}{\sqrt{\frac{1\,500}{12}}}\right)+\Phi\left(\frac{-15}{\sqrt{\frac{1\,500}{12}}}\right)$$

$$=1-\left[2\Phi\left(\frac{15}{\sqrt{125}}\right)-1\right]=0.180\ 2$$

(2) $0.9\geqslant P(|X|<10)=P(-10<X\leqslant 10)$

$$\approx\Phi\left(\frac{10}{\sqrt{\frac{n}{12}}}\right)-\Phi\left(\frac{-10}{\sqrt{\frac{n}{12}}}\right)=2\Phi\left(\frac{20\sqrt{3}}{\sqrt{n}}\right)-1,$$

$$\Phi\left(\frac{20\sqrt{3}}{\sqrt{n}}\right)\leqslant 0.95$$

查表可知

$$n\geqslant 443$$

第 6 章

6-1 解

$$P\{X_1=k_1,X_2=k_2,\cdots,X_n=k_n\}=\frac{\lambda^{k_1+k_2+\cdots+k_n}}{k_1!\ k_2!\ \cdots k_n!}e^{-n\lambda}\quad (k_1,\cdots,k_n=0,1,\cdots)$$

6-2 解

样本的联合密度为

$$p(x_1,x_2,\cdots,x_n)=\begin{cases}\lambda^n e^{-\lambda\sum_{i=1}^{n}x_i}, & x_1,\cdots,x_n>0\\ 0, & \text{其他}\end{cases}$$

6-3 解

$$P\{X_1=x_1,X_2=x_2\}=P\{X_1=x_1\}P\{X_2=x_2|X_1=x_1\}$$

用“0”表示正品，“1”表示次品，则

$$P(X_1=0,X_2=0)=\frac{L}{N}\cdot\frac{L-1}{N-1}$$

$$P(X_1=0,X_2=1)=\frac{L}{N}\cdot\frac{M}{N-1}$$

$$P(X_1=1,X_2=0)=\frac{M}{N}\cdot\frac{L}{N-1}$$

$$P(X_1=1,X_2=1)=\frac{M}{N}\cdot\frac{M-1}{N-1}$$

当 $N\to\infty$，$\frac{M}{N}\to p$ 时，$\frac{L}{N}\to 1-p$，此时

$$P(X_1=0,X_2=0)=(1-p)^2=p^{x_1+x_2}(1-p)^{2-(x_1+x_2)}$$
$$P(X_1=0,X_2=1)=(1-p)p=p^{x_1+x_2}(1-p)^{2-(x_1+x_2)}$$
$$P(X_1=1,X_2=0)=p(1-p)=p^{x_1+x_2}(1-p)^{2-(x_1+x_2)}$$
$$P(X_1=1,X_2=1)=p^2=p^{x_1+x_2}(1-p)^{2-(x_1+x_2)}$$

这恰为式(6-1)中 $n=2$ 的情况.

6-4 解

$$\min x_i=15,\quad \max x_i=45$$

即 $a=14.5$,$b=45.5$,将区间(14.5,45.5)分为 10 个小区间,统计落在每个小区间中的样本观察值的频数和频率,得表

分组区间	频数 n_i	频率 n_i/n
14.5～19.5	10	0.10
19.5～24.5	17	0.17
24.5～29.5	31	0.31
29.5～34.5	21	0.21
34.5～39.5	12	0.12
39.5～45.5	9	0.09

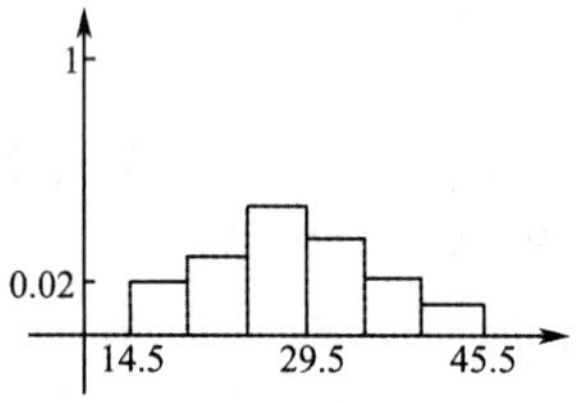

题 6-4 图

以组距 5 为底,$n_i/5n$ 为高作矩形得 X 的直方图如题 6-4 图.

6-5 解 如题 6-5 图.

$$F_{20}(x)=\begin{cases}0, & x<4\\ \dfrac{1}{10}, & 4\leqslant x<6\\ \dfrac{3}{10}, & 6\leqslant x<7\\ \dfrac{3}{4}, & 7\leqslant x<9\\ \dfrac{9}{10}, & 9\leqslant x<10\\ 1, & x\geqslant 10\end{cases}$$

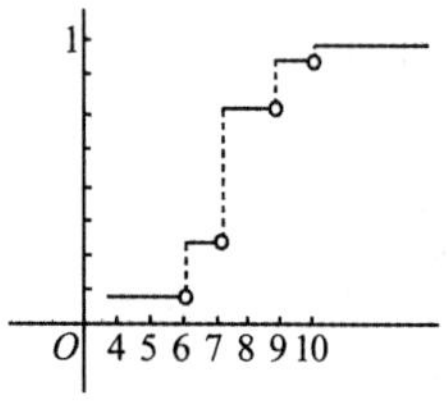

题 6-5 图

6-6 解

$$\sum_{i=1}^{n}(X_i-\mu)^2/\sigma^2\sim\chi^2(n)$$

6-7 解

$$\chi^2_{0.05}(20)=31.410\quad \chi^2_{0.95}(20)=10.851$$
$$t_{0.01}(10)=2.7638\quad F_{0.05}(12,15)=2.48$$
$$F_{0.95}(15,12)=1/F_{0.05}(12,15)=\frac{1}{2.48}=0.4032$$

6-8 证明

因 $X\sim t(n)$,所以 X 可写成

$X=\dfrac{V}{\sqrt{W/n}}$,其中 $V\sim N(0,1)$,$W\sim\chi^2(n)$ 且 W,V 独立.

$$X^2=\frac{V^2}{W/n}$$

因 $V^2\sim\chi^2(1)$,故 $X^2\sim F(1,n)$.

6-9 解

$$X_1+X_2+X_3\sim N(0,3)\quad (X_1+X_2+X_3)/\sqrt{3}\sim N(0,1)$$

故

$$\frac{1}{3}(X_1+X_2+X_3)^2\sim\chi^2(1),\frac{1}{3}(X_4+X_5+X_6)^2\sim\chi^2(1)$$

所以

$$\frac{1}{3}[(X_1+X_2+X_3)^2+(X_4+X_5+X_6)^2]\sim\chi^2(2)$$

即当 $C=\frac{1}{3}$ 时，$CY\sim\chi^2(2)$.

6-10 解

(1) $\frac{1}{\sigma}X_i\sim N(0,1),Y_1=\sum_{i=1}^{n}\frac{X_i^2}{\sigma^2}=\frac{1}{\sigma^2}\sum_{i=1}^{n}X_i^2\sim\chi^2(n)$

(2) $\frac{1}{n\sigma^2}\left(\sum_{i=1}^{n}X_i\right)^2\sim\chi^2(1)$

6-11 解

(1)
$$Y_1=\frac{\sqrt{m}\sum_{i=1}^{n}X_i}{\sqrt{n}\sqrt{\sum_{i=n+1}^{m+n}X_i^2}}=\frac{\frac{1}{\sqrt{n}\sigma}\sum_{i=1}^{n}X_i}{\sqrt{\frac{1}{m}\cdot\frac{1}{\sigma^2}\sum_{i=n+1}^{n+m}X_i^2}}$$

$$\frac{1}{\sqrt{n}\sigma}\sum_{i=1}^{n}X_i\sim N(0,1),\frac{1}{\sigma^2}\sum_{i=n+1}^{n+m}X_i^2\sim\chi^2(m)$$

故 $Y_1\sim t(m)$

$$(2)Y_2=\frac{m\sum_{i=1}^{n}X_i^2}{n\sum_{i=n+1}^{n+m}X_i^2}=\frac{\frac{1}{\sigma^2}\sum_{i=1}^{n}X_i^2/n}{\frac{1}{\sigma^2}\sum_{i=n+1}^{n+m}X_i^2/m}\sim F(n,m)$$

6-12 解

$$X_{n+1}-\overline{X}\sim N\left(0,\frac{n+1}{n}\sigma^2\right),\frac{X_{n+1}-\overline{X}}{\sqrt{\frac{n+1}{n}}\sigma}\sim N(0,1)$$

$$\frac{nS^{*2}}{\sigma^2}\sim\chi^2(n-1),T=\frac{X_{n+1}-\overline{X}}{S^*}\sqrt{\frac{n-1}{n+1}}=\frac{\frac{X_{n+1}-\overline{X}}{\sqrt{(n+1)/n}\sigma}}{\sqrt{\frac{nS^{*2}}{\sigma^2}/(n-1)}}\sim t(n-1)$$

6-13 解

$$\alpha(\overline{X}-\mu_1)\sim N\left(0,\frac{\alpha^2}{n_1}\sigma_1^2\right),\beta(\overline{Y}-\mu_2)\sim N\left(0,\frac{\beta^2}{n_2}\sigma_2^2\right)$$

分子

$$\alpha(\overline{X}-\mu_1)+\beta(\overline{Y}-\mu_2)\sim N\left(0,\left(\frac{\alpha^2}{n_1}+\frac{\beta^2}{n_2}\right)\sigma^2\right)$$

$$\frac{\alpha(\overline{X}-\mu_1)+\beta(\overline{Y}-\mu_2)}{\sqrt{\frac{\alpha^2}{n_1}+\frac{\beta^2}{n_2}}\sigma}\sim N(0,1)$$

$$\frac{(n_1-1)S_1^2}{\sigma^2}\sim\chi^2(n_1-1),\frac{(n_2-1)S_2^2}{\sigma^2}\sim\chi^2(n_2-1)$$

$$\frac{(n_1-1)S_1^2+(n_2-1)S_2^2}{\sigma^2}\sim\chi^2(n_1+n_2-2)$$

$$\frac{\alpha(\overline{X}-\mu_1)+\beta(\overline{Y}-\mu_2)}{\sqrt{\frac{(n_1-1)S_1^2+(n_2-1)S_2^2}{n_2+n_1-2}\left(\frac{\alpha^2}{n_1}+\frac{\beta^2}{n_2}\right)}}=$$

$$\frac{\frac{\alpha(\overline{X}-\mu_1)+\beta(\overline{Y}-\mu_2)}{\sqrt{\alpha^2/n_1+\beta^2/n_2}\,\sigma}}{\sqrt{\frac{(n_1-1)S_1^2+(n_2-1)S_2^2}{\sigma^2}/(n_1+n_2-2)}}\sim t(n_1+n_2-2)$$

6-14 解

$$E\overline{X}=\lambda,D\overline{X}=\frac{\lambda}{n}$$

6-15 解

$$E\overline{X}=\frac{a+b}{2},D\overline{X}=\frac{(b-a)^2}{12n}$$

6-16 解

$$E\overline{X}=p,D\overline{X}=\frac{1}{n}pq,q=1-p$$

$$\begin{aligned}ES^2&=E\left(\frac{1}{n-1}\sum_{i=1}^{n}(X_i-\overline{X})^2\right)=\frac{1}{n-1}\cdot E\left[\sum_{i=1}^{n}X_i^2-n\overline{X}^2\right]\\&=\frac{1}{n-1}\left[npq+np^2-n\left(\frac{1}{n}pq+p^2\right)\right]=pq\end{aligned}$$

6-17 解

顺序统计量观察值

$$X_{(1)}=-4,-2.1,-2.1,-0.1,0,0,1.2,1.2,2.01,2.22,3.2,3.21=X_{(13)}$$

样本中位数观察值 $M=0.1$

样本极差的观察值 $R=7.21$

若构成容量为 14 的样本,则样本中位数观察值为 $M=0.65$

第 7 章

7-1 解

μ 的矩估计为 $\hat{\mu}=\overline{X}$,σ^2 的矩估计为 $\hat{\sigma}^2=\frac{1}{n}\sum_{i=1}^{n}(X_i-\overline{X})^2=S^{*2}$

$$\overline{X}=\frac{1}{5}\times(2\,781+2\,836+2\,807+2\,765+2\,858)=2\,809.4$$

$$S^{*2}=\frac{1}{5}\times5\,854.2=1\,170.84$$

所以

$$\hat{\mu}=2\,809,\quad\hat{\sigma}^2=1\,170.8$$

7-2 解

$$\mu_1=\sum_{k=1}^{\infty}p^k\frac{-1}{\ln(1-p)}=-\frac{1}{\ln(1-p)}\sum_{k=1}^{\infty}p^k=-\frac{1}{\ln(1-p)}\cdot\frac{p}{1-p}\qquad(1)$$

因为 p 很难解出来,所以再求总体的二阶原点矩

$$\mu_2=\sum_{k=1}^{\infty}kp^k\frac{-1}{\ln(1-p)}=-\frac{p}{\ln(1-p)}\sum_{k=1}^{\infty}kp^{k-1}=-\frac{p}{\ln(1-p)}\left(\sum_{k=1}^{\infty}x^k\right)'_{x=p}$$

$$=-\frac{p}{\ln(1-p)}\left(\frac{x}{1-x}\right)'_{x=p}=-\frac{p}{\ln(1-p)}\cdot\frac{1}{(1-p)^2} \qquad (2)$$

(1) ÷ (2) 得 $\frac{\mu_1}{\mu_2}=1-p$，所以 $p=\frac{\mu_2-\mu_1}{\mu_2}$

所以得 P 的矩估计

$$\hat{p}=\frac{\frac{1}{n}\sum_{i=1}^{n}X_i^2-\overline{X}}{\frac{1}{n}\sum_{i=1}^{n}X_i^2}=1-\frac{\overline{X}}{\alpha^2}$$

7-3 解

$$\begin{cases}\mu_1=Np\\ \mu_2=Np(1-p)+(Np)^2\end{cases}$$

解之得 $N=\mu_1/p$

$$(1-p)+Np=\frac{\mu_2}{\mu_1}$$

即

$$N=\frac{\mu_1}{p}$$

$$p=1-\frac{\mu_2-\mu_1^2}{\mu_1}$$

所以 N 和 p 的矩估计为

$$\hat{N}=\frac{\overline{X}}{\hat{p}},\hat{p}=1-\frac{S^{*2}}{\overline{X}}$$

7-4 解

$$\mu_1=EX=\int_C^{+\infty}C^{\frac{1}{\theta}}\frac{1}{\theta}x^{-\frac{1}{\theta}}\mathrm{d}x=C^{\frac{1}{\theta}}\frac{1}{\theta}\frac{1}{1-\frac{1}{\theta}}x^{1-\frac{1}{\theta}}\Big|_C^{+\infty}$$

$$=C^{\frac{1}{\theta}}\frac{1}{\theta-1}(-C\cdot C^{-\frac{1}{\theta}})=\frac{C}{1-\theta}$$

解出 θ 得

$$\theta=1-\frac{C}{\mu_1}$$

于是 θ 的矩估计为

$$\hat{\theta}=1-\frac{C}{\overline{X}}$$

7-5 解

先求矩估计

$$\mu_1=EX=\int_0^1(\alpha+1)x^{\alpha+1}\mathrm{d}x=\frac{\alpha+1}{\alpha+2}x^{\alpha+2}\Big|_0^1=\frac{\alpha+1}{\alpha+2}$$

解出 α 得

$$\alpha=\frac{1-2\mu_1}{\mu_1-1}$$

所以 α 的矩估计为

$$\hat{\alpha}=\frac{1-2\overline{X}}{\overline{X}-1}$$

再求极大似然估计

$$L(X_1,\cdots,X_n;\alpha)=\prod_{i=1}^{n}(\alpha+1)x_i^{\alpha}=(\alpha+1)^n(x_1x_2\cdots x_n)^{\alpha}$$

$$\ln L=n\ln(\alpha+1)+\alpha\sum_{i=1}^{n}\ln x_i$$

$$\frac{\mathrm{d}\ln L}{\mathrm{d}\alpha}=\frac{n}{\alpha+1}+\sum_{i=1}^{n}\ln x_i\triangleq 0$$

解得 α 的极大似然估计

$$\hat{\alpha}=-\left(1+\frac{n}{\sum_{i=1}^{n}\ln x_i}\right)$$

7-6 解

先求矩估计

$$\mu_1=EX=\frac{\theta_1+\theta_2}{2}$$

$$\mu_2=EX^2=\frac{(\theta_2-\theta_1)^2}{12}+\frac{(\theta_1+\theta_2)^2}{4}=\frac{\theta_1^2+\theta_1\theta_2+\theta_2^2}{3}$$

解方程组

$$\begin{cases}\mu_1=\dfrac{\theta_1+\theta_2}{2}\\ \mu_2=\dfrac{\theta_1^2+\theta_1\theta_2+\theta_2^2}{3}\end{cases}\text{得}$$

$$\begin{cases}\theta_1=\mu_1\pm\sqrt{3(\mu_2-\mu_1^2)}\\ \theta_2=\mu_1\mp\sqrt{3(\mu_2-\mu_1^2)}\end{cases}$$

注意到 $\theta_1<\theta_2$，得 θ_1,θ_2 的矩估计为

$$\hat{\theta}_1=\overline{X}-\sqrt{3}S^*,\hat{\theta}_2=\overline{X}+\sqrt{3}S^*$$

再求极大似然估计

$L(X_1,\cdots,X_n;\theta_1,\theta_2)=\prod_{i=1}^{n}\dfrac{1}{\theta_2-\theta_1}=\dfrac{1}{(\theta_2-\theta_1)^n}$，$\theta_1\leqslant x_1,x_2,\cdots,x_n\leqslant\theta_2$，由极大似然估计的定义知，$\theta_1,\theta_2$ 的极大似然估计为

$$\hat{\theta}_1=\min(x_1,\cdots,x_n)=x_{(1)};\hat{\theta}_2=\max(x_1,\cdots,x_n)=x_{(n)}$$

7-7 解

(1) $L(X_1,\cdots,X_n;\theta)=\prod_{i=1}^{n}(\theta\alpha)x_i^{\alpha-1}\mathrm{e}^{-\theta x_i^{\alpha}}=\theta^n\alpha^n(x_1\cdots x_n)^{\alpha-1}\mathrm{e}^{-\theta\sum_{i=1}^{n}x_i^{\alpha}}$

$$\ln L(X_1\cdots X_n;\theta)=n\ln\theta+n\ln\alpha+(\alpha-1)\sum_{i=1}^{n}\ln x_i-\theta\sum_{i=1}^{n}x_i^{\alpha}$$

$$\frac{\mathrm{d}\ln L}{\mathrm{d}\theta}=\frac{n}{\theta}-\sum_{i=1}^{n}x_i^{\alpha}\triangleq 0$$

解似然方程

$$\frac{n}{\theta}=\sum_{i=1}^{n}x_i^{\alpha}$$

得 θ 的极大似然估计

$$\hat{\theta}=\frac{n}{\sum_{i=1}^{n}X_i^{\alpha}}$$

(2)$L(X_1,\cdots,X_n;\theta)=\prod_{i=1}^{n}\frac{1}{2}e^{-|x_i-\theta|}=\frac{1}{2^n}e^{-\sum_{i=1}^{n}|x_i-\theta|}$

由极大似然估计的定义得 θ 的极大似然估计为样本中位数,即

$$\hat{\theta}=\begin{cases}X_{(\frac{n+1}{2})}, & n\text{ 为奇数}\\ \frac{1}{2}(X_{(\frac{n}{2})}+X_{(\frac{n}{2}+1)}), & n\text{ 为偶数}\end{cases}$$

7-8 解

$$L(X_1,\cdots,X_n;\theta)=\prod_{i=1}^{n}e^{-(x_i-\theta)}=e^{-\sum_{i=1}^{n}x_i+n\theta},(x_i\geqslant\theta,i=1,2,\cdots,n)$$

$$\ln L=n\theta-\sum_{i=1}^{n}x_i$$

$$\frac{d\ln L}{d\theta}=n\neq 0$$

由极大似然估计的定义,θ 的极大似然估计为 $\hat{\theta}=x_{(1)}$.

7-9 解

$$L(X_1,\cdots,X_n;p)=\prod_{i=1}^{n}p(1-p)^{x_i-1}=p^n(1-p)^{\sum_{i=1}^{n}x_i-n}$$

$$\ln L=n\ln p+\left(\sum_{i=1}^{n}x_i-n\right)\ln(1-p)$$

$$\frac{d\ln L}{dp}=\frac{n}{p}-\frac{\sum_{i=1}^{n}x_i-n}{1-p}\triangleq 0$$

解似然方程

$$\frac{n}{p}=\frac{-n+\sum_{i=1}^{n}x_i}{1-p}$$

得 p 的极大似然估计

$$\hat{p}=\frac{1}{\overline{X}}$$

7-10 解

(1)$L(X_1,\cdots,X_n;\theta_1,\theta_2)=\prod_{i=1}^{n}\frac{1}{\theta_2}e^{-\frac{x_i-\theta_1}{\theta_2}},\quad (x_i>\theta_1,i=1,2,\cdots,n)$

$$\ln L=-n\ln\theta_2-\frac{1}{\theta_2}\left(\sum_{i=1}^{n}x_i-n\theta_1\right)$$

$$\frac{\partial\ln L}{\partial\theta_1}=\frac{n}{\theta_2}\neq 0$$

由极大似然估计的定义,得 θ_1 的极大似然估计为

$$\hat{\theta}_1=x_{(1)};$$

$$\frac{\partial\ln L}{\partial\theta_2}=\frac{-n}{\theta_2}+\frac{1}{\theta_2^2}\left(\sum_{i=1}^{n}x_i-n\theta_1\right)\triangleq 0$$

解似然方程得 θ_2 的极大似然估计

$$\hat{\theta}_2=\overline{X}-x_{(1)}$$

(2)$\mu_1=EX=\theta_1+\theta_2$

$\mu_2=EX^2=DX+[E(X)]^2=\theta_2^2+(\theta_1+\theta_2)^2$

解方程组

$$\begin{cases}\mu_1=\theta_1+\theta_2\\ \mu_2=\theta_2^2+(\theta_1+\theta_2)^2\end{cases}$$

得

$$\theta_2^2=\mu_2-\mu_1^2$$

$$\theta_1=\mu_1-\sqrt{\mu_2-\mu_1^2}$$

所以 θ_1,θ_2 的矩估计为

$$\hat{\theta}_1=\overline{X}-S^*$$

$$\hat{\theta}_2=\sqrt{S^{*2}}=S^*$$

7-11 解

设 X 为连掷两次正面出现的次数，A="取出的硬币为普通硬币"，则

$$P(X=0)=P(A)P(X=0|A)+P(\overline{A})P(X=0|\overline{A})=\frac{\theta}{N}\left(\frac{1}{2}\right)^2=\frac{\theta}{4N}$$

$$P(X=1)=P(A)P(X=1|A)+P(\overline{A})P(X=1|\overline{A})=\frac{\theta}{N}\cdot C_2^1\left(\frac{1}{2}\right)^2=\frac{\theta}{2N}$$

$$P(X=2)=P(A)P(X=2|A)+P(\overline{A})P(X=2|\overline{A})$$

$$=\frac{\theta}{N}\left(\frac{1}{2}\right)^2+\frac{N-\theta}{N}=\frac{4N-3\theta}{4N}$$

即 X 的分布为

X	0	1	2
P	$\frac{\theta}{4N}$	$\frac{\theta}{2N}$	$\frac{4N-3\theta}{4N}$

(1) $\mu_1=\frac{\theta}{2N}+\frac{4N-3\theta}{2N}=\frac{2N-\theta}{N}$

解得 θ 为

$$\theta=N(2-\mu_1)$$

θ 的矩估计为

$$\hat{\theta}=N(2-\overline{X})=N\left[2-\frac{1}{n}(n_1+2n_2)\right]$$

$$=\frac{N}{n}(2n-n_1-2n_2)=\frac{N}{n}(2n_0+n_1)$$

(2) $L(X_1,\cdots,X_n;\theta)=\left(\frac{\theta}{4N}\right)^{n_0}\left(\frac{\theta}{2N}\right)^{n_1}\left(\frac{4N-3\theta}{4N}\right)^{n_2}$

$$\ln L=n_0(\ln\theta-\ln(4N))+n_1(\ln\theta-\ln(2N))+n_2(\ln(4N-3\theta)-\ln(4N))$$

$$\frac{\mathrm{d}\ln L}{\mathrm{d}\theta}=\frac{n_0}{\theta}+\frac{n_1}{\theta}-\frac{3n_2}{4N-3\theta}\triangleq 0$$

解似然方程

$$\frac{n_0+n_1}{\theta}=\frac{3n_2}{4N-3\theta}$$

得 θ 的极大似然估计

$$\hat{\theta}=\frac{4N}{3n}(n_0+n_1)$$

7-12 解

$$L(X_1,\cdots,X_n;\theta)=\prod_{i=1}^{n-M}\theta_i^{x-1}(1-\theta)\theta^{Mr}=\theta^{\sum_{i=1}^{n-M}x_i-(n-M)}(1-\theta)^{n-M}\theta^{Mr}$$

$$\ln L = \left(\sum_{i=1}^{n-M} x_i - (n-M) + Mr\right)\ln\theta + (n-M)\ln(1-\theta)$$

$$\frac{\mathrm{d}\ln L}{\mathrm{d}\theta} = \left(\sum_{i=1}^{n-M} X_i - n + M + Mr\right)\frac{1}{\theta} - (n-M)\frac{1}{1-\theta} \triangleq 0$$

解似然方程

$$\frac{\sum_{i=1}^{n-M} x_i - n + M + Mr}{\theta} = \frac{n-M}{1-\theta}$$

得 θ 的极大似然估计

$$\hat{\theta} = \frac{\sum_{i=1}^{n-M} X_i - n + M + Mr}{\sum_{i=1}^{n-M} X_i + Mr} = \frac{\sum_{i=1}^{n} X_i - n}{\sum_{i=1}^{n} X_i - M}$$

7-13 解

$$(1)E\hat{\sigma}^2 = C\sum_{i=1}^{n-1} E(X_{i+1} - X_i)^2 = C\sum_{i=1}^{n-1}[D(X_{i+1} - X_i) + (E(X_{i+1} - X_i))^2]$$

$$= C\sum_{i=1}^{n-1}(DX_{i+1} + DX_i) = C\cdot 2(n-1)\sigma^2$$

可见当 $C = \frac{1}{2(n-1)}$ 时，$\hat{\sigma}^2 = C\sum_{i=1}^{n-1}(X_{i+1} - X_i)^2$ 是 σ^2 的无偏估计量.

$$(2)E\hat{\sigma} = k\sum_{i=1}^{n} E\mid X_i - \overline{X}\mid = k\sum_{i=1}^{n} E\mid X_i - \frac{1}{n}X_i - \frac{1}{n}\sum_{j\neq i} X_j\mid$$

$$= k\sum_{i=1}^{n} E\left|\frac{n-1}{n}X_i - \frac{1}{n}\sum_{j\neq i} X_j\right|$$

设 $Z = \frac{n-1}{n}X_i - \frac{1}{n}\sum_{j\neq i} X_j$，因

$$\frac{n-1}{n}X_i \sim N\left(\frac{n-1}{n}\mu, \frac{(n-1)^2}{n^2}\sigma^2\right)$$

$$\frac{1}{n}\sum_{j\neq i} X_j \sim N\left(\frac{n-1}{n}\mu, \frac{n-1}{n^2}\sigma^2\right)$$

所以 $Z \sim N\left(0, \frac{n-1}{n}\sigma^2\right)$，$\frac{Z}{\sqrt{\frac{n-1}{n}}\sigma} \sim N(0,1)$

因为 $E\left|\frac{Z}{\sqrt{\frac{n-1}{n}}\sigma}\right| = \sqrt{\frac{2}{\pi}}$，所以 $E\mid Z\mid = \sqrt{\frac{2(n-1)}{\pi n}}\sigma$

于是

$$E\hat{\sigma} = k\sum_{i=1}^{n} E\mid Z\mid = k\sqrt{2n(n-1)/\pi}\,\sigma$$

故当 $k = \frac{\sqrt{\pi}}{\sqrt{2n(n-1)}}$ 时，$\hat{\sigma} = k\sum_{i=1}^{n}\mid X_i - \overline{X}\mid$ 是 σ 的无偏估计.

7-14 证明

$$E(k\overline{X} + (1-k)S^2) = kE\overline{X} + (1-k)ES^2 = k\lambda + \lambda - k\lambda = \lambda$$

(此处利用了 $\overline{X}$ 是 EX 的无偏估计，S^2 是 DX 的无偏估计)，所以对任意的 k，$k\overline{X} + (1-k)S^2$ 是 λ 的无偏估计.

7-15 解

(1),(2),(3)都是样本的线性组合,而且组合系数之和为1,故它们都是μ的无偏估计.但(4),(5),(6)一般不是μ的无偏估计,如$X\sim B(1,p)=p,P(X=0)=1-p,EX=\mu=p$,而$X_{(1)}$不是0就是1,且

$$P(X_{(1)}=1)=P(X_1=1,X_2=1,\cdots,X_n=1)=p^n$$

故

$$EX_{(1)}=p^n\neq p$$

即$X_{(1)}$不是$\mu=p$的无偏估计.

7-16 证明

$$E\hat{\theta}^2=D\hat{\theta}+(E\hat{\theta})^2=D\hat{\theta}+\theta^2\neq\theta^2$$

即$\hat{\theta}^2$不是θ^2的无偏估计量.

注:该题说明:当$\hat{\theta}$是未知参数θ的无偏估计时,$\hat{\theta}$的函数$g(\hat{\theta})$不一定是θ的函数$g(\theta)$的无偏估计.

7-17 证明

$$E\hat{\mu}_1=\frac{1}{5}EX_1+\frac{3}{10}EX_2+\frac{1}{2}EX_3=\left(\frac{1}{5}+\frac{3}{10}+\frac{1}{2}\right)\mu=\mu$$

$$E\hat{\mu}_2=\left(\frac{1}{3}+\frac{1}{4}+\frac{5}{12}\right)\mu=\mu$$

$$E\hat{\mu}_3=\left(\frac{1}{3}+\frac{1}{6}+\frac{1}{2}\right)\mu=\mu$$

故$\hat{\mu}_1,\hat{\mu}_2,\hat{\mu}_3$都是$\mu$的无偏估计.

$$D\hat{\mu}_1=\frac{1}{25}DX_1+\frac{9}{100}DX_2+\frac{1}{4}DX_3=\frac{38}{100}\sigma^2=0.38\sigma^2$$

$$D\hat{\mu}_2=\left(\frac{1}{9}+\frac{1}{16}+\frac{25}{144}\right)\sigma^2=\frac{50}{144}\sigma^2=0.347\sigma^2$$

$$D\hat{\mu}_3=\left(\frac{1}{9}+\frac{1}{36}+\frac{1}{4}\right)\sigma^2=\frac{14}{36}\sigma^2=0.389\sigma^2$$

所以$\hat{\mu}_2$最有效.

7-18 解

(1)先求矩估计

$$\mu_1=EX=\frac{1+\theta}{2}$$

$$\theta=2\mu_1-1$$

所以θ的矩估计为

$$\hat{\theta}=2\overline{X}-1$$

再求极大似然估计

$$L(x_1,\cdots,x_n;\theta)=\prod_{i=1}^{n}\frac{1}{\theta-1}=\frac{1}{(\theta-1)^n}\quad(1\leqslant x_1,x_2,\cdots,x_n\leqslant\theta)$$

所以θ的极大似然估计为

$$\hat{\theta}_L=X_{(n)}$$

(2)$E\hat{\theta}=E(2\overline{X}-1)=2E\overline{X}-1=1+\theta-1=\theta$

可见矩估计是θ的无偏估计.

为求$\hat{\theta}_L$的数学期望,先求$\hat{\theta}_L=X_{(n)}$的密度$f_L(x)$

总体X的分布函数为

$$F(x)=\begin{cases}0, & x<1\\ \dfrac{x-1}{\theta-1}, & 1\leqslant x\leqslant\theta\\ 1, & x>\theta\end{cases}$$

$X_{(n)}$ 的分布函数为

$$F_L(x)=[F(x)]^n$$

所以

$$f_L(x)=F_L'(x)=nF'(x)\cdot[F(x)]^{n-1}=nf(x)\cdot[F(x)]^{n-1}$$
$$=\begin{cases}\dfrac{n(x-1)^{n-1}}{(\theta-1)^n}, & 1\leqslant x\leqslant\theta\\ 0, & 其他\end{cases}$$

$$E\hat{\theta}_L=\int_1^\theta x\cdot\frac{n(x-1)^{n-1}}{(\theta-1)^n}\mathrm{d}x=\frac{n}{(\theta-1)^n}\left[\int_1^\theta(x-1)^n\mathrm{d}x+\int_1^\theta(x-1)^{n-1}\mathrm{d}x\right]$$
$$=\frac{n}{(\theta-1)^n}\left[\frac{(x-1)^{n+1}}{n+1}\bigg|_1^\theta+\frac{(x-1)^n}{n}\bigg|_1^\theta\right]=\frac{n}{(\theta-1)^n}\left[\frac{(\theta-1)^{n+1}}{n+1}+\frac{(\theta-1)^n}{n}\right]$$
$$=n\left(\frac{\theta-1}{n+1}+\frac{1}{n}\right)=\frac{n}{n+1}\theta+\frac{1}{n+1}$$

可见 $\hat{\theta}_L$ 不是 θ 的无偏估计，若将 $\hat{\theta}_L$ 修正为 $\hat{\theta}'_L=\dfrac{n+1}{n}\hat{\theta}_L-\dfrac{1}{n}$，则 $\hat{\theta}'_L$ 是 θ 的无偏估计.

(3) $D\hat{\theta}=D(2\overline{X}-1)=4D\overline{X}=\dfrac{(\theta-1)^2}{3n}$

$$E\hat{\theta}_L^2=\int_1^\theta x^2\frac{n(x-1)^{n-1}}{(\theta-1)^n}\mathrm{d}x=\frac{n}{(\theta-1)^n}\left[\frac{x^2(x-1)^n}{n}\bigg|_1^\theta-\frac{2}{n}\int_1^\theta x(x-1)^n\mathrm{d}x\right]$$
$$=\frac{n}{(\theta-1)^n}\left[\frac{\theta^2(\theta-1)^n}{n}-\frac{2x(x-1)^{n+1}}{n(n+1)}\bigg|_1^\theta+\frac{2}{n(n+1)}\int_1^\theta(x-1)^{n+1}\mathrm{d}x\right]$$
$$=\left[\theta^2-\frac{2\theta(\theta-1)}{n+1}+\frac{2(\theta-1)^2}{(n+1)(n+2)}\right]$$
$$=\frac{1}{(n+1)(n+2)}[(n+1)\cdot n\theta^2+2n\theta+2]$$

$$D\hat{\theta}_L=E\hat{\theta}_L^2-(E\hat{\theta}_L)^2=\frac{n\theta^2}{(n+2)}+\frac{2n\theta}{(n+1)(n+2)}+\frac{2}{(n+1)(n+2)}-$$
$$\frac{n^2}{(n+1)^2}\theta^2-\frac{2n\theta}{(n+1)^2}-\frac{1}{(n+1)^2}$$
$$=\left(\frac{n}{n+2}-\frac{n^2}{(n+1)^2}\right)\theta^2+\frac{2n\theta}{(n+1)(n+2)}-\frac{2n\theta}{(n+1)}-\frac{1}{(n+1)^2}$$
$$D\hat{\theta}'_L=\frac{(n+1)^2}{n^2}\left[\frac{n(n+1)^2-n^2(n+2)}{(n+2)(n+1)^2}\theta^2+\frac{-2n(n+1)\theta}{(n+1)(n+2)}-\frac{1}{(n+1)^2}\right]$$
$$=\frac{\theta^2}{n(n+2)}-\frac{2\theta}{n(n+2)}-\frac{1}{n^2}\leqslant\frac{(\theta-1)^2}{n(n+2)}<\frac{(\theta-1)^2}{3n}=D\hat{\theta}$$

故 $\hat{\theta}'_L$ 较 $\hat{\theta}$ 有效.

7-19　证明

$$E\left(\frac{1}{n}\sum_{i=1}^n(X_i-\mu)^2\right)=\frac{1}{n}\sum_{i=1}^nE(X_i-\mu)^2=\sigma^2$$

7-20　证明

$$S^2=\frac{1}{n-1}\sum_{i=1}^n(X_i-\overline{X})^2=\frac{1}{n-1}\left(\sum_{i=1}^nX_i^2-n\overline{X}^2\right)$$

因为 $X_1,X_2,\cdots,X_n$ 相互独立，所以 $X_1^2,X_2^2,\cdots,X_n^2$ 也相互独立且具有相同的分布，由大数定理，对任意的

$\varepsilon > 0$ 有

$$\lim_{n\to\infty} P\left\{ \left| \frac{1}{n}\sum_{i=1}^{n} X_i^2 - EX^2 \right| \geqslant \varepsilon \right\} = 0$$

即 $\frac{1}{n}\sum_{i=1}^{n} X_i^2$ 依概率收敛于 $\mu_2 = EX^2$，而 $\overline{X}$ 依概率收敛于 $\mu_1 = EX$，由依概率收敛的性质

$$\frac{1}{n}\sum_{i=1}^{n}(X_i - \overline{X})^2 = \frac{1}{n}\sum_{i=1}^{n} X_i^2 - \overline{X}^2 \xrightarrow{P} \mu_2 - \mu_1^2 = EX^2 - (EX)^2 = \sigma^2$$

又由于 $\frac{n}{n-1} \to 1$（当 $n \to \infty$ 时）而 $S^2 = \frac{n}{n-1}S^{*2}$，故 S^2 依概率收敛于 σ^2，从而 S^2 是 σ^2 的相合估计.

7-21　证明

由切比雪夫不等式，对任意的 $\varepsilon>0$ 有

$$P(|\hat{\theta}_n - \theta - k_n| \geqslant \varepsilon) \leqslant \frac{D\hat{\theta}_n}{\varepsilon^2}$$

于是

$$0 \leqslant \lim_{n\to\infty} P(|\hat{\theta}_n - \theta - k_n| \geqslant \varepsilon) \leqslant \lim_{n\to\infty}\frac{\sigma_n^2}{\varepsilon^2} = 0$$

即 $\hat{\theta}_n$ 依概率收敛于 θ，故 $\hat{\theta}_n$ 是 θ 的相合估计.

7-22　证明

$T_n = X_{(n)}$ 的分布函数为

$$F_T(t) = F^n(t) = \begin{cases} 0, & t<0 \\ \frac{t^n}{\theta^n}, & 0\leqslant t\leqslant\theta \\ 1, & t>\theta \end{cases}$$

T_n 的密度为

$$f_T(t) = F'_T(t) = nf(t)F^{n-1}(t) = \begin{cases} \frac{nt^{n-1}}{\theta^n}, & 0\leqslant t\leqslant\theta \\ 0, & t>\theta \end{cases}$$

$$ET_n = \int_0^{\theta} \frac{n}{\theta^n} t^n \mathrm{d}t = \frac{n}{\theta^n} \cdot \frac{\theta^{n+1}}{n+1} = \frac{n}{n+1}\theta$$

$$ET_n^2 = \int_0^{\theta} \frac{n}{\theta^n} t^{n+1} \mathrm{d}t = \frac{n}{\theta^n}\,\frac{\theta^{n+2}}{n+2} = \frac{n}{n+2}\theta^2$$

所以

$$DT_n = \frac{n}{n+2}\theta^2 - \frac{n^2}{(n+1)^2}\theta^2 = \frac{n\theta^2}{(n+1)^2(n+2)}$$

由切比雪夫不等式有

$$P\left(\left| T_n - \frac{n}{n+1}\theta \right| \geqslant \varepsilon \right) \geqslant \frac{n\theta^2}{(n+1)^2\varepsilon^2}$$

当 $n\to\infty$ 时

$$\lim_{n\to\infty} P\left(\left| T_n - \frac{n}{n+1}\theta \right| \geqslant \varepsilon \right) = \lim_{n\to\infty} P(|T_n - \theta| \geqslant \varepsilon) = 0$$

故 T_n 是 θ 的相合估计.

7-23　解

$$\overline{X} = 2.125, S^2 = 0.002\,9, S = 0.017$$

(1) μ 的置信区间为 $\left(\overline{X} - u_{0.05}\frac{\sigma}{\sqrt{n}}, \overline{X} + u_{0.05}\frac{\sigma}{\sqrt{n}}\right)$

$\overline{X}=2.125, u_{0.05}=1.645, \sigma=0.01, n=16$

μ 的置信区间为$(2.121, 2.129)$

(2)μ 的置信区间为$\left(\overline{X}-t_{0.05}(15)\frac{S}{\sqrt{n}}, \overline{X}+t_{0.05}(15)\frac{S}{\sqrt{n}}\right)$

$t_{0.05}(15)=1.7531$

μ 的置信区间为$(2.1175, 2.1325)$

7-24 解

μ 的置信区间为$\left(\overline{X}-t_{0.025}(24)\frac{S}{\sqrt{n}}, \overline{X}+t_{0.025}(24)\frac{S}{\sqrt{n}}\right)$

其中 $\overline{X}=5.5, t_{0.025}(24)=2.0639, S=1.73, n=25$

所以 μ 的置信度 0.95 下的置信区间为

$$\left(5.5-2.0639\times\frac{1.73}{5}, 5.5+2.0639\times\frac{1.73}{5}\right)=(4.7859, 6.2141)$$

σ^2 的置信区间为

$$\left(\frac{(n-1)S^2}{\chi^2_{\alpha/2}(n-1)}, \frac{(n-1)S^2}{\chi^2_{1-\alpha/2}(n-1)}\right)$$

$$S^2=2.9929, \quad \chi^2_{0.025}(24)=39.364, \quad \chi^2_{0.975}(24)=12.401$$

所以 σ^2 的置信区间为

$$\left(\frac{24\times 2.9929}{39.364}, \frac{24\times 2.9929}{12.401}\right)=(1.8248, 5.7922)$$

7-25 解

μ 的无偏估计为

$$\overline{X}=\frac{1}{10}\sum_{i=1}^{10}X_i=2$$

σ^2 的无偏估计为

$$S^2=\frac{1}{9}\left(\sum_{i=1}^{n}X_i^2-10\times 4\right)=5.778$$

μ 的置信区间为

$$\left(\overline{X}-t_{0.05}(9)\frac{S}{\sqrt{10}}, \overline{X}-t_{0.05}(9)\frac{S}{\sqrt{10}}\right)$$

$$\overline{X}=2, S=2.404, t_{0.05}(9)=1.8331, \sqrt{10}=3.1623$$

所以 μ 的置信度为 0.90 的置信区间为

$$\left(2-1.8331\times\frac{2.404}{3.1623}, 2+1.8331\times\frac{2.404}{3.1623}\right)=(0.6065, 3.3935)$$

σ^2 的置信区间为

$$\left(\frac{(n-1)S^2}{\chi^2_{\alpha/2}(n-1)}, \frac{(n-1)S^2}{\chi^2_{1-\alpha/2}(n-1)}\right)$$

$$\chi^2_{0.05}(9)=16.919 \quad \chi^2_{0.95}(9)=3.325$$

所以 σ^2 的置信度 0.90 下的置信区间为

$$\left(\frac{52.002}{16.919}, \frac{52.002}{3.325}\right)=(3.074, 15.6397)$$

7-26 解

此题是在 $\sigma_1^2=\sigma_2^2$ 的条件下，求 $\mu_1-\mu_2$ 的置信区间，$\mu_1-\mu_2$ 的置信区间为

$$\left(\overline{X}-\overline{Y}-t_{\alpha/2}(n_1+n_2-2)S_W\sqrt{\frac{1}{n_1}+\frac{1}{n_2}}, \overline{X}-\overline{Y}+t_{\alpha/2}(n_1+n_2-2)S_W\sqrt{\frac{1}{n_1}+\frac{1}{n_2}}\right)$$

其中 $\overline{X}=\frac{1}{8}\sum_{i=1}^{8}X_i=81.625, S_1^2=\frac{1}{7}\left(\sum_{i=1}^{8}X_i^2-8\times(81.625)^2\right)=145.60$

$\overline{Y}=\frac{1}{8}\sum_{i=1}^{8}Y_i=75.875, S_2^2=\frac{1}{7}\left(\sum_{i=1}^{8}Y_i^2-8\times(75.875)^2\right)=102.13$

$S_W=\sqrt{\frac{(8-1)\times145.60+(8-1)\times102.13}{14}}=11.129, \sqrt{\frac{1}{n_1}+\frac{1}{n_2}}=\frac{1}{2}$

$\alpha=0.05, t_{0.025}(14)=2.1448$

所以 $\mu_1-\mu_2$ 的置信度为 0.95 的置信区间为

$$\left(81.625-75.875-2.1448\times11.129\times\frac{1}{2}, 81.625-75.875+2.1448\times11.129\times\frac{1}{2}\right)$$
$$=(-6.185, 17.685)$$

7-27 解

$\frac{\sigma_1^2}{\sigma_2^2}$的置信区间为

$$\left(\frac{S_1^2/S_2^2}{F_{\alpha/2}(n_1-1,n_2-1)}, \frac{S_1^2/S_2^2}{F_{1-\alpha/2}(n_1-1,n_2-1)}\right)$$

其中 $S_1^2=1.07\times10^{-7}, S_2^2=5.3\times10^{-6}, \alpha=0.10, F_{0.05}(4,4)=6.39$

$$F_{0.95}(4,4)=\frac{1}{F_{0.05}(4,4)}=0.1565$$

所以$\frac{\sigma_1^2}{\sigma_2^2}$的置信度为 0.90 的置信区间为

$$\left(\frac{1.07/53}{6.39}, \frac{1.07/53}{0.1565}\right)=(0.0032, 0.1290)$$

7-28 解

$\frac{\sigma_1^2}{\sigma_2^2}$的置信区间为

$$\left(\frac{S_1^2/S_2^2}{F_{\alpha/2}(n_1-1,n_2-1)}, \frac{S_1^2/S_2^2}{F_{1-\alpha/2}(n_1-1,n_2-1)}\right)$$

其中 $S_1^2=0.245, S_2^2=0.375, n_1=6, n_2=9, F_{0.025}(5,8)=4.82$

$$F_{0.975}(5,8)=\frac{1}{F_{0.025}(8,5)}=\frac{1}{6.76}=0.1479$$

所以 σ_1^2/σ_2^2 的置信区间为

$$\left(\frac{0.245/0.375}{4.82}, \frac{0.245/0.375}{0.1479}\right)=(0.1355, 4.4174)$$

7-29 解

可以证明

$$2\lambda\sum_{i=1}^{n}X_i\sim\chi^2(2n)$$

对于给定的 α,查 χ^2分布表,求出临界值 $\chi^2_{\alpha/2}(2n)$ 和 $\chi^2_{1-\alpha/2}(2n)$ 使

$$P\left(\chi^2_{1-\alpha/2}(2n)<2\lambda\sum_{i=1}^{n}X_i<\chi^2_{\alpha/2}(2n)\right)=1-\alpha$$

解出 λ 得

$$P\left(\frac{\chi^2_{1-\alpha/2}(2n)}{2\sum_{i=1}^{n}X_i}<\lambda<\frac{\chi^2_{\alpha/2}(2n)}{2\sum_{i=1}^{n}X_i}\right)=1-\alpha$$

即 λ 的置信度为 $1-\alpha$ 的置信区间为$\left(\frac{\chi^2_{1-\alpha/2}(2n)}{2n\overline{X}}, \frac{\chi^2_{\alpha/2}(2n)}{2n\overline{X}}\right)$.

7-30 解

X 的分布函数为

$$F_X(x)=\begin{cases}0, & x<0\\ \dfrac{x}{\theta}, & 0\leqslant x\leqslant\theta\\ 1, & x>\theta\end{cases}$$

$X_{(n)}$ 的分布函数为 $F_{X(n)}(t)=(F_X(t))^n=\begin{cases}0, & t<0\\ \dfrac{t^n}{\theta^n}, & 0\leqslant t\leqslant\theta\\ 1, & t>\theta\end{cases}$

$Z=\dfrac{X_{(n)}}{\theta}$ 的分布函数为

$$F_Z(z)=P(Z\leqslant z)=P\left(\frac{X_{(n)}}{\theta}\leqslant z\right)=P(X_{(n)}\leqslant\theta z)=F_{X(n)}(\theta z)=\begin{cases}0, & z<0\\ z^n, & 0\leqslant z\leqslant 1\\ 1, & z>1\end{cases}$$

对于给定的 α,令

$$P\left(t<\frac{X_{(n)}}{\theta}\leqslant 1\right)=1-\alpha$$

即

$$F_Z(1)-F_Z(t)=1-\alpha$$

由 Z 的分布函数的表达式,即

$$1-t^n=1-\alpha$$

从而得

$$t=\sqrt[n]{\alpha}$$

即

$$P\left(\sqrt[n]{\alpha}<\frac{X_{(n)}}{\theta}<1\right)=1-\alpha$$

将 θ 暴露出来得

$$P(X_{(n)}<\theta<X_{(n)}/\sqrt[n]{\alpha})=1-\alpha$$

所以 θ 的置信度为 $1-\alpha$ 的置信区间为

$$(X_{(n)},X_{(n)}/\sqrt[n]{\alpha})$$

7-31 解

(1) $X=\mathrm{e}^Y, EX=E\mathrm{e}^Y=\int_{-\infty}^{+\infty}\mathrm{e}^y\dfrac{1}{\sqrt{2\pi}}\mathrm{e}^{-\frac{(y-\mu)^2}{2}}\mathrm{d}y\xlongequal{\text{令 }t=y-\mu}\dfrac{1}{\sqrt{2\pi}}\int_{-\infty}^{+\infty}\mathrm{e}^{t+\mu}\mathrm{e}^{-\frac{t^2}{2}}\mathrm{d}t$

$$=\mathrm{e}^{\mu+\frac{1}{2}}\int_{-\infty}^{+\infty}\frac{1}{\sqrt{2\pi}}\mathrm{e}^{-\frac{(t-1)^2}{2}}\mathrm{d}t=\mathrm{e}^{\mu+\frac{1}{2}}$$

(2) μ 的置信区间为

$$\left(\overline{Y}-u_{\alpha/2}\frac{1}{\sqrt{n}},\overline{Y}+u_{\alpha/2}\frac{1}{\sqrt{n}}\right)$$

其中 $\overline{Y}=\dfrac{1}{4}\times[\ln(0.50)+\ln(1.25)+\ln(0.8)+\ln(2.00)]=\dfrac{1}{4}\ln 1=0$

$$\alpha=0.05, u_{0.025}=1.96, n=4$$

所以 μ 的置信区间为 $(-0.98,0.98)$.

(3) 由 e^x 的严格单调性及(2)

$$0.95=P(\overline{Y}-0.98<\mu<\overline{Y}+0.98)=P\left(\overline{Y}-0.48<\mu+\frac{1}{2}<\overline{Y}+1.48\right)$$

$$=P(e^{\overline{Y}-0.48}<e^{\mu+\frac{1}{2}}<e^{\overline{Y}+1.48})$$

注意到 $\overline{Y}=0$，知 $b=e^{\mu+\frac{1}{2}}$ 的置信度为 0.95 的置信区间为($e^{-0.48}$，$e^{1.48}$).

7-32 解

因总体不是正态的，所以该题是大样本区间估计，设平均椭圆度为 μ，由中心极限定理$\frac{n\overline{X}-n\mu}{\sqrt{n}S}$近似服从 $N(0,1)$，对于给定的 α，查正态分布表，求出临界值 $u_{\alpha/2}$ 使

$$1-\alpha=P\left(-u_{\alpha/2}<\frac{n\overline{X}-n\mu}{\sqrt{n}S}<u_{\alpha/2}\right)=P\left(\overline{X}-u_{\alpha/2}\frac{S}{\sqrt{n}}<\mu<\overline{X}+u_{\alpha/2}\frac{S}{\sqrt{n}}\right)$$

即 μ 的置信区间为

$$\left(\overline{X}-u_{\alpha/2}\frac{S}{\sqrt{n}},\overline{X}+u_{\alpha/2}\frac{S}{\sqrt{n}}\right)=\left(0.081-1.96\times\frac{0.025}{10\sqrt{2}},0.081+1.96\times\frac{0.025}{10\sqrt{2}}\right)$$

$$=(0.0775,0.0845)$$

7-33 解

设次品率为 p，100 件产品中的次品数为 X，p 的置信区间为($\hat{p}_1$，$\hat{p}_2$)，其中

$$\hat{p}_1=\frac{1}{2a}(-b-\sqrt{b^2-4ac})$$

$$\hat{p}_2=\frac{1}{2a}(-b+\sqrt{b^2-4ac})$$

此处 $a=n+u_{\alpha/2}^2$，$b=-(2n\overline{X}+u_{\alpha/2}^2)$，$c=n\overline{X}^2$

本题中 $n=100$，$\overline{X}=\frac{16}{100}=0.16$，$\alpha=0.05$，$u_{0.025}=1.96$

$$a=103.84,b=-35.84,c=2.56$$

于是 p 的置信度近似为 0.95 的置信区间为(0.101，0.244).

7-34 解

由中心极限定理知$\frac{\sum_{i=1}^{n}X_i-n\lambda}{\sqrt{n\lambda}}$近似服从 $N(0,1)$. 对于给定的 α，查正态分布表求出临界值 $u_{\alpha/2}$ 使

$$P\left(\left|\frac{\sum_{i=1}^{n}X_i-n\lambda}{\sqrt{n\lambda}}\right|<u_{\alpha/2}\right)=1-\alpha$$

将括号内的不等式进行等价变换

$$\left|\frac{\sum_{i=1}^{n}X_i-n\lambda}{\sqrt{n\lambda}}\right|<u_{\alpha/2}\Leftrightarrow\left(\frac{\overline{X}-\lambda}{\sqrt{\lambda}}\sqrt{n}\right)^2<u_{\alpha/2}^2\Leftrightarrow n\overline{X}^2-2\lambda n\overline{X}+n\lambda^2-\lambda u_{\alpha/2}^2\leqslant 0$$

$$\Leftrightarrow n\lambda^2-(2n\overline{X}+u_{\alpha/2}^2)\lambda+n\overline{X}^2\leqslant 0\Leftrightarrow$$

$$\overline{X}+\frac{u_{\alpha/2}^2}{2n}-\sqrt{\frac{\overline{X}}{n}u_{\alpha/2}^2+\frac{u_{\alpha/2}^4}{4n^2}}<\lambda<\overline{X}+\frac{u_{\alpha/2}^2}{2n}+\sqrt{\frac{\overline{X}u_{\alpha/2}^2}{n}+\frac{u_{\alpha/2}^4}{4n^2}}$$

所以 λ 的置信度近似为 0.95 的置信区间为

$$\left(\overline{X}+\frac{k^2}{2n}-\sqrt{\frac{k^2\overline{X}}{n}+\frac{k^4}{4n^2}},\overline{X}+\frac{k^2}{2n}+\sqrt{\frac{k^2\overline{X}}{n}+\frac{k^4}{4n^2}}\right),$$

其中 $k=1.96$.

第 8 章

8-1 解

$H_0:\lambda\geqslant\lambda_0$

选统计量
$$\chi^2=2\lambda_0\sum_{i=1}^{n}X_i=2\lambda_0 n\overline{X}$$

记
$$\tilde{\chi}^2=2\lambda\sum_{i=1}^{n}X_i$$

则 $\tilde{\chi}^2>\chi^2$，所以 $(\tilde{\chi}^2\geqslant\chi_\alpha^2(2n))\supset(\chi^2\geqslant\chi_\alpha^2(2n))$，从而
$$\alpha=P(\tilde{\chi}^2\geqslant\chi_\alpha^2(2n))\geqslant P(\chi^2\geqslant\chi_\alpha^2(2n))$$

可见 $H_0:\lambda\geqslant\lambda_0$ 的否定域为 $\chi^2\geqslant\chi_\alpha^2(2n)$

8-2 解

问题是在 σ^2 已知的条件下检验假设 $H_0:\mu=32.50$

H_0 的否定域为 $|u|\geqslant u_{\alpha/2}$

其中
$$u=\frac{\overline{X}-32.50}{\sigma}\sqrt{n}=\frac{29.445-32.50}{1.1}\times2.45=-6.8$$

$u_{0.025}=1.96$，因 $|u|=6.8>1.96$，所以否定 H_0，即不能认为平均尺寸是 32.5 毫米.

8-3 解

问题是在 σ^2 已知的条件下检验假设 $H_0:\mu\geqslant1\ 600$

H_0 的否定域为 $u<-u_\alpha$，其中
$$u=\frac{\overline{X}-1\ 600}{100}\sqrt{26}=\frac{1\ 580-1\ 600}{100}\times5.1=-1.02$$
$$-u_{0.05}=-1.64$$

因为 $u=-1.02>-1.64=-u_{0.05}$，所以接受 H_0，即可以认为这批产品的指标的期望值 μ 不低于 1 600.

8-4 解

设元件寿命为 X，则 $X\sim N(\mu,100^2)$，问题是检验假设 $H_0:\mu\geqslant1\ 000$.

H_0 的否定域为 $u\leqslant-u_{0.05}$，其中
$$u=\frac{\overline{X}-1\ 000}{\sigma}\sqrt{25}=\frac{950-1\ 000}{100}\times5=-2.5$$
$$u_{0.05}=1.64$$

因为
$$u=-2.5<-1.64=u_{0.05}$$

所以否定 H_0，即元件不合格.

8-5 解

问题是在 σ^2 未知的条件下检验假设 $H_0:\mu=3.25$

H_0 的否定域为
$$|t|>t_{\alpha/2}(4)$$

$\overline{X}=3.252,S^2=\dfrac{1}{4}\left(\sum_{i=1}^{5}X_i-5\overline{X}^2\right)=0.000\ 17,S=0.013$

$$t_{0.005}(4)=4.6041$$

$$t=\frac{\overline{X}-3.25}{S}\sqrt{5}=\frac{3.252-3.25}{0.013}\times 2.24=0.345$$

因为

$$|t|=0.345<4.6041=t_{0.005}(4)$$

所以接受 H_0，即可以认为这批矿砂的镍含量为 3.25.

8-6 解

$$\overline{X}=99.98, S^2=\frac{1}{8}\left(\sum_{i=1}^{9}(X_i-\overline{X})^2\right)=1.47 \quad S=1.21$$

问题是检验假设 $H_0:\mu=100$

H_0 的否定域为 $|t|\geqslant t_{\alpha/2}(8)$

其中

$$t=\frac{\overline{X}-100}{S}\sqrt{9}=\frac{99.98-100}{1.21}\times 3=-0.05$$

$$t_{0.025}(8)=2.306$$

因为

$$|t|=0.05<2.306=t_{0.025}(8)$$

所以接受 H_0，即该日打包机工作正常.

8-7 解

设 X 为维生素 C 的含量，则 $X\sim N(\mu,\sigma^2)$，$\overline{X}=20$，$S^2=419.625$，$S=20.485$，$n=17$. 问题是检验假设 $H_0:\mu\geqslant 21$.

(1) $H_0:\mu\geqslant 21$.

(2) 选择统计量 t 并计算其值：

$$t=\frac{\overline{X}-21}{S}\sqrt{n}=\frac{20-21}{20.485}\sqrt{17}=-0.20$$

(3) 对于给定的 $\alpha=0.025$ 查 t 分布表求出临界值 $t_\alpha(n)=t_{0.025}(16)=2.12$

(4) 因为 $-t_{0.025}(16)=-2.12<-0.20=t$. 所以接受 H_0，即认为维生素 C 含量合格.

8-8 解

$\overline{X}=10631.3$，$S^2=6558.89$，$S=80.99$，$n=10$. 问题是检验假设 $H_0:\mu\leqslant 10560$

(1) $H_0:\mu\leqslant 10560$

(2) 选统计量 t 并计算其值

$$t=\frac{\overline{X}-10560}{S}\sqrt{n}=\frac{10631.3-10560}{80.99}\sqrt{10}=2.78$$

(3) 对于 $\alpha=0.05$，查 t 分布表，得临界值 $t_\alpha(9)=t_{0.05}(9)=1.833$

(4) 因 $t_{0.05}(9)=1.833<2.78=t$，故否定 H_0，即认为抗拉强度提高了.

8-9 解

$S=0.025$，$S^2=0.000625$，$n=15$，问题是检验假设 $H_0:\sigma^2=0.0004$.

(1) $H_0:\sigma^2=\sigma_0^2=0.0004$

(2) 选统计量 χ^2 并计算其值

$$\chi^2=\frac{(n-1)S^2}{\sigma_0^2}=\frac{14\times 0.000625}{0.0004}=21.875$$

(3) 对于给定的 $\alpha=0.05$，查 χ^2 分布表得临界值 $\chi^2_{\alpha/2}(14)=\chi^2_{0.025}(14)=26.119$，$\chi^2_{1-\alpha/2}(14)=\chi^2_{0.975}(14)=5.629$.

(4)因为 $\chi^2_{0.975}=5.629<21.875=\chi^2<\chi^2_{0.025}=26.119$,所以接受 H_0,即总体方差与规定的 $\sigma^2=0.0004$ 无显著差异.

8-10 解

$$\overline{X}=62.4, S^2=121.82, n=10$$

问题是检验假设 $H_0:\sigma^2\leqslant 80$

(1) $H_0:\sigma^2\leqslant 80=\sigma_0^2$

(2)选统计量 χ^2 并计算其值

$$\chi^2=\frac{(n-1)S^2}{\sigma_0^2}=\frac{9\times 121.82}{80}=13.705$$

(3)对于给定的 $\alpha=0.05$,查 χ^2 分布表得临界值 $\chi^2_\alpha(n-1)=\chi^2_{0.05}(9)=16.919$.

(4)因 $\chi^2=13.705<16.919=\chi^2_{0.05}$,故接受 H_0,即可以认为方差不大于 80.

8-11 解

设第一、二种织品的强度分别为 X 和 Y,则 $X\sim N(\mu_1,\sigma^2)$,$Y\sim N(\mu_2,\sigma^2)$

$$\overline{X}=131, S_1^2=36.667, n_1=4$$

$$\overline{Y}=135, S_2^2=35.2, n_2=6$$

问题是检验假设 $H_0:\mu_1=\mu_2$

(1) $H_0:\mu_1=\mu_2$

(2)选统计量 T 并计算其值

$$T=\frac{\overline{X}-\overline{Y}}{\sqrt{\frac{(n_1-1)S_1^2+(n_2-1)S_2^2}{n_1+n_2-2}}}\sqrt{\frac{n_1n_2}{n_1+n_2}}$$

$$=\frac{131-135}{\sqrt{\frac{3\times 36.667+5\times 35.2}{4+6-2}}}\cdot\sqrt{\frac{4\times 6}{4+6}}=-1.036$$

(3)对于给定的 $\alpha=0.05$,查 t 分布表得临界值 $t_{\alpha/2}(n_1+n_2-2)=t_{0.025}(8)=2.3060$.

(4)因为 $|t|=1.036<2.3060=t_{0.025}(8)$,所以接受假设,即不能说一种羊毛较另一种好.

8-12 解

设 X 为新品种产量,Y 为旧品种产量,$X\sim N(\mu_1,\sigma^2)$,$Y\sim N(\mu_2,\sigma^2)$,

问题是检验假设 $H_0:\mu_1\geqslant\mu_2$

$\overline{X}=79.43, S_1^2=2.2246, n_1=10$

$\overline{Y}=76.23, S_2^2=3.3245, n_2=10$

选统计量 T 并计算其值:

$$T=\frac{\overline{X}-\overline{Y}}{\sqrt{(n_1-1)S_1^2+(n_2-1)S_2^2}}\sqrt{\frac{n_1n_2(n_1+n_2-2)}{n_1+n_2}}$$

$$=\frac{79.43-76.23}{\sqrt{(2.2246+3.3245)\times 9}}\sqrt{\frac{1800}{20}}=4.296$$

对给定的 $\alpha=0.01$,查 t 分布表得临界值 $t_\alpha(18)=t_{0.01}(18)=2.5524$.

因为 $T=4.296>-2.5524=-t_{0.01}(18)$,故接受 H_0,即新品种高于旧品种.

8-13 解

$$S_1^2=0.345, n_1=6$$

$$S_2^2=0.357, n_2=9$$

问题是检验假设

$$H_0: \sigma_1^2=\sigma_2^2$$

选统计量 F 并计算其值

$$F=\frac{S_1^2}{S_2^2}=\frac{0.345}{0.357}=0.966\ 4$$

对给定的 $\alpha=0.05$ 查 F 分布表得临界值

$$F_{\alpha/2}(5,8)=F_{0.025}(5,8)=4.82, F_{0.975}(5,8)=\frac{1}{6.76}=0.147\ 9$$

因 $F_{0.975}(5,8)=0.147\ 9<0.966\ 4=F<4.82=F_{0.025}(5,8)$，故接受 H_0，即无显著差异.

8-14 解

用 X 表示掷一次骰子出现的点数，其可能值为 1,2,3,4,5,6. 问题是检验假设

$$H_0: p_i=P(X=i)=\frac{1}{6}, i=1,2,\cdots,6$$

这里 $k=6, p_{i0}=\frac{1}{6}, n=120, np_{i0}=20, A_i=\{i\}$，故

$$\chi^2=\sum_{i=1}^{k}\frac{(n_i-np_{i0})^2}{np_{i0}}=\sum_{i=1}^{6}\frac{(n_i-20)^2}{20}=\frac{96}{20}=4.8$$

查 χ^2 分布表，得临界表 $\chi_\alpha^2(k-1)=\chi_{0.05}^2(5)=11.071$，因为 $\chi^2=4.8<11.071=\chi_{0.05}^2$，故接受 H_0，即骰子匀称.

8-15 解

数据中最小的为 14.2，最大者为 15.9，设 $a=14.05, b=16.15$，欲把$[a,b]$分成七个(相等的)区间，则区间长度(组距)为$\frac{16.15-14.05}{7}=0.3$ 得分点 $y_1=14.35, y_2=14.65, y_3=14.95, y_4=15.25, y_5=15.55, y_6=15.85$. 它们把实数轴分成七个不相交的区间，样本值分成了七组：

i	$y_{i-1}\sim y_i$	n_i
1	$-\infty\sim 14.35$	3
2	$14.35\sim 14.65$	5
3	$14.65\sim 14.95$	10
4	$14.95\sim 15.25$	16
5	$15.25\sim 15.55$	8
6	$15.55\sim 15.85$	6
7	$15.85\sim +\infty$	2

设滚珠的直径为 X，其分布函数为 $F(x)$，我们的问题是检验假设：$H_0: F(x)=\Phi\left(\frac{x-\mu}{\sigma}\right)$，其中 μ, σ^2 未知.

在 H_0 成立之下，μ 和 σ^2 的极大似然估计为

$$\hat{\mu}=\overline{X}=15.1, \hat{\sigma}^2=\frac{1}{n}\sum_{i=1}^{n}(X_i-\overline{X})^2=0.184\ 9, \hat{\sigma}=0.43$$

在上面的表中第 1 组和第 7 组的频数过小把它们并入相邻的组内，即分成 5 组，分点为 $t_1=14.65$, $t_2=14.95, t_3=15.25, t_4=15.55$.

$$\hat{p}_1=F(t_1)=\Phi\left(\frac{14.65-15.1}{0.43}\right)=1-\Phi(1.04)=0.149\ 2$$

$$\hat{p}_2=F(t_2)-F(t_1)=\Phi\left(\frac{14.95-15.1}{0.43}\right)-0.1492$$

$$=1-\Phi(0.35)-0.1492=0.214$$

$$\hat{p}_3=F(t_3)-F(t_2)=\Phi\left(\frac{15.25-15.1}{0.43}\right)-0.3632$$

$$=\Phi(0.35)-0.3632=0.2736$$

$$\hat{p}_4=F(t_4)-F(t_3)=\Phi\left(\frac{15.55-15.1}{0.43}\right)-0.6368$$

$$=\Phi(1.04)-0.6368=0.214$$

$$\hat{p}_5=1-F(t_4)=1-\Phi\left(\frac{15.55-15.1}{0.43}\right)=0.1492$$

统计量

$$\chi^2=\sum_{i=1}^{5}\frac{(n_i-n\hat{p}_i)^2}{n\hat{p}_i}\sim\chi^2(2)$$

的值计算如下表.

i	n_i	$\hat{p}_i$	$n\hat{p}_i$	$n_i-n\hat{p}_i$	$(n_i-n\hat{p}_i)^2$	$(n_i-n\hat{p}_i)^2/n\hat{p}_i$
1	8	0.149 2	7.46	0.54	0.291 6	0.039 9
2	10	0.214 0	10.7	−0.7	0.49	0.045 79
3	16	0.273 6	13.68	2.32	5.382 4	0.393 45
4	8	0.218 0	10.9	−2.9	8.41	0.771 56
5	8	0.145 2	7.26	0.74	0.547 6	0.075 43
$\sum$	50	1	50	0	15.121 6	1.249 97

即 $\chi^2=1.24997$,对于 $\alpha=0.05$ 查 χ^2分布表得临界值 $\chi^2_{\alpha}(2)=\chi^2_{0.05}(2)=5.991$.

因 $\chi^2=1.24997<5.991=\chi^2_{0.005}(2)$,故接受 H_0,即认为钢珠直径服从正态分布 $N(15.1,0.1849)$.

8-16 解

检验假设:$H_0:X\sim U[0,2]$

检验计算表如下:

i	n_i	p_i	np_i	n_i-np_i	$\frac{(n_i-np_i)^2}{np_i}$
1	30	1/4	25	5	1
2	20	1/4	25	−5	1
3	36	1/4	25	11	4.84
4	14	1/4	25	−11	4.84
$\sum$	100	1	100	0	11.68

统计量

$$\chi^2=\sum_{i=1}^{4}\frac{(n_i-np_i)^2}{np_i}=11.68\quad\chi^2\sim\chi^2(4-1)$$

对于 $\alpha=0.05$,查得 $\chi^2_{0.05}(3)=7.815$

因为

$$\chi^2=11.68>7.815=\chi^2_{0.05}(3)$$

所以不接受 H_0，即不能相信 $X\sim U[0,2]$.

第 9 章

9-1 解

$m=5, n_1=n_2=n_3=n_4=n_5=4, n=20$，查附表 5 得

$$F_{0.01}(m-1,n-m)=F_{0.01}(4,15)=4.89$$

序号	A_1	A_2	A_3	A_4	A_5	$\sum_{i=1}^{5}$
1	4.3	6.1	6.5	9.3	9.5	
2	7.8	7.3	8.3	8.7	8.8	
3	3.2	4.2	8.6	7.2	11.4	
4	6.5	4.1	8.2	10.1	7.8	
$\sum_{j=1}^{n_i} X_{ij}$	21.8	21.7	31.6	35.3	37.5	147.9
$(\sum_{j=1}^{n_i} X_{ij})^2$	475.24	470.89	998.56	1 246.09	1 406.25	4 597.03
$\frac{1}{n_i}(\sum_{j=1}^{n_i} X_{ij})^2$	118.81	117.72	249.64	311.52	351.56	1 149.25
$\sum_{j=1}^{n_i} X_{ij}^2$	131.82	112.24	252.34	316.03	358.49	1 170.92

$P=\frac{1}{20}\times(147.9)^2=1\,093.72$；$Q=1\,149.25$；$R=1\,170.92$；

$S_e=R-Q=21.67$；$S_A=Q-P=55.53$；$S=R-P=77.2$

方差分析表

方差来源	平方和	自由度	均方	F 值
工艺	55.53	4	13.882 5	9.609 3**
误差	21.67	15	1.444 7	
总和	77.20	19		

因为 $9.609\,3>4.89$，所以工艺对缩水率有显著影响.

9-2 解

$m=4, n_1=7, n_2=5, n_3=8, n_4=6, n=26$，查附表 5 得

$$F_{0.01}(m-1,n-m)=F_{0.01}(3,22)=4.82$$

为简化计算将所给的试验结果都减去 1 600 再除以 10 得下表

$$P=\frac{1}{26}\times(124)^2=591.385, Q=1\,286.092, R=2\,940$$

$$S_e'=R-Q=1\,653.908, S_e=\frac{1}{100}S_e'=16.539$$

$$S_A'=Q-P=694.707, S_A=\frac{1}{100}S_A'=6.947$$

寿命 / 序号	A_1	A_2	A_3	A_4	$\sum_{i=1}^{4}$
1	0	25	−14	−9	
2	1	4	−5	−8	
3	5	4	0	−7	
4	8	10	2	−3	
5	10	15	4	0	
6	12		6	8	
7	20		14		
8			22		
$\sum_{j=1}^{n_i} X_{ij}$	56	58	29	−19	124
$(\sum_{j=1}^{n_i} X_{ij})^2$	3 136	3 364	841	361	
$\frac{1}{n_i}(\sum_{j=1}^{n_i} X_{ij})^2$	448	672.8	105.125	60.167	1 286.092
$\sum_{j=1}^{n_i} X_{ij}^2$	734	982	957	267	2 940

方差分析表

方差来源	平方和	自由度	均方	F 值
配料	6.947	3	2.316	3.08
误差	16.539	22	0.752	
总和	23.486	25		

因为 $F=3.08<4.82=F_{0.01}(3,22)$，故不显著.

9-3 解

因为 $X_i \sim N(\mu_i,\sigma^2)$，所以 μ_i 的点估计为 $\hat{\mu}_i=\overline{X}_{i\cdot}$. $(i=1,2,\cdots,m)$

由定理 9-1 知 $S_e/\sigma^2 \sim \chi^2(n-m)$，再由单个正态总体统计量的分布中的结论(2)知 $\overline{X}_{i\cdot}$ 与 $S_i^2=\frac{1}{n_i-1}\sum_{j=1}^{n_i}(X_{ij}-\overline{X}_{i\cdot})^2$ 相互独立，又由 X_{ij} 独立，知 $\overline{X}_{i\cdot}$ 与 $S_1^2,S_2^2,\cdots,S_m^2$ 独立，从而 $S_e=\sum_{i=1}^{m}(n_i-1)S_i^2$ 与 $\overline{X}_{i\cdot}$ 独立，又

$$\frac{(\overline{X}_{i\cdot}-\mu_i)\sqrt{n_i}}{\sigma} \sim N(0,1)$$

由 t 分布的定义知

$$\frac{(\overline{X}_{i\cdot}-\mu_i)\sqrt{n_i}}{\sqrt{\overline{S}_e}} \sim t(n-m)$$

其中 $\overline{S}_e=S_e/(n-m)$.

对于给定的 α，查 t 分布表求出临界值 $t_{\alpha/2}(n-m)$ 使

$$P\left(\left|\frac{\overline{X}_{i\cdot}-\mu_i}{\sqrt{\overline{S}_e}}\sqrt{n_i}\right|<t_{\alpha/2}(n-m)\right)=1-\alpha$$

在上式括号内将 μ_i 暴露出来得 μ_i 在置信度 $1-\alpha$ 下的置信区间

$$\left(\overline{X}_{i\cdot}-t_{\alpha/2}(n-m)\sqrt{\frac{\overline{S}_e}{n_i}},\overline{X}_{i\cdot}+t_{\alpha/2}(n-m)\sqrt{\frac{\overline{S}_e}{n_i}}\right)$$

9-4 证明

因为 $S_e/\sigma^2 \sim \chi^2(n-m)$，所以 $E(S_e/\sigma^2)=n-m$，即

$$ES_e=(n-m)\sigma^2$$

于是

$$E\left(\frac{S_e}{n-m}\right)=\frac{1}{n-m}ES_e=\sigma^2$$

故 $\frac{S_e}{n-m}$ 是 σ^2 的无偏估计.

因为 $$S_e/\sigma^2 \sim \chi^2(n-m)$$

所以对于给定的 α，查 χ^2 分布表求出临界值 $\chi^2_{\alpha/2}(n-m)$ 和 $\chi^2_{1-\alpha/2}(n-m)$ 使得

$$P\left(\chi^2_{1-\alpha/2}(n-m)<\frac{S_e}{\sigma^2}<\chi^2_{\alpha/2}(n-m)\right)=1-\alpha$$

在上式中将 σ^2 暴露出来得

$$P\left(\frac{S_e}{\chi^2_{\alpha/2}(n-m)}<\sigma^2<\frac{S_e}{\chi^2_{1-\alpha/2}(n-m)}\right)=1-\alpha$$

故 σ^2 的置信度为 $1-\alpha$ 的置信区间为

$$\left(\frac{S_e}{\chi^2_{\alpha/2}(n-m)},\frac{S_e}{\chi^2_{1-\alpha/2}(n-m)}\right)$$

9-5 证明

$\hat{a}$，$\hat{b}$ 是函数 $Q(a,b)=\sum_{i=1}^{n}(y_i-a-bx_i)^2$ 的驻点，而

$$A=\frac{\partial^2 Q}{\partial a^2}=2n,B=\frac{\partial^2 Q}{\partial a\partial b}=2\sum_{i=1}^{n}X_i,C=\frac{\partial^2 Q}{\partial b^2}=2\sum_{i=1}^{n}X_i^2$$

$$\Delta=AC-B^2=4\left[n\sum_{i=1}^{n}X_i^2-\left(\sum_{i=1}^{n}X_i\right)^2\right]$$

由柯西不等式知 $\Delta>0$，而 $A>0$，$C>0$，所以 $(\hat{a},\hat{b})$ 是 $Q(a,b)$ 的极小点，而 $Q(a,b)$ 存在最小值，故 $\hat{a}$，$\hat{b}$ 能使 $Q(a,b)$ 达到最小值.

9-6 证明

因为 $\hat{b}\sim N\left(b,\frac{\sigma^2}{L_{XX}}\right)$，所以 $\frac{\hat{b}-b}{\sigma}\sqrt{L_{XX}}\sim N(0,1)$

在 H_0：$b=0$ 成立的条件下 $\frac{\hat{b}}{\sigma}\sqrt{L_{XX}}\sim N(0,1)$

又

$$\frac{(n-2)S^2}{\sigma^2}\sim\chi^2(n-2)$$

由 t 分布的定义知

$$t=\frac{\hat{b}}{S}\sqrt{L_{XX}}=\frac{\frac{\hat{b}}{\sigma}\sqrt{L_{XX}}}{\sqrt{\frac{(n-2)S^2}{\sigma^2}/(n-2)}}\sim t(n-2)$$

今利用 t 统计量检验回归方程的显著性

$$t=\frac{\hat{b}}{S}\sqrt{L_{XX}}=\frac{27.156}{\sqrt{118.734}}\sqrt{6.056}=6.133$$

对于给定的 $\alpha=0.01$ 查 t 分布表得临界值 $t_{0.01}(10)=2.7638$.

因为 $t=6.133>2.7638=t_{0.01}(10)$，所以回归方程显著.

9-7 解

由定理 9-2 知

$$t=\frac{\hat{b}-b}{S}\sqrt{L_{XX}}\sim t(n-2)$$

对于给定的 α，查 t 分布表求出临界值 $t_{\alpha/2}(n-2)$ 使

$$P\left(\hat{b}-t_{\alpha/2}(n-2)\frac{S}{\sqrt{L_{XX}}}<b<\hat{b}+t_{\alpha/2}(n-2)\frac{S}{\sqrt{L_{XX}}}\right)=1-\alpha$$

故 b 的置信度为 $1-\alpha$ 的置信区间为

$$\left(\hat{b}-t_{\alpha/2}(n-2)\frac{S}{\sqrt{L_{XX}}},\hat{b}+t_{\alpha/2}(n-2)\frac{S}{\sqrt{L_{XX}}}\right)$$

在例 1 中 $\hat{b}=27.156, n=12, S=10.897, L_{XX}=6.056, t_{0.025}(10)=2.228$

所以 b 的置信度为 0.95 的置信区间为(17.291,37.021).

9-8 解

用下表进行计算

序号	x	y	x^2	y^2	xy
1	0.10	15	0.01	225	1.5
2	0.30	18	0.09	324	5.4
3	0.40	19	0.16	361	7.6
4	0.55	21	0.302 5	441	11.55
5	0.70	22.6	0.49	510.76	15.82
6	0.80	23.8	0.64	566.44	19.04
7	0.95	26	0.902 5	676	24.7
$\sum$	3.8	145.4	2.595	3 104.2	85.61
平均	0.543	20.77			

$\overline{X}=0.543, \overline{Y}=20.77$

$$L_{XX}=\sum_{i=1}^{7}x_i^2-7\overline{X}^2=2.595-2.064=0.531$$

$$L_{YY}=\sum_{i=1}^{7}y_i^2-7\overline{Y}^2=3\,104.2-3\,019.75=84.45$$

$$L_{XY}=\sum_{i=1}^{7}x_iy_i-7\overline{X}\,\overline{Y}=85.61-78.947=6.663$$

(1) $\hat{b}=\frac{L_{XY}}{L_{XX}}=12.55, \hat{a}=\overline{Y}-\hat{b}\,\overline{X}=13.95$

所以回归方程为 $\hat{y}=13.95+12.55x$

(2)我们用方差分析表来检验回归方程的显著性

方差分析表

方差来源	平方和	自由度	均方	F 值
回归	$U=83.62$	1	$\overline{U}=83.62$	$\frac{\overline{U}}{\overline{Q}}=503.73$
剩余	$Q=0.831$	5	$\overline{Q}=0.166$	
总和	$L_{YY}=84.45$	6		

其中 $U=\hat{b}L_{XY}, Q=L_{YY}-U, \overline{Q}=\frac{Q}{n-2}$

查 F 分布表求出临界值 $F_{0.01}(1,5)=16.26$

因为 $F=503.73\gg 16.26=F_{0.01}(1,5)$

所以回归方程高度显著.

(3)由第 7 题知,b 的置信度为 $1-\alpha$ 的置信区间为

$$\left(\hat{b}-t_{\alpha/2}(n-2)\frac{S}{\sqrt{L_{XX}}},\hat{b}+t_{\alpha/2}(n-2)\frac{S}{\sqrt{L_{XX}}}\right)$$

此处 $\hat{b}=12.55$,$n=7$,$\alpha=0.05$,$t_{0.025}(5)=2.570\ 6$,$S^2=(L_{YY}-\hat{b}L_{XY})/(n-2)=0.166$.

所以 b 的置信度为 0.95 的置信区间为(11.112,13.987).

(4)$n=7$,$\overline{X}=0.543$,$L_{XX}=0.531$,$S=0.407$,$t_{0.025}(5)=2.570\ 6$,$x_0=0.50$.

$$\delta(x_0)=t_{\alpha/2}(n-1)S\sqrt{1+\frac{1}{n}+\frac{(x_0-\overline{X})^2}{L_{XX}}}$$

$$=2.570\ 6\times 0.407\times\sqrt{1+\frac{1}{7}+\frac{(0.5-0.543)^2}{0.531}}=1.12$$

$$\hat{y}_0=13.95+12.55\times 0.5=20.225$$

故 y 在 $x=0.50$ 处的置信度为 0.95 的置信区间为

$$(\hat{y}_0-\delta(0.5),\hat{y}_0+\delta(0.5))=(19.105,21.345)$$

9-9 解

计算表如下.

序号	t_i	y_i	t_i^2	y_i^2	t_iy_i
1	0	66.7	0	4 448.89	0
2	4	71.0	16	5 041.00	284
3	10	76.3	100	5 821.69	763
4	15	80.6	225	6 496.36	1 209
5	21	85.7	441	7 344.49	1 799.7
6	29	92.9	841	8 630.41	2 694.1
7	36	99.9	1 296	9 980.01	3 596.4
8	51	113.6	2 601	12 904.96	5 793.6
9	68	125.1	4 624	15 560.01	8 506.8
$\sum$	234	811.8	10 144	76 317.82	24 646.6

$$\bar{t}=26,\bar{y}=90.2$$

$$L_{tt}=\sum_{i=1}^{9}t_i^2-9\bar{t}^2=10\ 144-6\ 084=4\ 060$$

$$L_{ty}=\sum_{i=1}^{9}t_iy_i-9\bar{t}\,\bar{y}=24\ 646.6-21\ 106.8=3\ 539.8$$

$$L_{yy}=\sum_{i=1}^{9}y_i^2-9\bar{y}^2=76\ 317.82-73\ 224.36=3\ 093.46$$

$$\hat{b}=\frac{L_{ty}}{L_{tt}}=0.871\ 87,\hat{a}=\bar{y}-\hat{b}\bar{t}=67.531\ 3$$

$$S^2=(L_{yy}-\hat{b}L_{ty})/7=1.030\ 7,S=1.015\ 2$$

(1)Y 对 t 的回归方程为

$$\hat{y}=67.531\ 3+0.871\ 87t$$

(2)方差分析表如下.

方差来源	平方和	自由度	均方	F 值
回归	3 086.25	1	3 086.25	$\frac{3\ 086.25}{1.03}=$ 2 996.36
剩余	7.21	7	1.03	
总和	3 093.46	8		

查 F 分布表求出临界值 $F_{0.01}(1,7)=12.25$.

因 $F=2\ 996.36\gg12.25=F_{0.01}(1,7)$，故方程高度显著.

(3) $\hat{y}_0=67.531\ 3+0.871\ 87\times25=89.328\ 1$

$$\delta(25)=t_{\alpha/2}(n-2)\times S\times\sqrt{1+\frac{1}{n}+\frac{(t_0-\bar{t})^2}{L_{tt}}}$$

$$=2.364\ 6\times1.015\ 2\times1.05=2.52$$

Y 在 $t=25$℃时的置信度为 0.95 下的预测区间为

$$(\hat{y}_0-\delta(25),\hat{y}_0+\delta(25))=(86.81,91.85)$$

9-10 解

(1) $\hat{b}=\frac{L_{xy}}{L_{xx}}=87.838\ 6$，$\hat{a}=\bar{y}-\hat{b}\bar{X}=34.775\ 2$

所以回归方程为

$$\hat{y}=34.775\ 2+87.838\ 6x$$

(2) $U=\hat{b}L_{xy}=2\ 328.575$，$Q=L_{yy}-U=612.458\ 9$

方差分析表

方差来源	平方和	自由度	均方	F 值
回归	2 328.575	1	2 328.575	$\frac{2\ 328.575}{6.805\ 1}=$ 342.181
剩余	612.458 9	90	6.805 1	
总和	2 941.033 9	91		

查 F 分布表求出临界值 $F_{0.01}(1,90)=6.85$.

因 $F=342.181>6.85=F_{0.01}(1,90)$，故方程高度显著.

(3) $\hat{y}_0=34.775\ 2+87.838\ 6\times0.09=42.681$

因为 $n=92$ 是很大的，x_0 又接近 $\bar{x}$，所以取

$$\delta(0.09)=1.96\times S=1.96\times\sqrt{6.805}=5.113$$

故当 $x=0.09$ 时 Y 的置信度为 0.95 的置信区间为(37.568,47.794)

(4)由 $38=34.775\ 2-1.96\times S+87.838\ 6x$ 得 $x'=0.094\ 92$

$$52=34.775+1.96\times S+87.838\ 6x,x''=0.137\ 9$$

于是 x 的控制范围为(0.094 92,0.137 9).

9.11 解 如题 9-11 图.

(1)

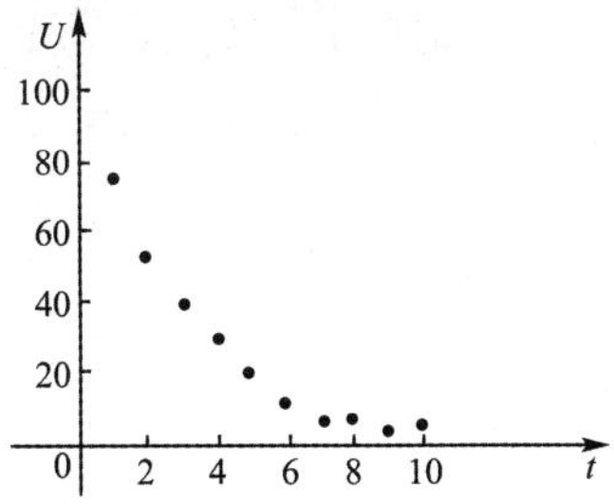

题 9-11 图

(2)由 $U=ae^{bt}$,两边取对数得 $\ln u=\ln a+bt$

令

$$y=\ln u, A=\ln a$$

得线性模型

$$y=A+bt$$

序号	t_i	y_i	t_i^2	y_i^2	x_iy_i
1	0	4.605	0	21.208	0
2	1	4.317	1	18.641	4.317
3	2	4.007	4	16.059	8.014
4	3	3.689	9	13.608	11.067
5	4	3.401	16	11.568	13.604
6	5	2.996	25	8.974	14.98
7	6	2.708	36	7.334	16.248
8	7	2.303	49	5.302	16.121
9	8	2.303	64	5.302	18.424
10	9	1.609	81	2.590	14.481
11	10	1.609	100	2.590	16.09
$\sum$	55	33.547	385	113.176	133.346

$\bar{l}=5, \bar{y}=3.05$

$L_{tt}=385-275=110$

$L_{ty}=133.346-167.75=-34.404$

$L_{yy}=113.176-33.55=79.626$

所以 $\hat{b}=-\frac{34.404}{110}=-0.3128$,$\hat{A}=3.05+1.564=4.614$

故 $\hat{a}=e^{\hat{A}}=100.887$,即 a,b 的估计值分别为 $\hat{a}=100.887$,$\hat{b}=-0.3128$

参考文献

［1］ 黄春棋.《概率论与数理统计》.西安:西安交通大学出版社,2015.9.

［2］ 盛骤等.《概率论与数理统计》.北京:高等教育出版社,2010.1.

［3］ 同济大学数学系.《概率论与数理统计》.北京:人民邮电大学出版社,2017.3.

［4］ 刘家春,关明.《概率论与数理统计》.北京:人民邮电出版社,2015.9.

［5］ 茆诗松等.《概率论与数理统计》.北京:高等教育出版社 ,2011.2.

［6］ 陈希孺.《概率论与数理统计》.北京:科学出版社,2017.12.

［7］ 葛余博.《概率论与数理统计》.北京:清华大学出版社,2017.9.

［8］ 吴赣昌.《概率论与数理统计》.北京:中国人民大学出版社,2017.6.

［9］ 严继高.《概率论与数理统计》.北京:高等教育出版社,2017.5.

附　录

附表 1　泊松分布累计概率值表

$$\sum_{k=m}^{\infty}\frac{\lambda^k}{k!}e^{-\lambda}$$

m \ λ	0.1	0.2	0.3	0.4	0.5	0.6	0.7	0.8	0.9
0	1	1	1	1	1	1	1	1	1
1	0.095 16	0.181 27	0.259 18	0.329 68	0.393 47	0.451 19	0.503 42	0.550 67	0.593 43
2	0.004 68	0.017 52	0.036 94	0.061 55	0.090 20	0.121 90	0.155 81	0.191 21	0.227 52
3	0.000 15	0.001 15	0.003 60	0.007 93	0.014 39	0.023 12	0.034 14	0.047 42	0.062 86
4		0.000 06	0.000 27	0.000 78	0.001 75	0.003 36	0.005 75	0.009 08	0.013 46
5			0.000 02	0.000 06	0.000 17	0.000 39	0.000 79	0.001 41	0.002 34
6					0.000 01	0.000 04	0.000 09	0.000 18	0.000 34
7							0.000 01	0.000 02	0.000 04
8									0.000 01

m \ λ	1	2	3	4	5	6	7	8	9
0	1	1	1	1	1	1	1	1	1
1	0.631 12	0.864 66	0.950 21	0.981 68	0.993 26	0.997 52	0.999 09	0.999 67	0.999 88
2	0.264 24	0.593 99	0.800 85	0.908 42	0.959 57	0.982 65	0.992 71	0.996 98	0.998 77
3	0.080 30	0.323 32	0.576 81	0.761 90	0.875 35	0.938 03	0.970 36	0.986 25	0.993 77
4	0.019 00	0.142 88	0.352 77	0.566 53	0.734 97	0.848 80	0.918 24	0.957 62	0.978 77
5	0.003 66	0.052 65	0.184 74	0.371 16	0.559 51	0.714 94	0.827 01	0.900 37	0.945 04
6	0.000 59	0.016 56	0.083 92	0.214 87	0.384 04	0.554 32	0.699 29	0.808 76	0.884 31
7	0.000 08	0.004 53	0.033 51	0.110 67	0.237 82	0.393 70	0.550 29	0.686 63	0.793 22
8	0.000 01	0.001 10	0.011 91	0.051 13	0.133 37	0.256 02	0.401 29	0.547 04	0.676 10
9		0.000 24	0.003 80	0.021 36	0.068 09	0.152 76	0.270 91	0.407 45	0.544 35
10		0.000 05	0.001 10	0.008 13	0.031 83	0.083 92	0.169 50	0.283 38	0.412 59
11		0.000 01	0.000 29	0.002 84	0.013 70	0.042 62	0.098 52	0.184 11	0.294 09
12			0.000 07	0.000 92	0.005 45	0.020 09	0.053 35	0.111 92	0.196 99
13			0.000 02	0.000 27	0.002 02	0.008 83	0.027 00	0.063 80	0.124 23
14				0.000 08	0.000 70	0.003 63	0.012 81	0.034 18	0.073 85
15				0.000 02	0.000 23	0.001 40	0.005 72	0.017 26	0.041 47
16				0.000 01	0.000 07	0.000 51	0.002 41	0.008 23	0.022 04
17					0.000 02	0.000 18	0.000 96	0.003 72	0.011 11
18					0.000 01	0.000 06	0.000 36	0.001 59	0.005 32
19						0.000 02	0.000 13	0.000 65	0.002 43
20						0.000 01	0.000 04	0.000 25	0.001 06
21							0.000 01	0.000 09	0.000 44
22							0.000 01	0.000 03	0.000 18
23								0.000 01	0.000 07
24									0.000 03
25									0.000 01

附表 2 标准正态分布函数值表

$$\Phi(x) = \frac{1}{\sqrt{2\pi}}\int_{-\infty}^{x} e^{-\frac{u^2}{2}}du = \int_{-\infty}^{x} \varphi(u)du$$

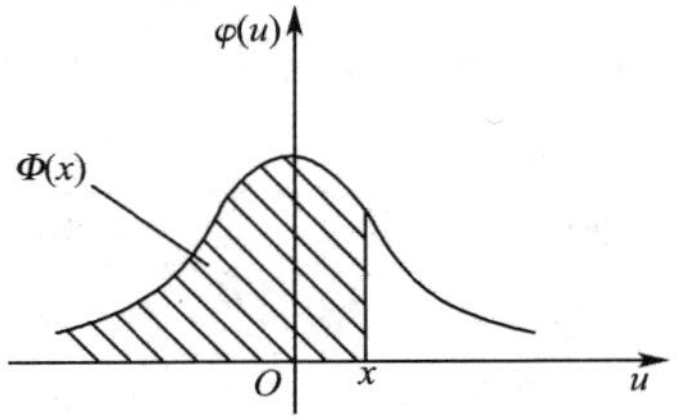

x	0.00	0.01	0.02	0.03	0.04	0.05	0.06	0.07	0.08	0.09
0.0	0.500 0	0.504 0	0.508 0	0.512 0	0.516 0	0.519 9	0.523 9	0.527 9	0.531 9	0.535 9
0.1	0.539 8	0.543 8	0.547 8	0.551 7	0.555 7	0.559 6	0.563 6	0.567 5	0.571 4	0.575 3
0.2	0.579 3	0.583 2	0.587 1	0.591 0	0.594 8	0.598 7	0.602 6	0.606 4	0.610 3	0.614 1
0.3	0.617 9	0.621 7	0.625 5	0.629 3	0.633 1	0.636 8	0.640 6	0.644 3	0.648 0	0.651 7
0.4	0.655 4	0.659 1	0.662 8	0.666 4	0.670 0	0.673 6	0.677 2	0.680 8	0.684 4	0.687 9
0.5	0.691 5	0.695 0	0.698 5	0.701 9	0.705 4	0.708 8	0.712 3	0.715 7	0.719 0	0.722 4
0.6	0.725 7	0.729 1	0.732 4	0.735 7	0.738 9	0.742 2	0.745 4	0.748 6	0.751 7	0.754 9
0.7	0.758 0	0.761 1	0.764 2	0.767 3	0.770 3	0.773 4	0.776 4	0.779 4	0.782 3	0.785 2
0.8	0.788 1	0.791 0	0.793 9	0.796 7	0.799 5	0.802 3	0.805 1	0.807 8	0.810 6	0.813 3
0.9	0.815 9	0.818 6	0.821 2	0.823 8	0.826 4	0.828 9	0.831 5	0.834 0	0.836 5	0.838 9
1.0	0.841 3	0.843 8	0.846 1	0.848 5	0.850 8	0.853 1	0.855 4	0.857 7	0.859 9	0.862 1
1.1	0.864 3	0.866 5	0.868 6	0.870 8	0.872 9	0.874 9	0.877 0	0.879 0	0.881 0	0.883 0
1.2	0.884 9	0.886 9	0.888 8	0.890 7	0.892 5	0.894 4	0.896 2	0.898 0	0.899 7	0.901 5
1.3	0.903 2	0.904 9	0.906 6	0.908 2	0.909 9	0.911 5	0.913 1	0.914 7	0.916 2	0.917 7
1.4	0.919 2	0.920 7	0.922 2	0.923 6	0.925 1	0.926 5	0.927 8	0.929 2	0.930 6	0.931 9

（续表）

x	0.00	0.01	0.02	0.03	0.04	0.05	0.06	0.07	0.08	0.09
1.5	0.933 2	0.934 5	0.935 7	0.937 0	0.938 2	0.939 4	0.940 6	0.941 8	0.943 0	0.944 1
1.6	0.945 2	0.946 3	0.947 4	0.948 4	0.949 5	0.950 5	0.951 5	0.952 5	0.953 5	0.954 5
1.7	0.955 4	0.956 4	0.957 3	0.958 2	0.959 1	0.959 9	0.960 8	0.961 6	0.962 5	0.963 3
1.8	0.964 1	0.964 8	0.965 6	0.966 4	0.967 1	0.967 8	0.968 6	0.969 3	0.970 0	0.970 6
1.9	0.971 3	0.971 9	0.972 6	0.973 2	0.973 8	0.974 4	0.975 0	0.975 6	0.976 2	0.976 7
2.0	0.977 2	0.977 8	0.978 3	0.978 8	0.979 3	0.979 8	0.980 3	0.980 8	0.981 2	0.981 7
2.1	0.982 1	0.982 6	0.983 0	0.983 4	0.983 8	0.984 2	0.984 6	0.985 0	0.985 4	0.985 7
2.2	0.986 1	0.986 4	0.986 8	0.987 1	0.987 4	0.987 8	0.988 1	0.988 4	0.988 7	0.989 0
2.3	0.989 3	0.989 6	0.989 8	0.990 1	0.990 4	0.990 6	0.990 9	0.991 1	0.991 3	0.991 6
2.4	0.991 8	0.992 0	0.992 2	0.992 5	0.992 7	0.992 9	0.993 1	0.993 2	0.993 4	0.993 6
2.5	0.993 8	0.994 0	0.994 1	0.994 3	0.994 5	0.994 6	0.994 8	0.994 9	0.995 1	0.995 2
2.6	0.995 3	0.995 5	0.995 6	0.995 7	0.995 9	0.996 0	0.996 1	0.996 2	0.996 3	0.996 4
2.7	0.996 5	0.996 6	0.996 7	0.996 8	0.996 9	0.997 0	0.997 1	0.997 2	0.997 3	0.997 4
2.8	0.997 4	0.997 5	0.997 6	0.997 7	0.997 7	0.997 8	0.997 9	0.997 9	0.998 0	0.998 1
2.9	0.998 1	0.998 2	0.998 2	0.998 3	0.998 4	0.998 4	0.998 5	0.998 5	0.998 6	0.998 6
3.0	0.998 7	0.998 7	0.998 7	0.998 8	0.998 8	0.998 9	0.998 9	0.998 9	0.999 0	0.999 0
3.2	0.999 3	0.999 3	0.999 4	0.999 4	0.999 4	0.999 4	0.9999 4	0.999 5	0.999 5	0.9999 5
3.4	0.999 7	0.999 7	0.999 7	0.999 7	0.999 7	0.999 7	0.999 7	0.999 7	0.999 7	0.999 8
3.6	0.999 8	0.999 8	0.999 9	0.999 9	0.999 9	0.999 9	0.999 9	0.999 9	0.999 9	0.999 9
3.8	0.999 9	0.999 9	0.999 9	0.999 9	0.999 9	0.999 9	0.999 9	0.999 9	0.999 9	0.999 9
$\Phi(4.0)=0.999\ 968\ 329$				$\Phi(5.0)=0.999\ 999\ 713\ 3$				$\Phi(6.0)=0.999\ 999\ 999$		

附表 3 χ^2 分布表

$$P\{\chi^2 > \chi_\alpha^2(n)\} = \alpha$$

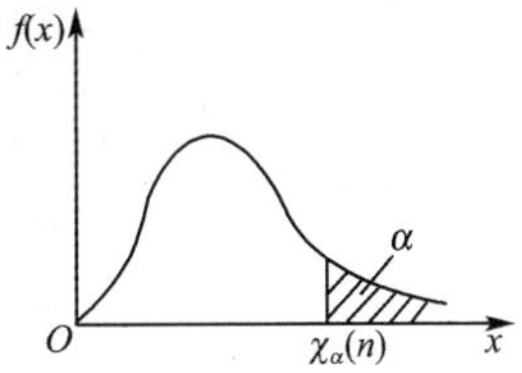

n	α=0.995	0.99	0.975	0.95	0.90	0.75
1	0.000	0.000	0.001	0.004	0.016	0.102
2	0.010	0.020	0.051	0.103	0.211	0.575
3	0.072	0.115	0.216	0.352	0.584	1.213
4	0.207	0.297	1.484	0.711	1.064	1.923
5	0.412	0.554	0.831	1.145	1.610	2.675
6	0.676	0.872	1.237	1.635	2.204	3.455
7	0.989	1.239	1.690	2.167	2.833	4.255
8	1.344	1.646	2.180	2.733	3.490	5.071
9	1.735	2.088	2.700	3.325	4.168	5.899
10	2.156	2.558	3.247	3.940	4.865	6.737
11	2.603	3.053	3.816	4.575	5.578	7.584
12	3.074	3.571	4.404	5.226	6.304	8.438
13	3.565	4.107	5.009	5.892	7.042	9.299
14	4.075	4.660	5.629	6.571	7.790	10.165
15	4.601	5.229	6.262	7.261	8.547	11.037
16	5.142	5.812	6.908	7.962	9.312	11.912
17	5.697	6.408	7.564	8.672	10.085	12.792
18	6.265	7.015	8.231	9.390	10.865	13.675
19	6.844	7.633	8.907	10.117	11.651	14.562
20	7.434	8.260	9.591	10.851	12.443	15.452
21	8.034	8.897	10.283	11.591	13.240	16.344
22	8.643	9.542	10.982	12.338	14.042	17.240
23	9.260	10.196	11.689	13.091	14.848	18.137
24	9.886	10.856	12.401	13.848	15.659	19.037
25	10.520	11.524	13.120	14.611	16.473	19.939
26	11.160	12.198	13.844	15.379	17.292	20.843
27	11.808	12.879	14.573	16.151	18.114	21.749
28	12.461	13.565	15.308	16.928	18.939	22.657
29	13.121	14.257	16.047	17.708	19.768	23.567
30	13.787	14.954	16.791	18.493	20.599	24.478
31	14.458	15.655	17.539	19.281	21.434	25.390
32	15.134	16.362	18.291	20.072	22.271	26.304
33	15.815	17.074	19.047	20.807	23.110	27.219
34	16.501	17.789	19.806	21.664	23.952	28.136
35	17.192	18.509	20.569	22.465	24.797	29.054
36	17.887	19.233	21.336	23.269	25.643	29.973
37	18.586	19.960	22.106	24.075	26.492	30.893
38	19.289	20.691	22.878	24.884	27.343	31.815
39	19.996	21.426	23.654	25.695	38.196	32.737
40	20.707	22.164	24.433	26.509	29.051	33.660
41	21.421	22.906	25.215	27.326	29.907	34.585
42	22.138	23.650	25.999	28.144	30.765	35.510
43	22.859	24.398	26.785	28.965	31.625	36.436
44	23.584	25.143	27.575	29.787	32.487	37.363
45	24.311	25.901	28.366	30.612	33.350	38.291

（续表）

n	$\alpha=0.25$	0.01	0.05	0.025	0.01	0.005
1	1.323	2.706	3.841	5.024	6.635	7.879
2	2.773	4.605	5.991	7.378	9.210	10.597
3	4.108	6.251	7.815	9.348	11.345	12.838
4	5.385	7.779	9.488	11.143	13.277	14.860
5	6.626	9.236	11.071	12.833	15.086	16.750
6	7.841	10.645	12.592	14.449	16.812	18.548
7	9.037	12.017	14.067	16.013	18.475	20.278
8	10.219	13.362	15.507	17.535	20.090	21.955
9	11.389	14.684	16.919	19.023	21.666	23.589
10	12.549	15.987	18.307	20.483	23.209	25.188
11	13.701	17.275	19.675	21.920	24.725	26.757
12	14.845	18.549	21.026	23.337	26.217	28.299
13	15.984	19.812	22.362	24.736	27.688	29.819
14	17.117	21.064	23.685	26.119	29.141	31.319
15	18.245	22.307	24.996	27.488	30.578	32.801
16	19.369	23.542	26.296	28.845	32.000	34.267
17	20.489	24.769	27.587	30.191	33.409	35.718
18	21.605	25.989	28.869	31.526	34.805	37.156
19	22.718	27.204	30.144	32.852	36.191	38.582
20	23.828	28.412	31.410	34.170	37.566	39.997
21	24.935	29.615	32.671	35.479	38.932	41.401
22	26.039	30.813	33.924	36.781	40.289	42.796
23	27.141	32.007	35.172	38.076	41.638	44.181
24	28.241	33.196	36.415	39.364	42.980	45.559
25	29.339	34.382	37.652	40.646	44.314	46.928
26	30.435	35.563	38.885	41.923	45.642	48.290
27	31.528	36.741	40.113	43.194	46.963	49.645
28	32.620	37.916	41.337	44.461	48.278	50.993
29	33.711	39.087	42.557	45.722	49.588	52.336
30	34.800	40.256	43.773	46.979	50.892	53.672
31	35.887	41.422	44.985	48.232	52.191	55.003
32	36.973	42.585	46.194	49.480	53.486	56.328
33	38.058	43.745	47.400	50.725	54.776	57.648
34	39.141	44.903	48.602	51.966	56.061	58.964
35	40.223	46.059	49.802	53.203	57.342	60.275
36	41.304	47.212	50.998	54.437	58.619	61.581
37	42.383	18.363	52.192	55.668	59.892	62.883
38	43.462	49.513	53.384	56.896	61.162	64.181
39	44.539	50.660	54.572	58.120	62.428	65.476
40	45.616	51.805	55.758	59.342	63.691	66.766
41	46.692	52.949	53.942	60.561	64.950	68.053
42	47.766	54.090	58.124	61.777	66.206	69.336
43	48.840	55.230	59.304	62.990	67.459	70.606
44	49.913	56.369	60.481	64.201	68.710	71.893
45	50.985	57.505	61.656	65.410	69.957	73.166

附表 4 t 分布表

$$P\{t>t_\alpha(n)\}=\alpha$$

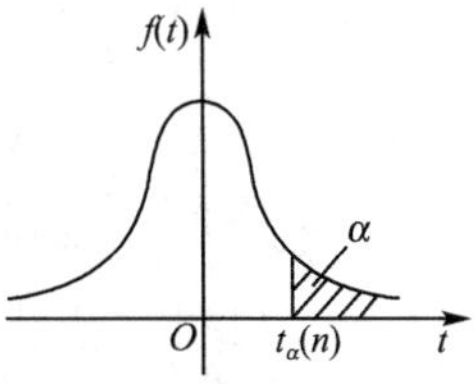

n	α=0.25	0.20	0.15	0.10	0.05	0.025	0.01	0.005
1	1.000	1.376	1.963	3.077 7	6.313 8	12.706 2	31.820 7	63.657 4
2	0.816 5	1.061	1.386	1.885 6	2.920 0	4.302 7	6.964 6	9.924 8
3	0.764 9	0.978	1.250	1.637 7	2.353 4	3.182 4	4.540 7	5.840 9
4	0.740 7	0.941	1.190	1.533 2	2.131 8	2.776 4	3.746 9	4.604 1
5	0.726 7	0.920	1.156	1.475 9	2.015 0	2.570 6	3.364 9	4.032 2
6	0.717 6	0.906	1.134	1.439 8	1.943 2	2.446 9	3.142 7	3.707 4
7	0.711 1	0.896	1.119	1.414 9	1.894 6	2.364 6	2.998 0	3.499 5
8	0.706 4	0.889	1.108	1.396 8	1.859 5	2.306 0	2.896 5	3.355 4
9	0.702 7	0.883	1.100	1.383 0	1.833 1	2.262 2	2.821 4	3.249 8
10	0.699 8	0.879	1.093	1.372 2	1.812 5	2.228 1	2.763 8	3.169 3
11	0.697 4	0.876	1.088	1.363 4	1.795 9	2.201 0	2.718 1	3.105 8
12	0.695 5	0.873	1.083	1.356 2	1.782 3	2.178 8	2.681 0	3.054 5
13	0.693 8	0.870	1.097	1.350 2	1.770 9	2.160 4	2.650 3	3.012 3
14	0.692 4	0.868	1.076	1.345 0	1.761 3	2.144 8	2.624 5	2.976 8
15	0.691 2	0.866	1.074	1.340 6	1.753 1	2.131 5	2.602 5	2.946 7
16	0.690 1	0.865	1.071	1.336 8	1.745 9	2.119 9	2.583 5	2.920 8
17	0.689 2	0.863	1.069	1.333 4	1.739 6	1.109 8	2.566 9	2.898 2
18	0.688 4	0.862	1.067	1.330 4	1.734 1	2.100 9	2.552 4	2.878 4
19	0.687 6	0.861	1.066	1.327 7	1.729 1	2.093 0	2.539 5	2.860 9
20	0.687 0	0.860	1.064	1.325 3	1.724 7	2.086 0	2.528 0	2.845 3
21	0.686 4	0.859	1.063	1.323 2	1.720 7	2.079 6	2.517 7	2.831 4
22	0.685 8	0.858	1.061	1.321 2	1.717 1	2.073 9	2.508 3	2.818 8
23	0.685 3	0.858	1.060	1.319 5	1.713 9	2.068 7	2.499 9	2.807 3
24	0.684 8	0.857	1.059	1.317 8	1.710 9	2.063 9	2.492 2	2.796 9
25	0.684 4	0.856	1.058	1.316 3	1.708 1	2.059 5	2.485 1	2.787 4
26	0.684 0	0.856	1.058	1.315 0	1.705 8	2.055 5	2.478 6	2.778 7
27	0.683 7	0.855	1.057	1.313 7	1.703 3	2.051 8	2.472 7	2.770 7
28	0.683 4	0.855	1.056	1.312 5	1.701 1	2.048 4	2.467 1	2.763 3
29	0.683 0	0.854	1.055	1.311 4	1.699 1	2.045 2	2.462 0	2.756 4
30	0.682 8	0.854	1.055	1.310 4	1.697 3	2.042 3	2.457 3	2.750 0
31	0.682 5	0.853 5	1.054 1	1.309 5	1.695 5	2.039 5	2.452 8	2.744 0
32	0.682 2	0.853 1	1.053 6	1.308 6	1.693 9	2.036 9	2.448 7	2.738 5
33	0.682 0	0.852 7	1.053 1	1.307 7	1.692 4	2.034 5	2.444 8	2.733 3
34	0.681 8	0.852 4	1.052 6	1.307 0	1.690 9	2.032 2	2.441 1	2.728 4
35	0.681 6	0.852 1	1.052 1	0.306 2	1.689 6	2.030 1	2.437 7	2.723 8
36	0.681 4	0.851 8	1.051 6	1.305 5	1.688 3	2.028 1	2.434 5	2.715 9
37	0.681 2	0.851 5	1.051 2	1.304 9	1.687 1	2.026 2	2.431 4	2.715 4
38	0.681 0	0.851 2	1.050 8	1.304 2	1.686 0	2.024 4	0.2428 6	2.711 6
39	0.680 8	0.851 0	1.050 4	1.3026	1.684 9	2.022 7	2.425 8	2.707 9
40	0.680 7	0.850 7	1.050 1	1.303 1	1.683 9	2.021 1	2.423 3	2.704 5
41	0.680 5	0.850 5	1.049 8	1.302 5	1.682 9	2.019 5	2.420 8	2.701 2
42	0.680 4	0.850 3	1.049 4	1.302 0	1.682 0	2.018 1	2.418 5	2.698 1
43	0.680 2	0.850 1	1.049 1	1.301 6	1.681 1	2.016 7	2.416 3	2.695 1
44	0.680 1	0.849 9	1.048 8	1.301 1	1.680 2	2.015 4	2.414 1	2.692 3
45	0.680 0	0.849 7	1.048 5	1.300 6	1.679 4	2.014 1	2.412 1	2.689 6

附录 5　F 分布表

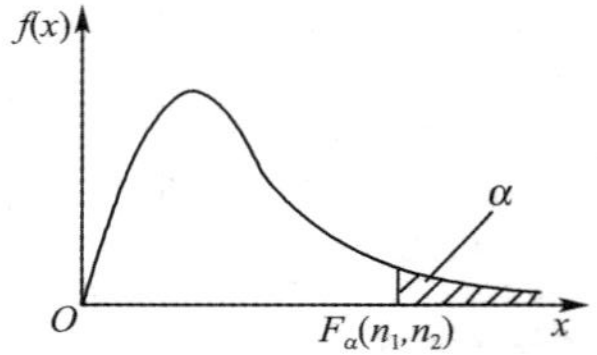

$$P\{F>F_\alpha(n_1,n_2)>F_\alpha(n_1,n_2)\}=\alpha$$

$\alpha=0.10$

n_2 \ n_1	1	2	3	4	5	6	7	8	9	10	12	15	20	24	30	40	60	120	∞
1	39.86	49.50	53.59	55.83	57.24	58.20	58.91	59.44	59.86	60.19	60.71	61.22	61.74	62.00	62.26	62.53	62.79	63.06	63.33
2	8.53	9.00	9.16	9.24	9.29	9.33	9.35	9.37	9.38	9.39	9.41	9.42	9.44	9.45	9.46	9.47	9.47	9.48	9.49
3	5.54	5.46	5.39	5.34	5.31	5.28	5.27	5.25	5.24	5.23	5.22	5.20	5.18	5.18	5.17	5.16	5.15	5.14	5.13
4	4.54	4.32	4.19	4.11	4.05	4.01	3.98	3.95	3.94	3.92	3.90	3.87	3.84	3.83	3.82	3.80	3.79	3.78	4.76
5	4.06	3.78	3.62	3.52	3.45	3.40	3.37	3.34	3.32	2.30	3.27	3.24	3.21	3.19	3.17	3.16	3.14	3.12	3.10
6	3.78	3.46	3.29	3.18	3.11	3.05	3.01	2.98	2.96	2.94	2.90	2.87	2.84	2.82	2.80	2.78	2.76	2.74	2.72
7	3.59	3.26	3.07	2.96	2.88	2.83	2.78	2.75	2.72	2.70	2.67	2.63	2.59	2.58	2.56	2.54	2.51	2.49	2.47
8	3.46	3.11	2.92	2.81	2.73	2.67	2.62	2.59	2.56	2.54	2.50	2.46	2.42	2.40	2.38	2.36	2.34	2.32	2.29
9	3.36	3.01	2.81	2.69	2.61	2.55	2.51	2.47	2.44	2.42	2.38	2.34	2.30	2.28	2.25	2.23	2.21	2.18	2.16
10	3.29	2.92	2.73	2.61	2.52	2.46	2.41	2.38	2.35	2.32	2.28	2.24	2.20	2.18	2.16	2.13	2.11	2.08	2.06
11	3.23	2.86	2.66	2.54	2.45	2.39	2.34	2.30	2.27	2.25	2.21	2.17	2.12	2.10	2.08	2.05	2.03	2.00	1.97
12	3.18	2.81	2.61	2.48	2.39	2.33	2.28	2.24	2.21	2.19	2.15	2.10	2.06	2.04	2.01	1.99	1.96	1.93	1.90
13	3.14	2.76	2.56	2.43	2.35	2.28	2.23	2.20	2.16	2.14	2.10	2.05	2.01	1.98	1.96	1.93	1.90	1.88	1.85
14	3.10	2.73	2.52	2.39	2.31	2.24	2.19	2.15	2.12	2.10	2.05	2.01	1.96	1.94	1.91	1.89	1.86	1.83	1.80
15	3.07	2.70	2.49	2.36	2.27	2.21	2.16	2.12	2.09	2.06	2.02	1.97	1.92	1.90	1.87	1.85	1.82	1.79	1.76
16	3.05	2.67	2.46	2.33	2.24	2.18	2.13	2.09	2.06	2.03	1.99	1.94	1.89	1.87	1.84	1.81	1.78	1.75	1.72
17	3.03	2.64	2.44	2.31	2.22	2.15	2.10	2.06	2.03	2.00	1.96	1.91	1.86	1.84	1.81	1.78	1.75	1.72	1.69
18	3.01	2.62	2.42	2.29	2.20	2.13	2.08	2.04	2.00	1.98	1.93	1.89	1.84	1.81	1.78	1.75	1.72	1.69	1.66
19	2.99	2.61	2.40	2.27	2.18	2.11	2.06	2.02	1.98	1.96	1.91	1.86	1.81	1.79	1.76	1.73	1.70	1.67	1.63
20	2.97	2.59	2.38	2.25	2.16	2.09	2.04	2.00	1.96	1.94	1.89	1.84	1.79	1.77	1.74	1.71	1.68	1.64	1.61
21	2.96	2.57	2.36	2.23	2.14	2.08	2.02	1.98	1.95	1.92	1.87	1.83	1.78	11.75	1.72	1.69	1.66	1.62	1.59
22	2.95	2.56	2.35	2.22	2.13	2.06	2.01	1.97	1.93	1.90	1.86	1.81	1.76	1.73	1.70	1.67	1.64	1.60	1.57
23	2.94	2.55	2.34	2.21	2.11	2.05	1.99	1.95	1.92	1.89	1.84	1.80	1.74	1.72	1.69	1.66	1.62	1.59	1.55
24	2.93	2.54	2.33	2.19	2.10	2.04	1.98	1.94	1.91	1.88	1.83	1.78	1.73	1.70	1.67	1.64	1.61	1.57	1.53
25	2.92	2.53	2.32	2.18	2.09	2.02	1.97	1.93	1.89	1.87	1.82	1.77	1.72	1.69	1.66	1.63	1.59	1.56	1.52

（续表）

n_2 \ n_1	1	2	3	4	5	6	7	8	9	10	12	15	20	24	30	40	60	120	∞
26	2.91	2.52	2.31	2.17	2.08	2.01	1.96	1.92	1.88	1.86	1.81	1.76	1.71	1.68	1.65	1.61	1.58	1.54	1.50
27	2.90	2.51	2.30	2.17	2.07	2.00	1.95	1.91	1.87	1.85	1.80	1.75	1.70	1.67	1.64	1.60	1.57	1.53	1.49
28	2.89	2.50	2.29	2.16	2.06	2.00	1.94	1.90	1.87	1.84	1.79	1.74	1.69	1.66	1.63	1.59	1.56	1.52	1.48
29	2.89	2.50	2.28	2.15	2.06	1.99	1.93	1.89	1.86	1.83	1.78	1.73	1.68	1.65	1.62	1.58	1.55	1.51	1.47
30	2.88	2.49	2.28	2.14	2.05	1.98	1.93	1.88	1.85	1.82	1.77	1.72	1.67	1.64	1.61	1.57	1.54	1.50	1.46
40	2.84	2.44	2.23	2.09	2.00	1.93	1.87	1.83	1.79	1.76	1.71	1.66	1.61	1.57	1.54	1.51	1.47	1.42	1.38
60	2.79	2.39	2.18	2.04	1.95	1.87	1.82	1.77	1.74	1.71	1.66	1.60	1.54	1.51	1.48	1.44	1.40	1.35	1.29
120	2.75	2.35	2.13	1.99	1.90	1.82	1.77	1.72	1.68	1.65	1.60	1.55	1.48	1.45	1.41	1.37	1.32	1.26	1.19
∞	2.71	2.30	2.08	1.94	1.85	1.77	1.72	1.67	1.63	1.60	1.55	1.49	1.42	1.38	1.34	1.30	1.24	1.17	1.00
$\alpha=0.05$																			
1	161.4	199.5	215.7	224.6	230.2	234.0	236.8	238.9	240.5	241.9	243.9	245.9	248.0	249.1	250.1	251.1	252.2	253.3	254.3
2	18.51	19.00	19.16	19.25	19.30	19.33	19.35	19.37	19.38	19.40	19.41	19.43	19.45	19.45	19.46	19.47	19.48	19.49	19.50
3	10.13	9.55	9.28	9.12	9.01	8.94	8.89	8.85	8.81	8.79	8.74	8.70	8.66	8.64	8.62	8.59	8.57	8.55	8.53
4	7.71	6.94	6.59	6.39	6.26	6.16	6.09	6.04	6.00	5.96	5.91	5.86	5.80	5.77	5.75	5.72	5.69	5.66	5.63
5	6.61	5.79	5.41	5.19	5.05	4.95	4.88	4.82	4.77	4.74	4.68	4.62	4.56	4.53	4.50	4.46	4.43	4.40	4.36
6	5.99	5.14	4.76	4.53	4.39	1.28	4.21	4.15	4.10	4.06	4.00	3.94	3.87	3.84	3.81	3.77	3.74	3.70	3.67
7	5.59	4.74	4.35	4.12	3.97	3.87	3.79	3.73	3.68	3.64	3.57	3.51	3.44	3.41	3.38	3.34	3.30	3.27	3.23
8	5.32	4.46	1.07	3.84	3.69	3.58	3.50	3.44	3.39	3.35	3.28	3.22	3.15	3.12	3.08	3.04	3.01	2.97	2.93
9	5.12	4.26	3.86	3.63	3.48	3.37	3.29	3.23	3.18	3.14	3.07	3.01	2.94	2.90	2.86	2.83	2.79	2.75	2.71
10	4.96	4.10	3.71	3.48	3.33	3.32	3.14	3.07	3.02	2.98	2.91	2.85	2.77	2.74	2.70	2.66	2.62	2.58	2.54
11	4.84	3.98	3.59	3.36	3.20	3.09	3.01	2.95	2.90	2.85	2.79	2.72	2.65	2.61	2.57	2.53	2.49	2.45	2.40
12	4.75	3.89	3.49	3.26	3.11	3.00	2.91	2.85	2.80	2.75	2.69	2.62	2.54	2.51	2.47	2.43	2.38	2.34	2.30
13	4.67	3.81	3.41	3.18	3.03	2.92	2.83	2.77	2.71	2.67	2.60	2.53	2.46	2.42	2.38	2.34	2.30	2.25	2.21
14	4.60	3.74	3.34	3.11	2.96	2.85	2.76	2.70	2.65	2.60	2.53	2.46	2.39	2.35	2.31	2.27	2.22	2.18	2.13
15	4.54	3.68	3.29	3.06	3.90	2.79	2.71	2.64	2.59	2.54	2.48	2.40	2.33	2.29	2.25	2.20	2.16	2.11	2.07
16	4.49	3.63	3.24	3.01	2.85	2.74	2.66	2.59	2.54	2.49	2.42	2.35	2.28	2.24	2.19	2.15	2.11	2.06	2.01
17	4.45	3.59	3.20	2.96	2.81	2.70	2.61	2.55	2.49	2.45	2.38	2.31	2.23	2.19	2.15	2.10	2.06	2.01	1.96
18	4.41	3.55	3.16	2.93	2.77	2.66	2.58	2.51	2.46	2.41	2.34	2.27	2.19	2.15	2.11	2.06	2.02	1.97	1.92
19	4.38	3.52	3.13	2.90	2.74	2.63	2.54	2.48	2.42	2.38	2.31	2.23	2.16	2.11	2.07	2.03	1.98	1.93	1.88
20	4.35	3.49	3.10	2.87	2.71	2.60	2.51	2.45	2.39	2.35	2.28	2.20	2.12	2.08	2.04	1.99	1.95	1.90	1.84
21	4.32	3.47	3.07	2.84	2.68	2.57	2.49	2.42	2.37	2.32	2.25	2.18	2.10	2.05	2.01	1.96	1.92	1.87	1.81
22	4.30	3.44	3.05	2.82	2.66	2.55	2.46	2.40	2.34	2.30	2.23	2.15	2.07	2.03	1.98	1.94	1.89	1.84	1.78
23	4.28	3.42	3.03	2.80	2.64	2.53	2.44	2.37	2.32	2.27	2.20	2.13	2.05	2.01	1.96	1.91	1.86	1.81	1.76
24	4.26	3.40	3.01	2.78	2.62	2.51	2.42	2.36	2.30	2.25	2.18	2.11	2.03	1.98	1.94	1.89	1.84	1.79	1.73
25	4.24	3.39	2.99	2.76	2.60	2.49	2.40	2.34	2.28	2.24	2.16	2.09	2.01	1.96	1.92	1.87	1.82	1.77	1.71

（续表）

n_2 \ n_1	1	2	3	4	5	6	7	8	9	10	12	15	20	24	30	40	60	120	∞
26	4.23	3.37	2.98	2.74	2.59	2.47	2.39	2.32	2.27	2.22	2.15	2.07	1.99	1.95	1.90	1.85	1.80	1.75	1.69
27	4.21	3.35	2.96	2.73	2.57	2.46	2.37	2.31	2.25	2.20	2.13	2.06	1.97	1.93	1.88	1.84	1.79	1.73	1.67
28	4.20	3.34	2.95	2.71	2.56	2.45	2.36	2.29	2.24	2.19	2.12	2.04	1.96	1.91	1.87	1.82	1.77	1.71	1.65
29	4.18	3.33	2.93	2.70	2.55	2.43	2.35	2.28	2.22	2.18	2.10	2.03	1.94	1.90	1.85	1.81	1.75	1.70	1.64
30	4.17	3.32	2.92	2.69	2.53	2.42	2.33	2.27	2.21	2.16	2.09	2.01	1.93	1.89	1.84	1.79	1.74	1.68	1.62
40	4.08	3.23	2.84	2.61	2.45	2.34	2.25	2.18	2.12	2.08	2.00	1.92	1.84	1.79	1.74	1.69	1.64	1.58	1.51
60	4.00	3.15	2.76	2.53	2.37	2.25	2.17	2.10	2.04	1.99	1.92	1.84	1.75	1.70	1.65	1.59	1.53	1.47	1.39
120	3.92	3.07	2.68	2.45	2.29	2.17	2.09	2.02	1.96	1.91	1.83	1.75	1.66	1.61	1.55	1.50	1.43	1.35	1.25
∞	3.84	3.00	2.60	2.37	2.21	2.10	2.01	1.94	1.88	1.83	1.75	1.67	1.57	1.52	1.46	1.39	1.32	1.22	1.00
$\alpha=0.025$																			
1	647.8	799.5	864.2	899.6	921.8	937.1	948.2	956.7	963.3	968.6	976.7	984.9	993.1	997.2	1001	1006	1010	1014	1018
2	38.51	39.00	39.17	39.25	39.30	39.33	39.36	39.37	39.39	39.40	39.41	39.43	39.45	39.46	39.46	39.47	39.48	39.49	39.50
3	17.44	16.04	15.44	15.10	14.88	14.73	14.62	14.54	14.47	14.42	14.34	14.25	14.17	14.12	14.08	14.04	13.99	13.95	13.90
4	12.22	10.65	9.98	9.60	9.36	9.20	9.07	8.98	8.90	8.84	8.75	8.66	8.56	8.51	8.46	8.41	8.36	8.31	8.26
5	10.01	8.43	7.76	7.39	7.15	6.98	6.85	6.76	6.68	6.62	6.52	6.43	6.33	6.28	6.23	6.18	6.12	6.07	6.02
6	8.81	7.26	6.60	6.23	5.99	5.82	5.70	5.60	5.52	5.46	5.37	5.27	5.17	5.12	5.07	5.01	4.96	4.90	4.85
7	8.07	6.54	5.89	5.52	5.29	5.12	4.99	4.90	4.82	4.76	4.67	4.57	4.47	4.42	4.36	4.31	4.25	4.20	4.14
8	7.57	6.06	5.42	5.05	4.82	4.65	4.53	4.43	4.36	4.30	4.20	4.10	4.00	3.95	3.89	3.84	3.78	3.73	3.67
9	7.21	5.71	5.08	4.72	4.48	4.23	4.20	4.10	4.03	3.96	3.87	3.77	3.67	3.61	3.56	3.51	3.45	3.39	3.33
10	6.94	5.46	4.83	4.47	4.24	4.07	3.95	3.85	3.78	3.72	3.62	3.52	3.42	3.37	3.31	3.26	3.20	3.14	3.08
11	6.72	5.26	4.63	4.28	4.04	3.88	3.76	3.66	3.59	3.53	3.43	3.33	3.23	3.17	3.12	3.06	3.00	2.94	2.88
12	6.55	5.10	4.47	4.12	3.89	3.73	3.61	3.51	3.44	3.37	3.28	3.18	3.07	3.02	2.96	2.91	2.85	2.79	2.72
13	6.41	4.97	4.35	1.00	3.77	3.60	3.48	3.39	3.31	3.25	3.15	3.05	2.95	2.89	2.84	2.78	2.72	2.66	2.60
14	6.30	4.86	4.24	3.89	3.66	3.50	3.38	3.29	3.21	3.15	3.05	2.95	2.84	2.79	2.73	2.67	2.61	2.55	2.49
15	6.20	4.77	4.15	3.80	3.58	3.41	3.29	3.20	3.12	3.06	2.96	2.86	2.76	2.70	2.64	2.59	2.52	2.46	2.40
16	6.12	4.69	4.08	3.73	3.50	3.34	3.22	3.12	3.05	2.99	2.89	2.79	2.68	2.63	2.57	2.51	2.45	2.38	2.32
17	6.04	4.62	4.01	3.66	3.44	3.28	3.16	3.06	2.98	2.92	2.82	2.72	2.62	2.56	2.50	2.44	2.38	2.32	2.25
18	5.98	4.56	3.95	3.61	3.38	3.22	3.10	3.01	2.93	2.87	2.77	2.67	2.56	2.50	2.44	2.38	2.32	2.26	2.19
19	5.92	4.51	3.90	3.56	3.33	3.17	3.05	2.96	2.88	2.82	2.72	2.62	2.51	2.45	2.39	2.33	2.27	2.20	2.13
20	5.87	4.46	3.86	3.51	3.29	3.13	3.01	2.91	2.84	2.77	2.68	2.57	2.46	2.41	2.35	2.29	2.22	2.16	2.09
21	5.83	4.42	3.82	3.48	3.25	3.09	2.97	2.87	2.80	2.73	2.64	2.53	2.42	2.37	2.31	2.25	2.18	2.11	2.04
22	5.79	4.38	3.78	3.44	3.22	3.05	2.93	2.84	2.76	2.70	2.60	2.50	2.39	2.33	2.27	2.21	2.14	2.08	2.00
23	5.75	4.35	3.75	3.41	3.18	3.02	2.90	2.81	2.73	2.67	2.57	2.47	2.36	2.30	2.24	2.18	2.11	2.04	1.97
24	5.72	4.32	3.72	3.38	3.15	2.99	2.87	2.78	2.70	2.64	2.54	2.44	2.33	2.27	2.21	2.15	2.08	2.01	1.94
25	5.69	4.29	3.69	3.35	3.13	2.97	2.85	2.75	2.68	2.61	2.51	2.41	2.30	2.24	2.18	2.12	2.05	1.98	1.91
26	5.66	4.27	3.67	3.33	3.10	2.94	5.82	2.73	2.65	2.59	2.49	2.39	2.28	2.22	2.16	2.09	2.03	1.95	1.88
27	5.63	4.24	3.65	3.31	3.08	2.92	2.80	2.71	2.63	2.57	2.47	2.36	2.25	2.19	2.13	2.07	2.00	1.93	1.85
28	5.61	4.22	3.63	3.29	3.06	2.90	2.78	2.69	2.61	2.55	2.45	2.34	2.23	2.17	2.11	2.05	1.98	1.91	1.83
29	5.59	4.20	3.61	3.27	3.04	2.88	2.76	2.67	2.59	2.53	2.43	2.32	2.21	2.15	2.09	2.03	1.96	1.89	1.81
30	5.57	4.18	3.59	3.25	3.03	2.87	2.75	2.65	2.57	2.51	2.41	2.31	2.20	2.14	2.07	2.01	1.94	1.87	1.79

（续表）

n_2 \ n_1	1	2	3	4	5	6	7	8	9	10	12	15	20	24	30	40	60	120	∞
40	5.42	4.05	3.46	3.13	2.90	2.74	2.62	2.53	2.45	2.39	2.29	2.18	2.07	2.01	1.94	1.88	1.80	1.72	1.64
60	5.29	3.93	3.34	3.01	2.79	2.63	2.51	2.41	2.33	2.27	2.17	2.06	1.94	1.88	1.82	1.74	1.67	1.58	1.48
120	5.15	3.80	3.23	2.89	2.67	2.52	2.39	2.30	2.22	2.16	2.05	1.94	1.82	1.76	1.69	1.61	1.53	1.43	1.31
∞	5.02	3.69	3.12	2.79	2.57	2.41	2.29	2.19	2.11	2.05	1.94	1.83	1.71	1.64	1.57	1.48	1.39	1.27	1.00
$\alpha=0.01$																			
1	4 052	4 999.5	5 403	5 625	5 764	5 859	5 928	5 982	6 022	6 055	6 106	6 157	6 209	6 235	6 261	6 287	6 313	6 339	6 366
2	98.50	99.00	99.17	99.25	99.30	99.33	99.36	99.37	99.39	99.40	99.42	99.43	99.45	99.46	99.47	99.47	99.48	99.49	99.50
3	34.12	30.82	29.46	28.71	28.24	27.91	27.67	27.49	27.35	27.23	27.05	26.87	26.69	26.60	26.50	26.41	26.32	26.22	26.13
4	21.20	18.00	16.69	15.98	15.52	15.21	14.98	14.80	14.66	14.55	14.37	14.20	14.02	13.93	13.84	13.75	13.65	13.56	13.46
5	16.26	13.27	12.06	11.39	10.97	10.67	10.46	10.29	10.16	10.05	9.89	9.72	9.55	9.47	9.38	9.29	9.20	9.11	9.02
6	13.75	10.92	9.78	9.15	8.75	8.47	8.26	8.10	7.98	7.87	7.72	7.56	7.40	7.31	7.23	7.14	7.06	6.97	6.88
7	12.25	9.55	8.45	7.85	7.46	7.19	6.99	6.84	6.72	6.62	6.47	6.31	6.16	6.07	5.99	5.91	5.82	5.74	5.65
8	11.26	8.65	7.59	7.01	6.63	6.37	6.18	6.03	5.91	5.81	5.67	5.52	5.36	5.08	5.20	5.12	5.03	4.95	4.86
9	10.56	8.02	6.99	6.42	6.06	5.80	5.61	5.47	5.35	5.26	5.11	4.96	4.81	4.73	4.65	4.57	4.48	4.40	4.31
10	10.04	7.56	6.55	5.99	5.64	5.39	5.20	5.06	4.94	4.85	4.71	4.56	4.41	4.33	4.25	4.17	4.08	4.00	3.91
11	9.65	7.21	6.22	5.67	5.32	5.07	4.89	4.74	4.63	4.54	4.40	4.25	4.10	4.02	3.94	3.86	3.78	3.69	3.60
12	9.33	6.93	5.95	5.41	5.06	4.82	4.64	4.50	4.39	4.30	4.16	4.01	3.86	3.78	3.70	3.62	3.54	3.45	3.36
13	9.07	6.70	5.74	5.21	4.86	4.62	4.44	4.30	4.19	4.10	3.96	3.82	3.66	3.59	3.51	3.43	3.34	3.25	3.17
14	8.86	6.51	5.56	5.04	4.69	4.46	4.28	4.14	4.03	3.94	3.80	3.66	3.51	3.43	3.35	3.27	3.18	3.09	3.00
15	8.68	6.36	5.42	4.89	4.56	4.32	4.14	4.00	3.89	3.80	3.67	3.52	3.37	3.29	3.21	3.13	3.05	2.96	2.87
16	8.53	6.23	5.29	4.77	4.44	4.20	4.03	3.89	3.78	3.69	3.55	3.41	3.26	3.18	3.10	3.02	2.93	2.84	2.75
17	8.40	6.11	5.18	4.67	4.34	4.10	3.93	3.79	3.68	3.59	3.46	3.31	3.16	3.08	3.00	2.92	2.83	2.75	2.65
18	8.29	6.01	5.09	4.58	4.25	4.01	3.84	3.71	3.60	3.51	3.37	3.23	3.08	3.00	2.92	2.84	2.75	2.66	2.57
19	8.18	5.93	5.01	4.50	4.17	3.94	3.77	3.63	3.52	3.43	3.30	3.15	3.00	2.92	2.84	2.76	2.67	2.58	2.49
20	8.10	5.85	4.94	4.43	4.10	3.87	3.70	3.56	3.46	3.37	3.23	3.09	2.94	2.86	2.78	2.69	2.61	2.52	2.42
21	8.02	5.78	4.87	4.37	4.04	3.81	3.64	3.51	3.40	3.31	3.17	3.03	2.88	2.80	2.72	2.64	2.55	2.46	2.36
22	7.95	5.72	4.82	4.31	3.99	3.76	3.59	3.45	3.35	3.26	3.12	2.98	2.83	2.75	2.67	2.58	2.50	2.40	2.31
23	7.88	5.66	4.76	4.26	3.94	3.71	3.54	3.41	3.30	3.21	3.07	3.93	2.78	2.70	2.62	2.54	2.45	2.35	2.26
24	7.82	5.61	4.72	4.22	3.90	3.67	3.50	3.36	3.26	3.17	3.03	3.89	2.74	2.66	2.58	2.49	2.40	2.31	2.21
25	7.77	5.57	4.68	4.18	3.85	3.63	3.46	3.32	3.22	3.13	2.99	2.85	2.70	2.62	2.54	2.45	2.36	2.27	2.17
26	7.72	5.53	4.64	4.14	3.82	3.59	3.42	3.29	3.18	3.09	2.96	2.81	2.66	2.58	2.50	2.42	0.33	2.23	2.13
27	7.68	5.49	4.60	4.11	3.78	3.59	3.39	3.26	3.15	3.06	2.93	2.78	2.63	2.55	2.47	2.38	2.29	2.20	2.10
28	7.64	5.45	4.57	4.07	3.75	3.53	3.36	3.23	3.12	3.03	2.90	2.75	2.60	2.52	2.44	2.35	2.26	2.17	2.06
29	7.60	5.42	4.54	4.04	3.73	3.50	3.33	3.20	3.09	3.00	2.87	2.73	2.57	2.49	2.41	2.33	2.23	2.14	2.03
30	7.56	5.39	4.51	4.02	3.70	3.47	3.30	3.17	3.07	2.98	2.84	2.70	2.55	2.47	2.39	2.30	2.21	2.11	2.01

（续表）

n_2 \ n_1	1	2	3	4	5	6	7	8	9	10	12	15	20	24	30	40	60	120	∞
40	7.31	5.18	4.31	3.83	3.51	3.29	3.12	2.99	2.89	2.80	2.66	2.52	2.37	2.29	2.20	2.11	2.02	1.92	1.80
60	7.08	4.98	4.13	3.65	3.34	3.12	2.95	2.82	2.72	2.63	2.50	2.35	2.20	2.12	2.03	1.94	1.84	1.73	1.60
120	6.85	4.79	3.95	3.48	3.17	2.96	2.79	2.66	2.56	2.47	2.34	2.19	2.03	1.95	1.86	1.76	1.66	1.53	1.38
∞	6.63	4.61	3.78	3.32	3.02	2.80	2.64	2.51	2.41	2.32	2.18	2.04	1.88	1.79	1.70	1.59	1.47	1.32	1.00
$\alpha=0.005$																			
1	16 211	20 000	21 625	22 500	23 056	23 437	23 715	23 925	24 091	24 224	24 426	24 630	24 836	24 940	25 044	25 148	25 253	25 359	25 465
2	198.5	199.0	199.2	199.2	199.3	199.3	199.4	199.4	199.4	199.4	199.4	199.4	199.4	199.5	199.5	199.5	199.5	199.5	199.5
3	55.55	49.80	47.47	46.19	45.39	44.84	44.43	44.13	43.88	43.69	43.39	43.08	42.78	42.62	42.47	42.31	42.15	41.99	41.83
4	31.33	26.28	24.26	23.15	22.46	21.97	21.62	21.35	21.14	20.97	20.70	20.44	20.17	20.03	19.89	19.75	19.61	19.47	19.32
5	22.78	18.31	16.53	15.56	14.94	14.51	14.20	13.96	13.77	13.62	13.38	13.15	12.90	12.78	12.66	12.53	12.40	12.27	12.14
6	18.63	14.54	12.92	12.03	11.46	11.07	10.79	10.57	10.39	10.25	10.03	9.81	9.59	9.47	9.36	9.24	9.12	9.00	8.88
7	16.24	12.40	10.88	10.05	9.52	9.16	8.89	8.68	8.51	8.38	8.18	7.97	7.75	7.65	7.53	7.42	7.31	7.19	7.08
8	14.69	11.04	9.60	8.81	8.30	7.95	7.69	7.50	7.34	7.21	7.01	6.81	6.61	6.50	6.40	6.29	6.18	6.06	5.95
9	13.61	10.11	8.72	7.96	7.47	7.13	6.88	6.69	6.54	6.42	6.23	6.03	5.83	5.73	5.62	5.52	5.41	5.30	5.19
10	12.83	9.43	8.08	7.34	6.87	6.54	6.30	6.12	5.97	5.85	5.66	5.47	5.27	5.17	5.07	4.97	4.86	4.75	4.64
11	12.23	8.91	7.60	6.88	6.42	6.10	5.86	5.68	5.54	5.42	5.24	5.05	4.86	4.76	4.65	4.55	4.44	4.34	4.23
12	11.75	8.51	7.23	6.52	6.07	5.76	5.52	5.35	5.20	5.09	4.91	4.72	4.53	4.43	4.33	4.23	4.12	4.01	3.90
13	11.37	8.19	6.93	6.23	5.79	5.48	5.25	5.08	4.96	4.82	4.64	4.46	4.27	4.17	4.07	3.97	3.87	3.76	3.65
14	11.06	7.92	6.68	6.00	5.56	5.26	5.03	4.86	4.72	4.60	4.43	4.25	4.06	3.96	3.86	3.76	3.66	3.55	3.44
15	10.80	7.70	6.48	5.80	5.37	5.07	4.85	4.67	4.54	4.42	4.25	4.07	3.88	3.79	3.69	3.58	3.48	3.37	3.26
16	10.58	7.51	6.30	5.64	5.21	4.91	4.69	4.52	4.38	4.27	4.10	3.92	3.73	3.64	3.54	3.44	3.33	3.22	3.11
17	10.38	7.35	6.16	5.50	5.07	4.78	4.56	4.39	4.25	4.14	3.97	3.79	3.61	3.51	3.41	3.31	3.21	3.10	2.98
18	10.22	7.21	6.03	5.37	4.96	4.66	4.44	4.28	4.14	4.03	3.86	3.68	3.50	3.40	3.30	3.20	3.10	2.99	2.87
19	10.07	7.09	5.92	5.27	4.85	4.56	4.34	4.18	4.04	3.93	3.76	3.59	3.40	3.31	3.21	3.11	3.00	2.89	2.78
20	9.94	6.99	5.82	5.17	4.76	4.47	4.26	4.09	3.96	3.85	3.68	3.50	3.32	3.22	3.12	3.02	2.92	2.81	2.69
21	9.83	6.89	5.72	5.09	4.68	4.39	4.18	4.01	3.88	3.77	3.60	3.43	3.24	3.15	3.05	2.95	2.84	2.73	2.61
22	9.73	6.81	5.65	5.02	4.61	4.32	4.11	3.94	3.81	3.70	3.54	3.36	3.18	3.08	2.98	2.88	2.77	2.66	2.55
23	9.63	6.73	5.58	4.95	4.54	4.26	4.05	3.88	3.75	3.64	3.47	3.30	3.12	3.02	2.92	2.82	2.71	2.60	2.48
24	9.55	6.66	5.52	4.89	4.49	4.20	3.99	3.83	3.69	3.59	3.42	3.25	3.06	2.97	2.87	2.77	2.66	2.55	2.43
25	9.48	6.60	5.46	4.84	4.43	4.15	3.94	3.78	3.64	3.54	3.37	3.20	3.01	2.92	2.82	2.72	2.61	2.50	2.38
26	9.41	6.54	5.41	4.79	4.38	4.10	3.89	3.73	3.60	3.49	3.33	3.15	2.97	2.87	2.77	2.67	2.56	2.45	2.33
27	9.34	6.49	5.36	4.74	4.34	4.06	3.85	3.69	3.56	3.45	3.28	3.11	2.93	2.83	2.73	2.63	2.53	2.41	2.29
28	9.28	6.44	5.32	4.70	4.30	4.02	3.81	3.65	3.52	3.41	3.25	3.07	2.89	2.79	2.69	2.59	2.48	2.37	2.25
29	9.23	6.40	5.28	4.66	4.26	3.98	3.77	3.61	3.48	3.38	3.21	3.04	2.86	2.76	2.66	2.56	2.45	2.33	2.21
30	9.18	6.35	5.24	4.62	4.23	3.95	3.74	3.58	3.45	3.34	3.18	3.01	2.82	2.73	2.63	2.52	2.42	2.30	2.18
40	8.83	6.07	4.98	4.37	3.99	3.71	3.51	3.35	3.22	3.12	2.95	2.78	22.60	2.50	2.40	2.30	2.18	2.06	1.93
60	8.49	5.79	4.73	4.14	3.76	3.49	3.29	3.13	3.01	2.90	2.74	2.57	2.39	2.29	2.79	2.08	1.96	1.83	1.69
120	8.18	5.54	4.50	3.92	3.55	3.28	3.09	2.93	2.81	2.71	2.54	2.37	2.19	2.09	1.98	1.87	1.75	1.61	1.43
∞	7.88	5.30	4.28	3.72	3.35	3.09	2.90	2.74	2.62	2.52	2.36	2.19	2.00	1.90	1.79	1.67	1.53	1.36	1.00

（续表）

$\alpha=0.001$

n_2 \ n_1	1	2	3	4	5	6	7	8	9	10	12	15	20	24	30	40	60	120	∞
1	4 053t	5 000t	5 404t	5 625t	5 764t	5 859t	5 929t	5 981t	6 023t	6 056t	6 107t	6 158t	6 209t	6 235t	6 261t	6 287t	6 313t	6 340t	6 366t
2	998.5	999.0	999.2	999.2	999.3	999.3	999.4	999.4	999.4	999.4	999.4	999.4	999.4	999.5	999.5	999.5	999.5	999.5	999.5
3	167.0	148.5	141.1	137.1	134.6	132.8	131.6	130.6	129.9	129.2	128.3	127.4	126.4	125.9	125.4	125.0	124.5	124.0	123.5
4	74.14	61.25	56.18	53.44	51.71	50.53	49.66	49.00	48.47	48.05	47.41	46.76	46.10	45.77	45.43	45.09	44.75	44.40	44.05
5	47.18	37.12	33.20	31.09	29.75	28.84	28.16	27.64	27.24	26.92	26.42	25.91	25.39	25.14	24.87	24.60	24.33	24.06	23.79
6	35.51	27.00	23.70	21.92	20.81	20.03	19.46	19.03	18.69	18.41	17.99	17.56	17.12	16.89	16.67	16.44	16.21	15.99	15.75
7	29.25	21.69	18.77	17.19	16.21	15.52	15.02	14.63	14.33	14.08	13.71	13.32	12.93	12.73	12.53	12.33	12.12	11.91	11.70
8	25.42	18.49	15.83	14.39	13.49	12.86	12.40	12.04	11.77	11.54	11.19	10.84	10.48	10.30	10.11	9.92	9.73	9.53	9.33
9	22.86	16.39	13.90	12.56	11.71	11.13	10.70	10.37	10.11	9.89	9.57	9.24	8.90	8.72	8.55	8.37	8.19	8.00	7.81
10	21.04	14.91	12.55	11.28	10.48	9.92	9.52	9.20	8.96	8.75	8.45	8.13	7.80	7.64	7.47	7.30	7.12	6.94	6.76
11	19.69	13.81	11.56	10.35	9.58	9.05	8.66	8.35	8.12	7.92	7.63	7.32	7.01	6.85	6.68	6.52	6.35	6.17	6.00
12	18.64	12.97	10.80	9.63	8.89	8.38	8.00	7.71	7.48	7.29	7.00	6.71	6.40	6.25	6.09	5.93	5.76	5.59	5.42
13	17.81	12.31	10.21	9.07	8.35	7.86	7.49	7.21	6.98	6.80	6.52	6.32	5.93	5.78	5.63	5.47	5.30	5.14	4.97
14	17.14	11.78	9.73	8.62	7.92	7.43	7.08	6.80	6.58	6.40	6.13	5.85	5.56	5.41	5.25	5.10	4.94	4.77	4.60
15	16.59	11.34	9.34	8.25	7.57	7.09	6.74	6.47	6.26	6.08	5.81	5.54	5.25	5.10	4.95	4.80	4.64	4.47	4.31
16	16.12	10.97	9.00	7.94	7.27	6.81	6.46	6.19	5.98	5.81	5.55	5.27	4.99	4.85	4.70	4.54	4.39	4.23	4.06
17	15.72	10.66	8.73	7.68	7.02	7.56	6.22	5.96	5.75	5.58	5.32	5.05	4.78	4.63	4.48	4.33	4.18	4.02	3.85
18	15.38	10.39	8.49	7.46	6.81	6.35	6.02	5.76	5.56	5.39	5.13	4.87	4.59	4.45	4.30	4.15	4.00	3.84	3.67
19	15.08	10.16	8.28	7.26	6.62	6.18	5.85	5.59	5.39	5.22	4.97	4.70	4.43	4.29	4.14	3.99	3.84	3.68	3.51
20	14.82	9.95	8.10	1.70	6.46	6.02	5.69	5.44	5.24	5.08	4.82	4.56	4.29	4.15	4.00	3.86	3.70	3.54	3.38
21	14.59	9.77	7.94	6.95	6.32	5.88	5.56	5.31	5.11	4.95	4.70	4.44	4.17	4.03	3.88	3.74	3.58	3.42	3.26
22	14.38	9.61	7.80	6.81	3.19	5.76	5.44	5.19	4.99	4.83	4.58	4.33	4.06	3.92	3.78	3.63	3.48	3.32	3.15
23	14.19	9.47	7.67	6.69	3.08	5.65	5.33	5.09	4.89	4.73	4.48	4.23	3.96	3.82	3.68	3.53	3.38	3.22	3.05
24	14.03	9.34	7.55	6.59	5.98	5.55	5.23	4.99	4.80	4.64	4.39	4.14	3.87	3.74	3.59	3.45	3.29	3.14	2.97
25	13.88	9.22	7.45	6.49	5.88	5.46	5.15	4.91	4.71	4.56	4.31	4.06	3.79	6.66	3.52	3.37	3.22	3.06	2.89
26	13.74	9.12	7.36	6.41	5.80	5.38	5.07	4.83	4.64	4.48	4.24	3.99	3.72	3.59	3.44	3.30	3.15	2.99	2.82
27	13.61	9.02	7.27	6.33	5.73	5.31	5.00	4.76	4.57	4.41	4.17	3.92	3.66	3.52	3.38	3.23	3.08	2.92	2.75
28	13.50	8.93	7.19	6.25	5.66	5.24	4.93	4.69	4.50	4.35	4.11	3.86	3.60	3.46	3.32	3.18	3.02	2.86	2.69
29	13.39	8.85	7.12	6.19	5.59	5.18	4.87	6.64	4.45	4.29	4.05	3.80	3.54	3.41	3.27	3.12	2.97	2.81	2.64
30	13.29	8.77	7.05	6.12	5.53	5.12	4.82	4.58	4.39	4.24	4.00	3.75	3.49	3.36	3.22	3.07	2.92	2.76	2.59
40	12.61	8.25	6.60	5.70	3.13	4.73	4.44	4.21	4.02	3.87	3.64	3.40	3.15	3.01	2.87	2.73	2.57	2.41	2.23
60	11.97	7.76	6.17	5.31	4.76	4.37	4.09	3.87	3.69	3.54	3.31	3.08	2.83	2.69	2.55	2.41	2.25	2.08	1.89
120	11.38	7.32	5.79	4.95	4.42	4.04	3.77	3.55	3.38	3.24	3.02	2.78	2.53	2.40	2.26	2.11	1.95	1.76	1.54
∞	10.83	6.91	5.42	4.62	4.10	3.74	3.47	3.27	3.10	2.96	2.74	2.51	2.27	2.13	1.99	1.84	1.66	1.45	1.00

附表 6 相关系数检验表

$N-2$ \ α	0.05	0.01	$N-2$ \ α	0.05	0.01
1	0.997	1.000	21	0.413	0.526
2	0.950	0.990	22	0.404	0.515
3	0.878	0.959	23	0.396	0.505
4	0.811	0.917	24	0.388	0.496
5	0.754	0.874	25	0.381	0.487
6	0.707	0.834	26	0.374	0.478
7	0.666	0.798	27	0.367	0.470
8	0.632	0.765	28	0.361	0.463
9	0.602	0.735	29	0.355	0.456
10	0.576	0.708	30	0.349	0.449
11	0.553	0.684	35	0.325	0.418
12	0.532	0.661	40	0.304	0.393
13	0.514	0.641	45	0.288	0.372
14	0.497	0.623	50	0.273	0.354
15	0.482	0.606	60	0.250	0.325
16	0.468	0.590	70	0.232	0.302
17	0.456	0.575	80	0.217	0.283
18	0.444	0.561	90	0.205	0.267
19	0.433	0.549	100	0.195	0.254
20	0.423	0.537	200	0.138	0.181